普通高等教育“十二五”规划教材

园林计算机辅助设计

胡海辉　主编

化学工业出版社

·北京·

《园林计算机辅助设计》详细介绍了 AutoCAD、Sketch Up、Photoshop 三个绘图软件的相关概念、常用命令、绘图技巧、三维空间建模、图像后期处理等内容，并配有经典案例。本书的特点是采用案例与理论相结合的手法，详细讲解了三个绘图软件的独特功能与相互关系，语言叙述简单明了，内容全面，步骤详细，可作为风景园林、景观、建筑、城市规划、环境艺术等专业的教学参考书。

图书在版编目(CIP)数据

园林计算机辅助设计 / 胡海辉主编. —北京：化学工业出版社，2012.8（2021.6 重印）
普通高等教育“十二五”规划教材
ISBN 978-7-122-14871-1

Ⅰ. ①园… Ⅱ. ①胡… Ⅲ. ①园林设计-计算机辅助设计-高等学校-教材 Ⅳ. TU986.2-39

中国版本图书馆 CIP 数据核字（2012）第 160358 号

责任编辑：赵玉清 刘 畅　　文字编辑：周 倜
责任校对：宋 夏　　装帧设计：关 飞

出版发行：化学工业出版社（北京市东城区青年湖南街 13 号 邮政编码 100011）
印 装：涿州市般润文化传播有限公司
787mm×1092mm 1/16 印张 16¾ 字数 445 千字 2021 年 6 月北京第 1 版第 5 次印刷

购书咨询：010-64518888　　售后服务：010-64518899
网 址：http: // www. cip. com. cn
凡购买本书，如有缺损质量问题，本社销售中心负责调换。

定 价：49.80 元

版权所有 违者必究

本书编写人员名单

主编：胡海辉（东北农业大学，哈尔滨工业大学）

副主编：陈　旭（东北农业大学）

陶洪波（东北农业大学）

马珂馨（东北农业大学成栋学院）

其他参编人员：王金刚（东北农业大学）

于　雷（东北农业大学）

袁　维（东北农业大学）

张　璐（东北农业大学）

刘　威（东北农业大学）

主审：车代弟（东北农业大学）

前　言

随着信息时代的到来，21 世纪对园林人才所需具备的素质要求越来越高，园林计算机辅助设计技术就是新形势下的产物，共包括以下三个软件。

AutoCAD 软件主要用于土方、水景、道路、建筑单体、植物种植等园林平面图、立面图或剖面图绘图，主要内容包括绘图基础与设置；图层、线形与颜色；绘图与修改命令；图块、文字与尺寸标注。

Sketch Up 软件是一种全新理念的 3D 模型设计工具，可以让用户非常容易地在三维空间中画出尺寸精准的图形，并且能够快速地生成 3D 模型。

Photoshop 软件的主要内容包括创建选区、填充颜色、渐变或添加树、花草、水、天空、人物、雕塑与小品、汽车等配景。为了获得高质量的打印图片，如何提高打印精度，及时调整、优化图像的分辨率，以获得理想的打印效果也是该软件的重要内容。

计算机园林辅助设计的三个软件虽都具有不同的功能，但在创建园林图形特别是效果图时，需要将三个软件有机结合起来。所以，本教材首先介绍利用 AutoCAD 软件绘图平面图，并可根据实际需要选择打印输出的方式；然后，介绍在 Sketch Up 软件中，输入 AutoCAD 平面图，并在此基础上进行建模；最后，介绍 Photoshop 软件的图像处理功能，对在 AutoCAD 软件中打印输出的规划设计方案线框图或 Sketch Up 软件后期渲染图进行加工润色。本书内容编排遵循理论联系实际的原则，深入浅出，既有基本原理的论述，又有实际操作技巧的介绍，还配有典型案例及相关习题。

本书共分为 22 章，其中第 1~5 章由东北农业大学胡海辉、王金刚编写，第 6~10 章由胡海辉、张璐、刘威编写，第 11~13 章由陈旭、胡海辉编写，第 14~16 章由胡海辉、陶洪波编写，第 17 章由马珂馨编写，第 18 章由胡海辉编写，第 19、20 章由胡海辉、袁维、马珂馨编写，第 21、22 由胡海辉、于雷、马珂馨编写。此外，在本书的编写中，东北林业大学研究生赵询，东北农业大学研究生许文婷、李斯博娜、王春鹤及哈尔滨理工大学胡玉柱、黑龙江工程学院刘洋同学参与了大量工作，在此一并表示感谢。

园林计算机辅助设计教材涉及的学科领域和范围非常广泛，知识技术又在不断发展更新，鉴于我们的知识水平有限，难免存在不妥及疏漏之处，恳请读者批评指正。

编　者

2012 年 8 月

目　录

第1部分 AutoCAD 2011

1 AutoCAD 安装与配置

AutoCAD（Auto Computer Aided Design）是美国 Autodesk 公司开发的一个专门用于计算机辅助设计的制图软件，在风景园林规划设计中，可以利用 AutoCAD 完成二维绘图、三维实体建模和表现工作，用来创建、浏览、管理、打印、输出及共享各类园林图形文件。此外，掌握 AutoCAD 的使用，还可以为进一步学习使用 AutoCAD 的其他产品打下基础。

本部分将以 AutoCAD 2011 为教学平台软件，为读者全面介绍该软件在风景园林规划设计中的专项绘制功能和使用技巧，将 AutoCAD 基本知识与具体的实践应用相结合，具有极强的实用性。

1.1 AutoCAD 2011 系统环境要求

1）32bit 版 AutoCAD2011 系统环境要求如下

（1）操作系统：Windows 7（Ultimate,Enterprise,Professional,Home Premium）；WindowsXP (Professional,Home)SP2 以上；Windows Vista(Ultimate,Enterprise,Business,Home Premium)SP1 以上。

（2）CPU：支持 Intel Pentium 4 或者 AMD Athlon 双重核心超过 1.6GHz 的 SSE2。

（3）内存：2GB 以上。

（4）磁盘空间容量（装载时）：1.8GB 以上。

（5）浏览器：Microsoft Internet Explorer 7.0 以上。

（6）外围设备：制造鼠标或者互换产品。

（7）装载媒介：DVD。

2）64bit 版 AutoCAD2011 系统环境要求如下

（1）操作系统：Windows XP Professional x64 Edition SP2 以上；Windows 7(Ultimate, Enterprise, Professional, Home Premium) 64bit；Windows Vista(Ultimate,Enterprise,Business)64bit SP1 以上。

（2）CPU：Intel Xeon 或者 Pentium 4 EM64T,AMD Athlon 64,Opteron 的 SSE2。

（3）内存：2GB 以上。

（4）磁盘空间容量（装载时）：2GB 以上。

（5）浏览器：Microsoft Internet Explorer 7.0 以上。

（6）外围设备：制造鼠标或者互换产品。

（7）装载媒介：DVD。

1.2 AutoCAD 2011 的安装

在进行软件安装前，需仔细阅读软件安装的基本步骤及注意事项。

首先，AutoCAD 2011 软件以光盘形式提供，光盘中运行 Setup.exe。开始安装 AutoCAD 2011，如图 1-1 所示。

弹出安装选项面板后，选择“安装产品”，则开始安装，如图 1-2 所示。

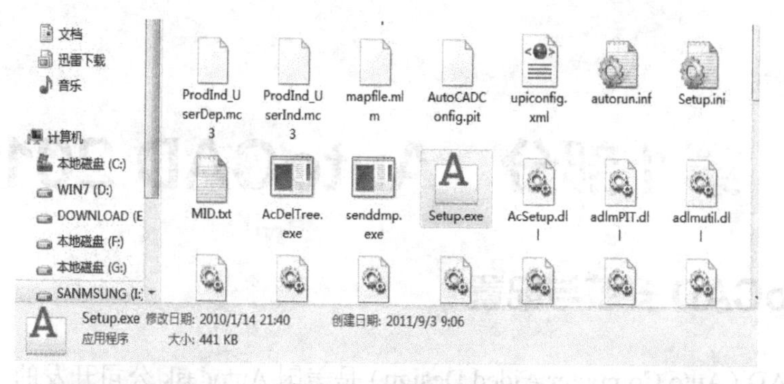

图 1-1 安装文件

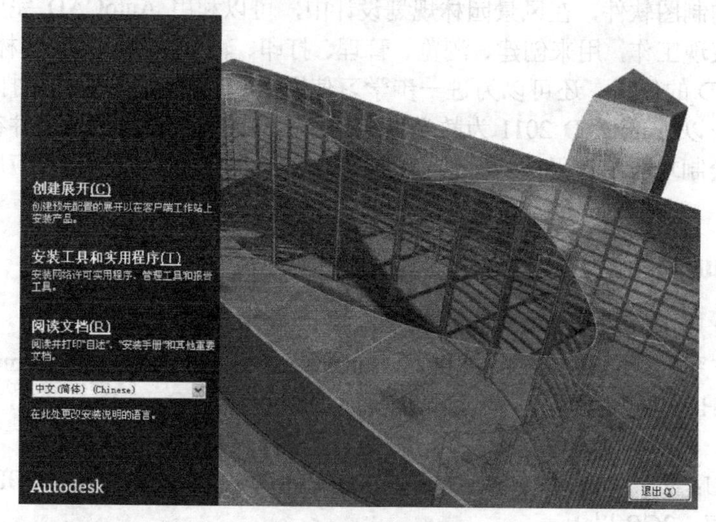

图 1-2 开始安装

选择要安装的产品，选择“AutoCAD2011”选项，如图 1-3 所示。

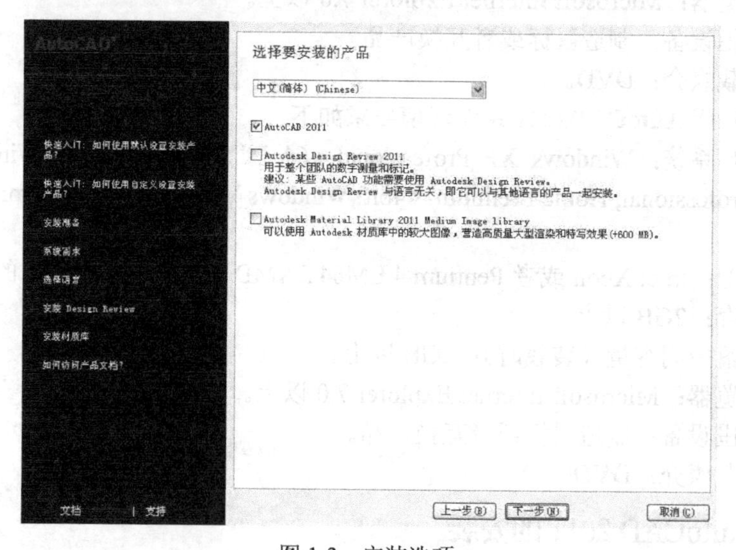

图 1-3 安装选项

单击“下一步”，填写正确的“用户和产品信息”，如图 1-4 所示。

单击“下一步”，出现开始安装对话框，点击“配置”按钮，选择自定义安装，如图 1-5 所示。

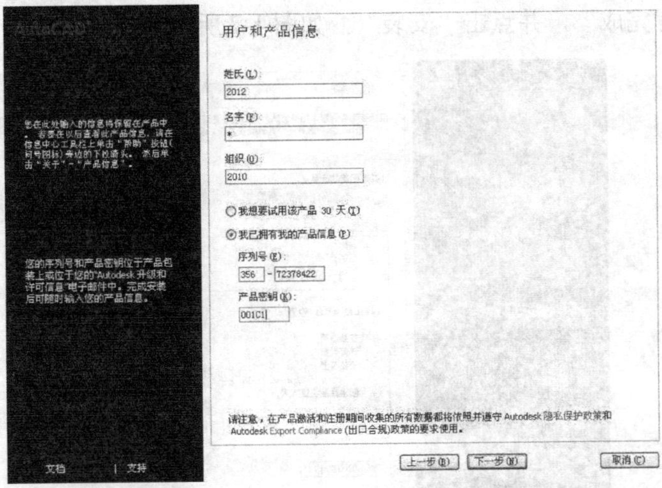

图 1-4　安装信息

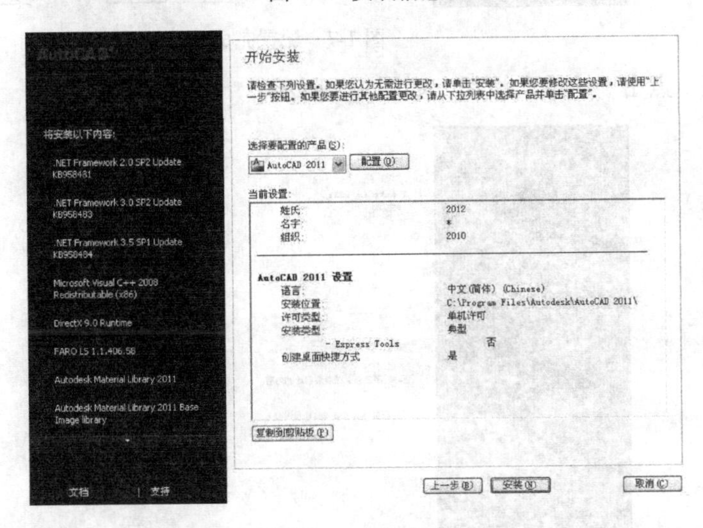

图 1-5　安装配置

选择自定义安装路径，如图 1-6 所示。

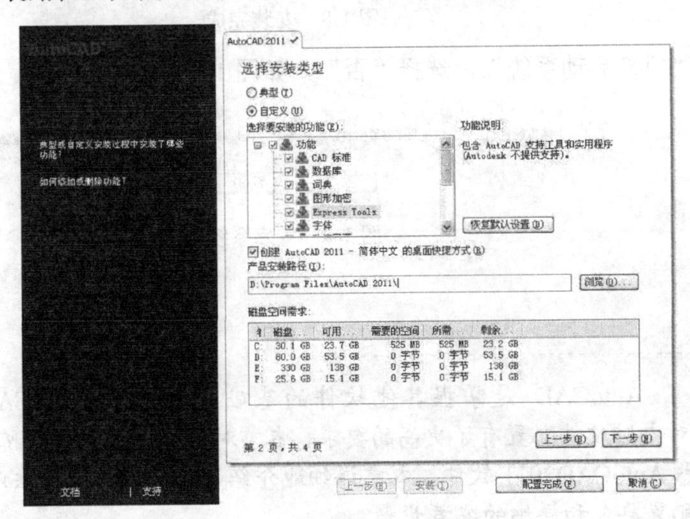

图 1-6　自定义安装

点击“配置完成”，并点击“安装”，如图 1-7 所示。

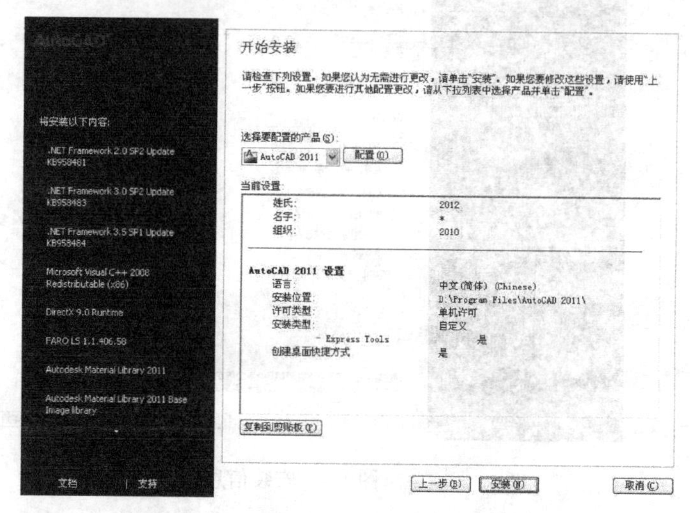

图 1-7　配置完成

安装结束，点击“完成”按钮，如图 1-8 所示。

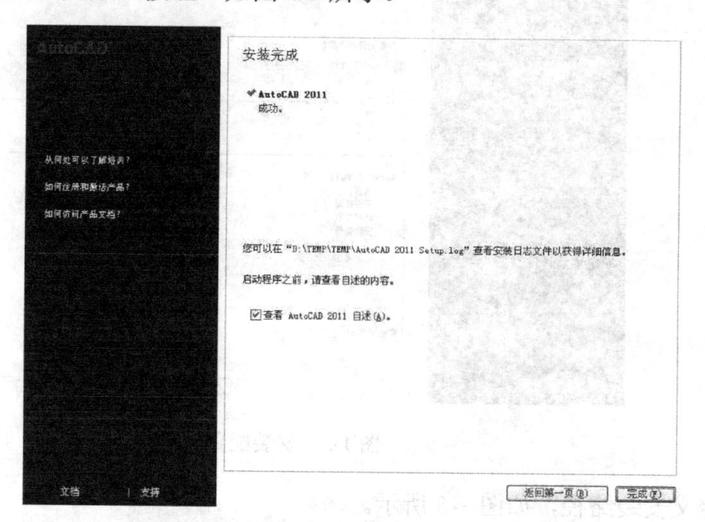

图 1-8　安装完成

提示是否“重新启动系统”，选择“否”，如图 1-9 所示。

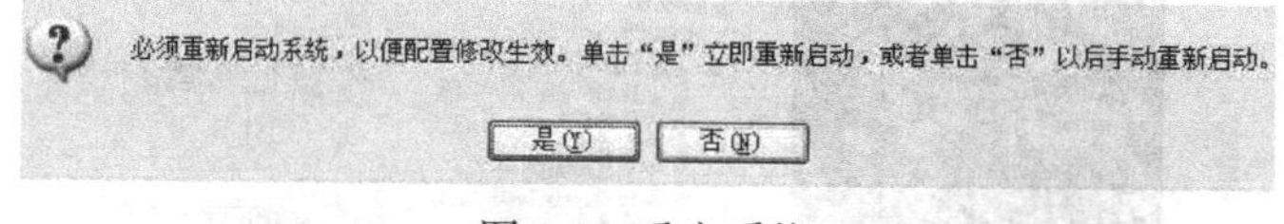

图 1-9　重启系统

本章小结

本章指出了 AutoCAD 是掌握其他软件的基础，明确了 AutoCAD 的重要地位。AutoCAD2011 对电脑硬件配置有了更高的要求，本章对其进行了详细的陈述。此外，为了让初学者更快熟悉 AutoCAD2011 软件，本章详细地介绍了软件的安装方法以及 AutoCAD2011 对电脑的硬件配置要求和详细的安装步骤。

2 界面和基本操作

2.1 AutoCAD 2011 工作界面

双击桌面上的图标启动 AutoCAD2011 软件，与启动其他应用程序一样，也可以通过 Windows 资源管理器、Windows 任务栏按钮等方式启动 AutoCAD 2011 软件。

AutoCAD 2011 的经典工作界面主要由“标题栏”、“应用程序按钮”、“菜单栏”、“快速访问工具栏”、“绘图窗口”、“十字（绘图）光标”、“命令行”、“状态栏”、“滚动条”、“坐标系图标”、“模型/布局选项卡”和“菜单浏览器”等部分组成，如图 2-1 所示。

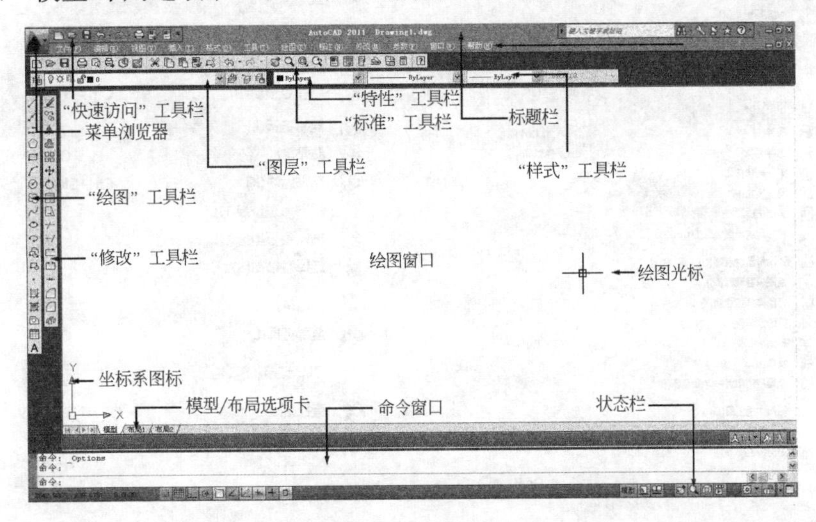

图 2-1　工作界面

2.1.1　标题栏

在 AutoCAD 2011 软件中，“标题栏”位于窗口最顶部。显示当前打开的应用程序名、文件名等，也包含程序图标、“最小化”、“最大化”、“还原”和“关闭”按钮，同时还包括当前打开的应用程序及图形文件的名称，如 Drawing1.dwg、Drawing2.dwg 为软件默认的图形文件名。

标题栏左端标志是“应用程序按钮”，双击即可关闭程序。在标题栏右侧的文本框中输入需要帮助的问题，单击“搜索按钮”进行搜索，即可获得相关帮助。单击“通讯中心”按钮，可以提供产品更新的信息。单击“收藏夹”按钮，可以保存一些访问的链接。

2.1.2　菜单栏

AutoCAD2011“菜单栏”位于标题栏下方，是调用 AutoCAD 命令的一种方式，由“文件”、“编辑”、“视图”、“插入”、“格式”、“工具”、“绘图”、“标注”、“修改”、“参数”、“窗口”等一系列菜单命令组成。单击菜单栏中的菜单命令将会出现一个下拉子菜单，某些命令后边有个箭头符号，这表示该菜单项包含级联的子菜单。文字后面带有省略号“…”，表示选择该菜单项后将会弹出一个相关的对话框，为进一步操作提供了功能更为详尽的界面。将鼠标停留一下，就会自动弹出子菜单。

1）文件菜单

AutoCAD2011“文件菜单”包含 26 个选项，如图 2-2 所示。

（1）输出：输出绘制好的图形文件，并设置不同的格式。
（2）页面设置管理器：页面设置与布局相关联并存储在图形文件中。
（3）绘图仪管理器：显示绘图仪管理器，其中可以添加或编辑绘图仪配置。
（4）打印样式管理器：显示打印样式管理器，从中可以修改打印样式表。
（5）打印预览：将要打印图形时显示此图形。
（6）打印：将绘制好的图形打印到绘图仪、打印机或文件。

2）编辑菜单

“编辑菜单”共包含15个选项，如图2-3所示。

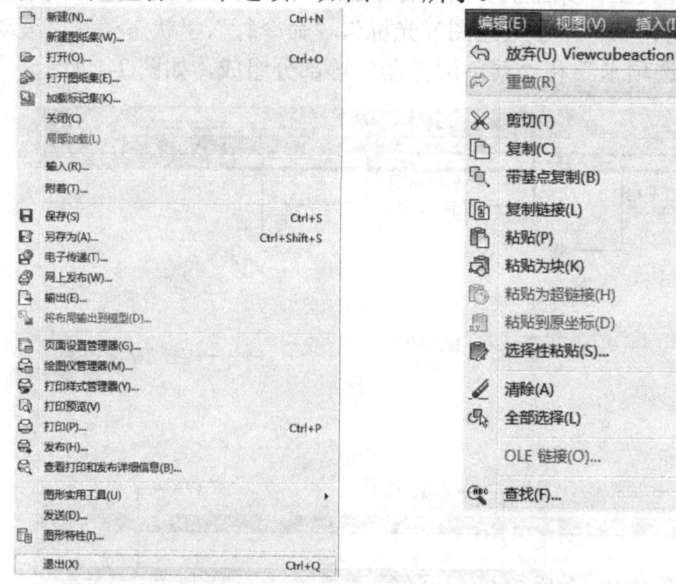

图2-2　文件菜单栏　　　　图2-3　编辑菜单栏

（1）粘贴为块：把剪贴板上的图形内容当成一个图块粘贴到当前文件中。
（2）清除：清除选中的图形内容。
（3）全部选择：选择当前绘图文件中所有可见的图形。

3）视图菜单

“视图菜单”主要用来改变当前视图和创建新视图，如图2-4所示。

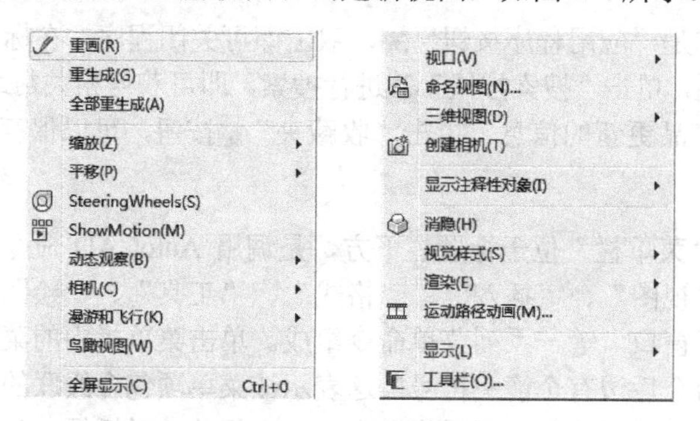

图2-4　视图菜单栏

（1）重生成：在当前视口中重新生成并刷新整个图形。
（2）视口：显示用户模型的不同视图的区域。

4）插入菜单

"插入菜单"共包括 16 个选项，如图 2-5 所示。

（1）布局：是建立和设置布局的命令，包括新建布局、来自样板的布局和创建布局向导 3 个子菜单。

（2）外部参照：可以将整个图形作为参照图形附着到当前图形中。与插入块不同，外部参照引用的图形文件并不真正插入，只是在两个图形之间建立一种联系，使另外一个图形文件显示在当前绘图文件中，所以引用的图形在当前文件内是不能编辑的，也不会显著增加图形文件的大小。

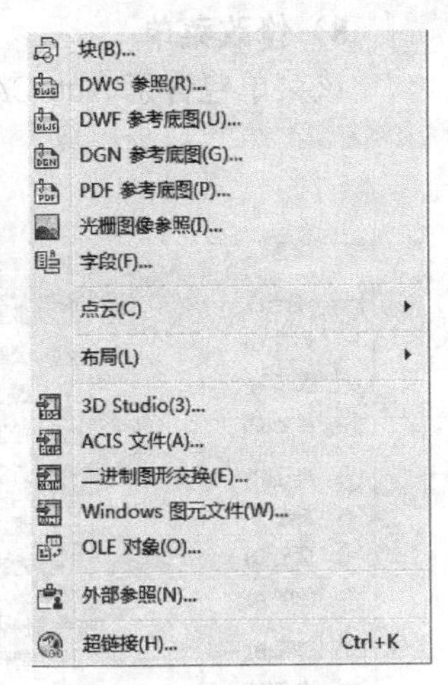

图 2-5 插入菜单栏

5）格式菜单

"格式菜单"共包括 19 个选项，主要包括"图层"、"颜色"、"线型"、"线宽"、"文字样式"、"标注样式"、"打印样式"、"点样式"、"多线样式"、"单位"、"图形界限"及"重命名"等选项，如图 2-6 所示。

6）工具菜单

AutoCAD2011 软件的应用工具都集中在这个菜单下，共有 30 个选项，如图 2-7 所示。

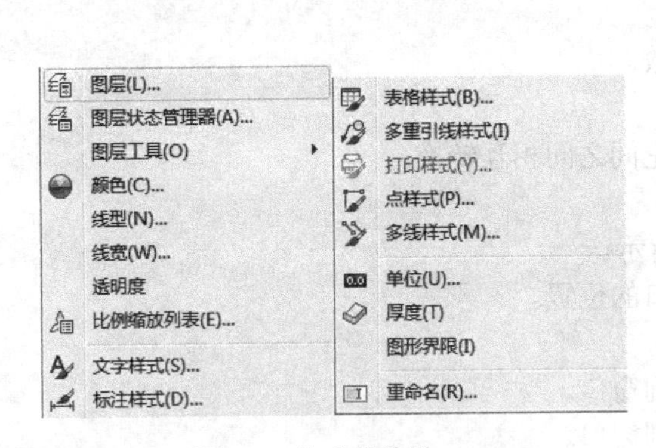

图 2-6 格式菜单栏

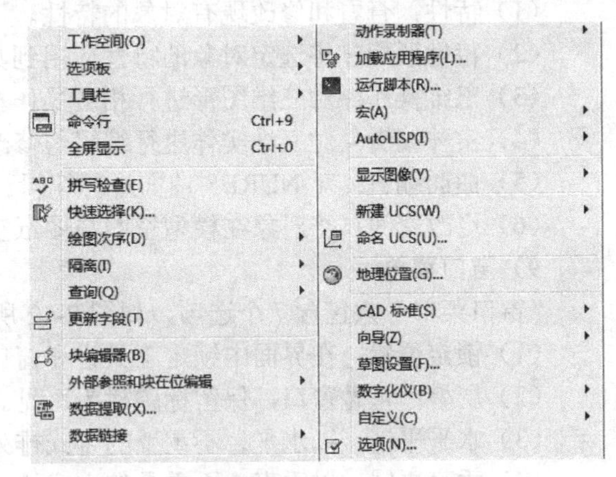

图 2-7 工具菜单栏

（1）绘图次序：用于控制重叠对象的显示顺序，包括 6 个菜单，如图 2-8 所示。

（2）隔离：对选择的对象进行单独操作，包含 3 个选项，如图 2-9 所示。

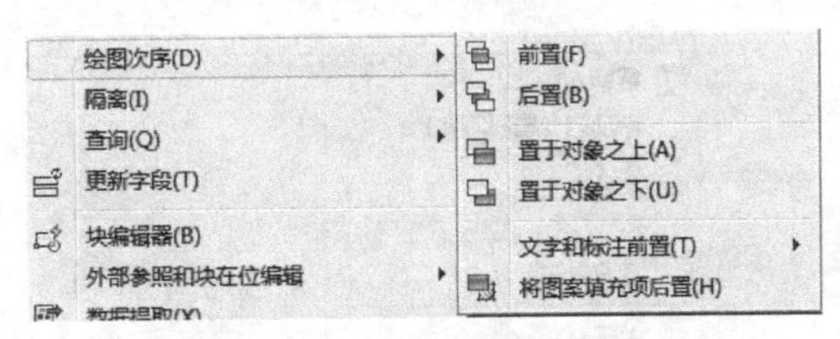

图 2-8 绘图次序

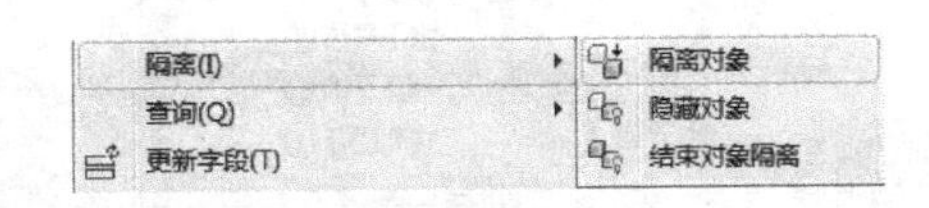

图 2-9 隔离

（3）查询：用于查询距离、面积、点坐标、时间、列表等图形信息，共包含 11 个选项。

（4）块编辑器：打开编辑块定义对话框。

7）标注菜单

"标注菜单"包含了 AutoCAD2011 所有的尺寸标注和标注修改命令，共有 24 个选项，如图 2-10 所示。

8）修改菜单

该菜单包含了 AutoCAD2011 所有的修改命令，共有 28 个选项，如图 2-11 所示。

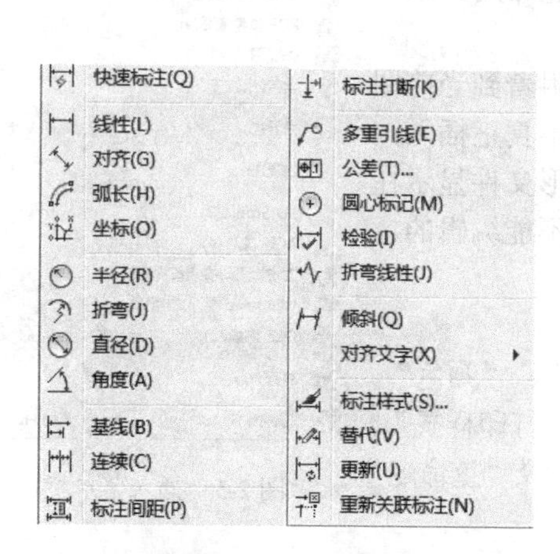

图 2-10　标注菜单栏

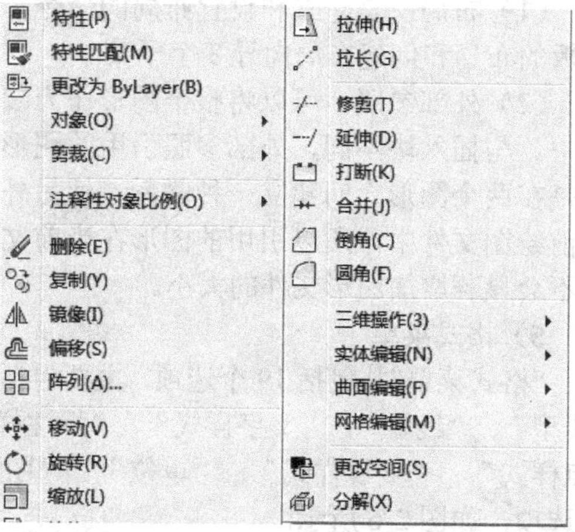

图 2-11　修改菜单栏

（1）特性：查看和修改现有对象的特性。

（2）特性匹配：将选定对象的特性应用到其他对象。

（3）三维操作：对三维图形进行相应操作。

（4）实体编辑：对三维实体进行编辑与修改。

（5）曲面编辑：对 NURBS 曲面进行编辑。

（6）更改空间：将对象在模型空间与图纸空间之间相互转换。

9）窗口菜单

“窗口菜单”共包含 7 个选项，如图 2-12 所示。

（1）锁定位置：在界面中锁定工具栏和窗口的位置。

（2）层叠：重叠窗口，保留标题栏为可见。

（3）水平平铺：以水平、不重叠的方式排列窗口。

（4）垂直平铺：以垂直、不重叠的方式排列窗口。

10）帮助菜单

“帮助菜单”用于查询 AutoCAD2011 程序信息，共包括 5 个选项，如图 2-13 所示。

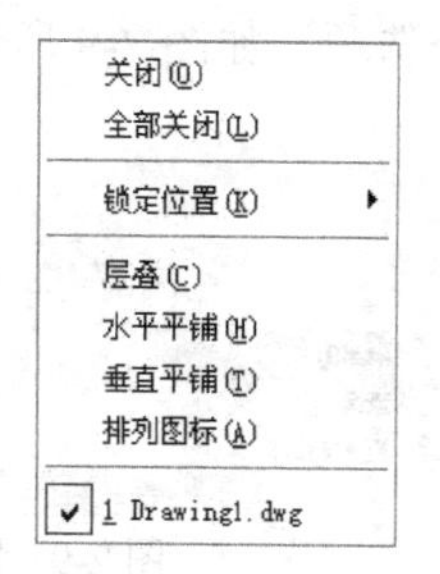

图 2-12　窗口菜单

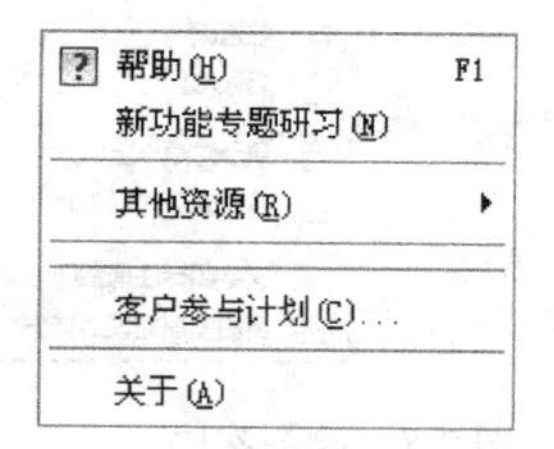

图 2-13　帮助菜单

2.1.3　状态栏

“状态栏”位于绘图窗口的底部，具有显示绘图坐标、提示图形信息等多重功能。在状态栏区域分布着“捕捉”、“栅格”、“正交”、“极轴”、“对象捕捉”、“对象追踪”、

“DUCS”、“DYN”、“线宽”、“模型/图纸”等多个辅助绘图工具按钮，如表 2-1 所示。

表 2-1 状态栏各按钮含义

状态按钮	名称及含义	状态按钮	名称及含义
	推断约束		对象捕捉追踪
	捕捉模式		允许/禁止动态 UCS
	栅格显示		动态输入
	正交模式		显示/隐藏线宽
	极轴追踪		显示/隐藏透明度
	对象捕捉		快捷特性
	三位对象捕捉		选择循环

2.1.4 绘图窗口

“绘图窗口”是 AutoCAD 软件绘制和编辑图形文件的主要场所。在 AutoCAD2011 软件中，每次创建新的图形文件或打开已有的图形文件时，都会在绘图窗口中显示出其当前图形文件的基本信息和内容。

1）十字光标

在绘图区域中，“十字光标”的交点位置指示的是光标在当前坐标系中的位置。十字线的方向与当前用户坐标系的 X 轴、Y 轴方向平行。

2）修改绘图区域的颜色

在默认情况下，AutoCAD2011 的“绘图区域”是黑色的背景、白色线条。可以针对黑色背景进行修改，具体步骤如下：选择“工具→选项”命令，打开“选项”对话框，切换到“显示”选项卡中。单击“窗口元素”区域中的“颜色”按钮，打开“图形窗口颜色”对话框。在“颜色”下拉列表中选择需要的颜色，单击“应用并关闭”按钮，则可以改变绘图区域的背景颜色。

3）模型选项卡和布局选项卡

在绘图窗口的底下设有“模型”选项卡和“布局”选项卡，分别用于显示模型空间和图纸空间的图形文件内容。一般情况下，在模型空间绘制与编辑图形，在图纸空间进行文字、尺寸标注及图形布局与打印输出设置。

2.1.5 文本窗口

在 AutoCAD2011 系统中，“文本窗口”提供了调用命令的第三种方式——命令行方式。文本窗口的底部即为命令行，绘制与编辑图形时，在 AutoCAD2011 系统提示下，键盘直接输入各相关命令的快捷键来完成图形的绘制与编辑工作。AutoCAD 命令的执行过程在文本窗口区域都有记载，需要时可以查阅历史操作记录。

2.2 指令及数据的输入方法

前面讲的“绝对坐标”和“相对坐标”都可以作为一种坐标输入的方式。此外，在 AutoCAD 系统中还可以采用以下几种输入方式。

2.2.1 键盘和鼠标

在 AutoCAD 软件中绘制园林图形，“键盘录入”和“鼠标点击”是两种常用的输入方式。

1）键盘

在 AutoCAD2011 系统中，在绘图窗口和状态栏之间是文本窗口和命令行，也是“键盘录入”的主要区域，如图 2-14 所示。

AutoCAD 系统为绘图人员提供了大量可以键盘输入的快捷命令。绘制园林图形时，应该时刻关注命令行的一些提示文字，特别是初学者，首先要按照命令行的提示语言输入相应的 AutoCAD 命令，并按“回车键”或“空格键”进行操作确认。或者按“Esc”键取消当前命令。

2）鼠标

“鼠标”是 AutoCAD 中最常用的输入设备。一般情况下，鼠标左键主要用来指定位置、编辑对象及选择菜单选项、对话框按钮和字段。鼠标右键主要用来结束正在进行的命令、显示快捷菜单（见图 2-15）、显示“对象捕捉”菜单及显示“工具栏”对话框。鼠标上的滑轮可以转动或按下，在图形中进行缩放和平移，而无需使用其他命令。

在利用鼠标滑轮辅助绘图时，向前转动鼠标滑轮，图形被放大；向后转动滑轮，图形被缩小。双击鼠标滑轮，缩放到图形范围。按住滑轮按钮并拖动鼠标，是实时平移。将 MBUTTONPAN 系统变量设置为 0 并单击滑轮按钮，会显示“对象捕捉”菜单。

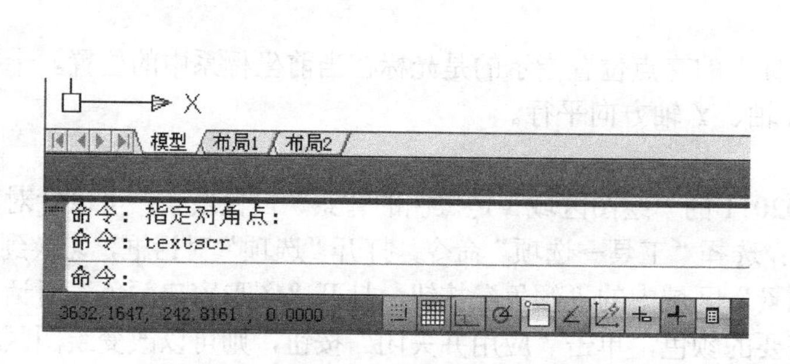

图 2-14　AutoCAD 文本窗口和命令行

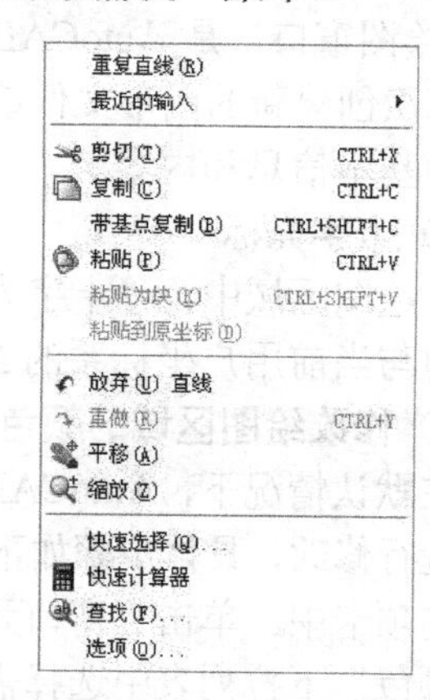

图 2-15　绘图区域右键快捷菜单

2.2.2　菜单与工具栏

绘制园林图形时，通过“菜单栏”和“工具栏”等方式调用命令也很常用。

1）菜单栏

AutoCAD 中的经典“菜单栏”是一种级联的层次结构，利用鼠标左键单击需要的菜单命令，便可进行相应的操作，如图 2-16 所示。

此外，某些菜单项右侧显示有组合键形式，如图 2-16 中的“Ctrl + O”，操作时可以直接选择“Ctrl + O”组合键，便可在绘图中执行全屏操作。

2）工具栏

使用“工具栏”上的按钮可以启动命令。将鼠标指针移到工具栏按钮上停留几秒，该按钮会呈现凸起状态，并提示出该命令的名称，如图 2-17 所示。右下角带有小黑三角形的按钮是包含相关命令的弹出工具栏。

在 AutoCAD 软件中，有“固定”工具栏和“浮动”工具栏两种。利用工具栏命令绘图时，可以显示或隐藏工具栏、锁定工具栏位置和调整工具栏大小。浮动工具栏可以显示在绘图区域的任意位置，可以将浮动工具栏拖动至新位置、调整其大小或将其固定（见图 2-18）。固定工具栏附着在绘图区域的任意边上，可以通过将固定工具栏拖到新的固定位置来移动它。

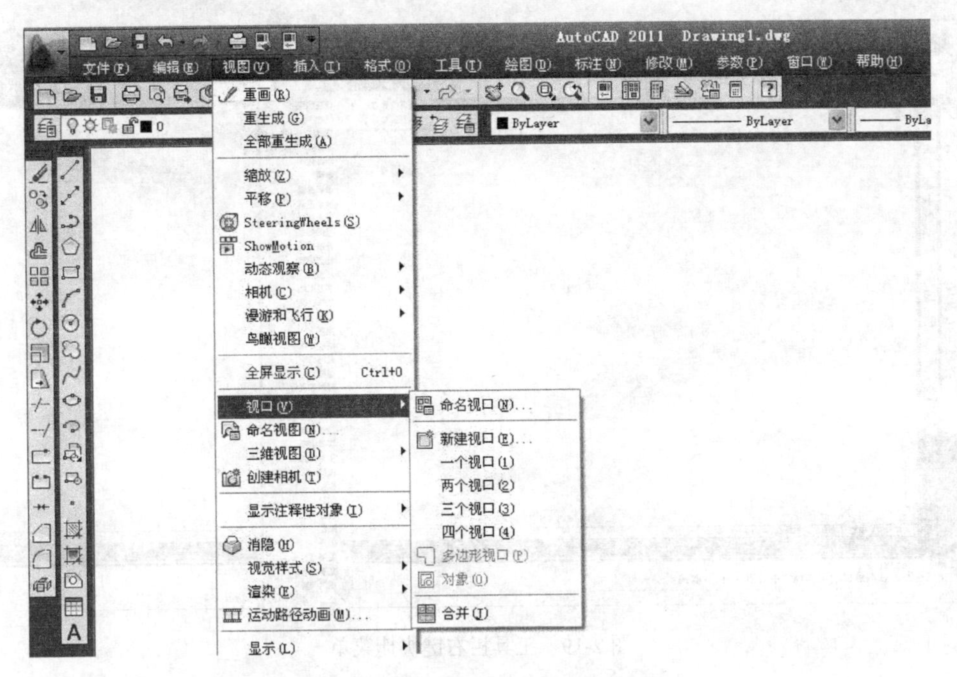

图 2-16　AutoCAD 中的“菜单”层次结构

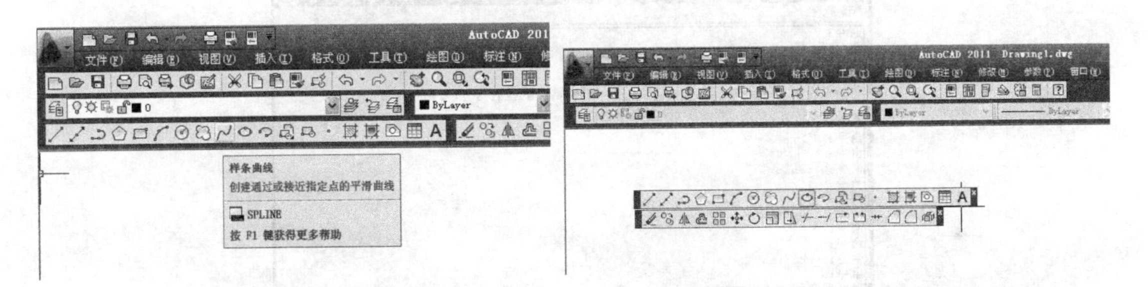

图 2-17 “工具”提示　　　　图 2-18 “固定”与“浮动”工具栏

AutoCAD2011 系统中只显示“标准”、“特性”、“图层”、“绘图”和“修改”等五个工具栏。如果需要显示其他隐藏的工具栏，可以右键单击屏幕上的任一工具栏，然后单击快捷菜单上的某个工具栏，则该工具栏便会显示在绘图屏幕中。在右键弹出的快捷菜单中，前面带有“√”标识的工具栏已经在屏幕中显示，不带该标识的则为当前还处于隐藏状态的工具栏，如图 2-19 所示。

当需要隐藏屏幕中某一工具栏时，可以通过取消右键快捷菜单中的“√”标识方式，也可以双击屏幕中需要隐藏的工具栏，使其处于浮动状态，然后单击工具栏的“关闭”按钮将其隐藏。

2.2.3　文本窗口和对话框

在 AutoCAD 系统中，图形绘制的所有操作步骤，都被保存在“文本窗口”中，如图 2-20 所示。在园林绘图过程中，如果想了解已经完成哪些操作，可以通过以下几种方式调出文本窗口。

（1）功能键：在 AutoCAD 系统中按 **F2** 键。

（2）菜单：视图→显示→文本窗口。

（3）命令行：调用 **textscr** 命令。

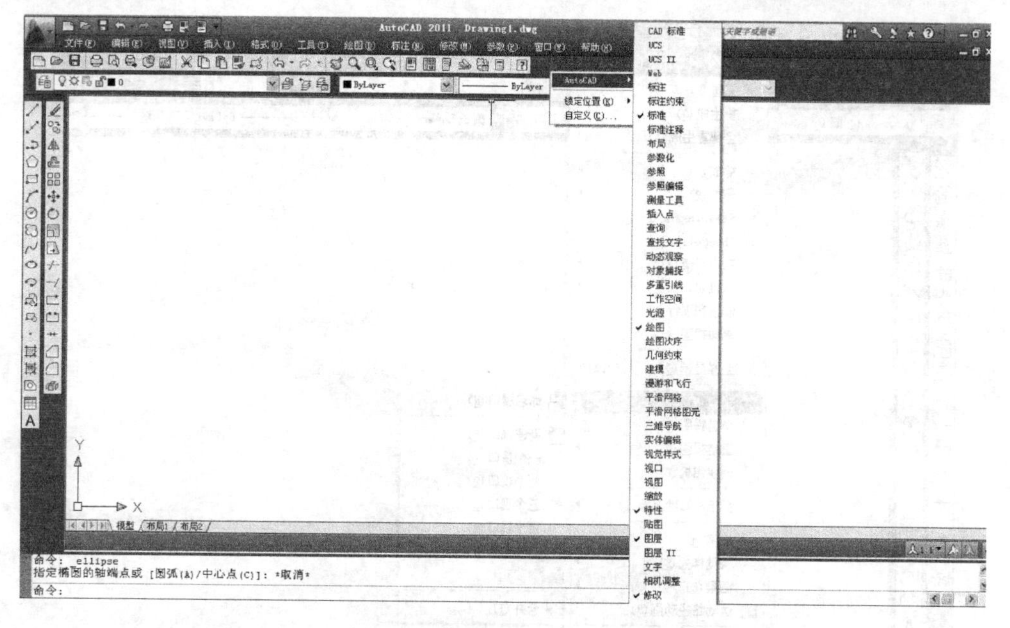

图 2-19　工具栏右键快捷菜单

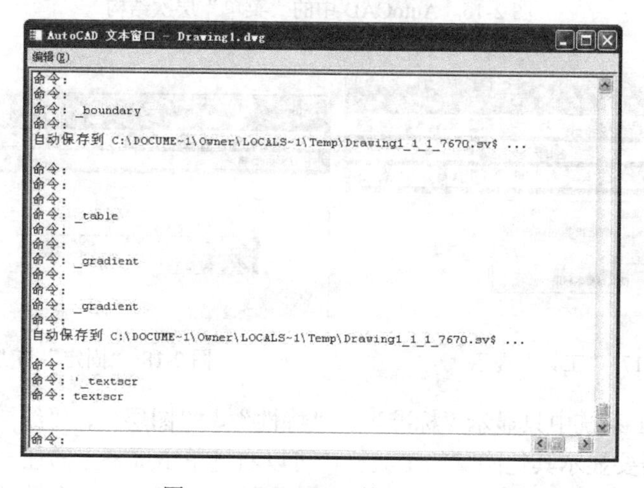

图 2-20　AutoCAD 的文本窗口

2.3　视图操作

在 AutoCAD 中绘图时，由于显示器大小的限制，很难看清楚一些复杂园林图形的全部内容和局部细节内容。为了便于观察图形，AutoCAD2011 提供了缩放、平移、视图、鸟瞰视图和视口命令等多种改变图形显示的方式。在绘图过程中，可以通过窗口缩放显示方式观察图形的局部细节内容，也可以用全部缩放的显示方式浏览图形整体布局，还可以通过平移工具来改变视图在绘图区域中的位置等。此外，AutoCAD 还提供了重新生成命令来重新生成图形，以改变一些弧线分段的显示状态。这些命令不会改变图形的实际尺寸，只用于改变图形在显示器上的显示方式，并不会使图形产生实质上的改变。

2.3.1　图形的缩放

1）命令调用方式

（1）菜单：视图→缩放子菜单。

（2）命令行：**ZOOM/Z**。

（3）快捷菜单：执行“缩放”命令后单击右键。

2）命令格式

执行命令→指定窗口的角点，输入比例因子 (nX 或 nXP)，或者[全部(A)/中心(C)/动态(D)/范围(E)/上一个(P)/比例(S)/窗口(W)/对象(O)] <实时>：→选择其中选项→回车。

在园林绘图中，通常利用“实时缩放”工具来完成缩放观察过程。从而得到需要放大或缩小的图形。缩放只是改变绘图区内的视图大小，并不会改变图形的实际尺寸。执行缩放命令后，该命令包含多个子命令。

（1）全部(A)：缩放到图形文件的绘图界线。

（2）范围(E)：缩放到显示图形的最大范围。

（3）比例(S)：通过输入缩放比例因子来改变视图的大小。当比例因子大于 1，将放大视图；比例因子小于 1，将缩小视图。

（4）中心(C)：通过指定新的显示中心和新的缩放比例或画面高度改变视图的大小。缩放时，输入越小的数，图形对象显示则越大；输入越大的数，图形对象显示则越小。

（5）窗口(W)：根据系统提示指定矩形的两个角点，则矩形区域内的图形最大化显示至满屏。

（6）动态(D)：通过视图框进行视图窗口的动态调整，动态地改变视图显示状态。

（7）上一个(P)：重新返回图形的上一次视图显示。最多可恢复此前的 10 个视图。

（8）实时(Z)：根据鼠标移动的方向和距离确定显示比例。垂直向上移动放大视图，垂直向下移动缩小视图。

此外，选择标准工具栏上的“实时缩放”按钮，此时鼠标会变成与实时缩放相对应的放大镜形状。按住鼠标左键垂直向下移动，则随着移动距离的增加，图形不断地被缩小，如图 2-21 所示。反之，按住鼠标左键垂直向上移动，则随着移动距离的增加，图形不断地被放大，如图 2-22 所示。

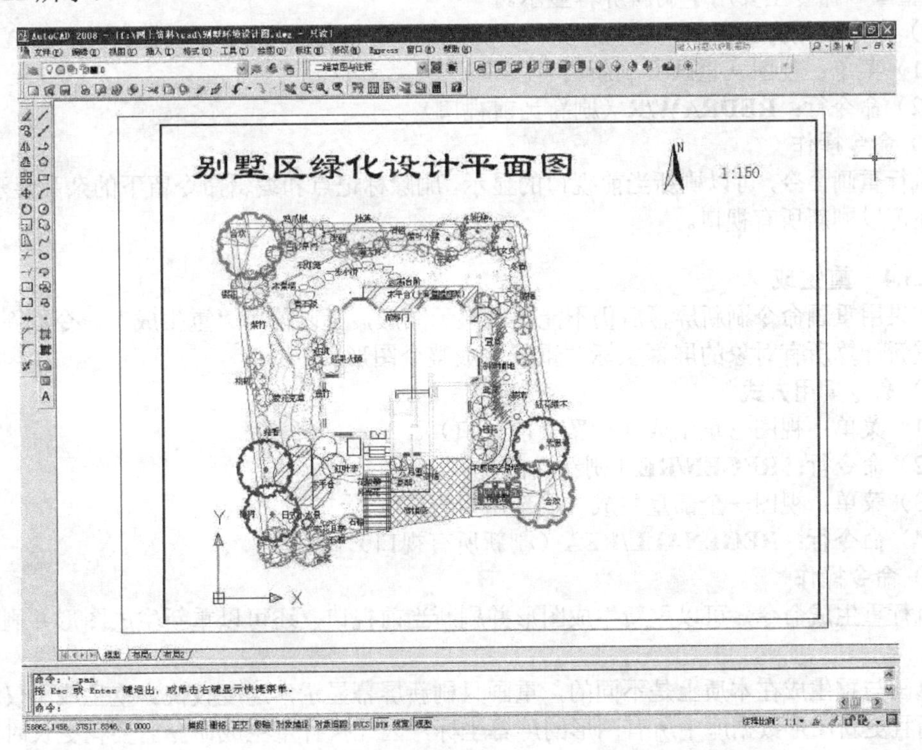

图 2-21

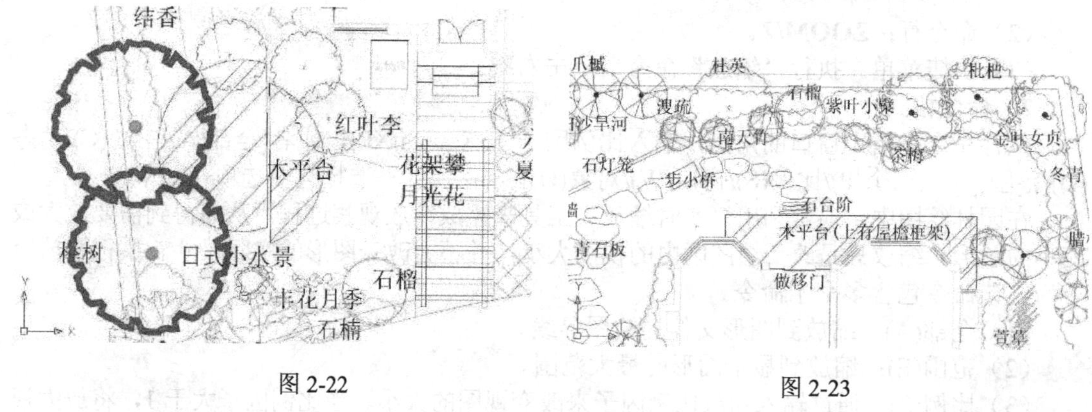

图 2-22　　　图 2-23

2.3.2　图形的平移

利用实时“平移”工具可以完成浏览图形的其他部分的平移操作。

1）命令调用方式

（1）菜单：视图→平移。

（2）命令行：**PAN/P**。

（3）快捷菜单：按住鼠标滚轮。

2）命令操作

选择标准工具栏上的“实时平移”按钮，此时鼠标会变为“手”的形状，按住鼠标左键在绘图窗口中向任意方向拖动，或按住鼠标中间滚轮不放，鼠标也会变为“手”形状，左右拖动，则窗口中的图形对象也会随之移动，如图 2-23 所示。

2.3.3　重画

“重画”命令主要用于刷新屏幕显示。

1）命令调用方式

（1）菜单：视图→重画（刷新所有视口）。

（2）命令行：**REDRAW/R**（刷新当前视口）。

2）命令操作

执行重画命令，可以刷新当前视口的显示，删除标记点和编辑命令留下的杂乱显示内容，同时还可以刷新所有视口。

2.3.4　重生成

如果用重画命令刷新屏幕后仍不能正确显示图形，可以使用“重生成”命令刷新当前视口，重新计算所有对象的屏幕坐标并重新生成整个图形。

1）命令调用方式

（1）菜单：视图→重生成（刷新当前视口）。

（2）命令行：**REGEN/RE**（刷新当前视口）。

（3）菜单：视图→全部重生成（刷新所有视口）。

（4）命令行：**REGENALL/REA**（刷新所有视口）。

2）命令操作

执行重生成命令，可以重新生成图形并刷新当前视口，还可以重新生成图形并刷新所有视口。

重画与重生成在本质上是不同的，重画只刷新屏幕显示，速度较快。重生成不仅刷新显示，而且更新图形数据库中所有图形的屏幕坐标，因此执行重生成命令需要花更长时间。当图形比较复杂时，使用重生成命令所用时间要比重画命令所用时间长很多。

2.3.5 FILL 命令

“FILL 命令”用于控制诸如图案填充、二维实体和宽多段线等对象的填充。

1）命令调用方式

（1）菜单：工具→选项→显示→显示性能→应用实体填充。

（2）命令行：**FILL**。

2）命令操作

调用该命令后，关闭“填充”模式时，宽多段线、实体填充多边形、渐变填充和图案填充以轮廓的形式显示。除图案填充和渐变填充外，对于隐藏视图和三维非平面视图，实体填充会自动关闭。

注意：填充模式设置完毕，必须在执行图形“重生成”命令后才能在视图中显示对象填充的修改效果。

2.4 图形文件的操作

2.4.1 创建新的图形

启动 AutoCAD2011 系统后，可以通过以下途径来创建新的图形文件。

1）命令调用方式

（1）工具栏：。

（2）菜单：文件→新建。

（3）命令行：**NEW**。

（4）快捷键：**Ctrl+N**。

2）选择样板对话框设置

执行新建文件命令后，系统会弹出“选择样板”对话框。在该对话框中可以快速创建新图形。

2.4.2 打开已有的图形

该命令在 AutoCAD 中用于打开已有的图形文件。

1）命令调用方式

（1）工具栏：。

（2）菜单：文件→打开。

（3）命令行：**OPEN**。

（4）快捷键：**Ctrl + O**。

2）选择文件对话框设置

执行打开文件命令后，系统将弹出选择文件对话框。

（1）搜索：用于给定文件搜索路径。

（2）预览：用于显示选定文件的预览图像。

（3）文件名：用于显示需要打开的文件名称。

（4）文件类型：用于指定需要打开的文件类型。主要包括.dwg 文件、.dwt 文件、.dxf 文件和.dws 文件等。

①.dwg 文件是保存矢量图形的标准文件格式。

②.dwt 文件是图形样板文件的扩展名。

③.dxf 文件是用文本形式存储的图形文件。

④.dws 文件包含标准图层、标注样式、线型和文字样式的样板文件。

（5）打开按钮：单击该按钮可打开指定的图形文件。

2.4.3 保存图形

保存图形命令在AutoCAD中用于保存已有的图形文件。

1）调用保存图形命令的方式

（1）工具栏：。

（2）菜单：文件→保存。

（3）命令行：**QSAVE**。

（4）快捷键：**Ctrl+S**。

2）另存为对话框设置

执行保存图形命令后，如果当前图形还没有命名，则系统会弹出“另存为”对话框，在该对话框中需要指定保存图形文件的名称、类型和路径等部分内容。默认情况下文件以（*.dwg）格式保存，也可以在“文件类型”下拉列表框中选择其他格式进行存储。

3）自动保存设置

为了防止计算机故障或者意外情况的发生导致正在绘制的图形文件丢失，可以对当前图形文件设置自动保存。在命令行里输入“SAVEFILEPATH”设置“自动保存”图形文件的位置。在命令行里输入“SAVETIME”指定在使用“自动保存”的间隔时间，单位为分钟。

2.4.4 退出AutoCAD系统

在AutoCAD绘图中，可通过以下几种方式退出AutoCAD。

（1）控制按钮：用鼠标单击AutoCAD2011主窗口右上角的“关闭”按钮。

（2）菜单：文件→退出。

（3）命令行：**EXIT**。

在退出AutoCAD时，如果当前图形文件的修改操作还没有保存过，则系统会提示退出AutoCAD系统前是否保存对图形文件所做的修改。此时选择“是”按钮，系统将保存图形文件；若选择“否”按钮，系统将不保存图形文件，如图2-24所示。

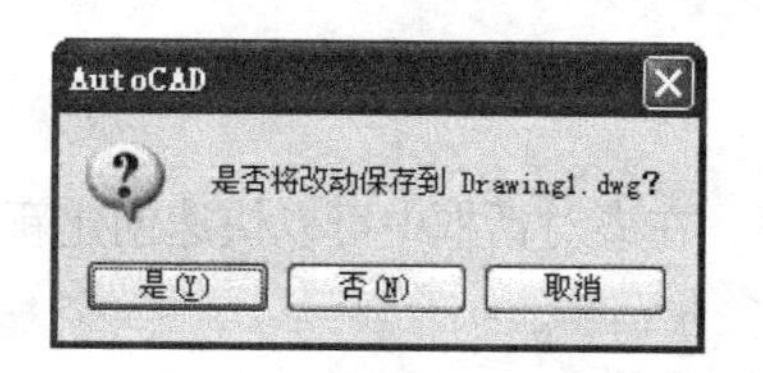

图2-24

本章小结

本章对AutoCAD的工作界面和基本操作进行了详细的描述，AutoCAD2011的工作界面比以前的版本没有太大的改动，AutoCAD 2011的经典工作界面主要由标题栏、应用程序按钮、菜单栏、快速访问工具栏、绘图窗口、十字（绘图）光标、命令行、状态栏、滚动条、坐标系图标、模型/布局选项卡和菜单浏览器等部分组成。还对其中标题栏、菜单栏、状态栏、绘图窗口和文本窗口进行了介绍，介绍了指令和数据的输入方法，以及图形操作的各种输入命令。通过对本章的学习，不仅能使初学者对AutoCAD 2011的工作界面有了详细的认识，还能让初学者对AutoCAD 2011的各种命令有初步的认识和了解。

习题

1）AutoCAD2011保存文件的类型有哪几种？

2）简述如何修改AutoCAD2011绘图区域背景的颜色？

3）简答AutoCAD2011的工作界面由哪几个部分组成？

4）新建一个图形文件001，保存退出。

5）进入AutoCAD2011后，打开图形文件001。

6）何谓“视图”？打开上题的绘图文件，对它进行缩放和移动，然后关闭它，看看有什么现象？

3 绘制二维图形

3.1 绘图坐标系设置

创建精确的园林图形是园林施工图设计的重要前提，关键就是精确地给出园林图形各个点的坐标。因此，园林设计人员应该详细了解 AutoCAD 系统中的各种坐标系。

3.1.1 笛卡儿坐标系

“笛卡儿坐标系”是直角坐标系和斜角坐标系的统称。相交于原点的两条数轴，构成了平面放射坐标系。如两条数轴上的度量单位相等，则称此放射坐标系为“笛卡儿坐标系”。两条数轴互相垂直的笛卡儿坐标系，称为笛卡儿直角坐标系，否则称为笛卡儿斜角坐标系。在二维中，可以在 XY 平面（也称为工作平面）上指定点。笛卡儿坐标系的工作平面类似于平铺的网格纸，X 值指定水平距离，Y 值指定垂直距离。原点(0,0)表示两轴相交的位置。在三维中，笛卡儿坐标系有三个轴，即相互垂直的 X、Y 和 Z 轴。输入坐标值时，需要指示沿 X、Y 和 Z 轴相对于坐标系原点 (0,0,0)的距离（以单位表示）及其方向（以正、负表示），如图 3-1 所示。

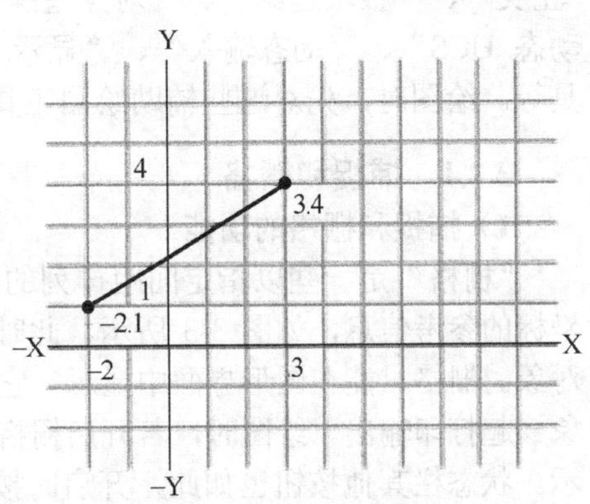

图 3-1 笛卡儿坐标系

3.1.2 极坐标系

“极坐标系”由极点和极轴构成，极轴的方向为水平向右，如图 3-2 所示。在平面内取一个顶点 O，作为极点，引一条射线OL，作为极轴，再选定一个长度单位和角度的正方向（通常取逆时针方向为正）。对于平面内任何一点 M，θ 表示从 OL 到 OM 的角度，r 叫做点 M 的极径，θ 叫做点 M 的极角，有序数对 (r,θ)就叫做点 M 的极坐标，这样建立的坐标系叫做极坐标系。通常，在 AutoCAD 系统中，用（r <θ）来表示，长度和角度之间用小于号“＜”分隔。如坐标（10＜30）表示该点距离原点(0,0)10 个单位且该点与原点连线与 0° 方向的夹角为 30° 。

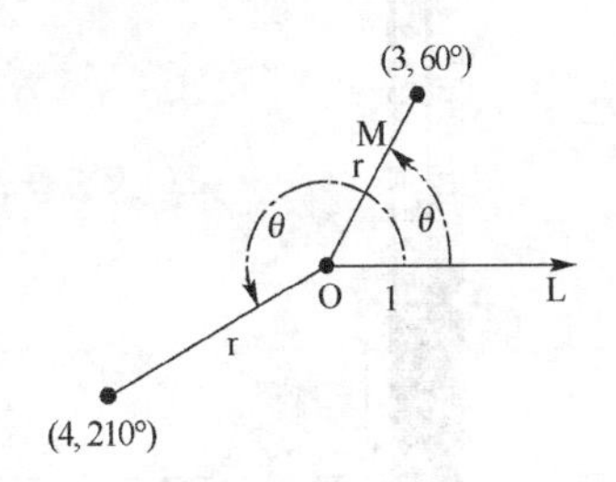

图 3-2 极坐标系

3.1.3 相对坐标

所谓“相对坐标”，就是基于上一输入点的相对距离。在园林绘图中，如果知道某点与前一点的位置关系，可以使用相对坐标进行表达。相对坐标输入时，在坐标前面要添加一个“@”符号作为标识。例如，输入（@5,10）坐标指定一点，则表示该点相对于前一点沿 X 轴向右移动 5 个单位，沿 Y 轴向上移动 10 个单位。

在输入相对坐标时，既可以使用笛卡儿坐标，又可以使用极坐标，如（@20，40）和（@10＜45）是相对坐标的不同表示方法。

3.1.4 世界坐标系和用户坐标系

AutoCAD 系统有两个坐标系：一个是被称为“世界坐标系” (WCS，World Coordinate System) 的固定坐标系，这个坐标系是 AutoCAD 坐标系统的缺省设置，平时通常都是在 WCS 下进行园林图形的绘制和编辑；另一个是被称为“用户坐标系” (UCS，User Coordinate System)

的可移动坐标系，可以与WCS进行相互变换。默认情况下，这两个坐标系在新图形中是重合的。

在 AutoCAD 三维建模时，经常需要调整坐标系的坐标原点和坐标轴方向，相对于世界坐标系（WCS）而言，用户坐标系（UCS）更适应三维建模的需要。如果在用户坐标系（UCS）下想要参照世界坐标系（WCS）指定点，需要在坐标值前加星号“*”表示。

3.2 辅助绘图工具设置

在园林绘图中，不仅需要反映设计师的设计思想和意图，而且还要保证图形信息的准确性。因此在进行具体图形绘制之前，应先设置好适合的绘图环境，以便准确创建与修改图形，大大提高园林绘图的工作效率。AutoCAD2011 所提供的辅助绘图工具包括“捕捉”、“栅格”、“正交”、“极轴追踪”、“对象追踪”、“对象捕捉”、“三维对象捕捉”、“允许/禁止动态 UCS”、“动态输入”、“显示/隐藏线宽”、“显示/隐藏透明度”等多项辅助绘图工具等。绘图时，先对这些辅助绘图工具进行设置，可以显著提高绘图的效率。

3.2.1 捕捉和栅格

1）捕捉和栅格的功能

“栅格”是一些以指定间距排列的点。绘图时，打开捕捉和栅格按钮，屏幕上会显示出坐标的参考信息，如图 3-3 所示，此时可以直接使用鼠标准确定位目标点来绘制或编辑图形对象。栅格只能在图形界面中显示，它并不是图形对象的组成部分，所以栅格不能随图形对象一起打印输出。绘图时，若开启栅格功能，栅格按钮的背景就会变成浅蓝色，如图 3-4 所示。状态栏其他按钮也如此，开启时按钮背景都会变为浅蓝色。

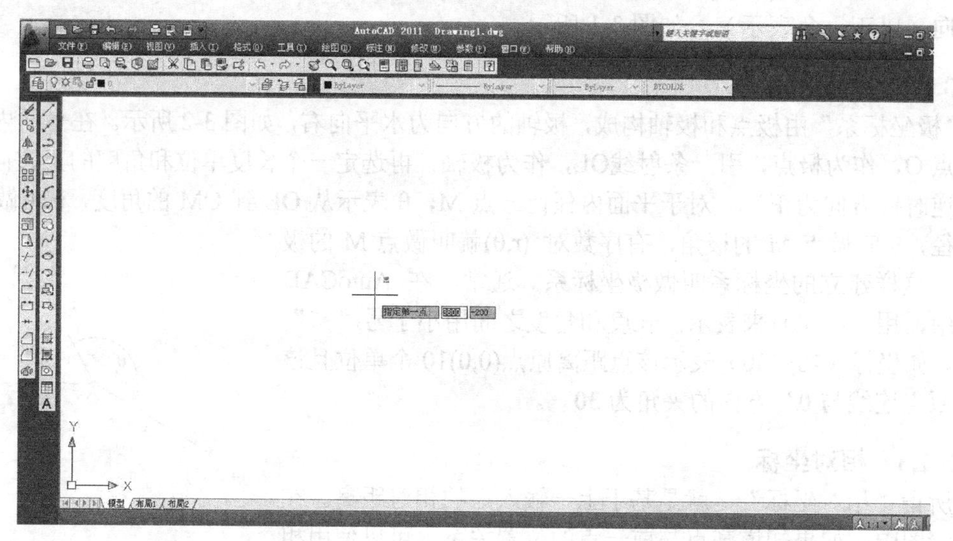

图 3-3

图 3-4

2）命令调用方式

（1）状态栏：使用状态栏中的“捕捉”与“栅格”按钮。

（2）功能键：**F9**（捕捉）与 **F7**（栅格）。

（3）菜单：工具→草图设置→捕捉与栅格。

（4）命令行：**SNAP**（捕捉）与 **GRID**（栅格）。

3）捕捉与栅格设置

园林绘图中，捕捉与栅格是比较重要的两个辅助绘图工具，使用之前必须对其进行科学设置。其设置方法如下：执行“工具”菜单中的“草图设置”选项，系统将弹出“草图设置”对话框，选择其中的“捕捉与栅格”选项卡，便可以对捕捉与栅格所属参数进行设置，如图 3-5 所示。

如果选中启用捕捉与启用栅格两个选项，系统将会打开捕捉与栅格操作模式。此时可以根据园林设计绘图的需要，对捕捉与栅格所属参数进行相应设置，最后单击“确定”按钮结束捕捉与栅格参数设置。确认后，绘图窗口所出现的一组点阵就是栅格。此时移动鼠标，发现鼠标只能在栅格点之间跳动，而无法选择栅格点以外的其他绘图区域，这是栅格与捕捉同时打开结合使用的结果，如图 3-6 所示。

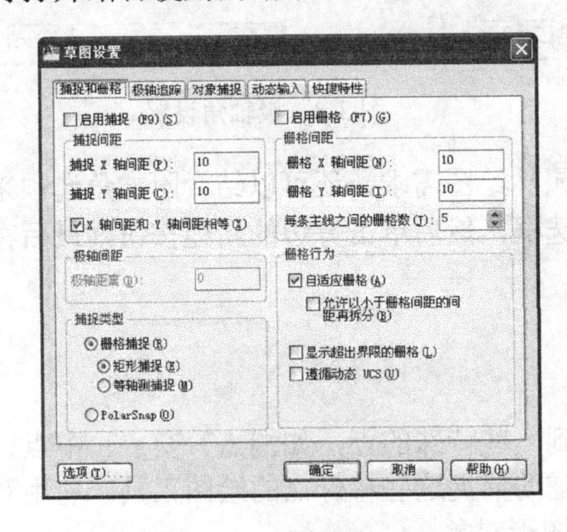

图 3-5

图 3-6

在 AutoCAD2011 绘图中，使用捕捉工具可以使鼠标更精确地定位。栅格设置在绘图窗口中所显示的一组点阵，如果不结合捕捉工具，移动鼠标不能准确定位到点阵中的点。

3.2.2 极轴追踪

1）极轴追踪功能

绘制园林图形时，打开“极轴追踪”模式，鼠标将按照极轴角度所设增量进行移动，即沿着设置好的极轴角度方向绘制园林图形。如果将极轴角度设置成 45°，绘制完倾斜直线后，当移动鼠标靠近设置的极轴角时就可以出现极轴追踪和角度值提示，如图 3-7 所示。

2）命令调用方式

（1）状态栏：使用状态栏中的“极轴”按钮。

（2）功能键：**F10**。

（3）菜单：工具→草图设置→极轴追踪。

3）极轴角设置。

执行“工具”菜单中的“草图设置”选项，系统将弹出草图设置对话框，选择其中的“极轴追踪”选项卡，便可以对极轴追踪所属参数进行相应设置，如图 3-8 所示。

在园林绘图中，常常需要对极轴角度进行设置。在极轴角度设置时，需要对增量角和附加角两个角度分别设置。

（1）增量角：在增量角下拉列表中，可以选择极轴追踪的增量角，也可以直接输入列表中没有的角度作为极轴追踪的增量角，此时所有 0° 和增量角的整倍数角度都会被追踪到。例如，将增量角设为 30º，则 0º、30º、60º、90º、120º、150º、180º、210º、240º、270º、300º、330º和 360º方向上的目标点都能被追踪到。

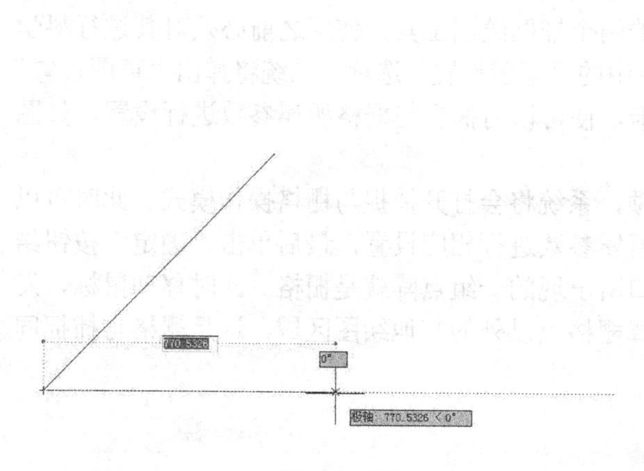

图 3-7　极轴

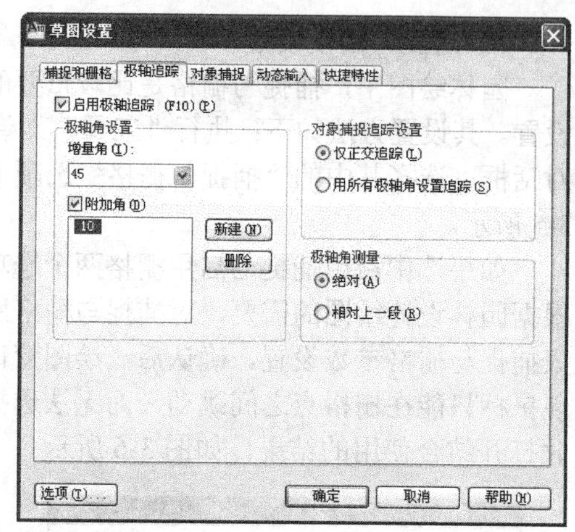

图 3-8　极轴角设置

（2）附加角：如果设置极轴增量角仍不能满足园林绘图需求，还可以结合附加角选项来实现极轴追踪功能。设置附加角时先选取附加角复选框，然后单击旁边的新建按钮，最后在下面的列表框中输入附加角的角度值。

3.2.3　对象捕捉

1）对象捕捉的功能

在利用 AutoCAD 绘制园林图形时，要经常用到一些特殊的点，如端点、交点、中点、垂足、圆心等。“对象捕捉”是 AutoCAD 软件中辅助捕捉这些特殊点的绘图工具。使用对象捕捉的前提条件是绘图窗口中必须有已绘制好的图形对象。

2）命令调用方式

（1）状态栏：使用状态栏中的“对象捕捉”按钮。

（2）功能键：**F3**。

（3）菜单：工具→草图设置→对象捕捉。

3）对象捕捉设置

执行“工具”菜单中的“草图设置”选项，在系统弹出的“草图设置”对话框中，选择“对象捕捉”选项卡。设置对象捕捉时，单击“全部选择”按钮选中所有的对象捕捉模式，也可以根据绘图需要选择要捕捉的点，从而加快绘图效率，如图 3-9 所示。

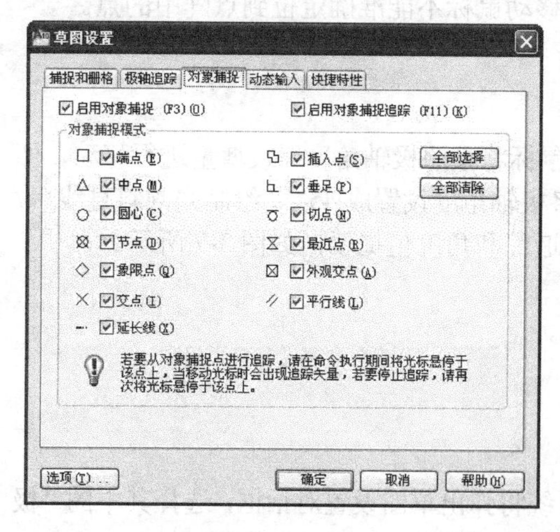

图 3-9　捕捉设置

在 AutoCAD2011 系统中，对象捕捉模式基本包括如下内容。

（1）捕捉到端点：用来捕捉圆弧、直线、多段线线段、样条曲线、射线等最近的端点或捕捉实体、三维面域最近的角点。

（2）捕捉到中点：用来捕捉圆弧、椭圆、椭圆弧、直线、多线、多段线、样条曲线、面域、实体的中点。

（3）捕捉到交点：用来捕捉圆弧、圆、椭圆、椭圆弧、直线、多线、射线、多段线、样条曲线、面域的交点。

（4）捕捉到外观交点：用来捕捉两个在三维空间不相交，但在当前视图中看起来相交的交点。

（5）捕捉到延伸线：用来捕捉某个对象及其延长线上的一点。

（6）捕捉到圆心：用于捕捉圆或圆弧的圆心。

（7）捕捉到象限点：用于捕捉圆弧、圆、椭圆或椭圆弧的象限点。在使用该方式时，可以将鼠标放到圆周上，能准确捕捉到圆周上0°、90°、180°和270°方向上的点。

（8）捕捉到切点：用于捕捉圆弧、圆、椭圆、椭圆弧或样条曲线的切点。

（9）捕捉到垂足：用于捕捉图形对象的垂点。

（10）捕捉到平行：用于捕捉选定直线平行方向上的一点。

绘制园林图形时，通常将对象捕捉方式设置成自动捕捉状态，移动鼠标时系统会自动判断符合需要的目标点并显示出捕捉标记。以上各种模式都是单点捕捉方式，即在绘图过程中给出特定的捕捉点，并用对象捕捉靶框作为标记。

3.2.4 对象捕捉追踪

1）对象追踪的功能

“对象追踪”指的是按照指定对象的指定关系绘制园林图形。AutoCAD提供的对象追踪功能，可以快速定位某些用对象捕捉不能直接捕捉到的点的位置。对象追踪必须配合自动对象捕捉来完成。绘图人员先根据对象捕捉功能确定对象的某一特征点，并将状态栏上的对象捕捉打开，设置相对应的捕捉类型，然后以该点为基准点进行对象追踪，以得到准确的目标点。因此，对象捕捉追踪在园林绘图中得到了广泛应用，如图3-10所示。

2）命令调用方式

（1）状态栏：使用状态栏中的“对象追踪”按钮。

（2）功能键：**F11**。

（3）菜单：工具→草图设置→对象捕捉追踪。

3.2.5 正交

1）正交的功能

“正交”也是园林绘图中常用的辅助绘图工具，使用它可以绘制出互相平行或互相垂直的直线。在AutoCAD绘图中，打开正交模式后，十字光标只能沿水平或垂直方向移动，如图3-11所示。

2）命令调用方式

（1）状态栏：使用状态栏中的“正交”按钮。

（2）功能键：**F8**。

（3）命令行：**ORTHO**。

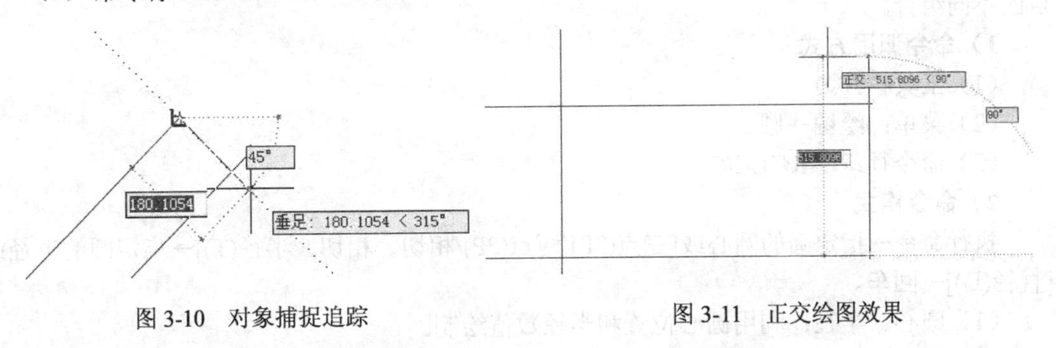

图3-10 对象捕捉追踪　　　　图3-11 正交绘图效果

3.3 基本绘图命令

3.3.1 绘制直线

在AutoCAD中可使用直线命令来绘制两点之间的直线段。只需给出起点和终点，即可绘制一条线段。命令不结束，可以接着绘制相连接的线段。按 Esc 键或 Enter 键可以退出直线绘制命令。

1）命令调用方式

（1）工具栏：![]。

（2）菜单：绘图→直线。

（3）命令行：**LINE/L**。

2）命令格式

执行命令→指定起点→指定下一点→指定下一点或[放弃(U)]→指定下一点或[闭合(C)/放弃(U)] →…→回车。

执行绘制直线命令后，当系统提示指定“第一点”时，可以直接从键盘输入该点的绝对坐标值，也可以在绘图窗口中单击鼠标左键直接进行点取，最后按回车键或空格键结束直线命令。

注意：使用直线命令连续绘制的多边形图形，每一个边都是单独的线段，可以对其进行单独编辑和修改。绘图时，在命令行里，输入 U，可取消刚刚绘制的线段；开启正交模式，可以绘制水平和垂直的直线。

直线是几何图形，在园林设计中经常利用该命令进行道路、场地、花池、水池等规则式构图设计，如图 3-12 所示。

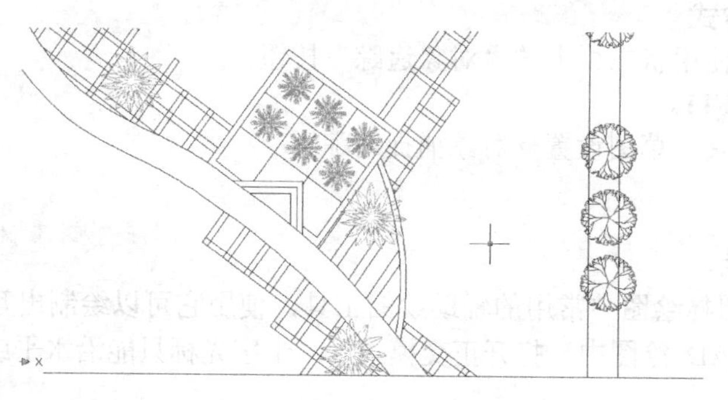

图 3-12　利用“直线”命令进行规则式构图设计

3.3.2　绘制圆

在 AutoCAD 中，要创建圆，可以指定圆心、半径、直径、圆周上的点和其他对象上的点的不同组合。

1）命令调用方式

（1）工具栏：![]。

（2）菜单：绘图→圆。

（3）命令行：**CIRCLE/C**。

2）命令格式

执行命令→指定圆的圆心或[三点(3P)/两点(2P)/相切、相切、半径(T)]→指定圆的半径或[直径(D)]→回车。

（1）圆心、半径：利用圆心位置和半径数值绘制圆。

（2）圆心、直径：利用圆心位置和直径数值绘制圆。

（3）两点：利用圆直径上的两个端点绘制圆。

（4）三点：利用圆周上的三点绘制圆。

（5）相切、相切、半径：指定半径和两个相切对象绘制圆。

（6）相切、相切、相切：绘制与三个选定对象相切的圆。

注意：从菜单执行命令可选择绘制圆的方式比较多，而从键盘输入命令和单击工具条按钮只能采用“圆心位置和半径数值”的画圆方式。圆形是几何图形，在园林设计中经常利用该命令进行花池、水池、景亭等方案组合设计，如图 3-13 所示。

3.3.3　绘制圆弧

圆弧的几何构成包括起点、端点和圆心，以及由这三点得到的半径、角度和弦长，如图 3-14 所示。

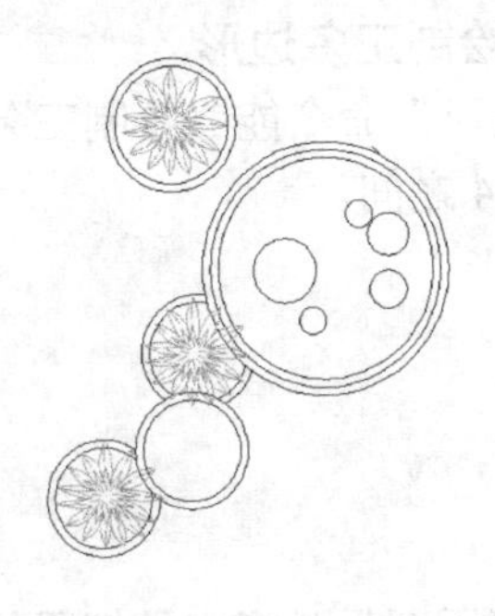

图 3-13　利用“圆心和半径”的方式进行花坛和水池设计

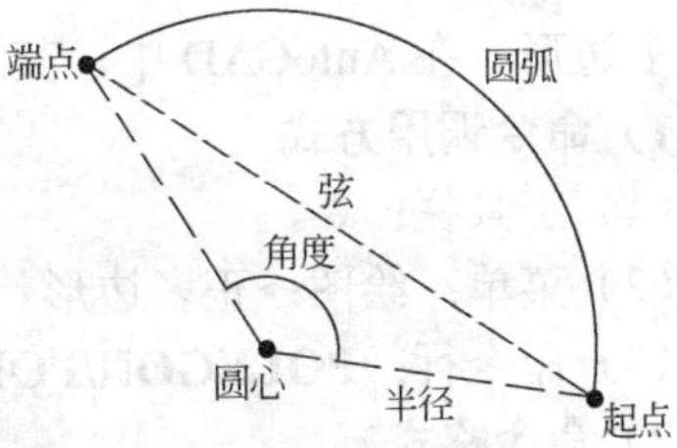

端点 圆弧 弦 角度 圆心 半径 起点

图 3-14　圆弧构成

根据圆弧的几何构成，AutoCAD 提供了多种方式来绘制圆弧。绘图时可以根据具体情况，选择不同的绘制圆弧方式（图 3-15）。

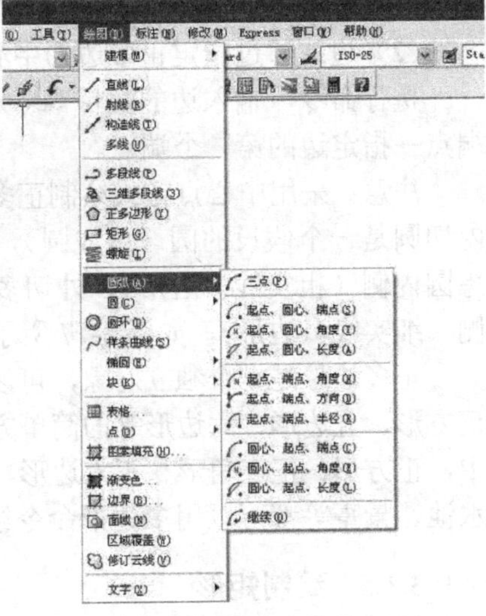

图 3-15

① 三点：依次绘制圆弧的起点、圆弧上一点和端点。

② 起点、圆心、端点：利用圆弧的起点、圆心位置和端点绘制圆弧。

③ 起点、圆心、角度：利用圆弧的起点、圆心位置和圆心角绘制圆弧。

④ 起点、圆心、长度：利用圆弧的起点、圆心位置和弦长绘制圆弧。

⑤ 圆心、起点、端点：利用圆弧的圆心位置、起点和端点绘制圆弧。

⑥ 圆心、起点、角度：利用圆弧的圆心位置、起点、圆心角绘制圆弧。

⑦ 圆心、起点、长度：利用圆弧的圆心位置、起点和弦长绘制圆弧。

⑧ 起点、端点、角度：利用圆弧的起点、端点和圆心角绘制圆弧。

⑨ 起点、端点、方向：利用圆弧的起点、端点和切线方向绘制圆弧。

⑩ 起点、端点、半径：利用圆弧的起点、端点和圆弧半径绘制圆弧。

1）命令调用方式

（1）工具栏：。

（2）菜单：绘图→圆弧→子菜单。

（3）命令行：**ARC/A**。

2）命令格式

执行命令→指定圆弧的起点或[圆心(C)]→指定圆弧的第二个点或[圆心(C)/端点(E)]→指定圆弧的端点。

从菜单执行圆弧命令可选择的方式比较多，而从键盘输入命令和单击工具条按钮只能采用三点画圆弧的方式。

图 3-16 利用三点画圆弧方式绘制灌木丛

注意：在园林设计中，常常采用三点画圆弧的方式。第一段圆弧绘制完毕后，直接按空格键开始下一段圆弧的绘制，结合对象捕捉，使第一段圆弧端点与第二段圆弧的起点首尾相接，可以绘制出多条首尾相连的用以表示灌木丛的图形对象，如图 3-16 所示。

3.3.4 绘制正多边形

“正多边形”命令能够绘制三条或三条以上边数的正多边形。在 AutoCAD 中，其边数介于 3 和 1024 之间。

1）命令调用方式

（1）工具栏：⬠。

（2）菜单：绘图→正多边形。

（3）命令行：**POLYGON/POL**。

2）命令格式

（1）中心点：首先定义正多边形中心点。“内接于圆”是指定外接圆的半径，正多边形的所有顶点都在此圆周上。“外切于圆”是指定从正多边形中心点到各边中点的距离。

执行命令→输入边的数目<4>→指定正多边形的中心点或[边(E)]→输入选项[内接于圆(I)/外切于圆(C)] <I>→指定圆的半径→回车。

（2）边：通过指定正多边形中心点和第一条边的端点来定义正多边形。

执行命令→输入边的数目<4>→指定正多边形的中心点或 [边(E)]：e→指定边的第一个端点→指定边的第二个端点。

注意：采用中心点方式绘制正多边形时，外接圆或内切圆是一个假设的圆（虚线圆），内接多边形位于假想圆内侧（粗实线多边形），外切多边形位于假想圆外侧（细实线多边形），如图 3-17 所示。

正多边形是一个独立对象，可以绘制等边三角形、正方形、五边形、六边形等的简单方法。在规则式造园中，正方形、正三角形、正六边形、正八边形的花池、水池、景亭等都可以用多边形命令绘制。

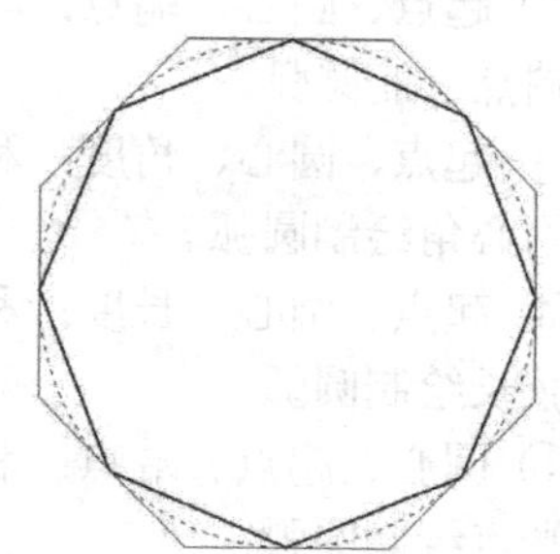

图 3-17 “正多边形”的内切圆和外接圆

3.3.5 绘制矩形

矩形是园林设计中比较常用的几何图形。矩形可创建矩形形状的闭合多段线。使用矩形命令，可以指定矩形参数（长度、宽度、旋转角度）并控制角的类型（圆角、倒角或直角）。

1）命令调用方式

（1）工具栏：▭。

（2）菜单：绘图→矩形。

（3）命令行：**RECTANG/REC**。

2）命令格式

执行命令→指定第一个角点或[倒角(C)/标高(E)/圆角(F)/厚度(T)/宽度(W)]→指定另一个角点或[面积(A)/尺寸(D)/旋转(R)]。

在“指定第一个角点或[倒角(C)/标高(E)/圆角(F)/厚度(T)/宽度(W)]”提示下，选择“C”可以设置倒角（外矩形效果），选择“F”可以设置圆角（内矩形效果），如图 3-18 所示。倒角距离可以相同，也可以不同，但圆角半径不能超过矩形最小边长的一半。

矩形也是一个独立对象，在园林规则式造园中应用比较广泛，绘图时多采用“相对坐标”输入方式来绘制一定尺寸的矩形。

图 3-18 利用“矩形倒角”进行园林方案设计

3.3.6 绘制点

1）点的绘制

创建点对象。点是组成图形的最基本要素，是园林设计绘图的辅助元素，特别在园林施工图中应用比较广泛。在绘制点时，可以用鼠标在绘图区域直接拾取，也可以使用对象捕捉定位图形中的某个点。

注意：通过菜单或是工具栏方式可以绘制多点，而用命令行输入命令的方式只能绘制单点。多点结束命令操作必须按 Esc 才能有效退出，按右键或是回车键都不能结束命令。

2）命令调用方式

（1）工具栏：■。

（2）菜单：绘图→点→子菜单（图 3-19）。

（3）命令行：**POINT/PO。**

3）点的样式设置

在 AutoCAD 中，可以设置点的显示样式及大小。因为默认情况下点没有大小和长度，在绘图区域很难辨认。点样式可以较好地解决这个问题，用户可以清晰地知道点的位置。点样式的调用方式如下。

（1）菜单：格式→点样式。

（2）命令行：**DDPTYPE。**

执行点命令后，AutoCAD 自动弹出图 3-20 所示 “点样式”对话框，用户可通过该对话框选择自己需要的点样式。

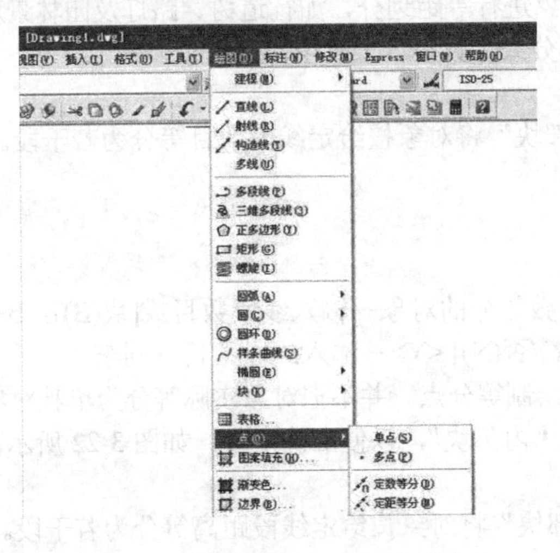

图 3-19 通过菜单调用绘制点命令

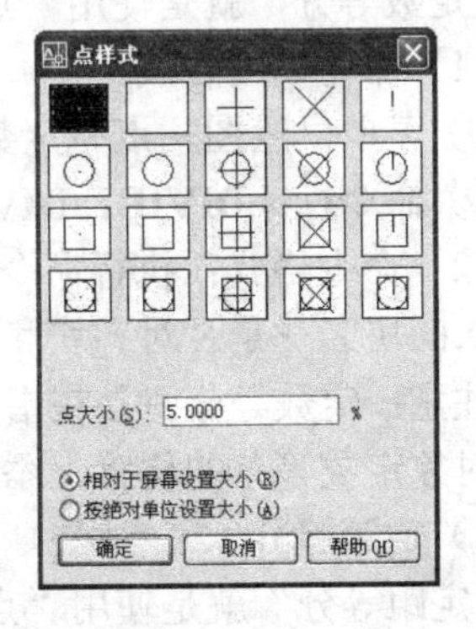

图 3-20 “点样式”对话框

4）点的种类与大小

（1）点的种类：在 AutoCAD2011 软件中，共包括 20 种点类型。园林照明施工图绘制时，经常选用不同的点类型表示路灯、庭院灯、草坪灯、射灯等不同灯具类型，如图 3-21 所示。

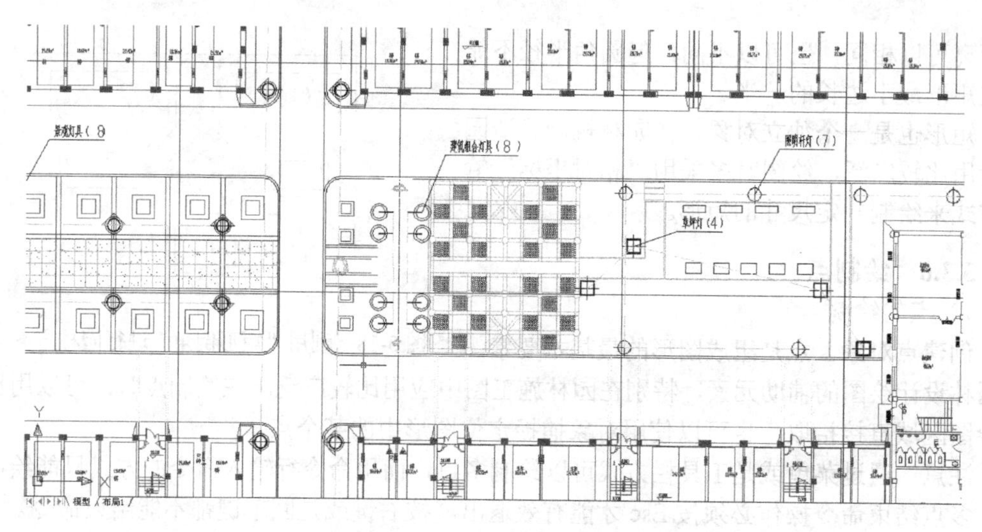

图 3-21　用不同点类型绘制的各种景观灯具

（2）点的大小

① 相对于屏幕设置尺寸：按屏幕尺寸的百分比显示点的大小。如果反复执行缩放命令，反复绘制点，则发现点的显示大小会随着缩放程度的不同而各有差异。

② 用绝对单位设置尺寸：选择该选项，系统会按实际数值设置点的显示大小。当进行缩放命令时，点的显示大小随之改变，但点的真实大小并未改变。

3.3.7　等分点

园林绘图中，常利用点的定数等分或定距等分命令，按照指定的线段数目或线段长度来等分直线、圆弧、样条曲线、圆和多段线等图形对象。此外，还可以把园林绿化植物或踏步石先定义成内部块，利用“内部块”来等分直线、圆弧、样条曲线、圆、椭圆和多段线等图形对象。

在园林设计中，经常会对某个图形对象进行等距划分，如行道树、路灯及园林景观游步道的踏步石的设置等，都可以利用定距等分或定数等分来实现。

1）定数等分

“定数等分”就是使用“点”或“内部块”将对象按给定线段数目等分为若干段。

（1）命令调用方式

① 菜单：绘图→点→定数等分。

② 命令行：**DIVIDE/DIV**。

（2）命令格式：执行命令→选择要定数等分的对象→输入线段数目或[块(B)]：b→输入要插入的块名→是否对齐块和对象？[是(Y)/否(N)] <Y>→输入线段数目→回车。

注意：定数等分就是在指定的位置上绘制等分点。并不把对象实际等分为单独对象，而只在对象定数等分的位置上添加“点”或“内部块”，以便准确定位，如图 3-22 所示。

2）定距等分

“定距等分”就是使用“点”或“内部块”将对象按给定线段距离等分为若干段。

（1）命令调用方式

① 菜单：绘图→点→定距等分。

② 命令行：**MEASURE/ME**。

（2）命令格式：执行命令→选择要定距等分的对象→指定线段长度或[块(B)]：b→输入要插入的块名→是否对齐块和对象？[是(Y)/否(N)] <Y>→指定线段长度→回车。

注意：定数等分命令是以给定数目等分所选实体，而定距等分命令则是以指定的距离在所选实体上插入点或块，直到余下部分不足一个间距为止。所以定距等分一般不能将图形对象全部等分，通常最后一段不为指定距离，如图 3-23 所示。

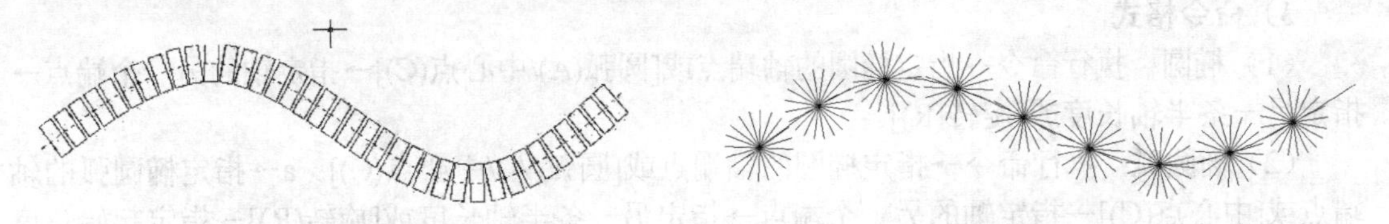

图 3-22　利用定数等分进行景观游步道踏步石设计　　图 3-23　利用定距等分进行绿化种植设计

在园林设计中，如果 AutoCAD 中的各类型点不符合图形要求，则可以将其所需要的图形符号做成内部块，然后通过定数等分或定距等分命令加入到园林图形中。

3.3.8　绘制椭圆和椭圆弧

椭圆的几何构成包括圆心、长轴和短轴。椭圆弧是椭圆的一部分，与椭圆不同的是它的起点和终点没有闭合，如图 3-24 所示。与圆和圆弧类似，AutoCAD 绘图菜单提供了多种方法绘制椭圆和椭圆弧，如图 3-25 所示。

1）命令调用方式

（1）工具栏：。

（2）菜单：绘图→椭圆→子菜单。

（3）命令行：**ELLIPSE/EL**。

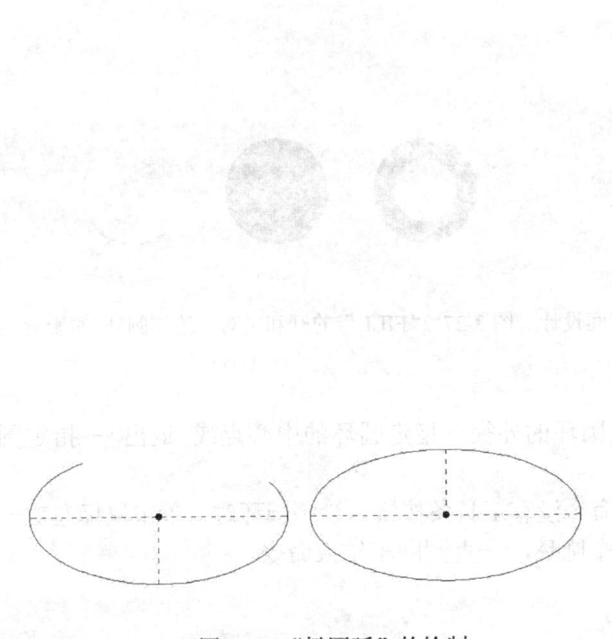

图 3-24 “椭圆弧”的绘制

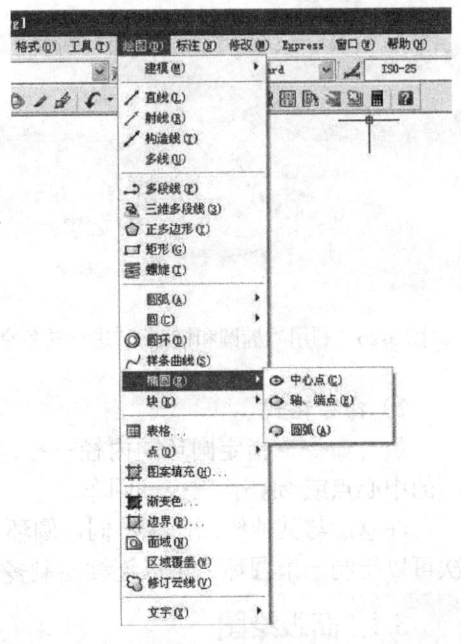

图 3-25 “椭圆和椭圆弧”的几种绘制方式

2）绘制椭圆和椭圆弧的方法

（1）中心点法：通过指定椭圆的中心点和一个轴的轴端点及另一个轴的半轴长度来绘制椭圆。绘制时，首先指定椭圆的中心点，然后指定一个轴的轴端点，最后指定另一个轴的半轴长度生成椭圆。

（2）轴、端点法：通过指定长轴或短轴的两个轴端点和另一个轴的半轴长度来绘制椭圆。

绘制时，首先指定一个轴的两个轴端点，然后给出另一个轴的半轴长度生成椭圆。

（3）圆弧：在利用中心点法或轴、端点法绘制椭圆的基础上再分别指定椭圆弧的起点角度和端点角度，或指定起点角度和包含角度才能正确绘制椭圆弧。

3）命令格式

（1）椭圆：执行命令→指定椭圆的轴端点或[圆弧(A)/中心点(C)]→指定轴的另一个端点→指定另一条半轴长度或[旋转(R)]。

（2）椭圆弧：执行命令→指定椭圆的轴端点或[圆弧(A)/中心点(C)]：a→指定椭圆弧的轴端点或[中心点(C)]→指定轴的另一个端点→指定另一条半轴长度或[旋转(R)]→指定起始角度或[参数(P)]→指定终止角度或[参数(P)/包含角度(I)]→回车。

注意：椭圆和椭圆弧也是几何图形，在园林设计中经常利用该命令进行花池、水池、场地等规则式景观设计，如图 3-26 所示。

3.3.9 绘制圆环

圆环命令可以通过制定圆环的内外直径绘制实心或空心的圆环及实心的圆点。如果圆环的内直径为 0，则绘制出的图形为填充圆，如图 3-27 所示。

圆环内的填充显示与否取决于填充命令（FILL）的“开关”设置，如果设置成“ON”时为填充方式，设置成“OFF”时则不填充。

1）命令调用方式

（1）菜单：绘图→圆环。

（2）命令行：**DONUT/DO**。

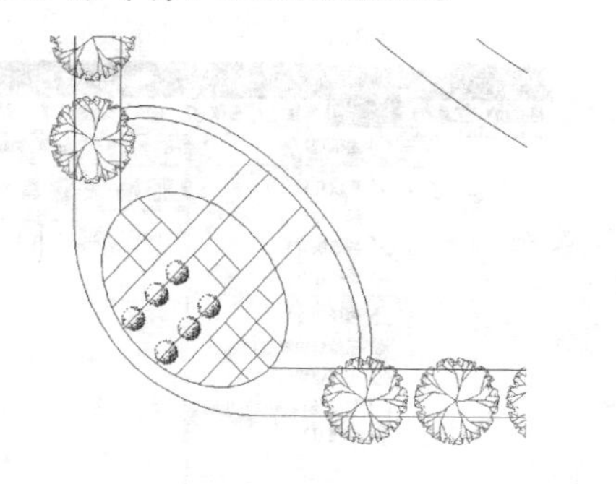

图 3-26 利用“椭圆和椭圆弧”进行转角空间设计

图 3-27 “FILL”的开和关对“绘制圆环”的影响

2）命令格式

执行命令→指定圆环的内径→指定圆环的外径→指定圆环的中心点或<退出>→指定圆环的中心点或<退出>→…→回车。

注意：与其他绘图命令不同，圆环命令没有工具条按钮。绘制圆环时，单击鼠标左键一次可以绘制一个圆环，可以连续绘制多个圆环，一直到回车结束命令。

3.4 高级绘图

3.4.1 绘制多段线

“多段线”可以绘制彼此首尾相连的并具有不同宽度的直线段或弧线（图 3-28）。多段线是园林方案和施工图设计中应用较多且较为重要的绘图命令，具有单个直线所不具备的强大编辑功能，矩形、正多边形和圆环等图形对象均具有多段线属性，均可以直接利用多段线编辑命令对其进行编辑和修改，如图 3-29 所示。

1）命令调用方式

（1）工具栏：。

（2）菜单：绘图→多段线。

（3）命令行：**PLINE /PL**。

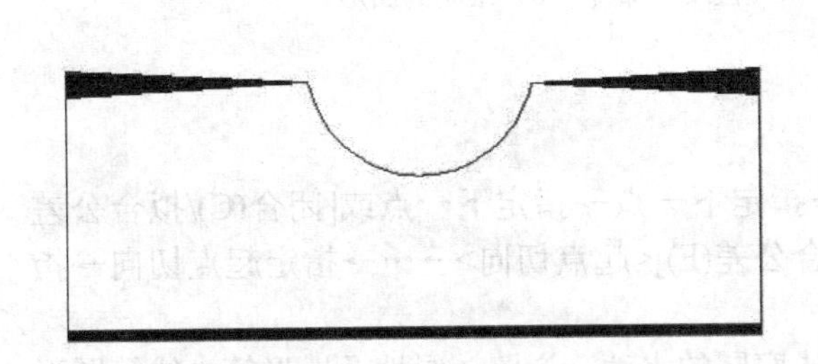

图 3-28 利用“多段线”绘制不同宽度的直线和圆弧

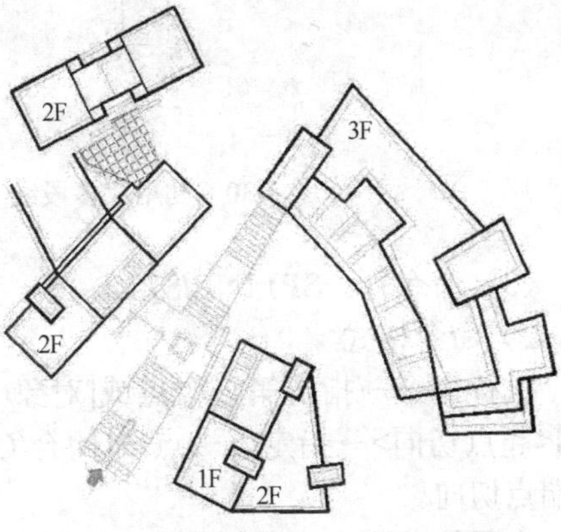

图 3-29 利用“多段线”绘制的建筑轮廓线

2）命令格式

执行命令→指定起点→当前线宽为 0.0000→指定下一个点或[圆弧(A)/半宽(H)/长度(L)/放弃(U)/宽度(W)]→指定下一点或[圆弧(A)/闭合(C)/半宽(H)/长度(L)/放弃(U)/宽度(W)]：a→指定圆弧的端点或[角度(A)/圆心(CE)/闭合(CL)/方向(D)/半宽(H)/直线(L)/半径(R)/第二个点(S)/放弃(U)/宽度(W)]：s→指定圆弧上的第二个点→指定圆弧的端点→回车。

3）命令详解

执行多段线绘图命令后，命令行提示的各选项功能如下：

（1）圆弧（A）：由画线方式转为画弧方式。

（2）角度（A）：指定弧线段所包含的角度。

（3）圆心（CE）：指定弧线段的圆心位置。

（4）闭合（CL）：封闭两条以上的直线段或弧线段。

（5）方向（D）：指定弧线段的起点方向。

（6）半宽（H）：指定从宽多段线线段的中心到其一边的宽度。

（7）直线（L）：由画弧方式转为画线方式。

（8）半径（R）：指定弧线段的半径长度。

（9）放弃（U）：删除最近一次添加到多段线上的弧线段，可连续进行取消。

（10）宽度（W）：指定下一条直线段的宽度，可以指定不同的起始宽度和终止宽度。

注意：与直线绘图命令不同，多段线所绘制的图形从开始到结束由一条完整的线组成，而用直线绘制的图形从开始到结束由很多条单独的线构成，如图 3-30 所示。

3.4.2 绘制样条曲线

AutoCAD 的“样条曲线”是一种非均匀的光滑曲线，能够自由编辑，适用于绘制形状不规则的图形。

1）命令调用方式

（1）工具栏：。

（2）菜单：绘图→样条曲线。

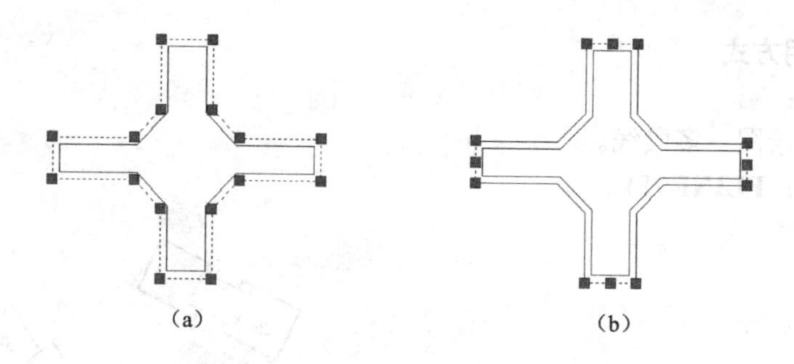

图 3-30　利用“多段线”（a）和“直线”命令（b）绘制的图形

（3）命令行：**SPLINE/SPL**。

2）命令格式

执行命令→指定第一个点或[对象(O)]→指定下一点→指定下一点或[闭合(C)/拟合公差(F)]<起点切向>→指定下一点或[闭合(C)/拟合公差(F)]<起点切向>→…→指定起点切向→指定端点切向。

在园林设计中，样条曲线常被用于自由式庭园的水池、道路、绿地及地形等高线等图形对象的绘制过程，如图 3-31 所示。

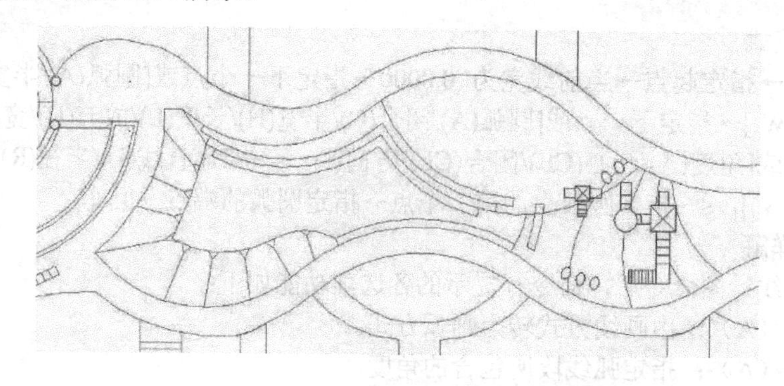

图 3-31　利用“样条曲线”进行景观游步道和场地设计

注意：绘制闭合的样条曲线，需要连续按两次回车键或空格键才能结束命令；绘制非闭合的样条曲线，需要连续按三次回车键或空格键才能结束命令。如果对绘制的样条曲线图形不满意，选择需要编辑的样条曲线，为其加几个控制点并利用“夹点编辑”命令拖拽控制点，以形成光滑的 NURBS 曲线图形。

3.4.3　绘制多线

“多线”是由多条平行线构成的直线，因此也叫多重线。多线可具有不同的样式。在创建新图形时，可以根据实际需要创建和保存新的多线样条，或者使用已有的默认样式。

1）命令调用方式

（1）工具栏：。

（2）菜单：绘图→多线。

（3）命令行：**MLSTYLE/ML**。

2）命令格式

执行命令→指定起点或[对正(J)/比例(S)/样式(ST)]→指定下一点→指定下一点或[放弃(U)]→指定下一点或[闭合(C)/放弃(U)]→…→回车。

3）多线样式设置

选取格式菜单中的“多线样式”或命令行输入“ml”回车后，系统会弹出“多线样式”对话框，如图3-32所示。

在对话框中，可以将一种“多线样式”设置为当前样式，还可以建立新的多线样式，并对选定的多线样式进行修改、重新命名、删除等操作，以及从多线样式文件中加载已有的多线样式。

在园林设计中，多线多用于园林建筑墙体结构图的绘制，如图3-33所示。

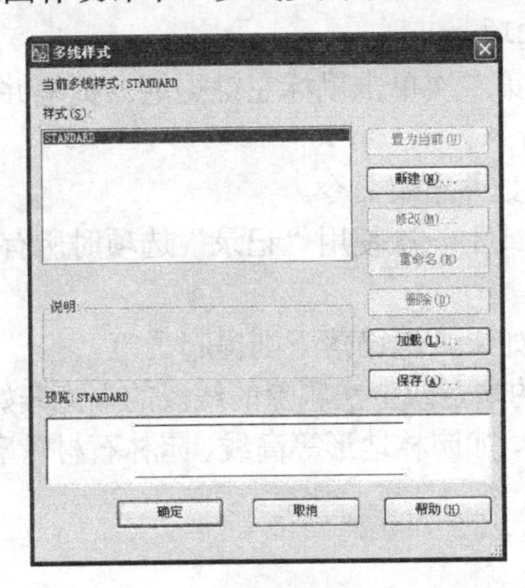

图3-32 “多线样式”对话框

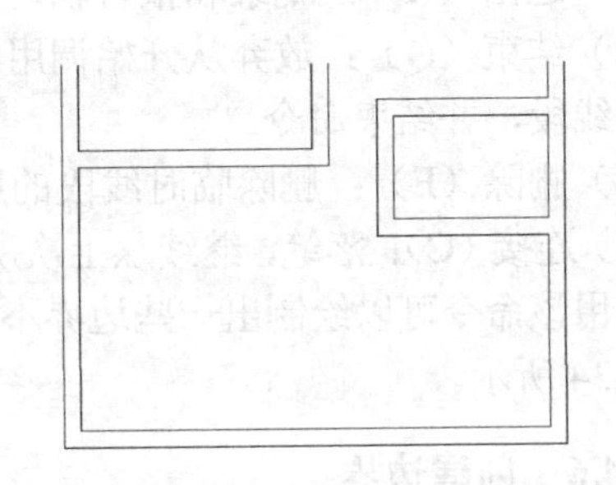

图3-33 用“多线”命令绘制的建筑墙体

3.4.4 绘制构造线

在AutoCAD软件中，参照线和射线是向两端无限延伸的直线，统称为“构造线”。构造线绘制时需要给出通过点和确定构造线方向的点，即需要给出上述两个点才能绘制出一条构造线。在园林设计中，构造线常用于园林图形的辅助定位。

1）命令调用方式

（1）工具栏：。

（2）菜单：绘图→构造线。

（3）命令行：**XLINE/XL**。

2）命令格式

执行命令→指定点或[水平(H)/垂直(V)/角度(A)/二等分(B)/偏移(O)]→指定通过点→…→回车。

3）命令详解

执行构造线命令后，命令行会提示以下选项。

（1）水平(H)：创建一条通过指定点的水平构造线。

（2）垂直(V)：创建一条通过指定点的垂直构造线。

（3）角度(A)：以指定的角度创建一条构造线。

（4）二等分(B)：创建一条经过角顶点的构造线，并将选定的两条线之间的夹角平分。

（5）偏移(O)：创建平行于另一个对象的构造线。

3.4.5 绘制徒手线

为了使计算机绘制的图形对象线条与手绘更好地结合，AutoCAD2011系统还提供了徒手画线命令。徒手画绘制出的图形实质上是一系列连续的直线或多段线。绘图时，十字鼠标指针就像画笔，将这支“画笔”放到屏幕上，单击鼠标左键就可以进行图形绘制，再次单击将提起画笔并停止绘图，可以根据实际需要绘制任意形状的图形。

1）命令调用方式

命令行：**SKETCH**。

2）命令格式

执行命令→指定记录增量<1.0000>→徒手画笔(P)/退出(X)/结束(Q)/记录(R)/删除(E)/连接(C)<笔 落>→<笔 提>→…→回车。

3）命令详解

在执行徒手画线命令后，命令行会提示以下选项。

（1）画笔（P）：第一次单击鼠标左键落笔，第二次单击鼠标左键提笔。提笔并不能退出徒手画命令，必须按回车键或空格键才能结束命令。

（2）退出（X）：记录和报告临时徒手画线段数并结束命令。

（3）结束（Q）：放弃从开始调用徒手画命令或上一次使用“记录”选项时所有徒手画的临时线段，并结束命令。

（4）删除（E）：删除临时线段的所有部分，如果画笔已落下则提起画笔。

（5）连接（C）：落笔，继续从上次所画的线段的端点或上次删除的线段的端点开始画线。

利用该命令可以绘制出一些边界不规则的图形，如园林地形等高线、园林石材轮廓图等，如图 3-34 所示。

3.4.6 创建边界

在园林设计中，边界就是某个封闭区域的轮廓线。通过“边界”创建命令，可将由直线、圆弧、多段线、样条曲线等不同对象组成的封闭图形构建成一个相对独立的边界对象。在园林施工图的面积测量和园林效果图的三维建模中，都离不开边界创建命令。

1）命令调用方式

（1）菜单：绘图→边界。

（2）命令行：**BOUNDARY/BO**。

2）命令格式

执行命令→拾取点→拾取点→…→回车。

执行该命令后，系统会弹出“边界创建”对话框，通过“拾取点”按钮进行边界创建，如图 3-35 所示。

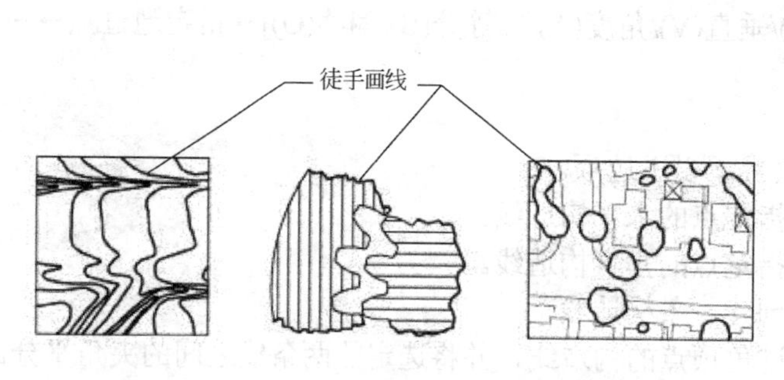

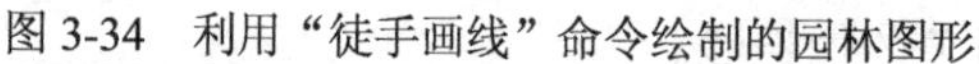
图 3-34 利用“徒手画线”命令绘制的园林图形

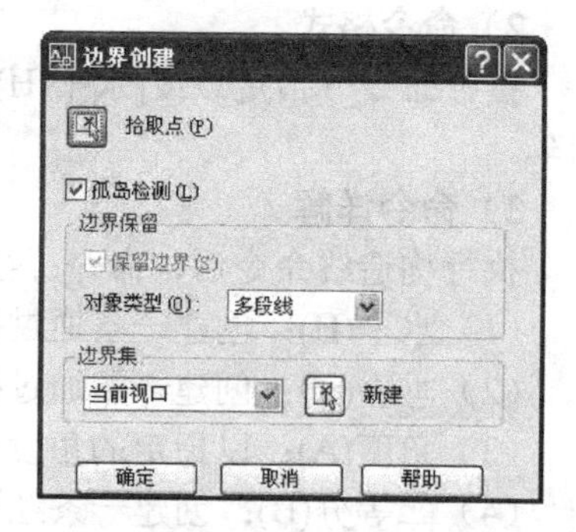

图 3-35 “边界创建”对话框

3）命令详解

在执行边界命令后，命令行会提示以下选项。

（1）拾取点（P）：拾取封闭区域确定某一对象的边界。

（2）孤岛检测（L）：检测位于封闭区域内部的闭合边界，该边界称为孤岛。

（3）对象类型（O）：控制新边界对象的类型，包括面域和多段线两种对象类型。

在园林设计中，如果单击▣按钮，在图形中某封闭区域内单击鼠标左键，系统将自动分析该区域的边界，并生成闭合的多段线或面域。如果图形中所选择的区域范围没有完全封闭，则系统会弹出如图 3-36 所示的“边界定义错误”对话框进行提示，此时可根据实际情况，对区域范围所涉及的线条进行检查与修改，最后重新拾取点以生成正确的区域边界。

注意：如果图形不闭合，或是图形有重线，以及图形过于复杂，都可能致使边界创建操作失败。正确的边界创建结果如图 3-37 所示。

图 3-36 “边界定义错误”对话框

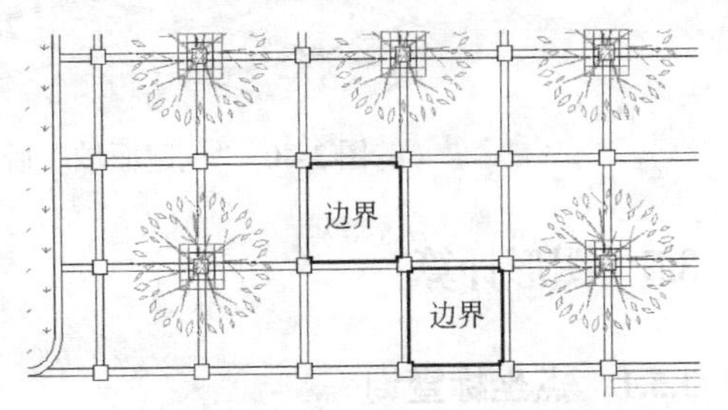

图 3-37 利用“创建边界”命令创建的两条轮廓线

3.4.7 创建面域

在 AutoCAD 中，“面域”是由直线、圆、圆弧、多段线、样条曲线组合而成的封闭边界所形成的二维闭合区域，其边界不能相交或自交。

在园林设计中，经常对面域进行多项操作：利用拉伸命令将其生成三维或实体；利用测量面积工具对其构成部分进行面积计算；利用布尔运算命令对其进行差集、并集或交集运算；利用图案填充工具对其进行填充图案和着色操作。

1）命令调用方式

（1）工具栏：◙。

（2）菜单：绘图→面域。

（3）命令行：**REGION/REG**。

2）命令格式

执行命令→选择对象→选择对象→…→回车。

执行“面域”命令后，命令行会多次提示选择对象，选择完成后系统将自动找出选择集中所有闭合的平面区域并生成多个面域对象。

注意：只有封闭的平面区域才能生成面域，同时它们必须在同一平面上。如果图形对象构成的封闭区域是由相交线段构成（图 3-38），那么利用“创建面域”命令则不能生成面域，此时只能通过“创建边界”命令来创建面域。如果封闭区域是由首尾相接的线段构成(图 3-39)，则可以直接使用“创建面域”命令来创建面域。创建完面域，就可以直接利用拉伸命令来创建三维几何模型，如图 3-40 所示。

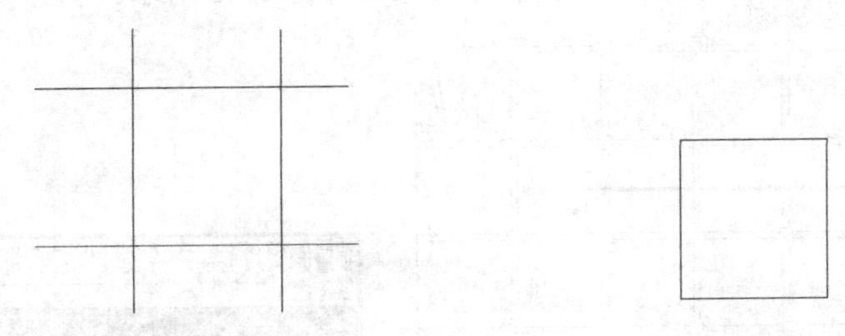
图 3-38 适合“创建边界”命令的区域　图 3-39 适合“创建面域”命令的区域

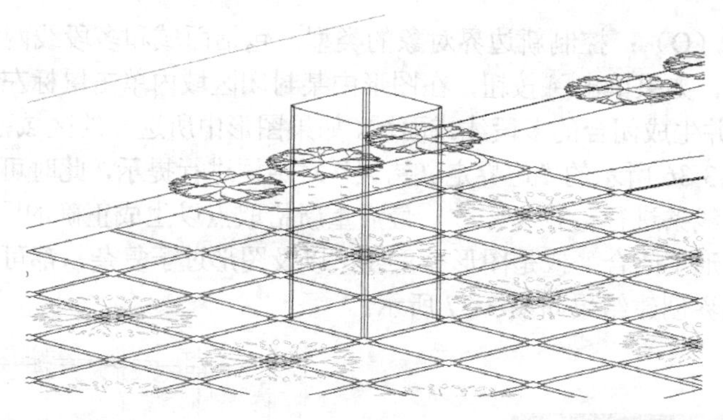

图 3-40 “创建面域”后直接拉伸出的三维几何模型

3.5 图形计算

3.5.1 点坐标查询

可以查询指定两点间的坐标值。

1）命令调用方式

（1）工具栏：[icon]。

（2）菜单：工具→查询→点坐标。

（3）命令行：**ID**。

2）命令格式

执行命令→指定起始点。

执行命令指定点后，系统将自动给出指定点的 X、Y 和 Z 坐标值，如图 3-41 所示。

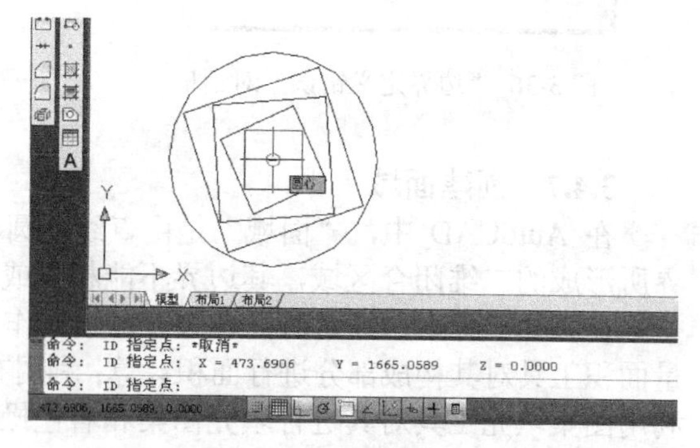

图 3-41 利用“点坐标查询”进行圆心点坐标查询

3.5.2 距离查询

该命令用于查询空间中任意两点间的距离和角度。

1）命令调用方式

（1）工具栏：[icon]。

（2）菜单：工具→查询→距离。

（3）命令行：**DIST/DI**。

2）命令格式

执行命令→指定第一个点→指定第二个点或 [多个点(M)]。

执行命令后，系统将提示指定第一个点和指定第二个点。如图 3-42 中粗线，查询后系统将自动列出以下查询结果：距离= 27.6000，XY 平面中的倾角= 0，与 XY 平面的夹角= 0，X 增量= 27.6000，Y 增量= 0.0000，Z 增量= 0.0000，如图 3-43 所示。

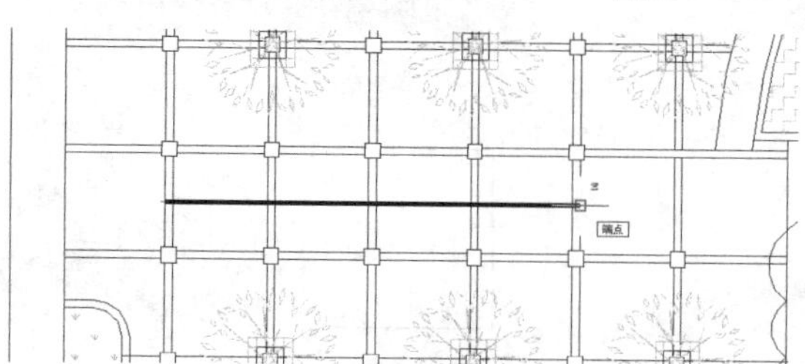

图 3-42 利用“距离查询”命令测量图中粗线的长度

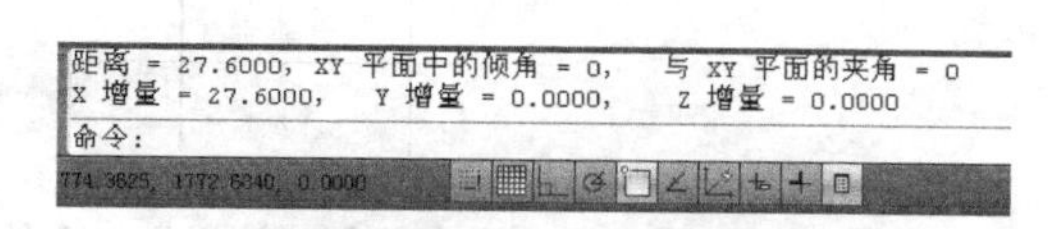

图 3-43 利用“距离查询”命令测量图中粗线长度的结果

3.5.3 面积查询

面积查询命令可以查询图形对象的面积和周长。测量时，可以使用“加”模式和“减”模式来获取几种任意类型图形对象的面积、周长。

1）命令调用方式

（1）工具栏：▣。

（2）菜单：工具→查询→面积。

（3）命令行：**AREA/AA**。

2）命令格式

执行命令→指定第一个角点或[对象(O)/增加面积(A)/减少面积(S)] <对象(O)>：→指定下一个角点或 [圆弧(A)/长度(L)/放弃(U)]:→…→回车。

3）面积查询方法

执行命令后，根据不同图形对象类型，选择不同的面积查询方法。

（1）非独立图形：对于一些复杂的非独立图形，执行“面积查询”命令后，结合捕捉命令用鼠标左键指定图形边线上一系列点并回车确认，系统将自动测量出点所到之处边线构成的封闭图形的面积和周长，并在命令行给以提示，如图 3-44、图 3-45 所示。

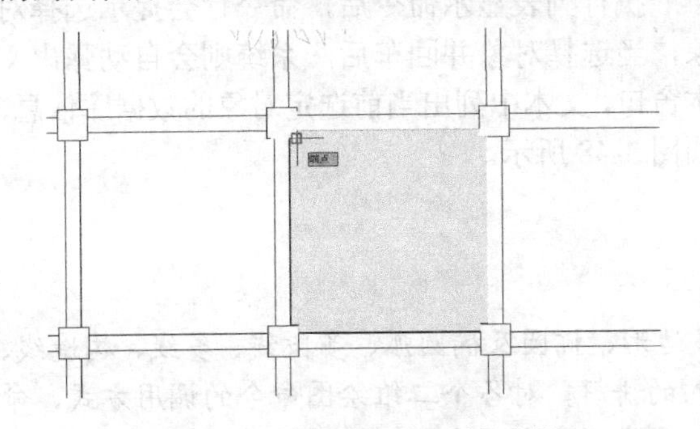

图 3-44 非独立图形“面积查询”

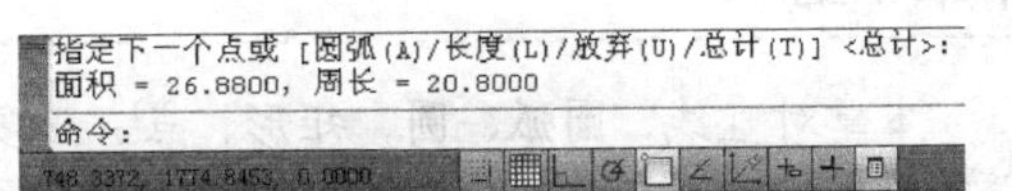

图 3-45 “面积查询”的命令行提示

（2）独立图形：对于矩形、圆形、椭圆形、多边形及封闭的多段线、样条曲线等独立图形，执行“面积查询”命令后，首先选择“O”选项，然后根据命令行提示用鼠标左键选择独立的图形对象，系统将自动显示出该选中图形的面积和周长，如图 3-46 所示。

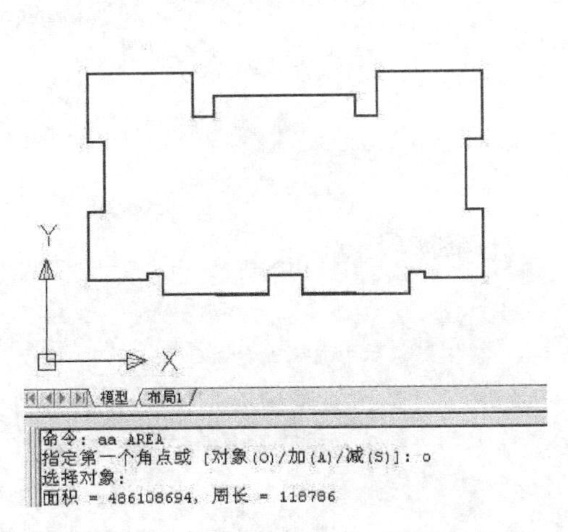

图 3-46 独立图形的“面积查询”

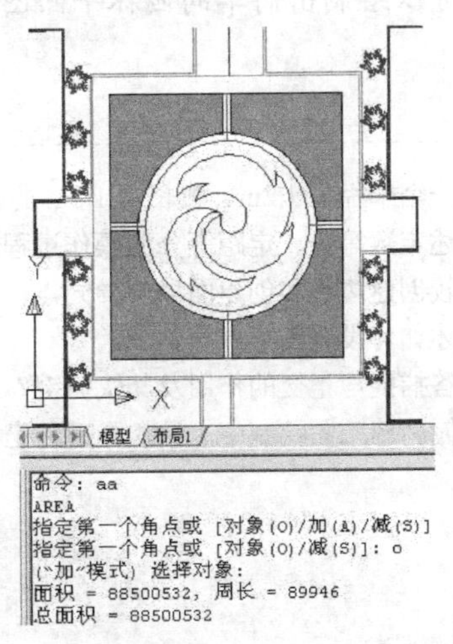

图 3-47 独立图形结合加运算方式进行“面积查询”

（3）加减运算方式：在进行面积查询时，还可以采用加、减运算方式查询组合面积的方式进行面积和周长的查询。在园林施工图绘图过程中，常用加运算方式查询草坪、水池、硬质铺装、建筑等要素的面积之和。如图 3-47 所示，首先利用边界创建命令创建独立的多段线，然后利用独立图形的面积查询方法并结合加运算方式，能够快速计算出围绕圆形场地的四部分绿地的面积之和。

3.5.4 列表显示

列表命令用来查询选择图形对象的数据库信息，包括图形对象的类型、所在的图层、关联参数及坐标系的 X、Y、Z 位置等。

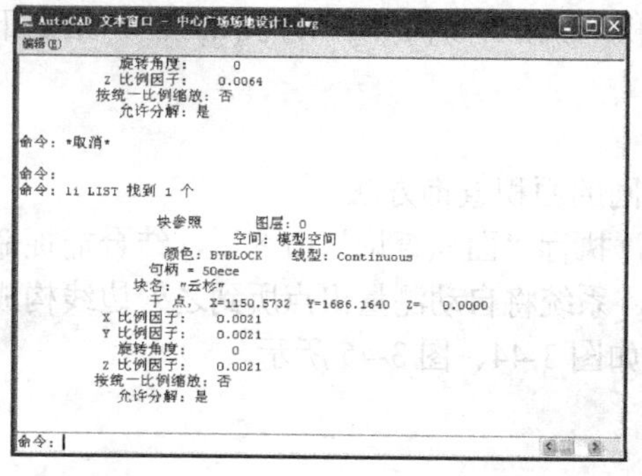

图 3-48

1）命令调用方式

（1）工具栏：▣。

（2）菜单：工具→查询→列表显示。

（3）命令行：**LIST/LI**。

2）命令格式

执行命令→选择对象→回车。

执行列表显示命令后，命令行会提示选择对象，当选择对象并回车后，系统则会自动弹出文本窗口，文本中列出当前选定对象的数据库信息，如图 3-48 所示。

本章小结

本章对直线、圆弧、圆、矩形、点、正多边形、椭圆及椭圆弧、多段线、多线、构造线、样条曲线、徒手线等二维绘图命令进行了深入的讲解，对各个二维绘图命令的调用方式、命令格式及操作过程都做了详细的介绍，并对一些常用命令的多项功能属性进行了详解。也对绘图单位、图形计算等操作内容进行了详细阐述，同时也对 AutoCAD2011 的基本工作环境设置进行了详细说明，并对捕捉工具、显示工具、输入方式和 AutoCAD 坐标系进行了细致的讲解，为以后深入的学习奠定了良好的基础。此外，结合各种园林图形，对定数等分与定距等分命令进行了详细介绍，并对创建边界和创建面域命令做了详细的讲解。通过本章的深入学习，可以绘制出简单的园林平面图。

习题

1）画一个半径为 1.2m、弧长为 1.8m 的圆弧。

2）简述定数等分、定距等分的操作过程。

3）比较创建边界和创建面域的异同点。

4）简述如何设置图形界限？

5）简答捕捉与正交的作用及其快捷键？

6）在园林施工图绘制中，用的是哪种坐标系？

4 编辑二维图形

AutoCAD 提供多项图形对象的编辑命令，可以对图形对象进行移动、旋转、缩放、复制、删除、参数修改及其他修改操作。在园林绘图中，编辑命令与绘图命令交替使用，可以合理构造和组织图形，保证绘图的准确性和快速性。

4.1 基本编辑命令

4.1.1 取消

在园林绘图过程中，常常会出现一些错误操作，可通过“取消”命令进行返回修改。

1）命令调用的方式

（1）工具栏：。

（2）菜单：编辑→放弃。

（3）快捷菜单：在绘图区域选择右键快捷菜单中的“放弃”选项。

（4）快捷键：**Ctrl+Z**。

（5）命令行：**U**。

2）命令格式

执行命令→回车→回车→…。

执行取消命令后，系统将自动取消上一次的操作。取消时，可连续回车执行多次取消命令，直到撤销至预期步骤为止。

4.1.2 删除

“删除”命令可以删除所选择的图形对象。图形对象删除后，如果该图形对象所在的图形文件没有被关闭，则仍可以利用取消命令进行恢复；如果该图形对象所在的图形文件被关闭，则该图形对象将被永久性地删除。

1）命令调用方式

（1）工具栏：。

（2）菜单：修改→删除。

（3）快捷菜单：在绘图区域使用右键快捷菜单中的“删除”选项。

（4）命令行：**ERASE/E**。

2）命令格式

执行命令→选择对象→选择对象→…→回车。

执行删除命令后，系统将提示选择需要删除的图形对象，此时可连续选择多个图形对象，最后回车结束命令。

注意：在 AutoCAD 系统中，删除命令符合 Windows 操作。首先选择所需要删除的图形对象，然后按 Delete 键就能直接删除物体，操作比较便捷。

4.1.3 选择对象的方法

在 AutoCAD 系统中，需要对编辑的图形对象进行选择，以进行下一步操作。当命令行提示“选择”图形对象时，鼠标光标的形状会由“十字光标”变成一个“小方框”。常用的选择图形对象的方法如下。

（1）单选：点选对象是指通过单击鼠标左键逐个拾取对象的方法。单击一次选择一个对象。如果要选择多个对象，可以连续单击需要选择的对象。

（2）窗口（W）：在要选择的图形对象区域上自左向右拖动鼠标左键拖拽出一个实线矩

形框，松开鼠标左键后再次单击鼠标左键，则被实线矩形框完全包围的所有对象均被选择。

（3）上一个（L）：此模式用于选择屏幕上最后创建的并且可见的图形对象。

（4）窗口交叉（C）：在要选择的图形对象区域上自右向左拖动鼠标左键拖拽出一个虚线矩形框，松开鼠标左键后再次单击鼠标左键，则位于虚线矩形框内的图形对象以及与虚线矩形框相交但没完全包含的图形对象都将被选择。

（5）全部（All）：此模式可以选择非冻结图层和非锁定图层上的所有图形对象。

（6）栏选（F）：当命令行提示选择物体对象时，输入“F”并回车，此时可以在图形对象上连续单击鼠标左键以形成一条虚线选择栏，则与该虚线选择栏相交的图形对象均会被选择。

（7）添加（A）：此模式可以将刚刚选择的图形对象添加到已有的选择集中。

（8）删除（R）：此模式可以将刚刚选择的图形对象从当前选择集中移走。如果要去掉误选或多选的对象，可以按住 Shift 键，进行减选。

4.1.4 移动

“移动”命令是将所选择的图形对象平移到其他位置，其对象的方向和大小并不改变。操作时，可以配合捕捉、夹点、对象捕捉、坐标等命令，精确地移动对象。

1）命令调用方式

（1）工具栏：。

（2）菜单：修改→移动。

（3）快捷菜单：选定对象后使用右键快捷菜单中的“移动”选项。

（4）命令行：**MOVE/M。**

2）命令格式

执行命令→选择对象→…→回车→指定基点或[位移(D)]<位移>→指定第二个点或<使用第一个点作为位移>。

执行移动命令后，系统将提示选择需要移动的图形对象，当选择所有需要移动的图形对象后回车确定，系统又提示指定移动“基点”，此时可通过键盘输入或单击鼠标左键来确定基点，最后指定移动的相对距离，并回车结束移动命令，移动结果如图 4-1 所示。

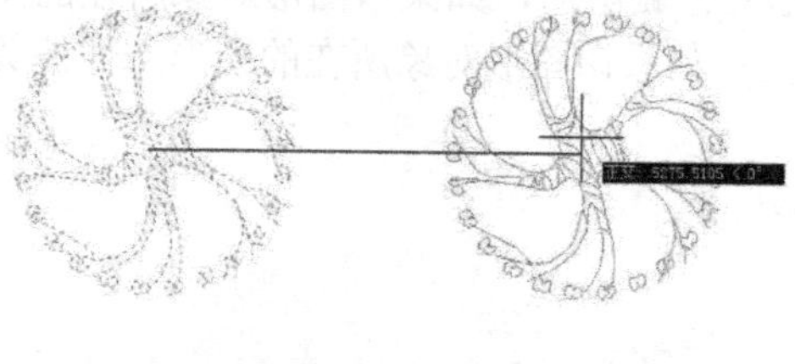

图 4-1 利用“移动”命令移动植物图例

4.1.5 复制

“复制”命令能够创建与原有对象相同的图形。结合对象捕捉工具和其他辅助工具，复制命令可以将图形对象按照指定的方向和距离精确复制多个副本。AutoCAD2011 的复制命令直接可以多重复制。

1）命令调用方式

（1）工具栏：。

（2）菜单：修改→复制。

（3）快捷菜单：选择对象后使用右键快捷菜单中的“复制”选项。

（4）命令行：**COPY/CO。**

2）命令格式

执行命令→选择对象→…→指定基点或[位移(D)/模式(O)]<位移>→指定第二个点或 <使用第一个点作为位移>→指定第二个点或[退出(E)/放弃(U)]<退出>→…→回车。

执行复制命令后，系统将提示选择需要复制的图形对象，当选择所有需要复制的图形对象后回车确定，系统又提示指定复制“基点”，此时可通过键盘输入或单击鼠标左键来确定基点，最后指定复制的相对距离，并回车结束复制命令。

注意：复制命令与移动命令不同之处仅在于操作结果，即移动命令是将原图形移动到指定位置，而复制命令则将原图形的副本放置在指定位置，而原图形不发生任何变化。

在园林绿化设计中，丛植、群植、林植等园林植物种植组群，都是通过复制命令来实现的，如图 4-2 所示。

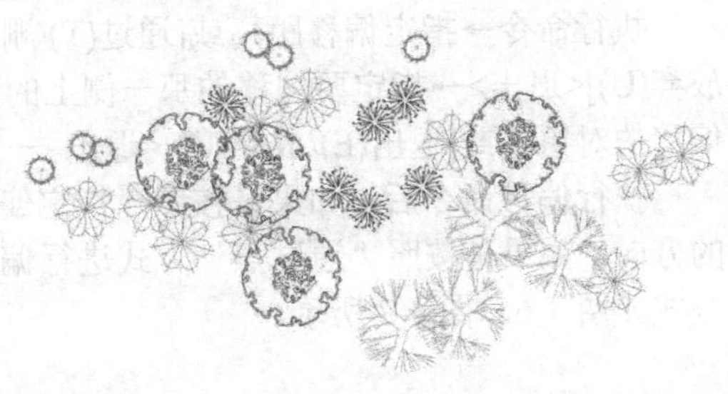

图 4-2　利用“复制”命令绘制的园林植物种植图

4.1.6　镜像

“镜像”命令可以绕指定轴线来创建选择对象的镜像副本对象。

1）命令调用方式

（1）工具栏：![]。

（2）菜单：修改→镜像。

（3）命令行：**MIRROR/MI**。

2）命令格式

执行命令→选择要镜像的对象→选择对象→…→指定镜像直线的第一点→指定第二点→回车（直接按回车键保留源对象，如果先输入“y”再回车则会删除源对象）。

执行镜像命令后，系统首先提示选择需要镜像的图形对象，选择对象后系统又提示指定两点来定义镜像轴线，最后提示是否删除源对象。

注意：如果对文字进行镜像操作，文字镜像效果正确与否取决于系统变量 MirrText 的取值情况。如果 MirrText 取值为 1（缺省值），则文字呈镜像显示（图 4-3）；如果 MirrText 取值为 0，则镜像后的文字仍保持原方向显示（图 4-4）。

10厚100X100广场砖，水泥浆擦缝
30厚1:4干硬性水泥砂浆粘结层
60厚C15混凝土
100厚碎石垫层
素土夯实

图 4-3　MirrText 取值为 1 的镜像效果

10厚100X100广场砖，水泥浆擦缝
30厚1:4干硬性水泥砂浆粘结层
60厚C15混凝土
100厚碎石垫层
素土夯实

10厚100X100广场砖，水泥浆擦缝
30厚1:4干硬性水泥砂浆粘结层
60厚C15混凝土
100厚碎石垫层
素土夯实

图 4-4　MirrText 取值为 0 的镜像效果

在园林设计中，镜像命令常被应用于创建轴对称图形对象的绘制，即在绘制半个图形对象的基础上，利用镜像命令将其进行轴对称翻转复制，从而节省一定的绘图时间，如图 4-5 所示。

图 4-5　利用“镜像”命令绘制道路护坡绿化

4.1.7　偏移

“偏移”命令是根据确定的距离和方向，对指定的对象做偏移复制。操作时，可利用“指定偏移距离”或“通过点”两种方式对选中图形对象进行偏移复制。

1）命令调用方式

（1）工具栏：![]。

（2）菜单：修改→偏移。

（3）命令行：**OFFSET /O**。

2）命令格式

执行命令→指定偏移距离或[通过(T)/删除(E)/图层(L)]→选择要偏移的对象，或[退出(E)/放弃(U)]<退出>→指定要偏移的那一侧上的点，或[退出(E)/多个(M)/放弃(U)]<退出>→选择要偏移的对象，或[退出(E)/放弃(U)]<退出>→…→回车。

执行偏移命令后，如果是按照“指定偏移距离”方式进行偏移，则系统会提示指定偏移的方向；如果是按照“通过点”方式进行偏移，则系统会提示指定通过点。偏移操作的两种方式如图 4-6、图 4-7 所示。

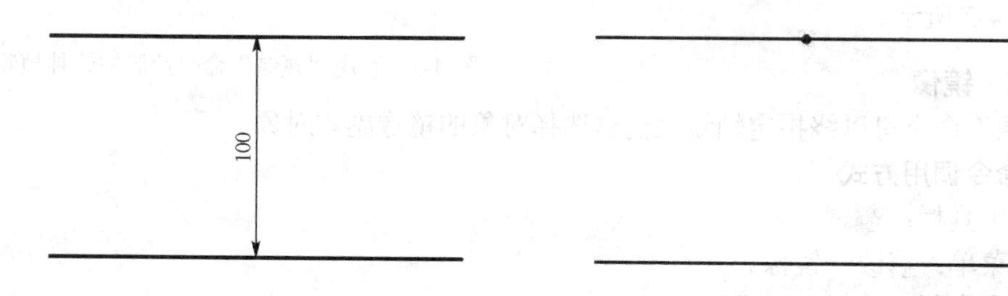

图 4-6 通过“指定偏移距离”方式偏移直线　　图 4-7 通过“通过点”方式偏移直线

在园林设计中，偏移命令常被应用于同心圆、平行线、平行圆弧及平行曲线等图形对象的绘制过程。如图 4-8 中所呈现的三条平行圆弧就是使用偏移命令指定不同的偏移距离而绘制出来的。

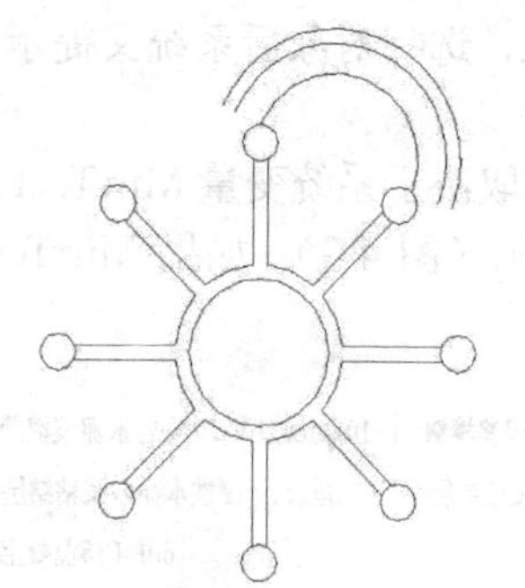

图 4-8 利用“偏移”命令绘制园林花坛

4.1.8 阵列

“阵列”命令可以按照指定方式多重复制对象。阵列命令包括两种方式：一种是矩形阵列，即以矩形阵列方式复制对象；另一种是环形阵列，即以环形阵列方式复制图形。

1）命令调用方式

（1）工具栏：田。

（2）菜单：修改→阵列。

（3）命令行：**ARRAY/AR**。

2）环形阵列对话框设置

执行阵列命令后，系统将自动弹出“阵列”对话框，该对话框中包括环形阵列与矩形阵列两个选项，如图 4-9 所示。AutoCAD2011 软件中环形阵列各选项功能如下。

（1）中心点：用于指定环形阵列的中心点。

（2）项目总数：用于指定阵列复制后所生成的图形对象总数。

（3）填充角度：用于指定阵列复制后图形对象所在的圆周的夹角。环形阵列后，图形对象按逆时针或顺时针方向绘制，取决于设置填充角度时输入的是正值还是负值。

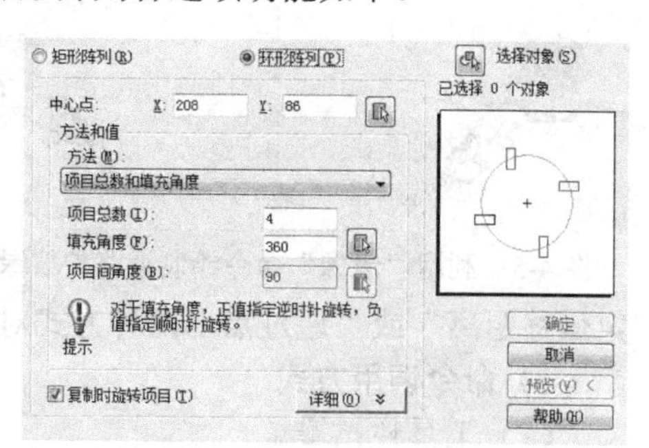

图 4-9 “阵列”对话框

（4）项目间角度：用于指定两个相邻图形对象之间的夹角。

（5）复制时旋转项目：该选项用于指定环形阵列操作所生成的图形对象是否进行旋转，

如图 4-10、图 4-11 所示。

（6）对象基点：用于指定图形对象环形阵列的基点。

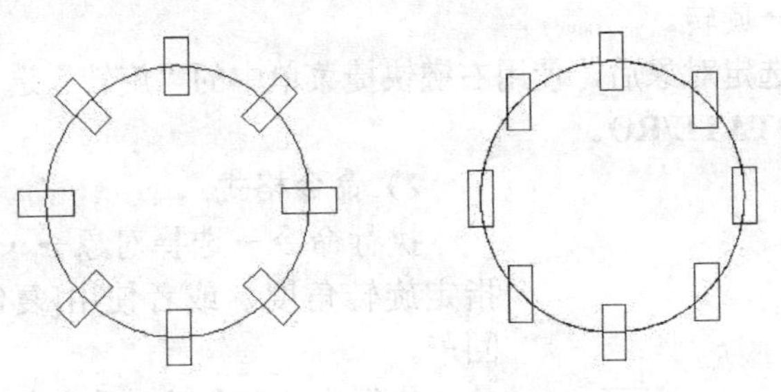

图 4-10　复制时旋转对象　　图 4-11　复制时不旋转对象

完成环形阵列各项设置后，单击阵列对话框中的“预览”按钮进行效果预览，此时系统会弹出阵列预览提示对话框，如图 4-12 所示。如果阵列效果符合要求，可单击“接受”按钮结束阵列命令操作；如果阵列效果不符合要求，可单击“修改”按钮返回“阵列”对话框进行修改设置。

图 4-12　阵列预览提示对话框

3）矩形阵列对话框设置

在“阵列”对话框中，选择其中的“矩形阵列”选项，便可进行矩形阵列。对于矩形阵列，可以控制行和列的数目以及它们之间的距离，如图 4-13 所示。在 AutoCAD2011 软件中，矩形阵列各选项的基本功能如下。

（1）行数：用于指定矩形阵列生成图形对象的行数。

（2）列数：用于指定矩形阵列生成图形对象的列数。

（3）行偏移：用于指定矩形阵列中相邻两行图形对象之间的距离。

（4）列偏移：用于指定矩形阵列中相邻两列图形对象之间的距离。

（5）阵列角度：用于指定矩形阵列与当前基准角之间的角度。

在园林设计中，环形阵列和矩形阵列应用非常广泛。其中，矩形阵列命令常被应用于行道树、台阶踏步、铺装分隔线等二维平行线的复制过程。而环形阵列在圆形场地、花坛、交通环岛等景观设计中具有独特的优势，如图 4-14 中的图形对象就是图 4-8 中的三条平行圆弧使用阵列命令进行环形阵列后所生成的效果。

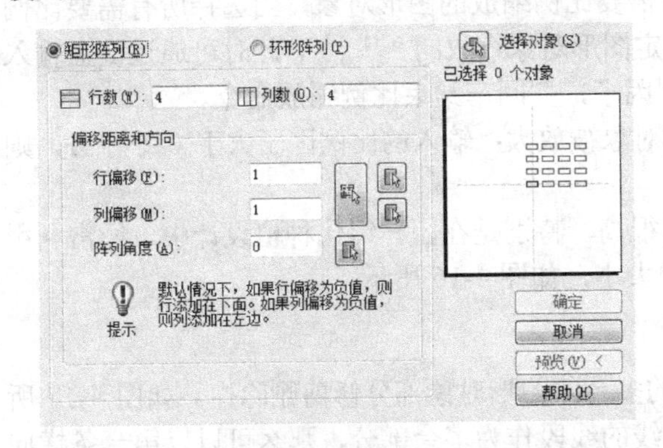

图 4-13　矩形阵列对话框

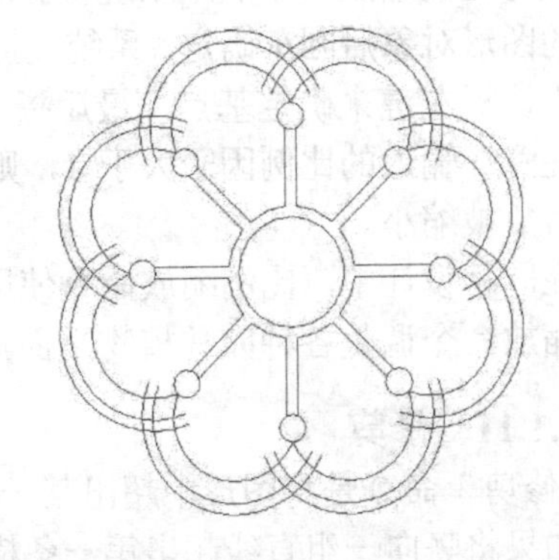

图 4-14　利用“环形阵列”命令复制交通岛的绿篱

4.1.9　旋转

“旋转”命令可以绕着指定的基点改变所选择的图形对象的角度或方向。

1）命令调用方式

（1）工具栏：。

（2）菜单：修改→旋转。

（3）快捷菜单：选定对象后，使用右键快捷菜单中的“旋转”选项。

（4）命令行：**ROTATE/RO。**

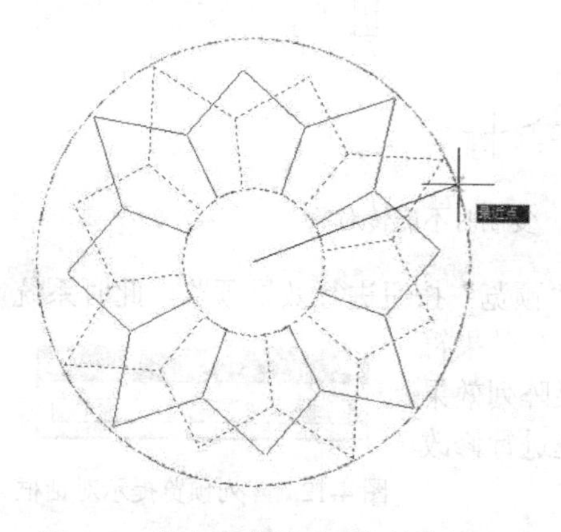

图 4-15　输入正值图形对象的旋转效果

2）命令格式

执行命令→选择对象→…→回车→指定基点→指定旋转角度，或者使用[复制(C)/参照(R)] <0>→回车。

执行旋转命令后，系统将提示选择需要旋转的图形对象，当选择所有需要旋转的图形对象后回车确定，系统又提示指定旋转“基点”，此时可通过键盘输入或单击鼠标左键来确定基点，最后指定相对旋转角度，并回车结束旋转命令。

在园林绘图中，经常利用旋转命令对一些图形对象进行旋转。输入正值旋转角度，图形对象逆时针旋转；输入负值旋转角度，图形对象顺时针旋转，如图 4-15 所示。

4.1.10　比例缩放

“比例”命令可以通过指定基点和比例因子，对图形对象进行等比放大或缩小。

1）命令调用方式

（1）工具栏：。

（2）菜单：修改→缩放。

（3）快捷菜单：选定对象后使用右键快捷菜单中的“比例”选项。

（4）命令行：**SCALE/SC。**

2）命令格式

执行命令→选择对象→…→回车→指定基点→指定比例因子或者使用[复制(C)/参照(R)] <1.0000>→回车。

执行比例缩放命令后，系统将提示选择需要比例缩放的图形对象，当选择所有需要比例缩放的图形对象后回车确定，系统又提示指定图形对象缩放的“基点”，此时可通过键盘输入或单击鼠标左键来确定基点，最后指定比例因子，并回车结束比例缩放命令。

注意：输入的比例因子大于 1，则图形对象被放大；输入的比例因子大于 0 小于 1，则图形对象被缩小。

在园林设计中，比例缩放命令使用频率很高，特别是在园林绿化种植设计中，经常利用比例缩放命令调整各种园林植物平面冠幅的大小，如图 4-16 所示。

4.1.11　修剪

“修剪”命令是将图形中超出某一边界的多余的图形对象部分修剪删除掉。如图 4-17 所示，如果将竖向一组直线超出第一条横向直线的线段作为多余部分，那么可以以第一条横向直线为边界利用修剪命令将多余部分修剪掉。

1）命令调用方式

（1）工具栏：。

（2）菜单：修改→修剪。

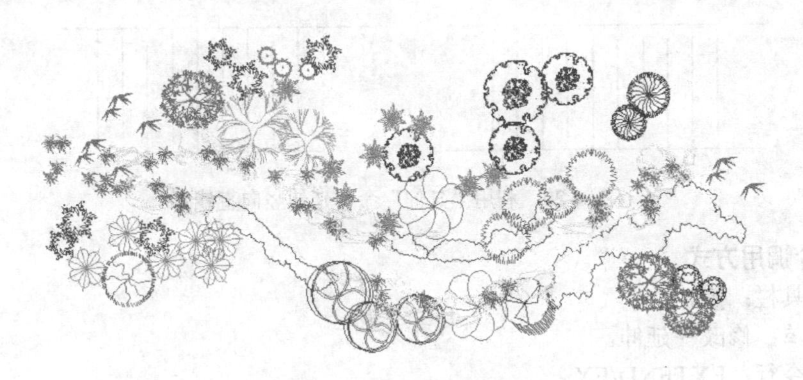

图 4-16　利用“缩放”命令调整园林植物冠幅大小

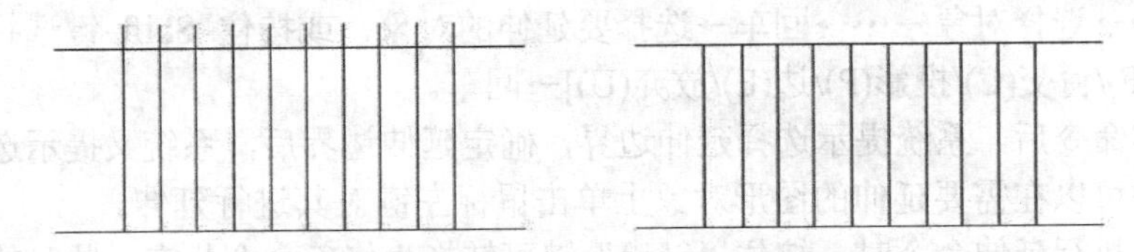

图 4-17　利用“修剪”命令修剪多余线段

（3）命令行：**TRIM/TR**。

2）命令格式

执行命令→选择对象→…→回车→选择要修剪的对象，或按住 Shift 键选择要延伸的对象，或[栏选(F)/窗交(C)/投影(P)/边(E)/删除(R)/放弃(U)]→回车。

执行修剪命令后，系统提示选择修剪边界，确定修剪边界后，图形边界呈虚线显示，如图 4-18 所示。此时，如果不再选择修剪边界则回车确认，系统将会提示选择需要修剪的图形对象，在需要修剪的图形对象上单击鼠标左键对其进行修剪。

注意：在执行修剪命令时，按住“Shift”键可转换为延伸命令状态，此时的修剪边界等同于延伸边界。

在园林设计中，大多数图形对象的绘制过程都要通过修剪命令进行细部处理，如图 4-19 所示。

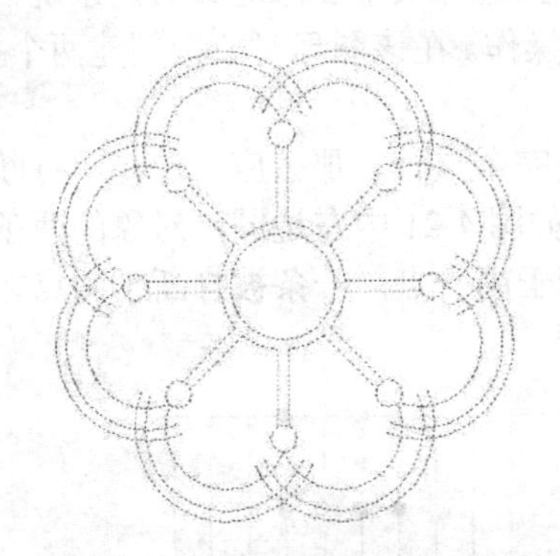

图 4-18　选择边界后图形对象呈虚线显示

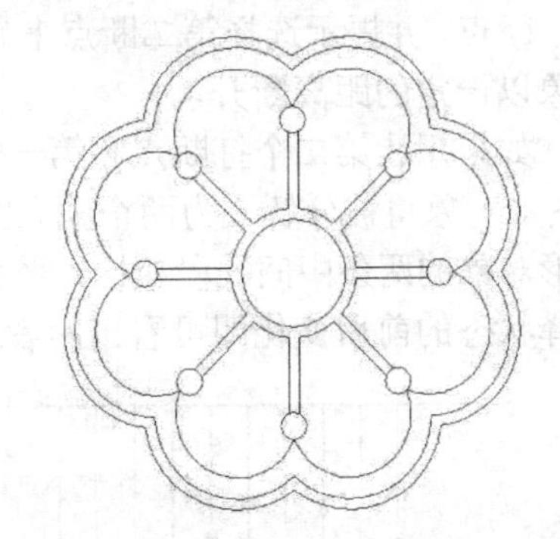

图 4-19　利用修剪命令进行细部修剪

4.1.12　延伸

“延伸”命令用于将没有和边界相交的图形对象延伸至另一个对象的边界。延伸命令的用法与修剪命令几乎完全相同，但两个命令执行后的效果正好相反。如图 4-20 中一组竖向直线与第一条横向直线没有相交，那么可以通过延伸命令将之延伸成相交状态。

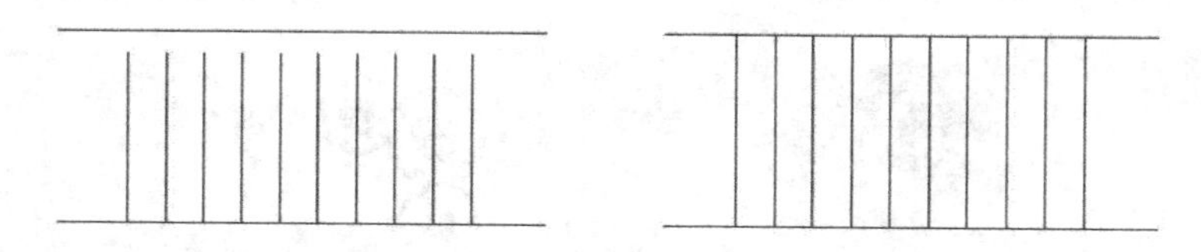

图 4-20　利用“延伸”命令延伸竖向直线

1）命令调用方式

（1）工具栏：。

（2）菜单：修改→延伸。

（3）命令行：EXTEND/EX。

2）命令格式

执行命令→选择对象→…→回车→选择要延伸的对象，或按住 Shift 键选择要修剪的对象，或[栏选(F)/窗交(C)/投影(P)/边(E)/放弃(U)]→回车。

执行延伸命令后，系统提示选择延伸边界，确定延伸边界后，系统又提示选择需要延伸的对象，此时可以在需要延伸的图形对象上单击鼠标左键对其进行延伸。

注意：在执行延伸命令时，按住“Shift”键可转换为修剪命令状态，此时的延伸边界等同于修剪边界。

4.1.13　打断

“打断”命令可以把图形对象上指定两点之间的部分图形删除或将对象断开。在 AutoCAD2011 软件中，使用打断命令可对直线、圆、圆弧、椭圆、多段线、样条曲线等图形对象进行编辑与修改。

1）命令调用方式

（1）工具栏：。

（2）菜单：修改→打断。

（3）命令行：**BREAK/BR。**

2）命令格式

执行命令→选择对象→指定第二个打断点 或 [第一点(F)]。

执行打断命令后，系统将提示选择图形对象，当选择某个图形对象后，系统自动将选择点作为第一断点，并提示选择第二断点来完成打断操作。在该图形对象上创建两个打断点后，则图形对象以一定的距离断开。

注意：如果想让第二个打断点和第一个打断点完全重合，那么应该选择“打断于点”命令，那么图形对象将被分解成为两个独立的部分。如图 4-21 中左边图形对象的两条中间线段与右边图形对象的两条中间线段相比，一条被打断于同一点，一条被打断于两点之间，从两条线段选择状态的前后变化即可看出两者之间的显著区别。

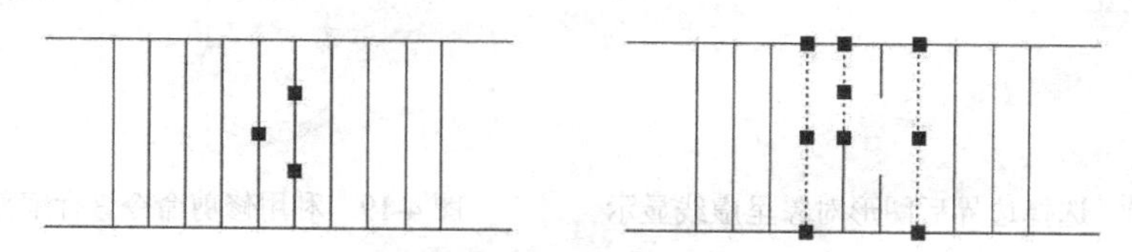

图 4-21　利用“打断”命令打断的几条竖向直线

4.1.14　倒角

“倒角”命令是连接两个不平行的图形对象，使它们相交或以斜线相接。倒角距离是每个图形对象与倒角线相接或与其他图形对象相交而进行修剪或延伸的长度，如图 4-22 所示。

1）命令调用方式

（1）工具栏：▢。

（2）菜单：修改→倒角。

（3）命令行：**CHAMFER/CHA**。

2）命令格式

执行命令→选择第一条直线或[放弃(U)/多段线(P)/距离(D)/角度(A)/修剪(T)/方式(E)/多个(M)]：d→指定第一个倒角距离<0.0000>→指定第二个倒角距离<0.0000>→选择第一条直线或[放弃(U)/多段线(P)/距离(D)/角度(A)/修剪(T)/方式(E)/多个(M)]→选择第二条直线，或按住Shift 键选择需要应用倒角的直线。

执行倒角命令后，系统提示选择需要进行倒角操作的图形对象。默认状态下，第一个倒角距离和第二个倒角距离都为零，所以在进行倒角操作过程中，根据绘图的实际需要，设置合理的倒角距离。倒角时，两个倒角距离可以相同，也可以不同，如图 4-23 所示。

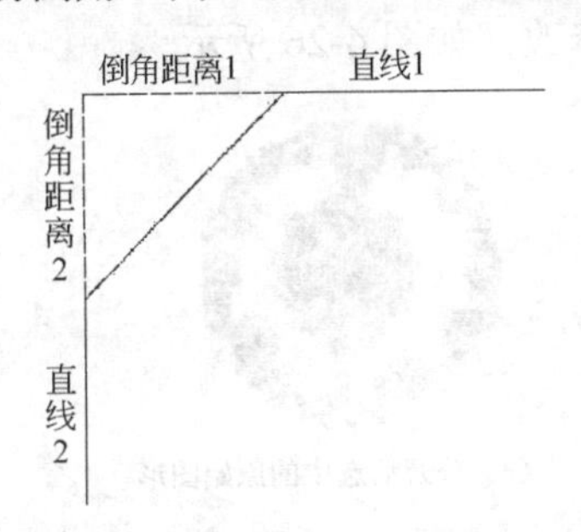

图 4-22 “倒角”的创建方式

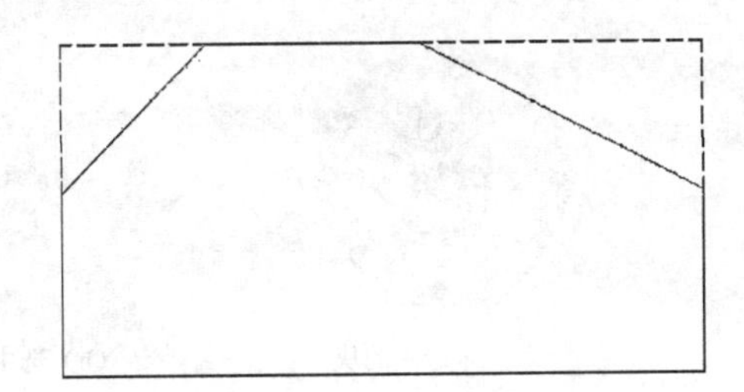

图 4-23 设置不同的倒角距离

4.1.15 圆角

“圆角”类似于倒角命令，是指使用与对象相切并且具有指定半径的圆弧连接两个对象，如图 4-24 所示。在 AutoCAD 软件中，可以对直线、多段线、构造线、射线、圆和圆弧等图形对象进行圆角操作。

1）命令调用方式

（1）工具栏：▢。

（2）菜单：修改→圆角。

（3）命令行：**FILLET/F**。

2）命令格式

执行命令→选择第一个对象或 [放弃(U)/多段线(P)/半径(R)/修剪(T)/多个(M)]：r→指定圆角半径 <0.0000>→选择第一个对象或者使用 [放弃(U)/多段线(P)/半径(R)/修剪(T)/多个(M)]→选择第二个对象，或按住 Shift 键选择要应用圆角的对象。

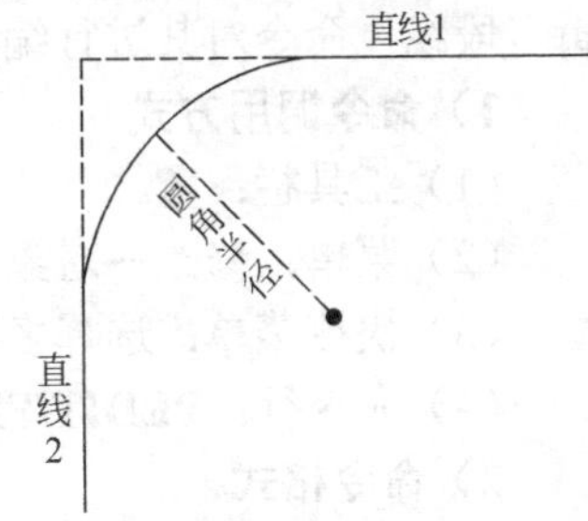

图 4-24 “圆角”的创建方式

执行圆角命令后，系统将提示选择需要进行圆角操作的图形对象。默认状态下，倒角半径为零，所以在进行圆角操作过程中需要根据图形对象特点设置合适的圆角半径。

注意：如果圆角半径为 0，则圆角操作将修剪或延伸两个二维图形对象直至它们完全相交，而且在交点处不创建圆弧。

在园林设计中，圆角命令常被用于各类园林道路、花坛、水池及场地转角的绘图过程，如图 4-25 所示。

4.1.16 分解

“分解”命令可以分解由多段线、多线、文字与尺寸标注、块等组成的组合图形对象。

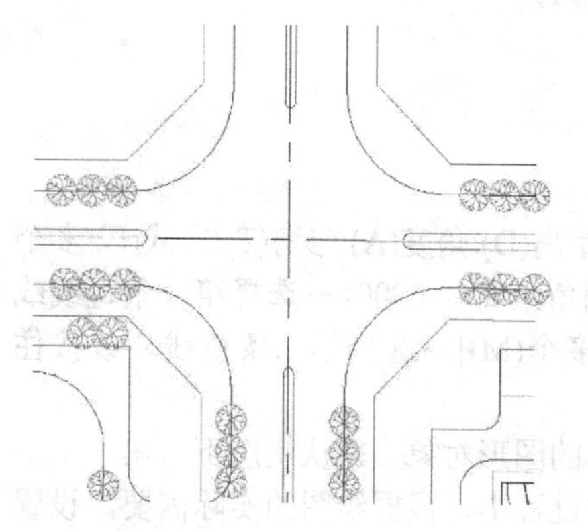

图 4-25 利用圆角命令绘制道路转弯半径

1）命令调用方式

（1）工具栏：。

（2）菜单：修改→分解。

（3）命令行：**EXPLODE/X。**

2）命令格式

执行命令→选择对象→选择对象→…→回车。

执行分解命令后，系统将提示选择需要进行分解操作的图形对象，当选择某个组合对象后，系统自动将其进行分解。

在园林种植设计中，具有宽度的多段线分解后宽度将变为系统默认宽度。块必须用分解命令分解成原始组成图形后，才能对其线型、颜色等属性进行编辑和修改，如图 4-26 所示。

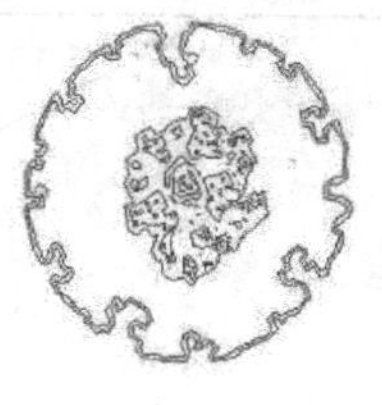

（a）未选中的块

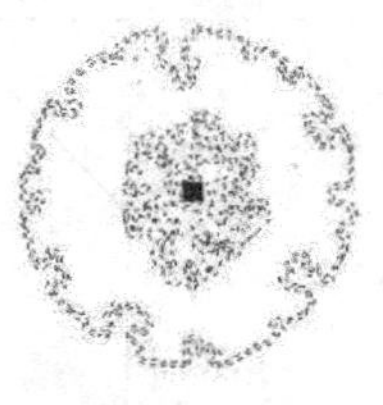

（b）选中的块

（c）分解后选中的原始图形

图 4-26 利用“分解”命令将园林树木平面图块分解成原始图形

4.2 高级编辑命令

4.2.1 编辑多段线

在园林设计中，一些用多段线、直线、圆弧、矩形等命令创建的图形对象，可以使用“编辑多段线”命令对其进行编辑与修改。

1）命令调用方式

（1）工具栏：。

（2）菜单：修改→对象→多段线。

（3）快捷菜单：选择多段线，使用右键快捷菜单中的“编辑多段线”选项。

（4）命令行：**PEDIT/PE。**

2）命令格式

执行命令→选择多段线或[多条(M)]→选定的对象不是多段线→是否将其转换为多段线<Y>→输入选项[闭合(C)/合并(J)/宽度(W)/编辑顶点(E)/拟合(F)/样条曲线(S)/非曲线化(D)/线型生成(L)/放弃(U)]→选择对象→回车→输入选项[闭合(C)/合并(J)/宽度(W)/编辑顶点(E)/拟合(F)/样条曲线(S)/非曲线化(D)/线型生成(L)/放弃(U)]→W→指定所有线段的新宽度→回车。

执行编辑多段线命令后，系统将提示选择需要编辑的多段线。如果编辑的图形对象不是多段线，则系统将提示“是否将其转换为多段线”操作，直接回车就可以将一些图形对象转为多段线。

在园林中，编辑多段线命令应用非常广泛，图框线、建筑轮廓线、景墙等均可以利用多段线编辑命令重新设置连接和宽度。如图 4-27 所示，左侧的建筑轮廓线是用直线命令绘制的，执行编辑多段线命令后，根据系统提示先将其转化为多段线，然后选择“合并”选项对其进行合并，最后使用“宽度”选项重新设定该建筑轮廓线的宽度。

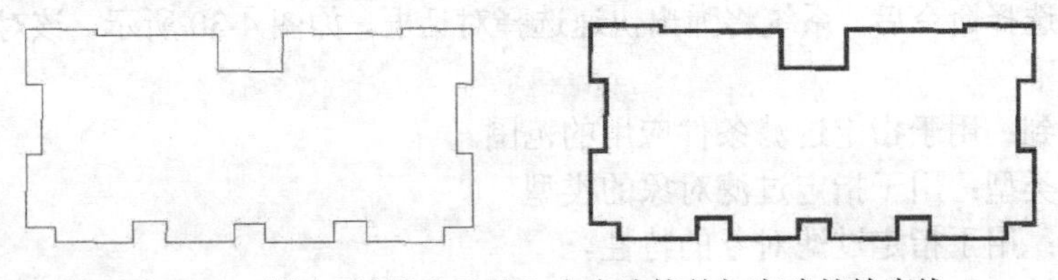

图 4-27　利用“编辑多段线”命令连接并加宽建筑轮廓线

4.2.2　编辑样条曲线

“编辑样条曲线”命令可以修改那些用样条曲线命令创建的图形对象。

1）命令调用方式

（1）工具栏：。

（2）菜单：修改→对象→样条曲线。

（3）快捷菜单：选择样条曲线后，使用右键快捷菜单中的“样条曲线”选项。

（4）命令行：**SPLINE/SPE**。

2）命令格式

执行命令→选择样条曲线→输入选项[拟合数据(F)/闭合(C)/移动顶点(M)/精度(R)/反转(E)/放弃(U)]→回车。

在园林设计中，地形等高线一般都使用样条曲线命令绘制，也可以对其进行多次编辑与修改。样条曲线编辑命令是一个单个对象编辑命令，即一次只能编辑一个样条曲线对象。选择需要编辑的样条曲线后，在样条曲线周围将显示数个控制点。常常结合“添加控制点”选项对样条曲线形状进行微调，如图 4-28 所示。

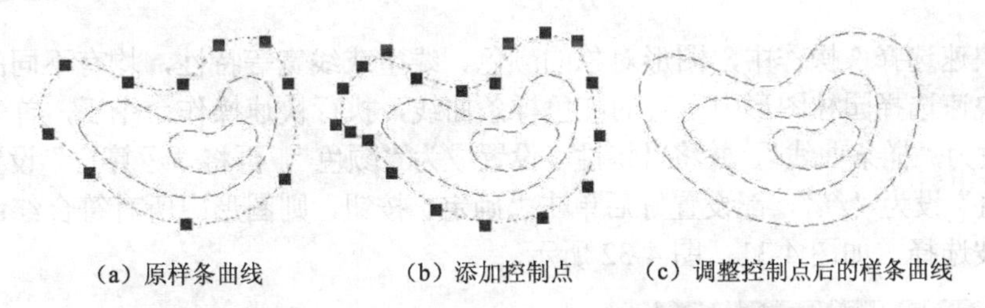

（a）原样条曲线　　（b）添加控制点　　（c）调整控制点后的样条曲线

图 4-28　利用“编辑样条曲线”命令调整地形等高线形状

4.2.3　夹点编辑

当对象被选择后，在不输入任何命令的情况下，对象上出现的一些高亮显示的蓝点称为“夹点”，如顶点、中点、端点等。这些夹点确定了图形的位置和形状。在 AutoCAD 中，对这些“夹点”进行编辑叫做“夹点编辑”。

在 AutoCAD 中，夹点编辑是一种非常实用的编辑功能，也是一种方便快捷的编辑操作途径。当十字光标与夹点对齐后单击鼠标左键可以选中夹点，并可以对其进行移动、镜像、旋转、比例缩放、拉伸和复制等操作，如图 4-29 所示。

4.2.4　快速选择

除常规选择外，在 AutoCAD 中还可以利用快速选择对话框根据选择图形对象特性特征进行选择。使用“快速选择”功能可以根据指定的过滤条件快速定义选择集。

1）命令调用方式

（1）菜单：工具→快速选择。

（2）快捷菜单：非命令执行状态下选择右键菜单中的“快速选择”项。

（3）命令行：**QSELECT**。

2）对话框设置

执行快速选择命令后，系统将弹出快速选择对话框，如图 4-30 所示。该对话框中各选项的基本功能如下。

（1）应用到：用于指定过滤条件应用的范围。

（2）对象类型：用于指定过滤对象的类型。

（3）特性：用于指定过滤对象的特性。

（4）运算符：用于控制对象特性的取值范围。

（5）值：用于指定过滤条件中对象特性的取值。

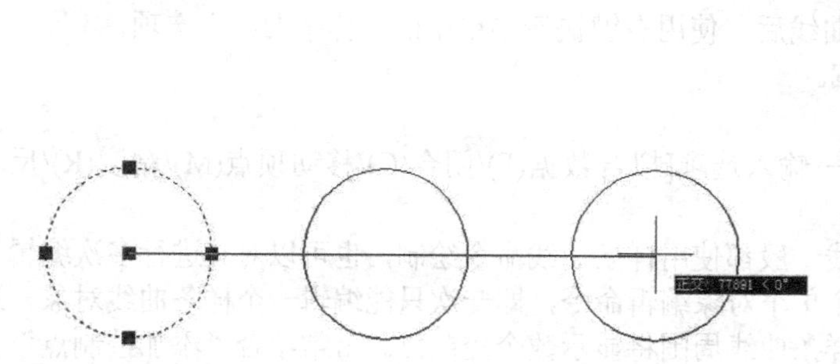

图 4-29　利用“夹点编辑”命令复制多个图形

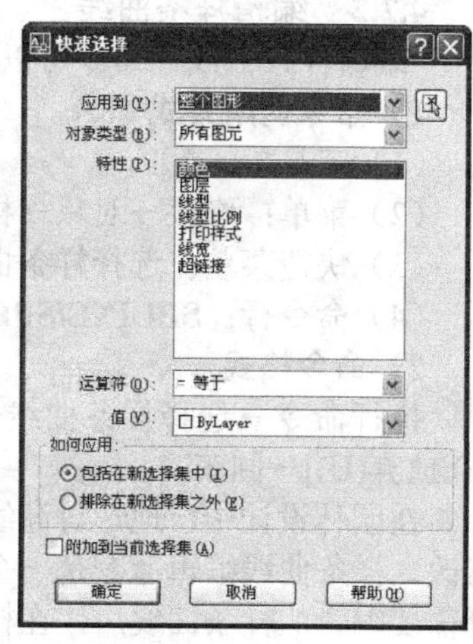

图 4-30　“快速选择”对话框

在“快速选择”操作中，图形对象的颜色、线型或线宽等特性，均有不同的取值情况。例如，想快速选择园林图形中所有的红色样条曲线，执行快速操作命令后，首先需要将“对象类型”设为“样条曲线”，并将“特性”设置成为“颜色”，再将“运算符”设置为“等于”，最后将“值”设为“红”，都设置好后单击“确定”按钮，则图形中所有符合红色条件的样条曲线均会被选择，如图 4-31、图 4-32 所示。

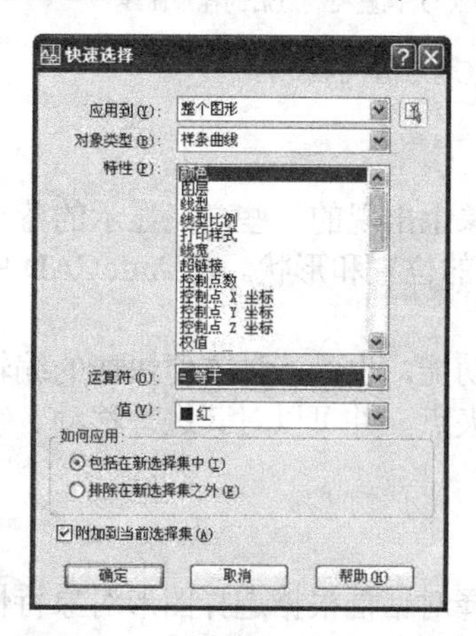

图 4-31　“快速选择”对话框设置

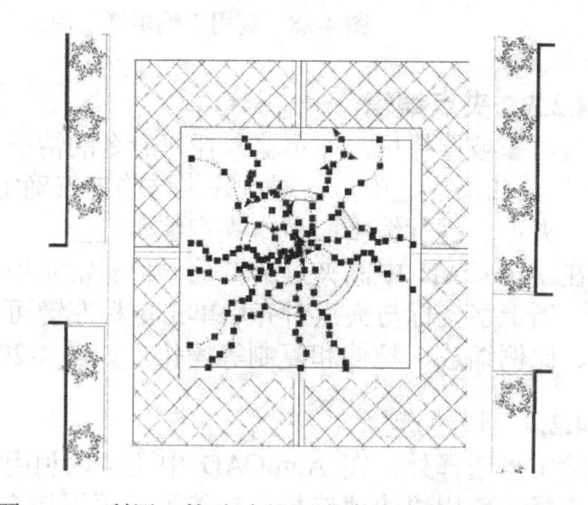

图 4-32　利用“快速选择”命令选中的红色样条曲线

4.2.5　对象选择过滤器

与快速选择相比，“对象选择过滤器”也是一种快速过滤选择的方法。操作时，可以使用对象特性或对象类型将对象包含在选择集中或排除对象。

1）命令调用方式

命令行：**FILTER/FI**。

2）对话框设置

执行“对象选择过滤器”命令后，系统将弹出“对象选择过滤器”对话框，如图4-33所示。与园林绘图密切相关的选项主要有选择过滤器、选择、添加到列表、应用、清除列表等。

在“对象选择过滤器”操作中，如果想过滤选择园林植物种植设计图中栽植的所有云杉数量，操作的顺序和步骤：命令行输入FI并回车→在“选择过滤器”下拉列表中选择块名（图4-34）→单击“选择”按钮并选择“云杉”（图4-35）→单击“添加到列表”按钮（图4-36）→单击“应用”按钮→按鼠标“左键”在园林图中“拖拽”一个包含整个图形的矩形区域→单击鼠标左键结束操作。

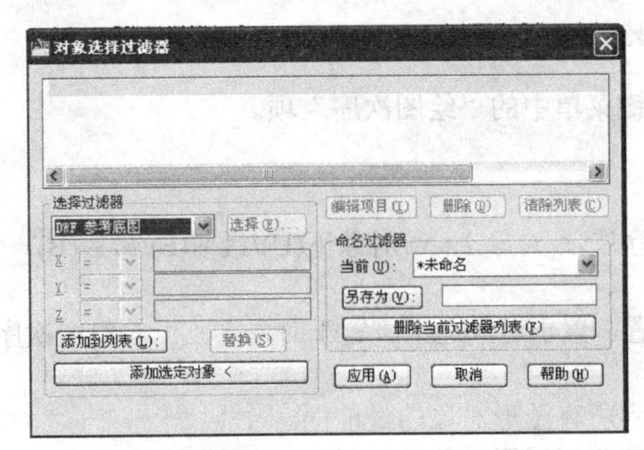

图4-33 “对象选择过滤器”对话框

图4-34 在选择过滤器下拉列表中选择“块名”选项

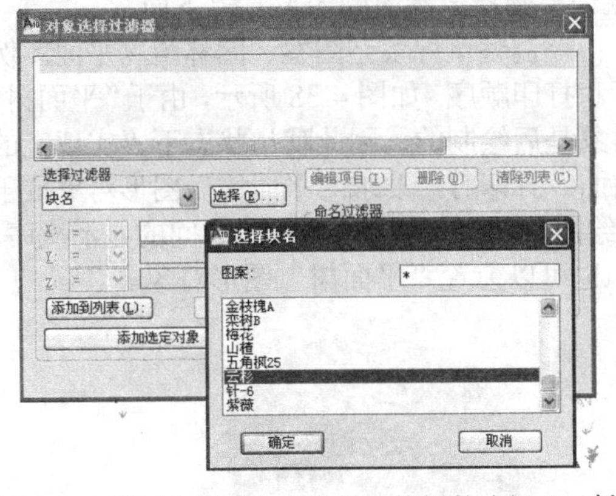

图4-35 鼠标左键单击“选择”按钮并选择“云杉”

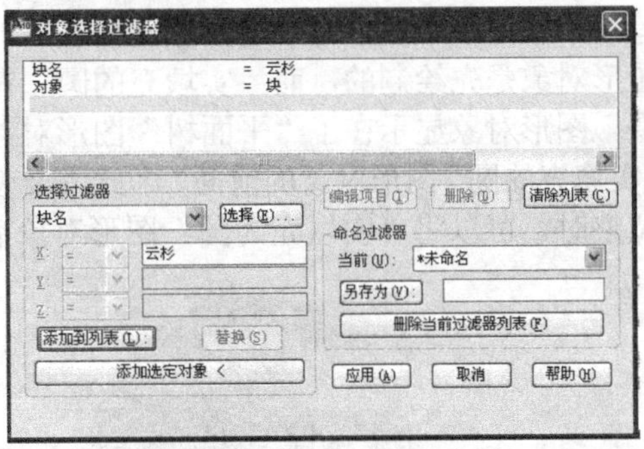

图4-36 鼠标左键单击“添加到列表”按钮

执行对象选择过滤器命令后，系统将自动选择过滤出图中的所有云杉数量，并在命令行中给以提示，如图4-37所示。

4.2.6 绘图次序

“绘图次序”能够调整图形对象的显示顺序。通常情况下，图形对象是按照创建时的先后次序进行排列的，即新创建的图形对象始终显示在其他图形对象的前面。

1）命令调用方式

（1）工具栏：[工具栏图标]。

（2）菜单：工具→绘图次序→子菜单。

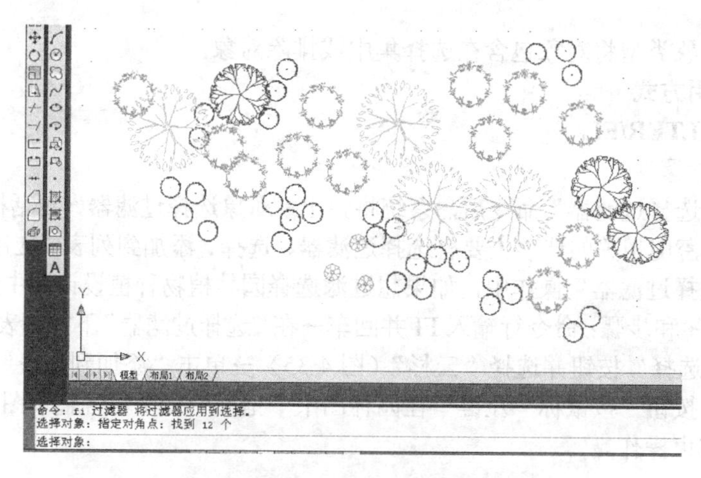

图 4-37　执行对象选择过滤器命令后选择过滤出的云杉数量

（3）快捷菜单：命令执行状态下选择右键菜单中的“绘图次序”项。

（4）命令行：**DRAWORDER/DR。**

2）命令格式

执行命令→选择对象→…→输入对象排序选项[对象上(A)/对象下(U)/最前(F)/最后(B)] <最后>→选择相应选项→回车。

执行命令后，系统自动列出“前置、后置、置于对象之上、置于对象之下”等绘图次序的各个选项。

（1）前置：可以将选定的图形对象调整到所有图形对象的最前面。

（2）后置：可以将选定的图形对象调整到所有图形对象的最后面。

（3）置于对象之上：可以将选定的图形对象调整到指定参照的图形对象上面。

（4）置于对象之下：可以将选定的图形对象调整到指定参照的图形对象下面。

在园林设计中，经常需要利用“绘图次序”命令调整草坪填充图案、园林植物平面图例等两个或更多个图形对象之间相互覆盖时的显示和打印顺序。如图 4-38 所示，由于“平面树”图形对象是先绘制的，而“实填充的圆”图形对象是后绘制的，因此默认状态下“实填充的圆”图形对象显示在了“平面树”图形对象的前面。打印时，要求“平面树”图形对象位于“实填充的圆”图形对象的前面，因此需要使用“绘图次序”命令来改变两者之间的显示次序。调整时，可以将“实填充的圆”图形对象后置，也可以前置“平面树”图形对象。

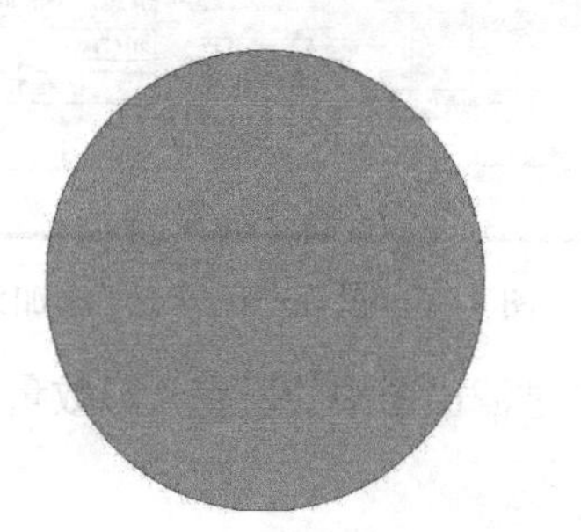
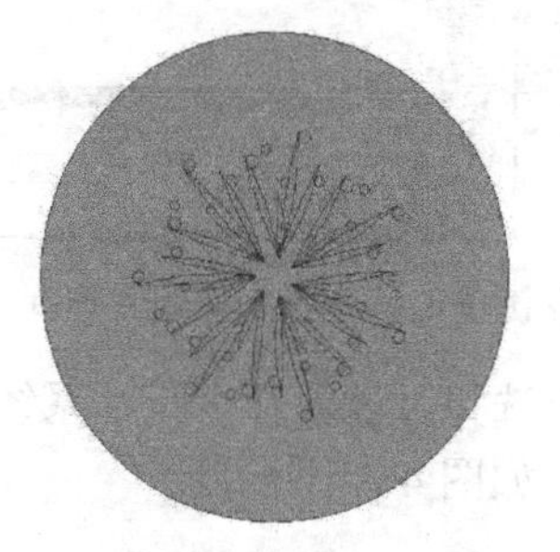

图 4-38　“平面树”图形对象前置的图面变化

本章小结

本章详细介绍了复制、镜像、偏移、陈列、移动、旋转、比例缩放、修剪、延伸、倒角、分解等基本编辑命令，并对编辑多段线、编辑样条曲线、绘图次序、快速查询、对象选择过滤器、距离查询、面积查询及列表显示等高级编辑命令进行了深入细致讲解。经过本章的学习，画出复杂多变的园林图形指日可待。

习题

1）请说出延伸、修剪的异同点。

2）如何结合加运算方式测量独立多个图形的面积之和？

3）画一个半径 3 m 的圆形，并对其进行 4 行 6 列的矩形阵列，行间距 6 m、列间距 7 m。

4）如何画出两条平行线？

5）在修正错误的操作步骤时，是否只能使用撤销命令？

6）如何通过一些命令快速而准确地绘制一组相似图形？

5 绘图设置

5.1 绘图单位与图形界限

当使用 AutoCAD 绘制园林图形之前，通常需要先进行一些基本图形的设置，如图形单位、单位精度、角度、角度方向及绘图区域等内容的设置。

5.1.1 设置图形文件的绘图单位

在 AutoCAD 中，绘图可以采用常用的绘图单位来进行绘制，其长度单位包括小数、工程、建筑、科学等方式，而且可以使用公制（毫米）和英制（英寸、英尺）等绘图单位。角度单位有百分度、度/分/秒、弧度、勘测单位、十进制度数等。在绘制园林施工图时，除标高通常以米为单位外，其余一般以小数显示的毫米为长度单位，以十进制度数为角度单位。

1）命令调用方式

（1）菜单：格式→单位。

（2）命令行：**UNIT/UN**。

2）图形单位对话框设置

执行图形单位命令后，系统会弹出“图形单位”对话框，如图 5-1 所示。在该对话框中，长度包括分数、工程、建筑、科学、小数等类型；角度包括百分度、度/分/秒、弧度、勘测单位、十进制度数等类型。

园林绘图中，可根据实际情况选择相应的长度类型和角度类型，并指定长度类型和角度类型的显示精度。如在绘制园林施工图时，竖向图和总平面图常以“米”为单位进行标注，其他类型图则多选择“小数”长度类型下的“毫米”为长度单位，选择“十进制”角度类型下的“度数”为角度单位。此外，为了输入方便，绘图中可先以米为单位绘制图形，最后把图形放大 1000 倍，即可以以毫米为单位对图形进行文字与尺寸标注。

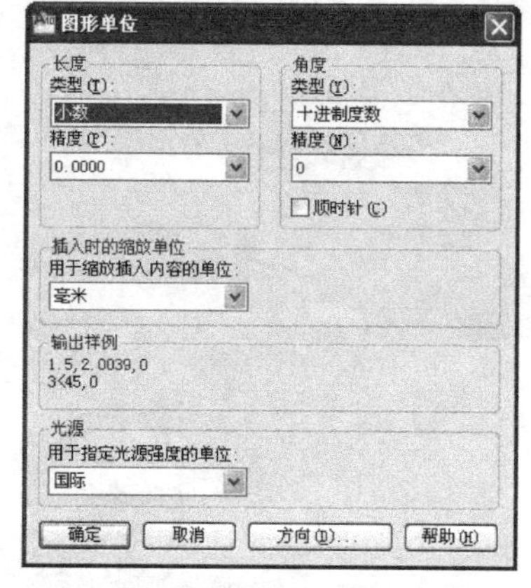

图 5-1 “图形单位”对话框

5.1.2 图形界限

在 AutoCAD 软件中，图形界限是预先设定的一个有效的画图区域。在开始绘图之前，应该先设置好图形界限，在有效的图形界限内画图，可以提高图形文件的运行速度。

AutoCAD 软件默认的绘图环境是一个无限大的空间——模型空间，它是一个绘制与编辑图形文件的窗口。在园林方案设计和施工图绘制时，可以根据图形文件的实际尺寸设定图纸型号，然后为图形对象确定一个有效的图纸边界。由于园林图形多数是按照 1∶1 的比例绘制而成的，所以绘图界限的设置应与选定图纸的大小相对应，才能满足图形打印输出的比例要求。

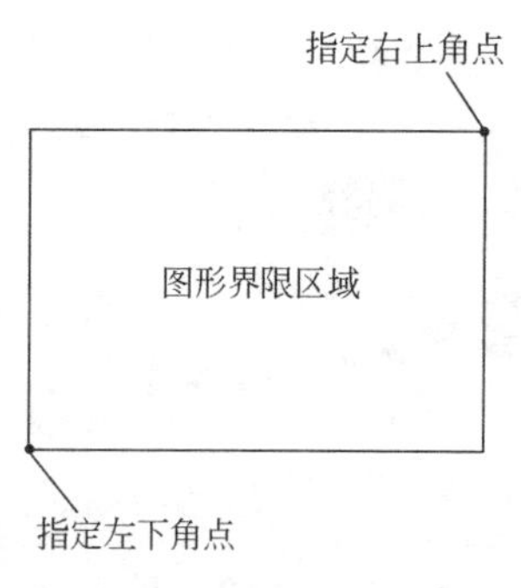

图 5-2 “图形界限”示意图

设置图形界限时，需要以图形的实际尺寸、图纸边框、标题栏、会签栏等组成部分为依据，在绘图窗口中通过指定左下角点和右上角点两点坐标来确定图形界限的具体区域，这两个坐标点分别是绘图范围的左下角和右上角，以这两个点为对角点所确定的矩形就是当前定义的绘图范围，如图 5-2 所示。

1）命令调用方式

（1）菜单：格式→图形界限。

（2）命令行：**LIMITS**。

2）命令格式

执行命令→指定图形界限左下角点坐标或［开(ON)/关(OFF)］<0.0000，0.0000>→指定图形界限右上角点坐标<420.0000，297.0000>→回车。

上述［开(ON)/关(OFF)］选项用于控制图形界限检查的开关状态。其中，“开(ON)”选项是打开界限检查，系统会拒绝输入图形界限外部的点；“关(OFF)”选项是关闭图形界限检查，系统将不再对输入图形界限外部的点进行限制。

在园林绘图中，常采用 A0、A1、A2、A3、A4 等几种固定的图纸规格。默认状态下，AutoCAD 系统的图形界限为 420 mm×297 mm，这是国际标准中的 A3 图纸。由于园林图形一般采用 1∶1 的比例进行绘制，所以绘图界限应该大于图形对象的实际尺寸。

在图形界限具体设置时，可在命令行中输入“limits”命令或单击“格式”菜单中的“图形界限”命令。当命令行提示重新设置模型空间界限时，直接回车，以确定绘图界限左下角坐标为“0，0”；当命令行提示指定图形界限右上角点坐标时，输入“420000，297000”，则绘图界限右上角点的坐标就变成为“420000，297000”。

图形界限设置完毕后，执行 ZOOM 命令的“全部（A）”子命令来显示全部图形界限。

5.1.3　图形设置的更改

图形界限设置后，只能在已经定义好的界限区域内绘图。设置了图形界限并且打开了“(ON)”图形界限检查选项后，如果当前图形超出了绘图界限，系统将发出警告提示信息。所以，通常情况下，可以关闭图形界限检查选项，使绘图操作不受图形界限的制约。

此外，绘图时还可根据实际需要来改变图形的单位和角度设置。在命令行中输入“un”命令回车，系统会弹出图形单位对话框，如图 5-3 所示。在该对话框中，可在“长度”选项栏中选择单位类型及其相应精度，在“角度”选项栏中选择角度类型及其相应精度，还可以设置角度的正方向。单击对话框中的“方向”按钮，系统会弹出方向控制对话框，在该对话框中可以设置角度的起始方向。AutoCAD 默认的设置是坐标轴正东为 0°，逆时针方向为正，如图 5-4 所示。

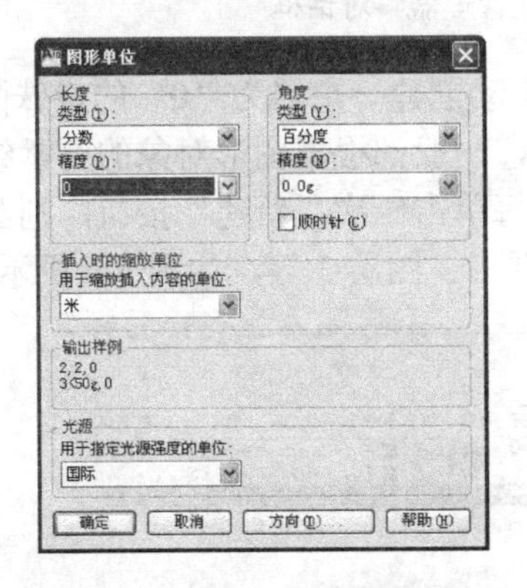

图 5-3　“图形单位”对话框

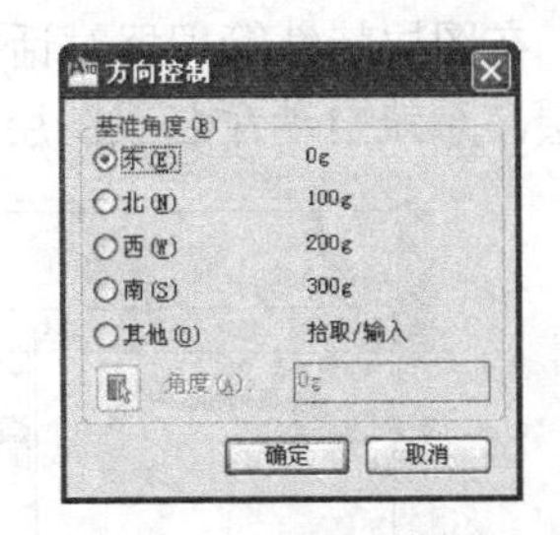

图 5-4

5.2　设置图层

1）图层的功能

在传统的手工绘图中，如果园林图形过于复杂或图形中各对象相互干扰较大时，经常出现这样或那样的错误，有些错误对整张图纸产生很大影响，往往需要全部重新绘制。在AutoCAD软件中，图层类似于完全重合在一起的多张透明纸。利用AutoCAD软件绘图时，可将不同组成部分按照相同的坐标系和比例画在不同的透明纸上，这样如果某部分图形出现错误，可以将图形所在的透明纸（图层）置为当前，进行相应的编辑和修改，而位于其他图层中的图形则不会受到影响，从而大大提高了绘图的效率。因此，在园林绘图中，一般都将园林建筑、小品、地形、水体、乔木、灌木、花卉、地被及文字、标注等不同组成部分设置不同图层，以方便图形的后期编辑、修改和打印输出。

2）命令调用方式

（1）工具栏：▤。

（2）菜单：格式→图层。

（3）命令行：**LAYER/LA**。

3）图层特性管理器

执行图层命令后，系统将弹出“图层特性管理器”对话框，如图5-5所示。在该对话框中，可以进行“新建图层”、“删除图层”、“置为当前图层”、“重命名图层”、“打开/关闭图层”、“冻结/解冻图层”、“锁定/解锁图层”等基本设置。

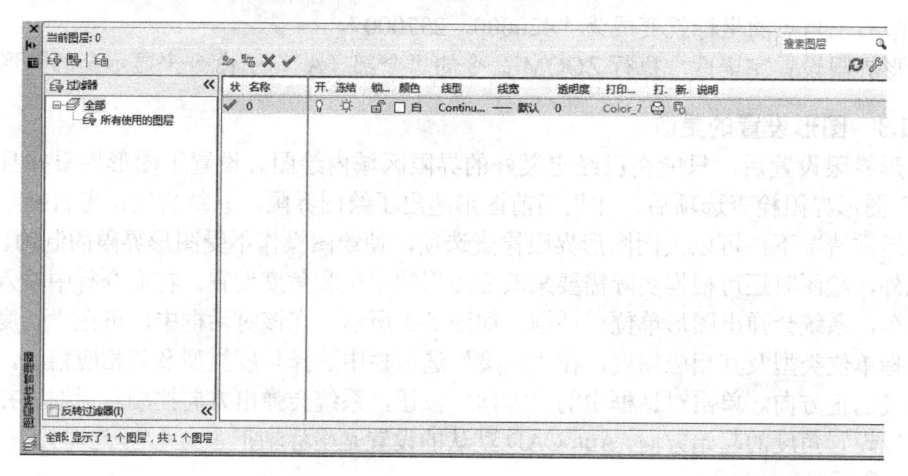

图5-5 “图层特性管理器”对话框

（1）新建图层：默认情况下，AutoCAD自动创建一个名为“0”的特殊图层。0图层不能被删除，也不能被重新命名。在园林绘图中，一般都根据图形对象的要素组成情况，合理新建一些图层。在图层特性管理器对话框中，每单击一次“新建”按钮，则图层列表里便会增加一个新图层，系统自动命名成图层1、图层2、图层3等，如图5-6所示。

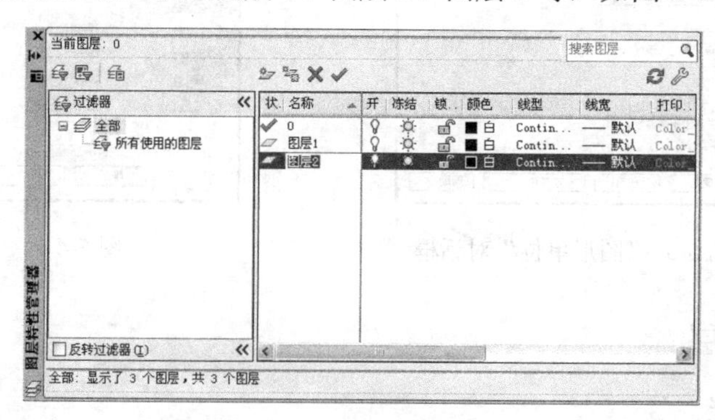

图5-6 新建图层

（2）重命名图层：为了更直接地表现该图层上的图形对象，绘图时可以将图层 1、图层 2 等新建图层重新命名。在图层名称位置双击鼠标左键，输入新的图层名称，可包括字母、数字、特殊字符和空格，并按 Enter 键确认。在园林绘图中，重命名应该采用易于识别图形对象内容的名称，如建筑层、道路层、草坪层、水体层、树木层、文字层等图层名称，如图 5-7 所示。

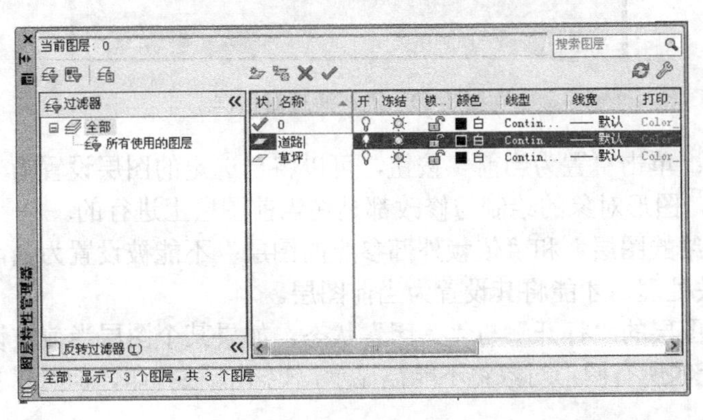

图 5-7　重命名图层

（3）删除图层：单击图层特性管理器对话框中的“删除图层”按钮，一般可以删除当前选中的图层，但“当前图层”、“图层”、“包含对象的图层”、“被块定义参照的图层”、“依赖外部参照的图层”和系统自动生成的“定义点图层”等都不能被删除，如图 5-8 所示。如果需要将具有以上特性的图层（图层除外）进行删除，则需要对图层进行处理，如可将“当前图层”置为“非当前图层”，或将“包含对象的图层”上的图形对象转移到其他层上去。

注意：园林绘图中，常常利用“清理”命令删除图层。即在命令行输入“PUGER/PU”命令回车，系统将自动弹出“清理”对话框（图 5-9），单击“全部清理”按钮，在自动弹出的“确认清理”对话框中选择“清理所有项目”选项（图 5-10），则系统自动删除图层、块、文字样式、线型等未使用的项目。

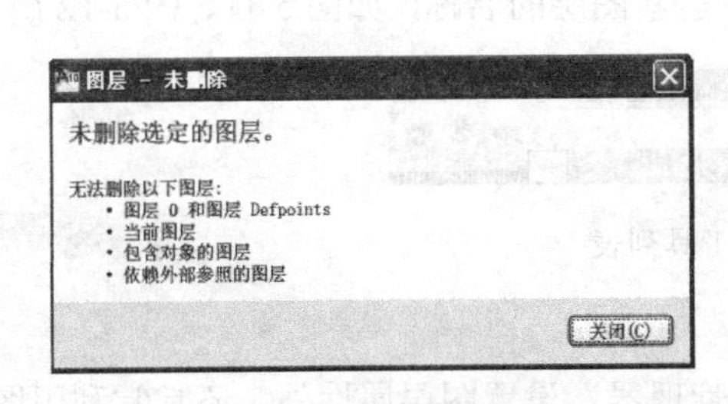

图 5-8　系统提示无法删除的图层

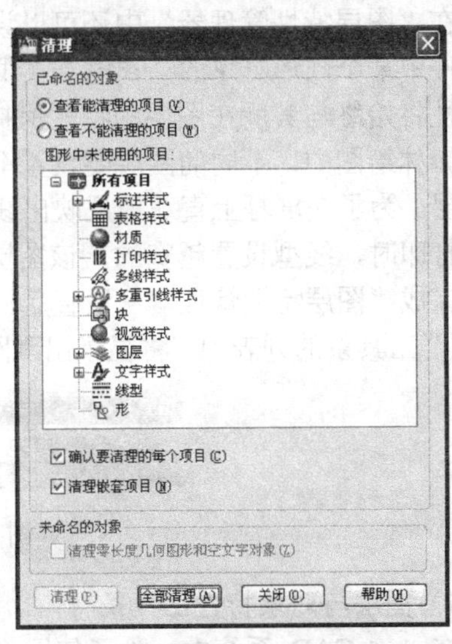

图 5-9　图形对象清理对话框

（4）设置图层：控制图层的状态可以更好地管理和使用图层。图层特性管理器中控制图层状态的按钮功能如下。

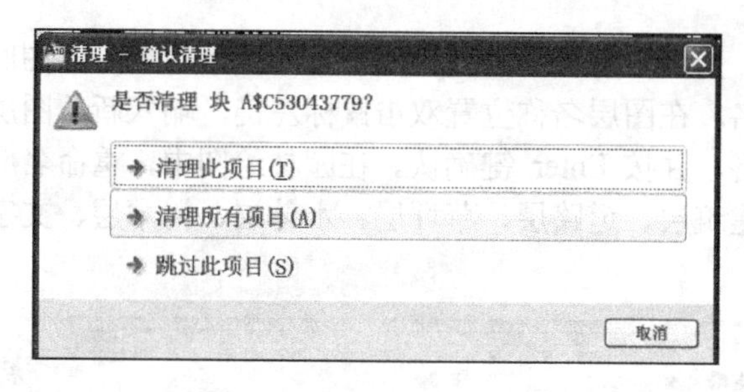

图 5-10　确认清理对话框

① 置为当前：单击“置为当前”按钮，可以将已选定的图层设置为当前操作图层。在AutoCAD系统中，图形对象的绘制与修改都是在当前图层上进行的。

注意：“被冻结的图层”和“依赖外部参照的图层”不能被设置为当前图层，必须对这两类图层进行相关处理，才能将其设置为当前图层。

② 开：控制图层的“打开”与“关闭”状态。如果某个图层当前被设置成为“关闭”状态，则该图层上的所有图形对象将不能被显示，也不能被打印，但可以被重生成命令重新生成。

注意：在园林绘图中，可以将一些暂时不操作的图层进行关闭以减少绘图过程中的干扰，或打开一些已关闭的图层以观察图形对象的平面总体布局。

③ 冻结：控制图层的“冻结”与“解冻”状态。如果某个图层当前被设置成为“冻结”状态，则该图层上的所有图形对象将不能被显示、被打印，而且不能被重生成命令重新生成。

注意：在园林绘图中，为了减少图形文件重新生成的时间，可以将暂时不需要编辑修改的图形对象所在的图层进行冻结，以提高绘图过程中其他图形对象操作的准确性与直观性。

④ 锁定：控制图层的“锁定”与“解锁”状态。如果某个图层当前被设置成为锁定状态，则该图层上的图形对象将不能被删除和修改，但可以继续在该图层上绘制新的图形对象。

注意：在园林绘图中，为了避免误操作，可以将某些暂时不需要编辑和修改的图形对象所在的图层设置成为“锁定”状态。何时需要编辑和修改，解锁该锁定图层即可。

在“图层特性管理器”中还可以设置“颜色”、“线型”和“线宽”等图层特性。如果图形文件中某个图形对象的“颜色”、“线型”和“线宽”均设为“随层”，则该图形对象的这几个特性将始终与其所在图层的特性保持一致。

园林绘图中，不同的图层要设置不同的颜色，能够从颜色上很明显地区分图形对象所在的图层。为了在屏幕上直观地反映出线型的粗细，图层颜色应该根据打印时线宽的粗细来设置。打印时，线型设置越宽的，该图层就应该选用越亮的颜色，反之亦如此。

完成“图层特性管理器”设置后，单击“确定”按钮即结束“图层设置”命令，此时在“图层”工具条的列表中，将显示出刚刚创建的一些新图层的名称，如图5-11、图5-12所示。

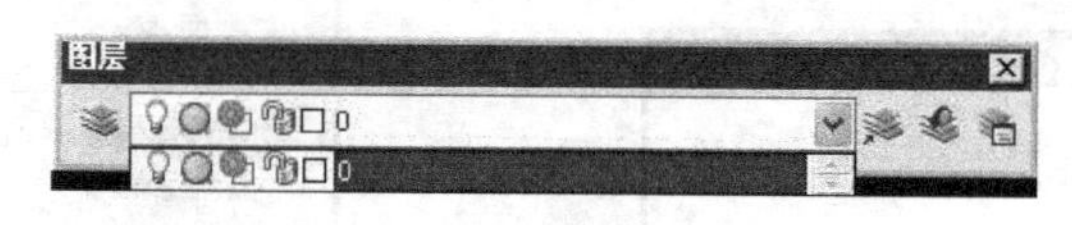

图 5-11　图层工具列表

4）图层与对象特性工具条

在AutoCAD系统中，除了使用“图层特性管理器”设置图层属性外，还常常利用图层工具条与对象特性工具条对图形对象的一些属性进行相应设置。

（1）图层工具条：如图5-13所示，图层工具条主要用于图层的显示与隐藏、冻结和解冻、锁定与解锁等状态的设置。

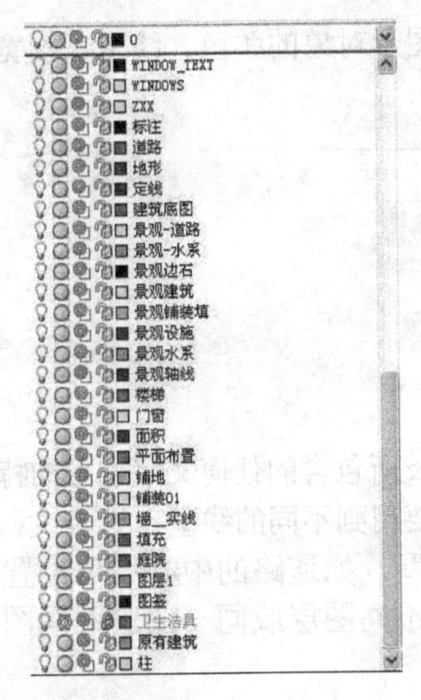

图 5-12　新建图层列表

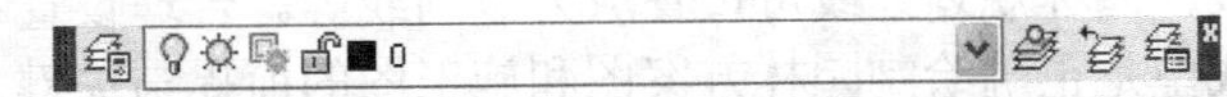

图 5-13　图层工具条

当园林图形中的图形对象未被选择时，此时图层工具条列表中所显示的“建筑底图”图层就是当前图层，如图 5-14 所示。

注意：在图层工具列表中，用鼠标左键单击下拉列表中某个图层，就可以把该图层设置为当前图层。

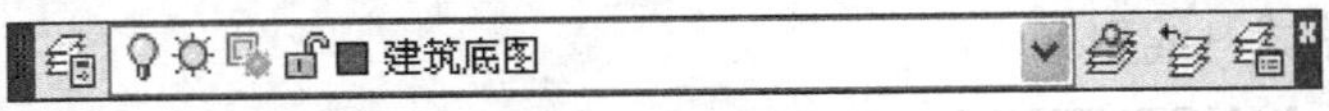

图 5-14　当前图层

当园林图形中的某一个图形对象被选择时，此时图层工具条列表中所显示的“景观边石”图层是图形对象所在的图层，如图 5-15 所示。

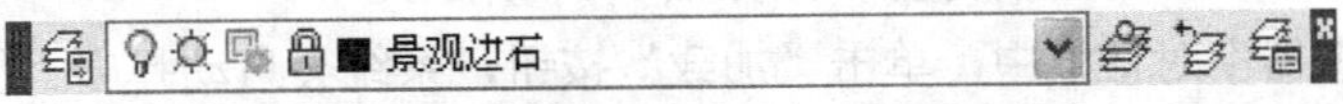

图 5-15　选择的图形对象所在的图层

当园林图形中的两个及以上图形对象同时被选择时，如果选中的多个图形对象位于不同的图层，此时图层工具条列表则显示为空，如图 5-16 所示。

图 5-16　选择的图形对象不在同一个层

如果一些图形对象在绘制后才发现并没有绘制在预先设置的图层上，此时需要将这部分图形对象转移到预先设置的图层中去。操作时，首先选中该部分图形对象，然后在图层工具条列表中选择预先设置好的目标图层，最后按“Esc”取消图形对象的选择状态。此时，该部分图形对象已被转移到目标图层中。

此外，在图层工具条列表中同样可以设置图层的“开/关”、“冻结/解冻”、“锁定/解锁”等状态，如在列表中直接将“景观边石”图层设置成为“关闭”与“锁定”状态，如图 5-17 所示。

图 5-17　鼠标左键单击“🔓”图标关闭景观边石图层

（2）对象特性工具条：“对象特性工具条”主要用于图形对象的颜色、线型、线宽等状态的设置，如图 5-18 所示。

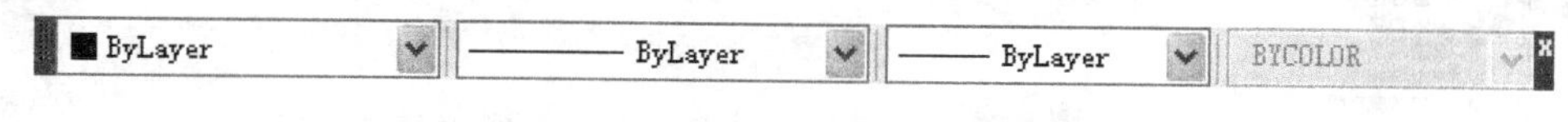

图 5-18　对象特性工具条

5.3　设置线型

1）线型的功能

线型是特定的点划线序列、划线和空移的相对长度以及所包含的任何文字或形的特征。园林设计绘图时，为了满足不同国家或行业标准的要求，要用到不同的线型，如虚线和实线等。不同的图形对象类型，有时需要设置成为不同的线型，如道路的中心线可设置成为点划线，园林规划红线可设置成为短划线等。合理设置不同图层或同一图层不同图形对象的线型是正确绘制园林方案图和施工图的前提与关键。

2）线型的种类

在 AutoCAD2011 中，默认状态下是连续线型。特性工具条中的线型控制下拉列表中“随层”指的是所绘制的图形对象的线型与其所在图层的线型保持一致；“随块”指的是所绘制的图形对象的线型与其所在块的线型保持一致；“连续”指的是图形对象所使用的线型为连续实线。

3）命令调用方式

（1）菜单：格式→线型。

（2）命令行：**LINETYPE/LT**。

4）线型管理器的线型设置

执行线型命令后，系统将弹出“线型管理器”对话框，在该对话框中可以加载线型、删除线型及将加载的线型置为当前等操作，如图 5-19 所示。

在“线型管理器”对话框中，单击“加载”按钮，系统会自动弹出“加载或重载线型”对话框（图 5-20）。在 AutoCAD2011 中，包含了数十种的线型，从线型库中选择需要加载的线型，然后单击“确定”按钮，就可以直接进行加载。此外，还可以通过“加载或重载线型”对话框中的“文件”选项来调用外来线型文件。

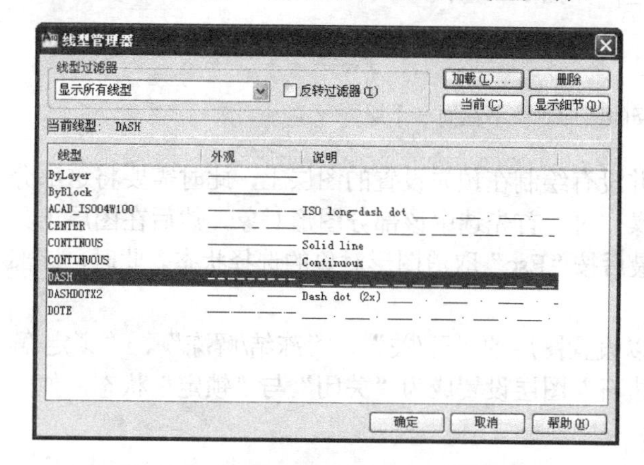

图 5-19　“线型管理器”对话框

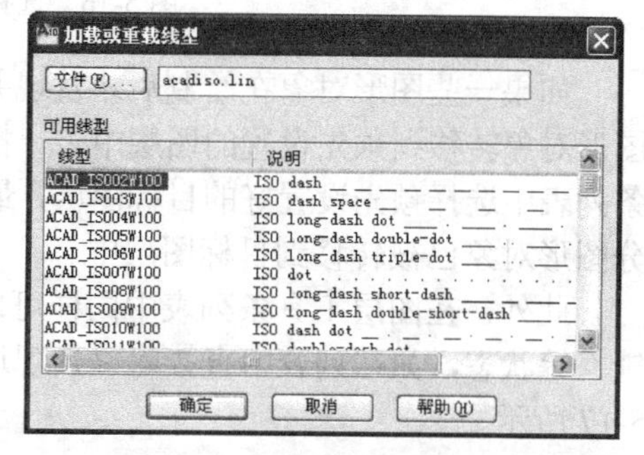

图 5-20　“加载或重载线型”对话框

注意：“线型管理器”对话框中的“删除”选项，只能删除那些被选定的未使用过的线型，而不能删除随层、随块和连续等线型。

5）对象特性工具条的线型设置

如果某种线型被设置为当前线型，则新创建的图形对象都使用该线型进行绘制。如图5-21所示，将“DASH”设置为当前线型后，则图5-22中新绘制的几组垂直线就显示出“DASH”线型所具有的形态特征。

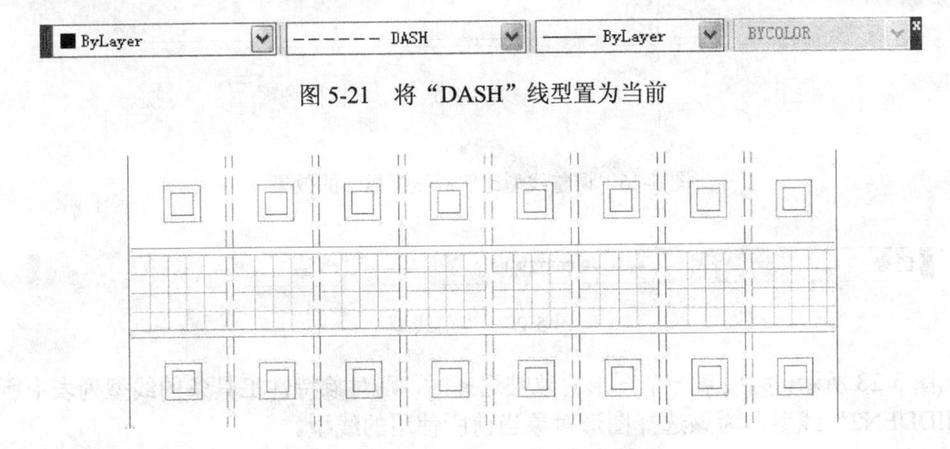

图5-21　将“DASH”线型置为当前

图5-22　利用“DASH”线型绘制的图形

如图5-23所示，“DASH”虽然为当前线型，但如果线型比例过小，则新绘制的几组垂直线有时也会显示成为连续的直线。

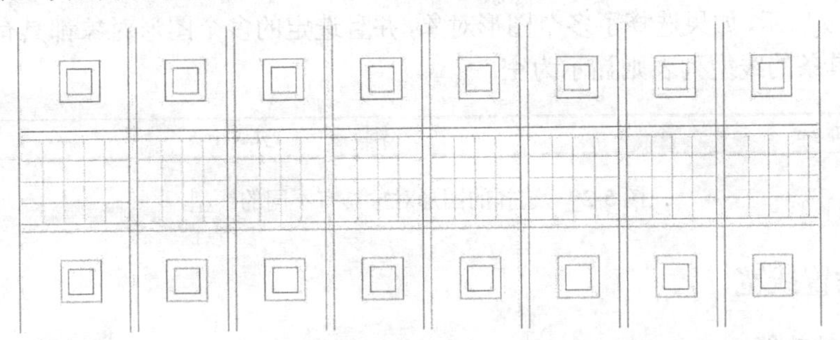

图5-23　线型比例过小对线型显示的影响

此时，可调整“特性”选项栏中的“比例因子”项，将其由1改为0.3，如图5-24、图5-25所示。调整后短划线的疏密程度发生了变化，结果如图5-26所示。

图5-24

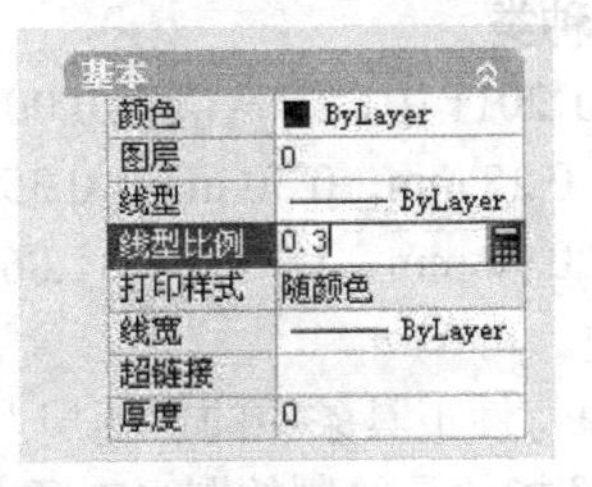

图5-25

如图5-27所示，如果图形对象未被选择时，则对象特性工具条的线型列表中当前显示的“CONTINOUS”线型即为当前线型。

注意：在图层工具列表中，用鼠标左键单击下拉列表中某个线型，就可以把该线型设置为当前线型。

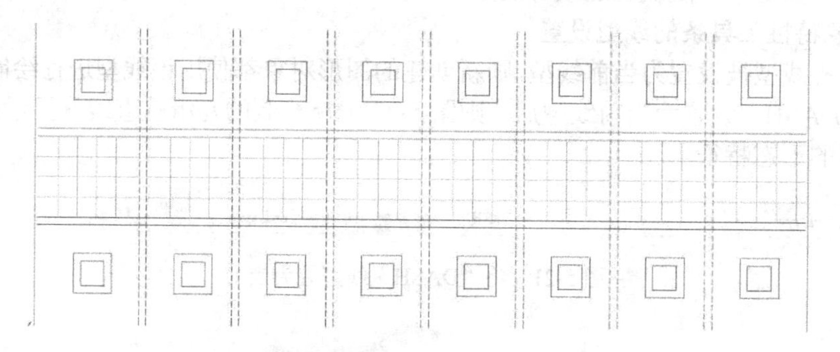

图 5-26　调整线型比例后线型显示的效果

图 5-27　当前线型

如图 5-28 所示，如果某一个图形对象被选择时，则对象特性工具条的线型列表中所显示的“HIDDEN2”线型即为该选择图形对象当前所使用的线型。

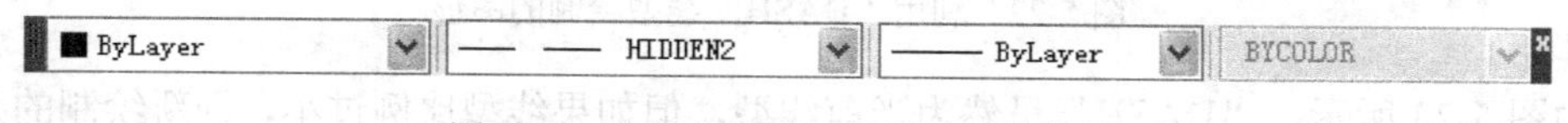

图 5-28　选择的图形对象所使用的线型

如图 5-29 所示，如果选择了多个图形对象，并且选定的多个图形对象都具有不同的线型，对象特性工具条的线型列表则显示为空。

图 5-29　选择的图形对象具有不同的线型

5.4　设置线宽

1）线宽的功能

“线宽”即图形对象线条的宽度。在园林绘图中，图形对象不同，需要设置的宽度值也不一样。一般用具有一定宽度的线表示建筑轮廓线、图形对象的剖断线及图框线等。在这种情况下，就需要对一些图层或同一图层上不同的图形对象指定相应线宽。

2）线宽的种类

在 AutoCAD2011 中，线宽值有 0.00 mm、0.05 mm、0.09 mm、0.13 mm、0.15 mm、0.18 mm、0.20 mm、0.25 mm、0.30 mm、0.35 mm、0.40 mm、0.50 mm、0.53 mm、0.60 mm、0.70 mm、0.80 mm、0.90 mm、1.00 mm、1.06 mm、1.20 mm、1.40 mm、1.58 mm、2.00 mm、2.11 mm 等多种类型。

此外，对象特性工具条中的“随层”指的是所绘制的图形对象与其所在的图层的线宽保持一致；“随块”指的是绘制的图形对象与其所在的块的线宽保持一致。默认情况下，系统线宽的缺省值为 0.25 mm。

3）命令调用方式

（1）菜单：格式→线宽。

（2）快捷菜单：在状态栏的“线宽”按钮上使用右键快捷菜单。

（3）命令行：**LWEIGHT/LW**。

4）线宽设置对话框

执行线宽命令后，系统将自动弹出“线宽设置”对话框，如图 5-30 所示。该对话框主要包括以下几个选项。

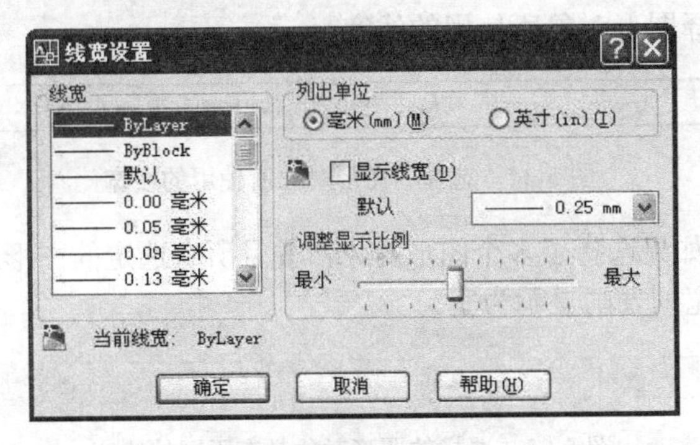

图 5-30 “线宽设置”对话框

（1）线宽：显示当前可用的线宽值列表。

（2）列出单位：指定线宽的显示单位。

（3）显示线宽：选择此选项，线宽将在模型空间和图纸空间中显示。

（4）调整显示比例：控制“模型”选项卡上线宽的显示比例。

（5）当前线宽：显示当前线宽状态。

5）对象特性工具条的线宽设置

如果某种线宽被设置为当前线宽，则新创建的图形对象将自动使用该线宽进行绘制。如图 5-31 所示，“0.50 毫米”被设置为当前线宽，则图 5-32 中新绘制的几组垂直线就显示出“0.50 毫米”线宽所具有的形态特征。

特性 | ByLayer | ACAD...4W100 | 0.50 毫米 | 随颜色

图 5-31

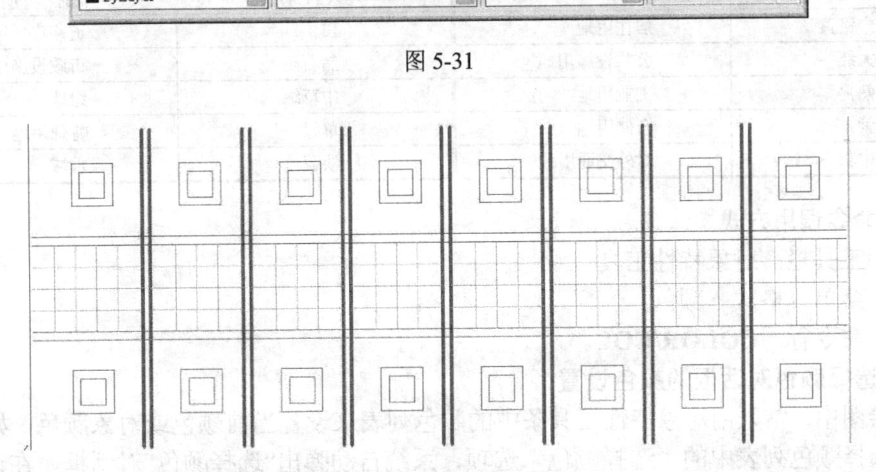

图 5-32

如图 5-33 所示，如果图形对象未被选择时，则对象特性工具条的线宽列表中所显示的“ByLayer”线宽即为当前线宽。

注意：在图层工具列表中，用鼠标左键单击下拉列表中某个线宽，就可以把该线宽设置为当前线宽。

图 5-33　当前线宽

如图 5-34 所示，如果图形对象被选择时，则对象特性工具条的线宽列表中所显示线宽“0.70 mm”就是该选择图形对象所使用的线宽。

图 5-34　选择的图形对象所使用的线宽

如图 5-35 所示，如果选择了多个图形对象，并且所有选定的图形对象具有不同的线宽，对象特性工具条的线宽列表则显示为空。

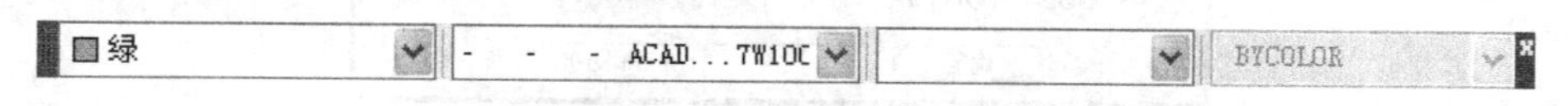

图 5-35　选择的图形对象具有不同的线宽

在园林绘图中，因为多段线的线宽设置比常规的线宽设置显得更为灵活，所以需要精确表示对象的宽度时，一般都使用多段线来设置图形对象的线宽。

注意：在图形打印输出时，如果图形对象的线宽值设为 0.25 mm 或更小，则在模型空间中线宽显示为 1 个像素宽，并将以打印设备所允许的最细宽度值进行打印输出。

5.5　设置实体颜色

1）颜色的功能

在园林设计中，需要利用不同的颜色信息来标识各类图形对象，以明确不同图形对象之间的区别。例如，在城市规划中，各用地颜色设置如表 5-1 所示。

表 5-1　城市用地颜色设置

颜色名称	说　明	颜色名称	说　明
中铬黄	居住用地	白	道路广场用地
大红	公共设施用地	赭石	市政设施用地
熟褐	工业用地	中草绿	绿地
紫	仓储用地	草绿	特殊用地
中灰	对外交通用地	淡蓝	水域

2）命令调用方式

（1）工具栏：对象特性工具。

（2）菜单：格式→颜色。

（3）命令行：**COLOR/COL**。

3）选择颜色对话框的颜色设置

在绘图中，常采用对象特性工具条中的颜色列表来设置当前颜色或对象颜色，如图 5-36 所示。选择颜色列表中的“选择颜色”选项，系统自动弹出“选择颜色”对话框，在该对话框中可以选择各种颜色类型，如图 5-37 所示。

在 AutoCAD2011 中，一般采用“选择颜色”对话框中的“索引颜色”模式进行颜色设置。索引颜色模式是 AutoCAD 软件中使用的标准颜色。此外，在该对话框中，还包括 9 种标准颜色，其中前 7 种颜色名称指定如下：1 红、2 黄、3 绿、4 青、5 蓝、6 洋红、7 白/黑。

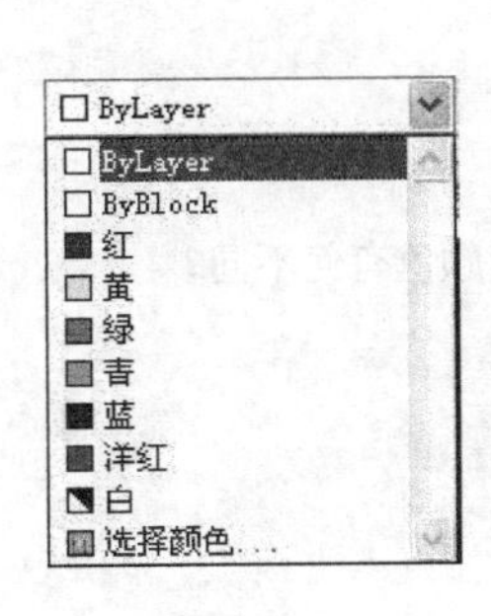

图 5-36

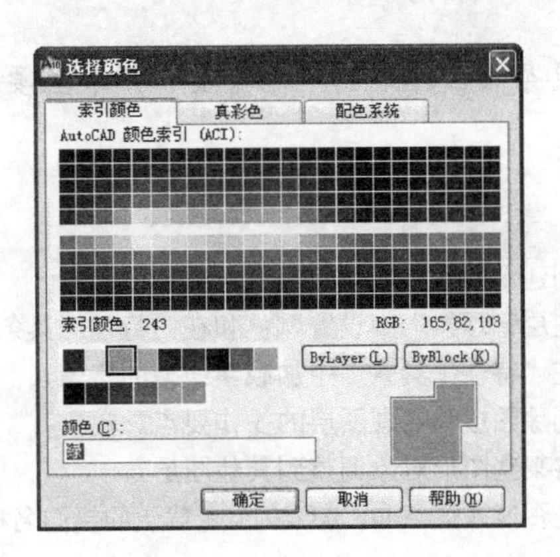

图 5-37 “选择颜色”对话框

在设置颜色时，可以直接单击选择颜色对话框中的一种颜色或在“颜色”框中输入颜色名或颜色编号，然后点击确定按钮即可。

4）对象特性工具栏的颜色设置

如图 5-38 所示，如果图形对象未被选择时，则对象特性工具条的颜色列表中所显示的“黄”颜色即为当前颜色。

注意：在图层工具列表中，用鼠标左键单击下拉列表中某个颜色，就可以把该颜色设置为当前颜色。

图 5-38　当前颜色

如图 5-39 所示，如果图形对象被选择时，则对象特性工具条的颜色列表中所显示的“洋红”颜色就是被选择的图形对象所使用的颜色。

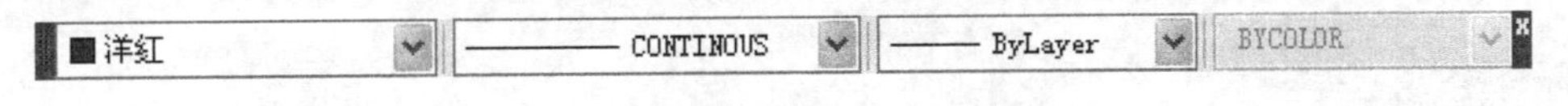

图 5-39　选择的图形对象所使用的颜色

如图 5-40 所示，如果选择了两个或两个以上图形对象，并且选择的多个图形对象具有不同的颜色，对象特性工具条的颜色列表则显示为空。

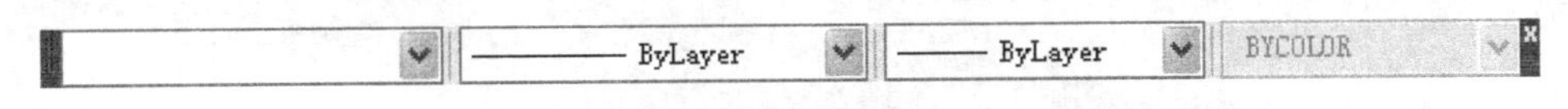

图 5-40　选择的图形对象具有不同的颜色

本章小结

图层、线型、线宽、颜色命令在园林绘图中具有重要作用，无论是方案设计，还是施工图，都需要借助这四个命令才能顺利进行。园林地形、道路、绿化、水体均需要设置不同的图层、不同的颜色，对于一些特殊图形对象，还要设置不同的线型和线宽，才能提高绘图效率。本章主要讲解了新建图层、删除图层、置为当前图层、冻结与解冻图层、关闭与打开图层、锁定与解锁图层、图层线型、图层线宽、图层颜色等知识点，并着重介绍了图层工具条、对象特性工具条在园林绘图中的重要作用和主要功能。

习题

1）如何创建新的图层？如何为图层重新命名？

2）在“图层管理器”中设置颜色和在“特性工具条”中设置颜色有何不同？

3）简述在“特性工具条”中加载新线型的步骤？

4）简述删除图层和清理图层的操作要点。

5）如何将某些图形对象调整到其他图层？

6）用户是否能改变 AutoCAD2011 中默认的层的名称？

6 图案填充

6.1 图案填充的功能

在绘图中，所绘制的图形对象最初都是线框状态，只有边线而中间部分都是空白区域。为了突出图形中不同组成要素的不同，最后需要利用 AutoCAD 的“图案填充”命令用某种图案来充满指定图形中的区域，这就是“图案填充”的基本含义。

在园林绘图中，图案填充应用非常广泛，经常用于园林方案图和施工图的绘制过程，以增强不同组成要素的可读性，如园林道路广场的各类铺装、园林植物种植图案、建筑屋顶等。除了填充基本图案以外，还可以根据绘图需要自定义图案。

6.2 图案填充的创建

在 AutoCAD 中，可以使用绘图工具条上的图案填充按钮进行图案填充操作，也可以在命令行输入图案填充命令进行图案填充操作。

1）命令调用方式

（1）工具栏：▦。

（2）菜单：绘图→图案填充。

（3）命令行：**BHATCH/H**。

2）图案填充和渐变色对话框设置

执行图案填充命令后，系统将弹出“图案填充和渐变色”对话框，如图 6-1 所示。

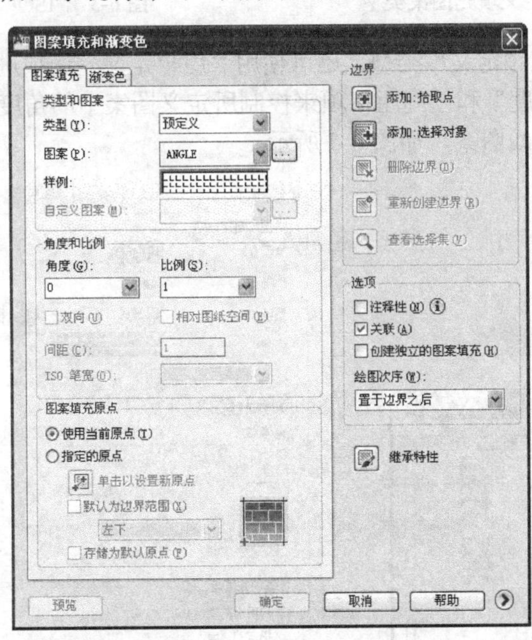

图 6-1 “图案填充和渐变色”对话框

在该对话框中，包含了“图案填充”与“渐变色”两个选项，每个选项所包含的子选项各有不同。

（1）类型和图案

①“图案”是指设置填充的图案，并列出可用的预定义图案。最近使用的六个用户预定

义图案出现在列表顶部。只有将“类型”设置为“预定义”，该选项才可用。

②“类型”是指设定图案填充的类型。包括“预定义”、“用户定义”和“自定义”三个选项。

◆ 预定义：在 AutoCAD2011 中，默认状态下为“预定义”图案类型，主要包括“ANSI”、“ISO”、“其他预定义”、“自定义”等四种图案类型。其中，“自定义”是用户自己定制的填充图案；“其他预定义”是 AutoCAD 系统提供的可用的填充图案，共包括 61 种图案（图 6-2）；“ISO”是国际标准化填充图案，共包括 14 种图案（图 6-3）；“ANSI”是美国国家标准化填充图案，共包括 8 种图案（图 6-4）。

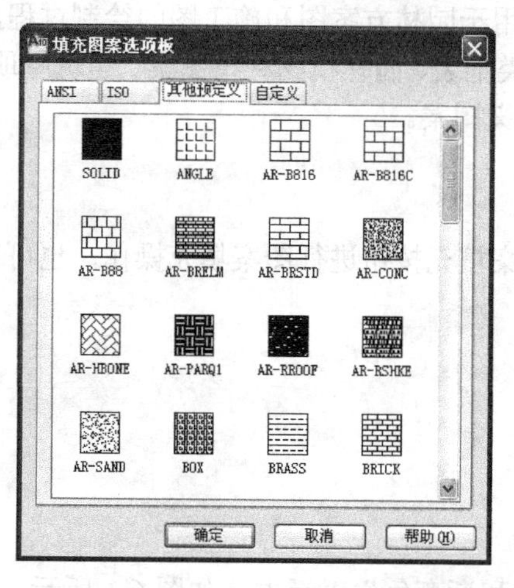

图 6-2 其他预定义填充图案类型

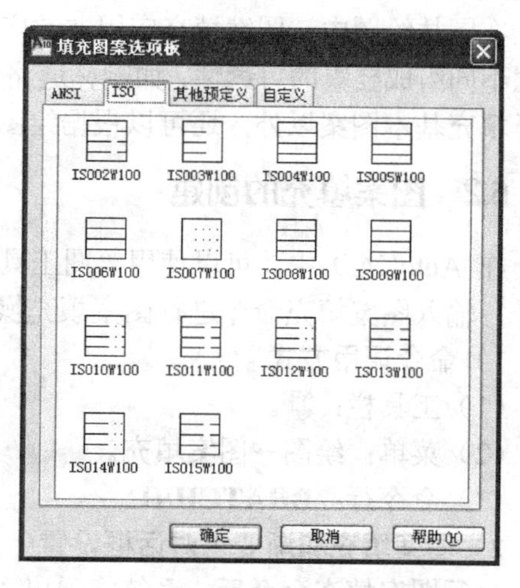

图 6-3 “ISO”填充图案类型

◆ 用户定义：除“预定义”类型，还可使用“用户定义”选项进行图案设置。“用户定义”选项可以通过“角度”和“间距”项来控制所定义图案中的角度值和直线间距值，最后生成一组相互平行的直线图案，如图 6-5 所示。

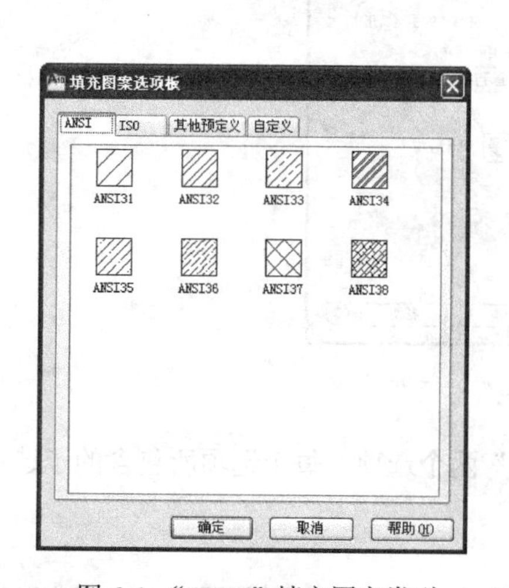

图 6-4 “ANSI”填充图案类型

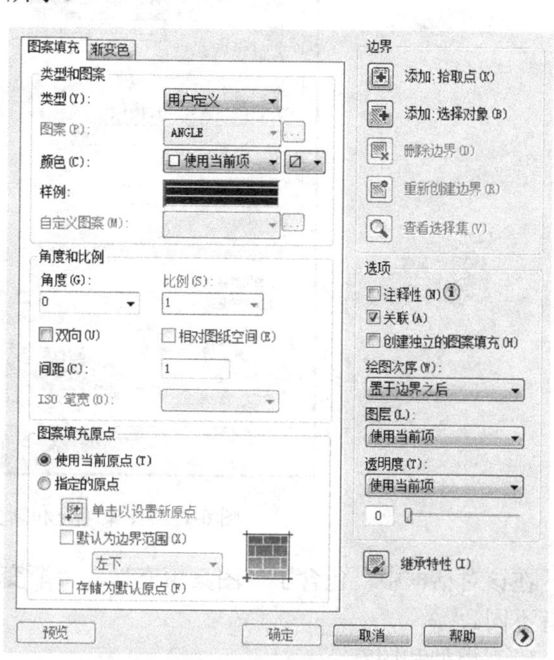

图 6-5 用户定义

◆ 自定义：选择“自定义”选项，可以使用事先定义好的图案进行图案填充。

（2）角度与比例

① 角度：用于指定填充图案的旋转角度。

② 比例：放大或缩小“预定义”或“自定义”图案。只有将“类型”设置为“预定义”或“自定义”，此选项才可用。

注意：在园林绘图中，如果系统提示“填充图案过密或短划尺寸过小”，表明比例设置过小；如果系统提示“填充图案过稀或无法对边界进行图案填充”，则表明比例设置过大。填充图案时，常常需要反复调整填充比例才能生成最佳填充效果，如图 6-6 所示。

③ 双向：对于用户定义的图案，选择该选项将绘制第二组直线，这些直线与原来的直线成 90° 角，从而构成交叉线。只有在“图案填充”选项卡上将“类型”设置为“用户定义”时，此选项才可用。

④ 间距：用于指定用户自定义图案中两组平行直线之间的相互距离。

⑤ ISO 笔宽：当采用 ISO 类的预定义填充图案时，该选项用来缩放 ISO 图案。

（3）图案填充原点

① 使用当前原点：图案填充的原点与当前 UCS 坐标系相一致。

② 指定的原点：指定新的图案填充原点。

注意：在园林建筑小品图案填充中，该选项具有较强的实用性。主要用于控制填充图案生成的起始位置。某些图案填充（例如广场砖图案）需要与图案填充边界上的一点对齐。在这种情况下，可以使用对话框中的“图案填充原点”选项指定新的填充原点。

（4）边界

① 拾取点：用于确定填充图案的边界。在进行图案填充时，单击“拾取点”按钮可返回绘图窗口，此时可在填充区域内任意指定一点来建立一个闭合的填充区域，如图 6-7 所示。如果在拾取点后系统不能形成封闭的填充边界，则会显示错误提示信息。

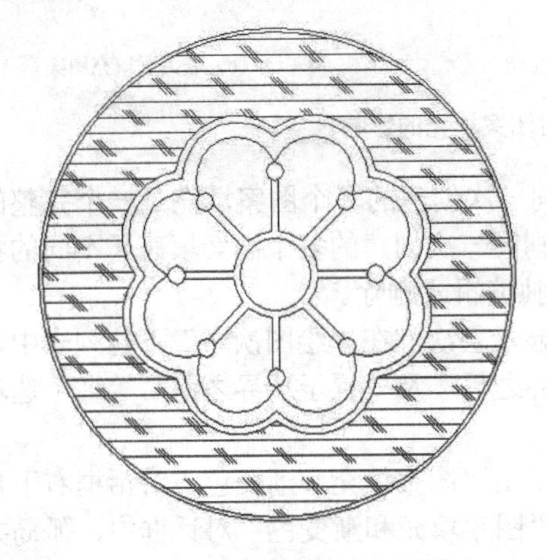

图 6-6 调整填充比例的案例

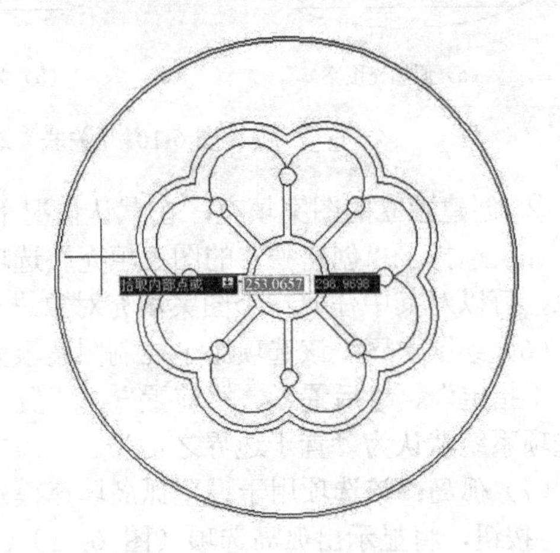

图 6-7 拾取填充区域

② 选择对象：通过选择边界对象的方式来确定图案填充边界。在进行图案填充时，单击“选择对象”按钮可返回绘图窗口，此时用鼠标左键直接单击填充区域的边界限来创建图案填充的边界范围。选择后以虚线表示能够进行图案填充的边界范围，如图 6-8 所示。

③ 删除边界：用于删除已有的填充边界。建立填充边界后，单击“删除边界”按钮可返回绘图窗口，在已选定的边界范围中选择需要删除的多余边界，使删除后的对象边界不再进行图案填充，如图 6-9 所示。

④ 重新创建边界：在编辑图案填充时，选择该选项可以重新创建边界对象。

⑤ 查看选择集：单击“查看选择集”按钮可返回绘图区，并显示当前已选定的边界，如果当前没有选定的边界，则该选项显示为无效状态。

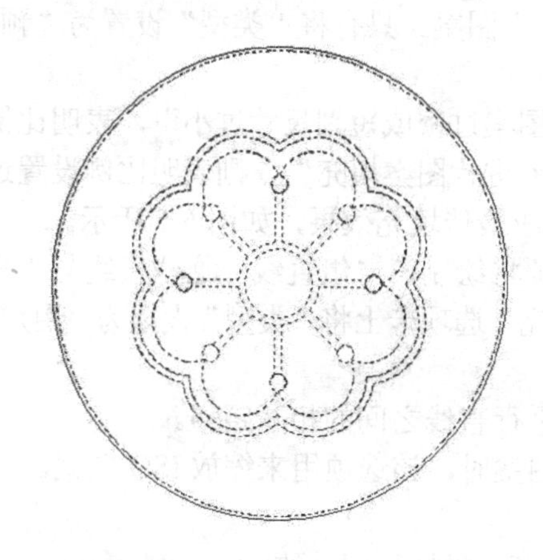

图 6-8　原填充边界显示效果

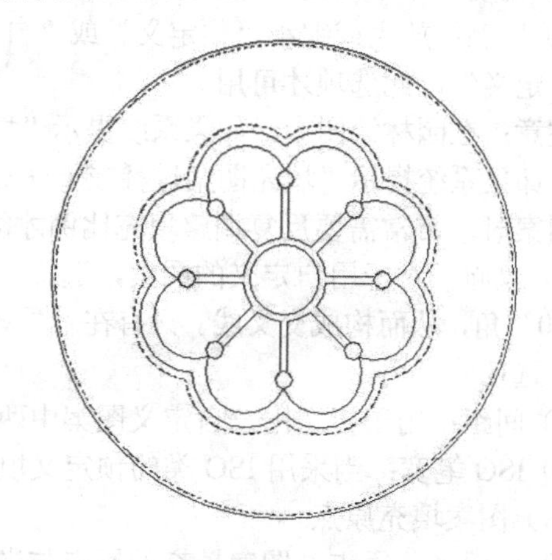

图 6-9　删除边界后的显示效果

（5）选项

① 关联选择：该选项用于确定填充图案是否具有关联性。在编辑图案填充时，如果选择“关联”填充，则图案填充会自动随着边界的变化而做出关联的改变；如果选择“不关联”填充，则图案填充不会随着边界的改变而变化，如图 6-10 所示。

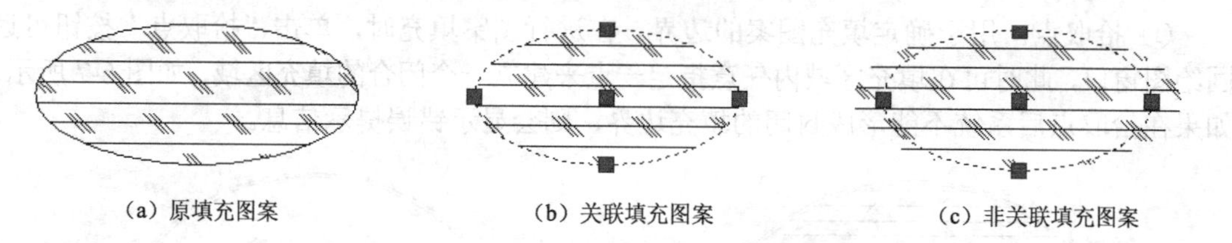

（a）原填充图案　（b）关联填充图案　（c）非关联填充图案

图 6-10　“关联”选项对图案填充的影响

② 创建独立的图案填充：在默认情况下，同一次创建的多个图案填充是一个完整的对象。如果选择了“创建独立的图案填充”选项，则同一次创建的多个图案填充是不同的独立对象，可以对其中任何一个图案填充对象进行单独编辑或删除。

（6）绘图次序：该选项用于控制图案填充的显示层次。在“绘图次序”下拉列表中，包括“不指定”、“后置”、“前置”、“置于边界之后”及“置于边界之前”等多个选项，该选项系统默认为“置于边界之前”。

（7）孤岛：该选项用于设置孤岛填充模式。单击“图案填充和渐变色”对话框右下角的“⊙”按钮，将显示出孤岛选项（图 6-11）。在“图案填充和渐变色”对话框中，孤岛共包括“普通”、“外部”及“忽略”三种模式。其中，“普通”填充样式（默认）用于从外部边界向内部边界进行图案填充；“外部”填充样式则用于从外部边界向内填充并在下一个边界处停止；“忽略”填充样式能够忽略所有的内部边界并使填充图案填满整个闭合区域。

（8）边界保留

① 保留边界：如果选择了此项，则在进行图案填充的同时将沿添加区域的边界创建一个多段线或面域。

② 对象类型：该选项只有在选择“保留边界”选项下才可用，可以将创建的填充边界的保留类型设置成面域或是多段线。

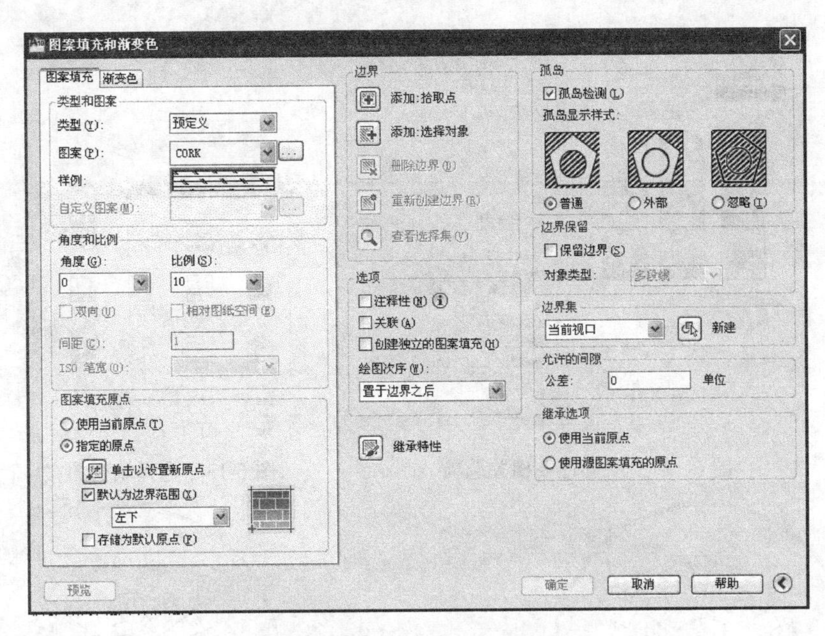

图 6-11　孤岛的三种模式及相关选项

(9) 继承特性：用一个已使用的图案填充样式及其特性来填充当前选中的边界。操作时，需要单击“继承特性“按钮返回绘图窗口来指定已有的某个图案填充对象，则新创建的填充图案便会继承该指定图案的图案类型、角度、比例及关联等特性。

(10) 颜色与方向：在“图案填充和渐变色”对话框中，“颜色”与“方向”是“渐变色”选项下的两个子选项，如图 6-12 所示。

在 AutoCAD2011 中，共提供了 9 种单色、双色渐变填充图案。绘图中使用渐变色填充模式，可以生成单一颜色的均匀过渡，也可生成一种颜色到另一种颜色的平滑过渡，还可以模拟出光线照射在平面或三维形体上所产生的过渡效果。

① 颜色：在“渐变色”对话框中给出了单色、双色、渐变图案预览三种类型。其中，单色是由深到浅平滑过渡的单一颜色填充图案；双色是使用两种颜色进行渐变色填充；渐变图案预览是用渐变颜色填充的九种固定图案，来显示当前渐变颜色填充的效果。

② 方向：用来指定渐变颜色和显示的方向，包括“居中”和“角度”两个选项。其中，居中用于创建均匀渐变；角度用于设置渐变色角度。

在园林绘图中，渐变色颜色填充模式常被应用于建筑立面图、玻璃幕墙、园林绿地、园林水体等图形的填充过程。

3）创建图案填充

在园林设计中，绘制好图形对象的边框线后，便可以对其进行图案填充。下面以交通岛图形的图案填充为例，介绍创建图案填充的基本步骤。

图案填充的基本步骤：执行图案填充和渐变色命令；在图案填充和渐变色对话框中选择“GRASS”图案类型（图 6-13)；在图案填充和渐变色对话框中，单击“拾取点”按钮；在图形对象中要填充的每个区域内单击鼠标左键创建填充边界，此时该边界将显示为选中状态，成虚线显示（图 6-14)；按回车键返回图案填充和渐变色对话框，选择“删除边界”按钮删除孤岛（图 6-15)；单击“预览”按钮查看填充图案的预览效果（图 6-16)；单击鼠标左键返回图案填充和渐变色对话框，调整图案“填充比例”（图 6-17)；单击“预览”按钮查看填充图案的预览效果（图 6-18)；返回图案填充和渐变色对话框，单击“确定”按钮完成图案填充。经过多次图案填充与反复修改（图 6-19～图 6-23)，交通岛图案最终效果如图 6-24 所示。

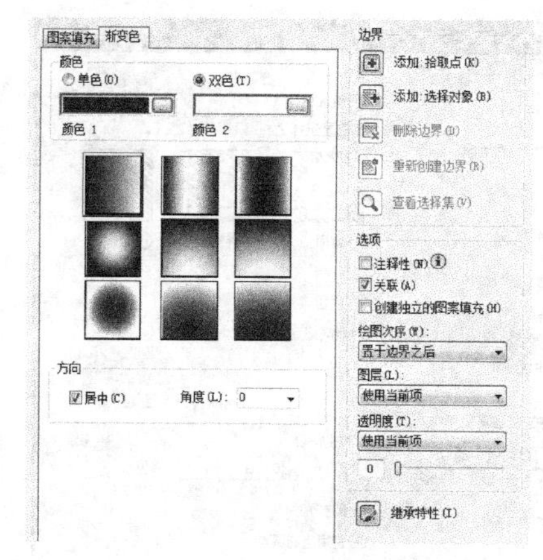

图 6-12 “渐变色”相关选项

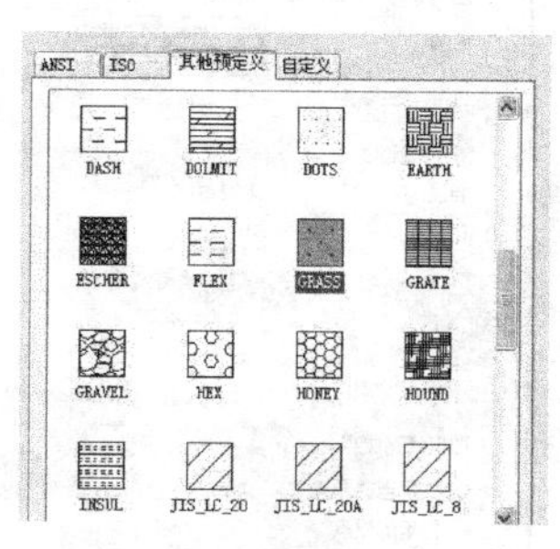

图 6-13 选择填充图案

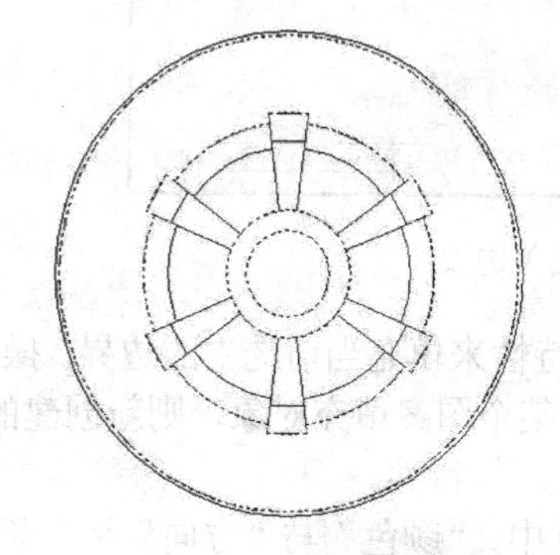

图 6-14 确定图案填充边界

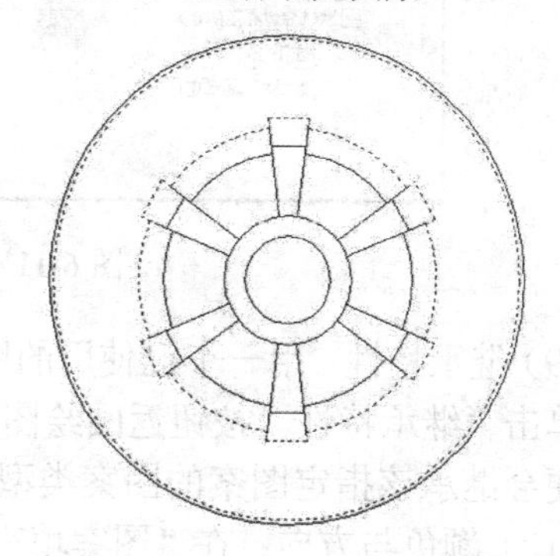

图 6-15 删除孤岛

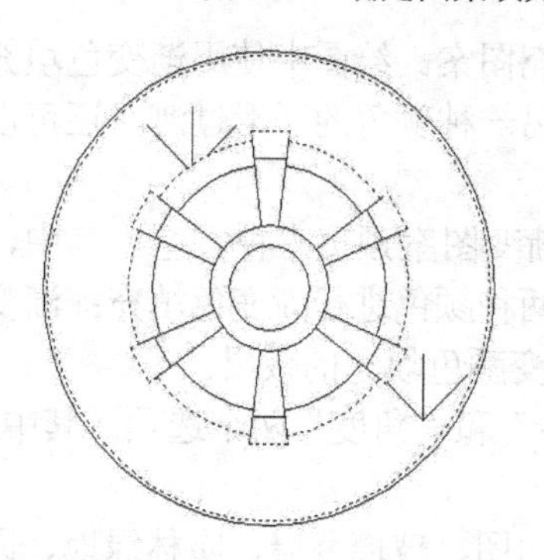

图 6-16 图案填充预览

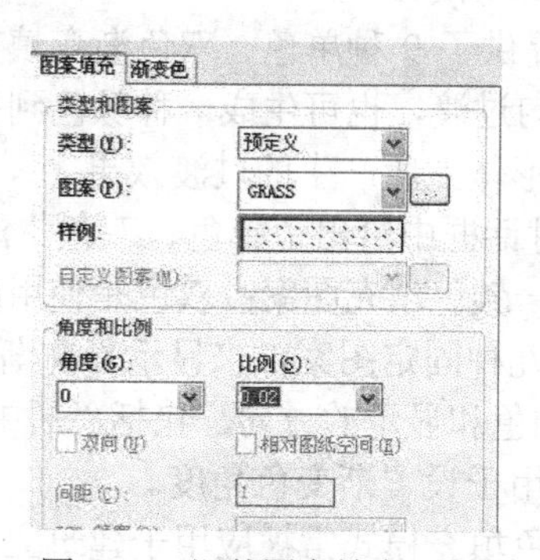

图 6-17 调整图案填充比例

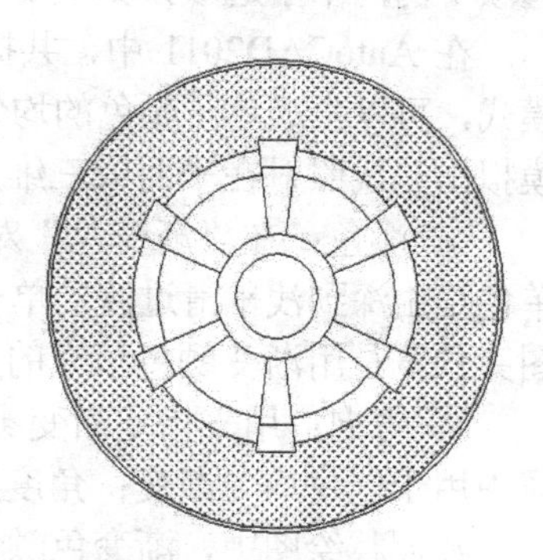

图 6-18 再次预览图案填充

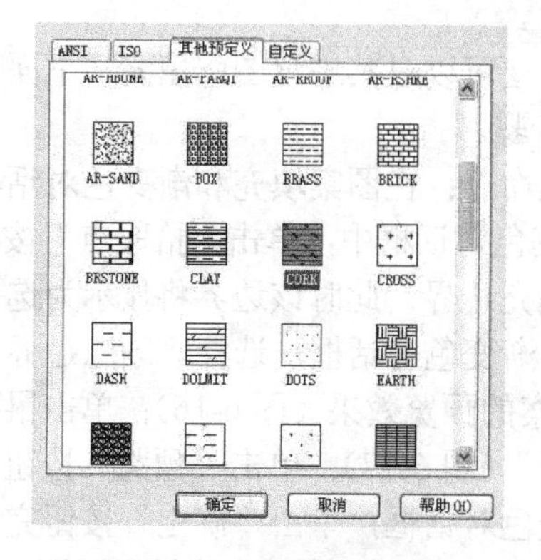

图 6-19 再次选择填充图案

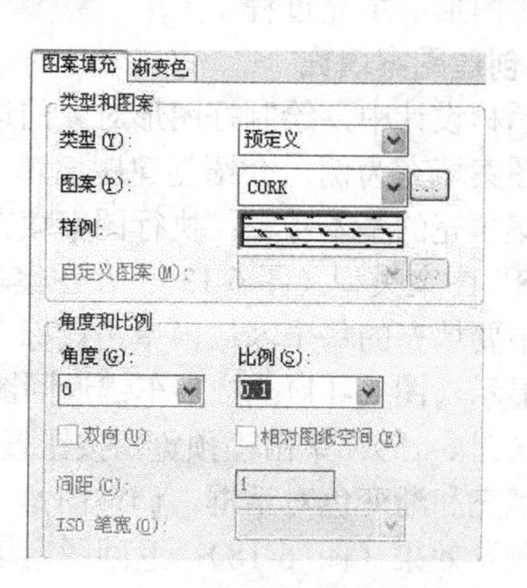

图 6-20 调整图案填充比例

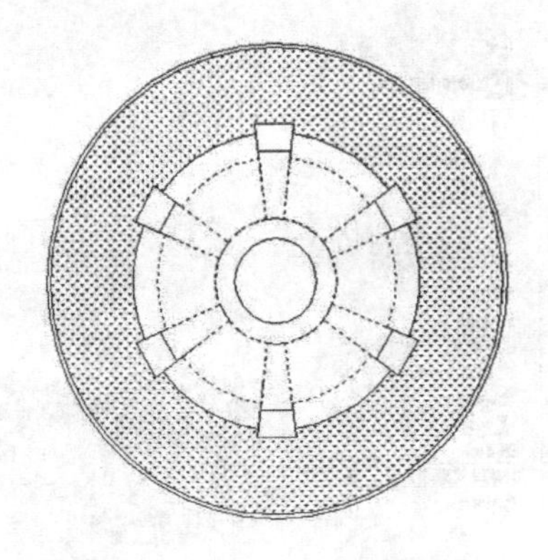

图 6-21　再次预览图案填充

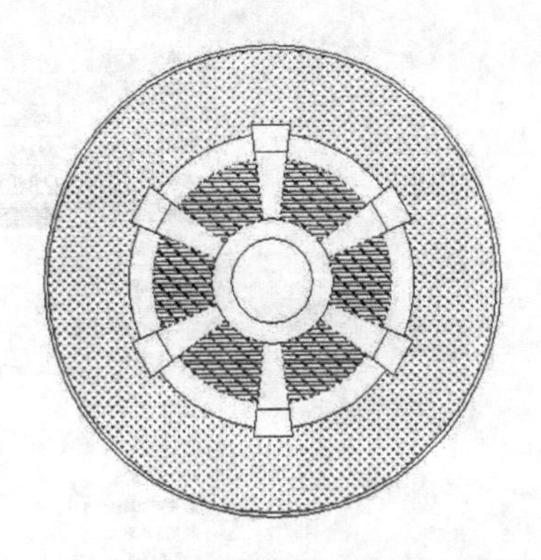

图 6-22　调整图形比例后进行预览

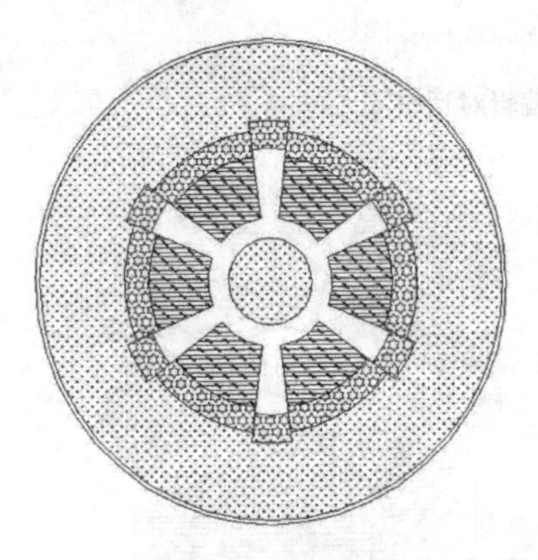

图 6-23　继续进行图案填充

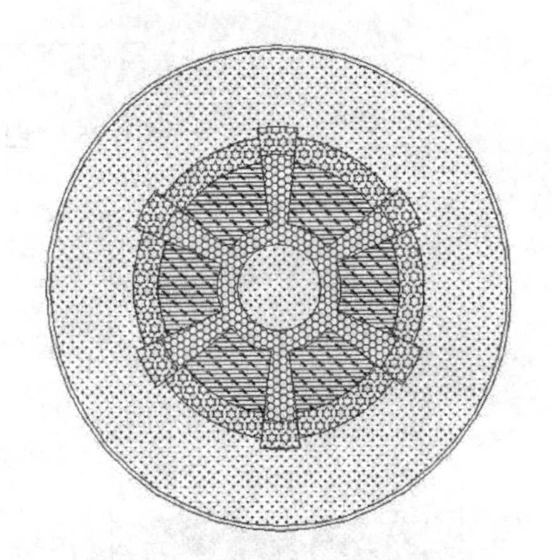

图 6-24　图案填充最终效果

6.3　编辑图案填充

在园林绘图中，可以使用“图案填充”编辑命令对已填好的图案进行编辑与修改。

1）命令调用方式

（1）工具栏：▧。

（2）菜单：修改→对象→图案填充。

（3）快捷菜单：选择图案填充对象后，使用右键“图案填充”编辑选项。

（4）命令行：**HATCHEDIT/HE**。

2）图案填充的编辑

执行图案填充编辑命令后，系统会弹出“图案填充”编辑对话框，如图 6-25 所示。利用“图案填充”编辑对话框，可对图案填充对象进行如下修改。

（1）基本修改：在对话框中修改图案填充的类型、旋转角度、缩放比例等各种特性。

（2）高级修改：在对话框中修改孤岛检测样式。

图案填充的编辑过程与图案填充的过程基本类似。除上述四种调用“图案填充”编辑命令方式外，还可以在已填充好的图案上双击鼠标左键进入“图案填充”编辑对话框。例如将图 6-26 的填充图案修改成图 6-27 的填充图案效果，可在原填充图案上双击鼠标左键以进入“图案填充”编辑对话框（图 6-25）；鼠标左键单击样例图案，在“填充图案选项板”中将原填充图案“STEEL”改成“AR-RSHEK”；将角度值调整为 90°，将比例值调整为 15；单击“确定”按钮完成“图案填充”编辑操作。编辑修改后的图案填充效果如图 6-27 所示。

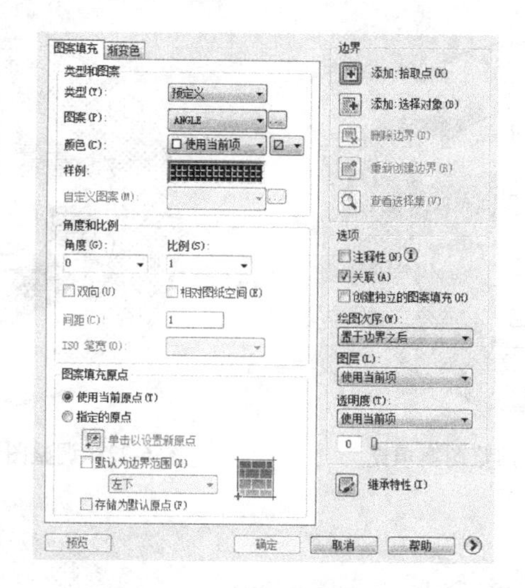

图 6-25 “图案填充”编辑对话框

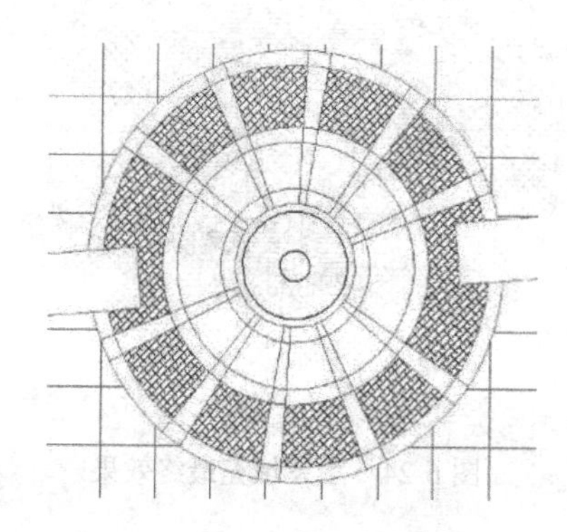

图 6-26 原填充图案

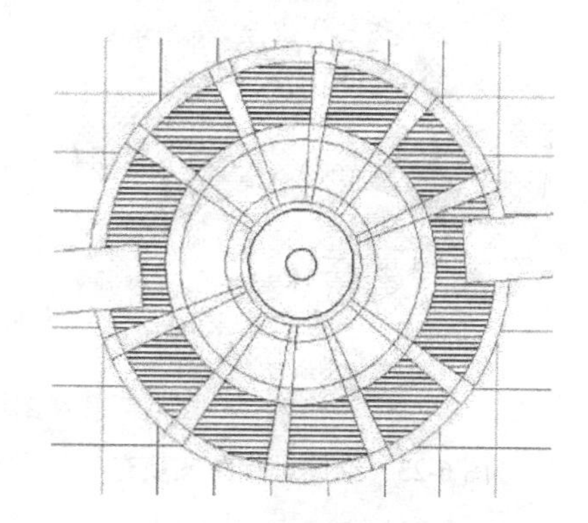

图 6-27 编辑后的填充图案

注意：与块操作相同，如果使用“分解”命令对图案填充进行分解，则图案填充会被分解成许多个单独的图形对象，从而增加了该图形文件的重生成的时间。所以，在绘制园林图形时，除了某些特殊情况，一般不对绘制好的填充图案进行“分解”操作。

本章小结

当绘图完成后，面对白纸黑线，难免会稍显单调。如果加上各种图案填充，不但会令图面内容充实起来，而且对不同园林要素各个图形对象的布局安排也一目了然。本章主要讲解了图案填充的基本功能、图案填充的创建、图案填充对话框各选项设置、图案填充的编辑等内容。此外，还结合交通岛填充实例，对图案填充的图案类型、比例及角度调整进行了详细阐述。

习题

1）在边界创建时，拾取点、选择对象和删除边界三者之间的主要区别是什么？

2）如何调整填充图案的密度及角度？

3）如何进行图案编辑？

4）画一个被填充的椭圆。

7 图块

在绘制园林方案图或是施工图时，需要绘制大量的园林建筑、植物、灯饰等元件，而每一类元件的形状是相同的。为了提高绘图效率，使选择和复制操作简单易行，AutoCAD 系统提供了块命令，通过块命令可以将一些经常重复使用的图形元件组合成一组图形实体，并定义块的名称等信息，在需要时直接插入图形当中，也可以把已有的外部文件直接插入到当前图形中。

7.1 块及其特性

“块”是一组图形实体的总称，由多个图形对象构成。在绘图中，块作为一个独立的、完整的对象，可以按一定比例和角度插入到任一指定位置。

创建一个块后，AutoCAD 自动将该块存储在图形数据库中，需要时通过插入命令插入到图形文件中，而不必重新进行绘制，既节省大量的绘图时间，又保证了图形符号的统一性与标准性。此外，块还可以进行移动、复制、删除和旋转等操作，使用“分解”命令还可以将块分解为多个相互独立的对象。

7.2 定义块

7.2.1 定义内部块

在 AutoCAD 软件中，“内部块”是只供“当前”图形使用的图块。将构成内部块的图形对象绘制出来后，就可通过工具栏、菜单和命令行等方式完成内部块的创建过程。

1）命令调用方式

（1）工具栏：。

（2）菜单：绘图→块→创建。

（3）命令行：**BLOCK/B**。

2）块定义对话框

执行创建“内部块”命令后，系统将自动弹出“块定义”对话框，如图 7-1 所示。该对话框主要由以下几部分构成。

（1）名称：指定义块的名称。名称可以包括字母、数字、空格，以及操作系统或程序未做他用的任何特殊字符。块名称和块定义被保存在当前图形中。如果输入的块的名称（如云杉）在当前打开的图形文件中已经存在，则系统会给出提示，如图 7-2 所示。

（2）基点：指定块插入时的基点，默认值是 (0，0，0)。

（3）对象：指定新块中要包含的对象，以及创建块之后如何处理这些对象，是保留还是删除选定的对象或者是将它们转换成块实例。

（4）保留：创建块以后，将选定对象保留在图形中作为区别对象。

（5）转换为块：创建块以后，将选定对象直接转换成块。

（6）删除：创建块以后，从图形中删除选定的对象。

（7）插入单位：指定把块插入到当前图形文件中时，对块进行比例缩放时所使用的单位。

3）定义内部块过程

定义栾树 “内部块”过程：利用圆弧和阵列命令绘制栾树植物图例，如图 7-3 所示；执行定义“内部块”命令，系统自动弹出“块定义”对话框；在名称选项中输入“栾树”（图 7-4）；选择“拾取点”按钮，在植物图例的中心点位置单击鼠标左键，系统会自动返回对话框；点击“选择对象”按钮，将植物图例所有线型选中，并回车返回对话框；单击“确定”

按钮，完成“栾树”内部块的整个创建过程。此时，栾树图例已经变成一个独立的整体图形，通过块定义前后图形选择状态就能看出显著变化，如图 7-5 所示。

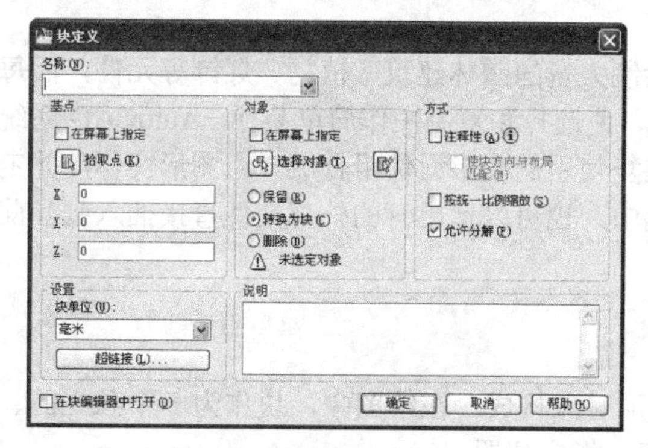

图 7-1 “块定义“对话框

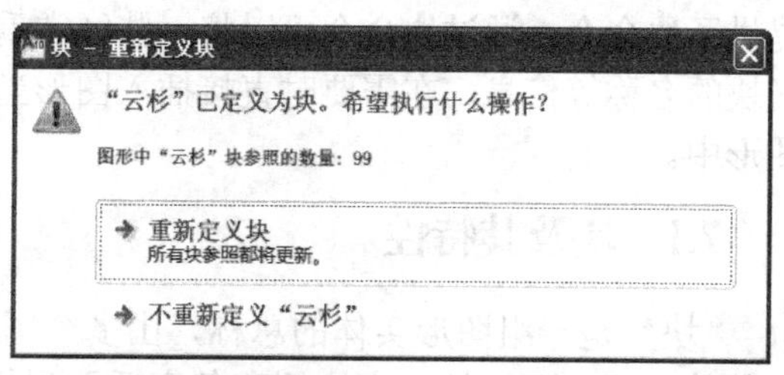

图 7-2 系统提示新定义的内部块名称和图中已有的块名称重复

图 7-3 绘制的平面树图例

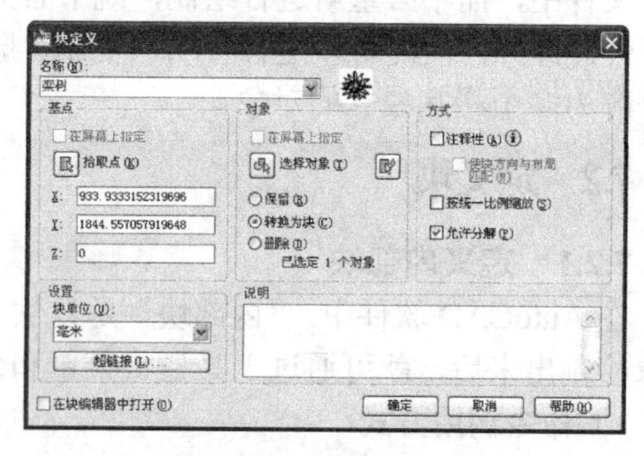

图 7-4 将绘制的平面树图例定义成内部块

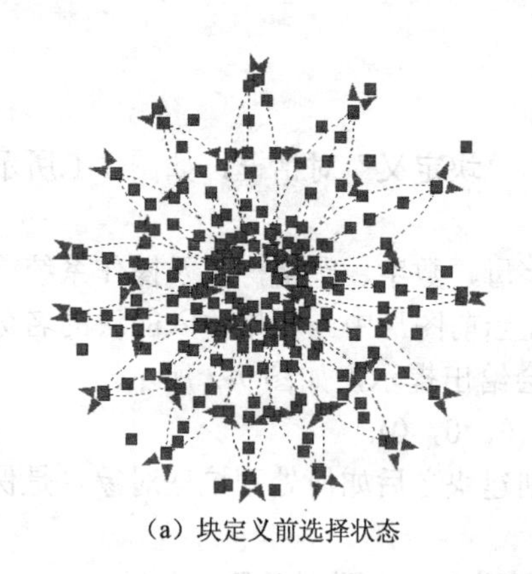

(a) 块定义前选择状态

(b) 块定义后选择状态

图 7-5 块定义前后图形选择状态变化

7.2.2 定义外部块

“外部块”是可供“所有”图形文件使用的图块。创建“外部块”命令可以将外部块以文件的形式存储起来，以便以后绘图能够随时调用。

1）命令调用方式

命令行：**WBLOCK/W**。

2）外部块定义对话框

执行创建“外部块”命令后，系统将弹出“写块”对话框，如图 7-6 所示。与内部块不同，“外部块”定义对话框中两个选项的功能如下。

（1）文件名称：用于指定保存外部块图形文件的名称。

（2）路径：用于指定保存外部块图形文件的路径。

3）定义外部块过程

定义栾树“外部块”过程：执行定义“外部块”命令，系统自动弹出“写块”对话框；选择“拾取点”按钮在栾树图例的中心点位置单击鼠标左键，系统会自动返回对话框；点击“选择对象”按钮，将栾树图例全部选中；设置栾树“文件名和路径”；单击“确定”按钮，完成栾树“外部块”的整个创建过程。

图 7-6 “写块”对话框

7.3 插入块

7.3.1 插入块

在园林绘图中，如果想调用定义好的块，需要执行“插入块”命令。插入块时，可以改变所插入块或图形的比例与旋转角度。

1）命令调用方式

（1）工具栏：。

（2）菜单：插入→块。

（3）命令行：**INSERT/I**。

2）插入对话框设置

执行插入块命令后，系统将弹出“插入”对话框，如图 7-7 所示。该对话框主要组成部分的名称和功能如下。

（1）名称：指定要插入块的名称，或指定要作为块插入的文件的名称。

（2）插入点：指定块的插入基点位置。

（3）缩放比例：指定插入块的缩放比例。如果指定负的 X、Y 和 Z 缩放比例因子，则插入块的镜像图像。

（4）旋转：在当前 UCS 中指定插入块的旋转角度。

3）插入块过程

插入外部块过程：执行“插入块”命令，系统自动弹出“插入”对话框（图 7-8）；鼠标左键单击“浏览”按钮，打开“选择图形文件”对话框（图 7-9），选择“栾树”图块，单击“打开”按钮，系统自动弹出“插入”对话框；在“插入”对话框中，将“比例”栏中的 X、Y、Z 比例因子均设置为 1，单击“确定”按钮（图 7-10）；单击鼠标左键以确定“栾树”在当前图形文件中的插入位置，结果如图 7-11 所示。

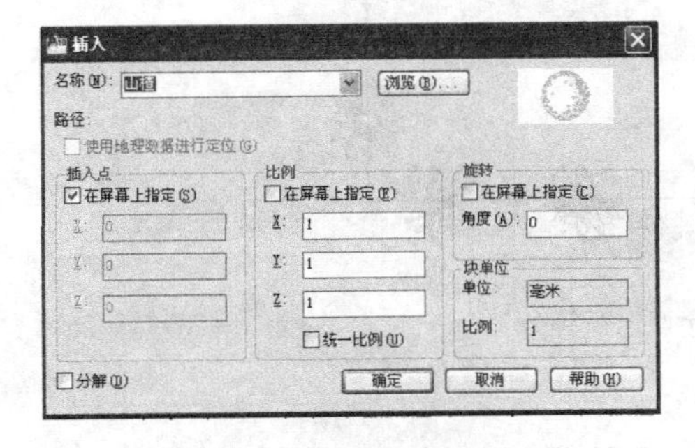

图 7-7 “插入”对话框

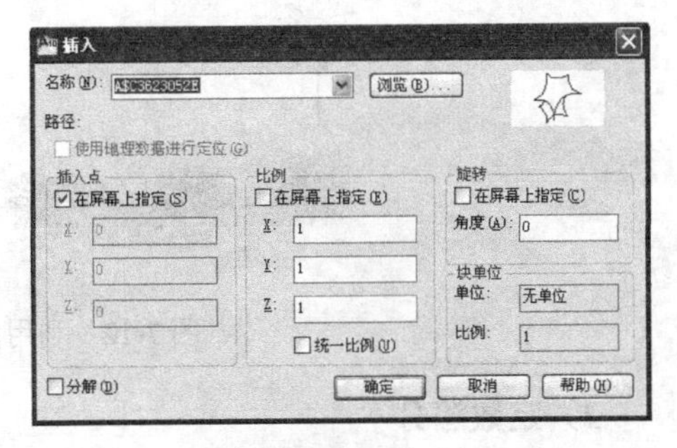

图 7-8 “插入”对话框

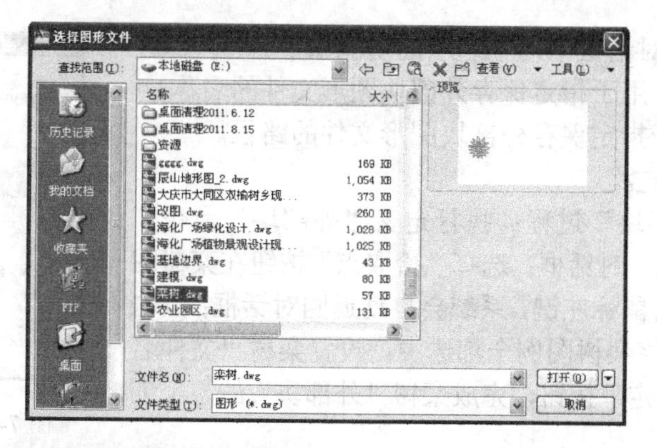

图 7-9 “选择图形文件”对话框

图 7-10 “插入”对话框

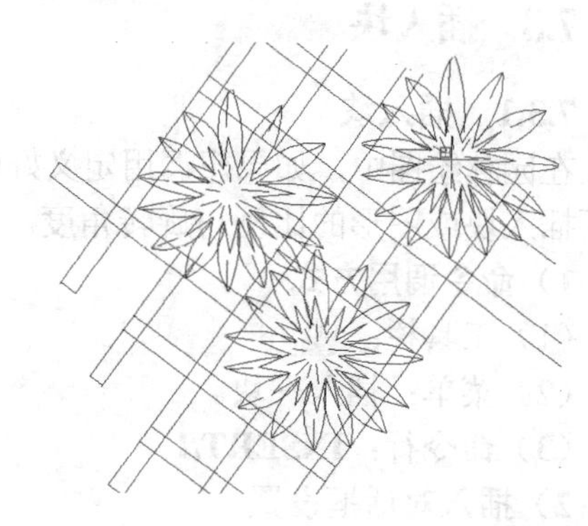

图 7-11 利用插入块命令插入栾树图块

7.3.2 内部块等分

在园林绘图中，还可以执行“定距等分”和“定数等分”命令，使用“内部块”来等分某些图形对象。

1）定距等分

“定距等分”过程：绘制一个矩形；执行“定距等分”命令；当命令行提示“选择要定距等分的对象”时选择矩形；选择“B（内部块）”；输入要插入的块名；指定线段长度为 12 m 并回车确认，结果如图 7-12 所示。

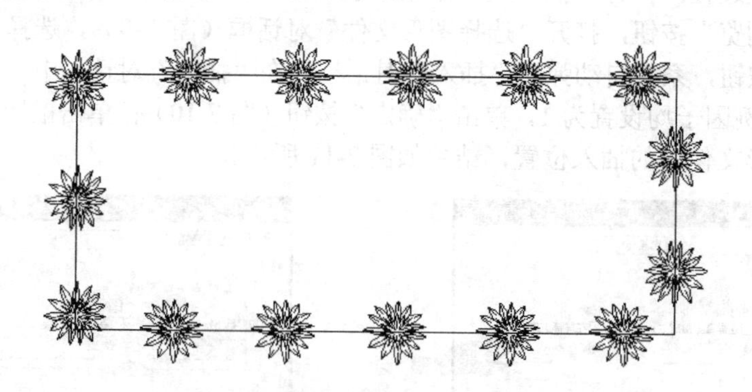

图 7-12 利用内部块进行“定距等分”

2）定数等分

“定数等分”过程：绘制一个椭圆弧；执行“定数等分”命令；当命令行提示“选择要定数等分的对象”时选择椭圆弧；选择“B（内部块）”；输入要插入的块名；指定等分线段

数目为 10 并回车确认，结果如图 7-13 所示。

图 7-13　利用内部块进行“定数等分”

7.4　块的编辑与修改

AutoCAD 对块的编辑与修改主要包括块的分解和块的重定义两部分内容。

7.4.1　分解块

1）命令调用方式

（1）工具栏：。

（2）菜单：修改→分解。

（3）命令行：**XPLODE/X**。

2）分解块过程

“块分解”过程：执行“块分解”命令，当命令行提示“选择对象”时选择栾树块并回车确认，则栾树块就被分解成为“原始对象”，选择后效果如图 7-14 所示。

注意：执行分解块命令后，可以将块分解成为组成该块的原始对象。如果块中还包含有多段线及其他组合对象，则分解块后这些组合对象仍保留其自身特性。

7.4.2　重定义块

在园林绘图中，块被分解、编辑后需要进行重定义块。默认状态下，分解后的块如果再次插入，仍保留重定义块以前的图形状态。如果想用重定义的块替换图中所有原始的块，则重新定义的块的名称与原始块的名称必须保持一致，还要考虑插入点的位置，才能将原始块全部准确替换。

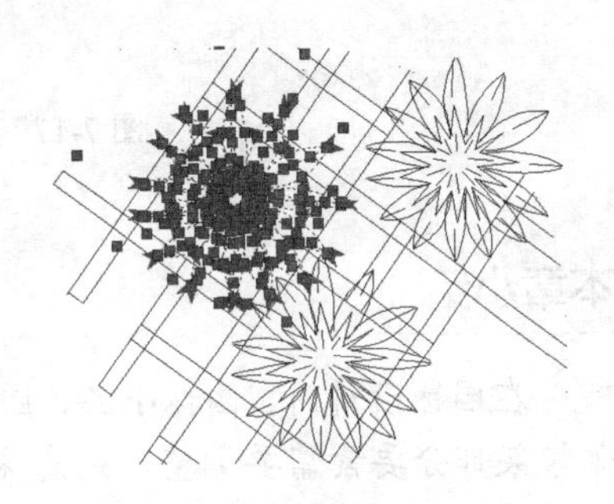

图 7-14　利用分解命令分解块

7.4.3　块的在位编辑

除了重定义块，AutoCAD 还提供“在位编辑”命令来修改块定义。所谓在位编辑，就是在原来图形的基础上直接进行编辑，不必对块进行分解，也无需考虑插入点的位置和原始图形所在图层。

1）命令调用方式

（1）快捷菜单：选择需要编辑的块，使用右键快捷菜单中的“在位编辑块”选项。

（2）命令行：**REFEDIT**。

2）在位编辑对话框设置

执行在位编辑命令，在绘图窗口中选择栾树图块，此时系统将弹出“参照编辑”对话框，如图 7-15 所示。在该对话框中单击“确定”按钮，系统将弹出“参照编辑工具”对话框。在“参照编辑工具”对话框右侧，依次是“添加到工作集、参照编辑、从工作集删除、保存参照编辑”等编辑按钮。其中，“添加到工作集”按钮将非块对象添加到块定义中；“从工作集删除”按钮将块定义中的对象去除；“参照编辑（删除参照编辑）”按钮将放弃在位编辑的修改操作；“保存参照编辑”按钮将保存在位编辑的修改，如图 7-16 所示。

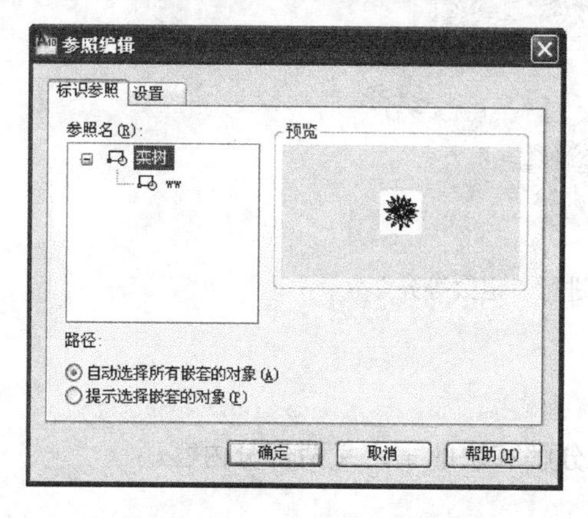

图 7-15 “参照编辑”对话框

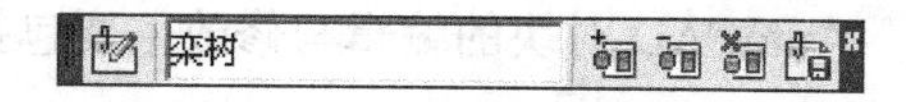

图 7-16 “参照编辑工具”对话框

注意：在园林绘图中，如果已经绘制好了一个可以替代原始块的图形，则使用重定义块命令进行编辑比较方便；如果仅仅是在原始块上做简单修改而没有一个可以替代块的图形时，则使用在位编辑更快捷一些，如图 7-17 所示。

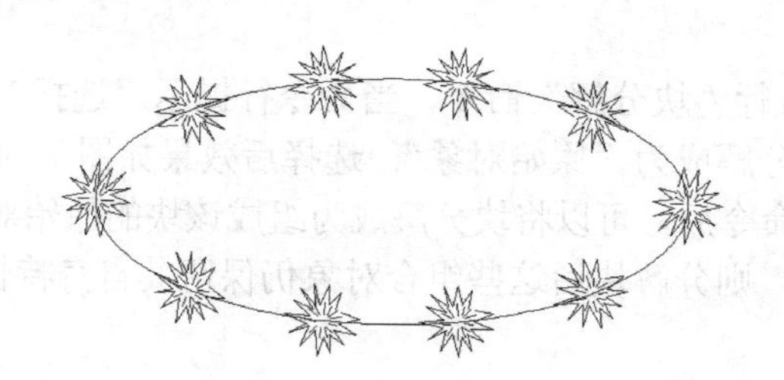

图 7-17 将图 7-13 中的栾树图块进行在位编辑

本章小结

在园林设计时，园林小品、园林植物、园林建筑等组成要素，常需要进行大量复制操作。如果某部分要素需要调整，则意味着要对成千上万的相同图形对象进行编辑与修改。块的出现解决了这个难题，对块进行复制和编辑大大提高了绘图效率。本章介绍了块的功能及其相关设置。重点讲解了创建块、插入块、重定义块、在位编辑块及利用块等分二维图形等知识点。

习题

1）对比分析创建“内部块”和“外部块”的过程异同点。

2）如何重定义和在位编辑块？两者的主要区别？

3）如何利用内部块定距等分图形对象？

4）用户在保存块时，一般以什么格式保存？

5）通过外部参照，可以实现什么功能？

6）如何快速简便地获得外部参照的更新图形？

8 建立与编辑文字

在 AutoCAD 中，文字注释与图形信息在园林设计绘图中都起着重要的作用。在很多园林设计图纸中，绘制完图形对象并进行相应的图案填充后，还需要对不同的图形对象进行一定的文字标注说明。

建立和编辑文字的过程与一般的绘图命令有所不同，首先需要设置文字样式，然后建立文字，最后进行文字的编辑与修改。

8.1 文字样式

所有的 AutoCAD 图形中的文字都具有与之相对应的文字样式。文字样式是一组可随图形保存的文字设置的集合，包括文字字体类型、文字高度及其他特殊效果等。默认情况下，在 AutoCAD 中所输入的文字的字体、高度、角度、对齐方式及其他特殊效果都是按照系统缺省的“标准”样式建立的。在园林绘图中，仅有一个默认的“标准”文字样式是不能够满足绘图要求的。为了满足绘图需要，在创建文字之前，要先定义需要的文字样式。对于已经定义好的一些文字样式也可以根据绘图需要对其各参数进行适当修改。

1）命令调用方式

（1）工具栏：A。

（2）菜单：格式→文字样式。

（3）命令行：**STYLE/ST**。

2）文字样式对话框设置

执行“文字样式”命令后，系统将弹出“文字样式”对话框，如图 8-1 所示。该对话框主要选项功能如下。

（1）样式名称：该选项可以显示文字样式名、添加新样式以及重命名和删除现有样式。在文字样式对话框左上角的列表中包括了当前图形文件所存在的一些文字样式。单击右上角的“新建”、“删除”按钮可以新建和删除文字样式。

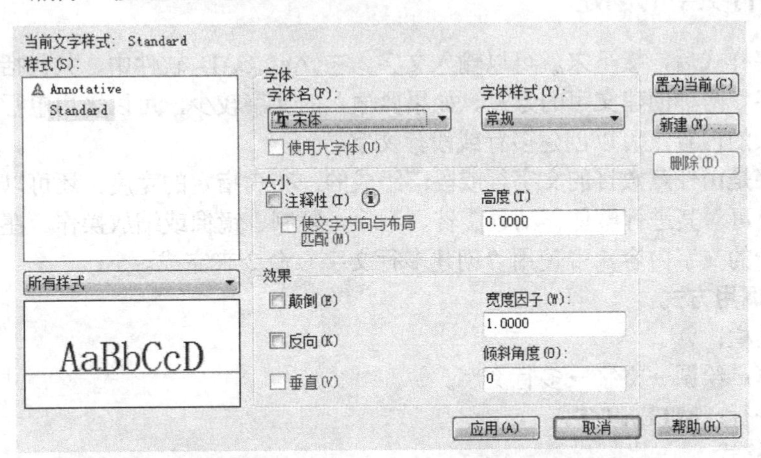

图 8-1 “文字样式”对话框

（2）字体：为新输入的文字指定字体或改变选定文字的字体。在字体名称列表中显示了所有 AutoCAD2011 可支持的字体，这些字体有以下两种类型。

① 矢量字体：该字体是由 AutoCAD 系统所提供的带有A图标、扩展名为.shx 的字体。

② 标准字体：该字体通常为 Windows 系统所提供，是带有T图标、扩展名为.ttf 的 TrueType 字体。由于 TrueType 字体是一种点位字体，在 AutoCAD 绘图中，使用这种字体会明显增加文字量，当字体较多时还会严重影响图形的显示速度。所以，在文字较多的图形中，最好使用矢量字体进行文字与尺寸标注。

（3）大小：设置新文字的高度或修改选定文字的高度。如果文字样式中的高度设置为 0，每次创建单行文字时都会提示用户输入高度；如果该项不为零，则该项的数值即为新建文字的高度。

注意：在模型空间绘制的图形，其文字在图纸上的打印后高度与图形文件的打印输出比例密切相关。如果某一文字在图纸上的打印高度为 10 mm，而该图形文件打印输出的比例为 1∶50，那么创建文字时的高度值就应该设成 500 mm。

（4）效果栏：用于设置各种特殊文字效果。

① 宽度比例：用于设置字符间距。1.0 设置代表此字体中字母的常规宽度。输入小于 1.0 的值将压缩文字。输入大于 1.0 的值则扩大文字。根据国家制图标准，文字宽度比例一般设置为 0.7。

② 文字倾斜角度：设置文字的倾斜角。可以输入一个–85 和 85 之间的值使文字倾斜。倾斜角度的值为正时文字向右倾斜，倾斜角度的值为负时文字向左倾斜。

③ 应用：将对话框中所做的样式更改应用到图形中具有当前样式的文字。

3）建立文字样式

在园林绘图中，如果当前图形对象所需的文字样式不能满足需要时，就需要建立新的文字样式。

建立文字样式的基本步骤：执行“文字样式”命令；在“文字样式”对话框中单击“新建”按钮，打开“新建文字样式”对话框（图 8-2）；输入新创建的文字样式名称并单击“确定”按钮；设置该样式所需的字体名称、样式、字体大小及字体效果；单击“应用”按钮，再单击“关闭”按钮结束整个设置操作。

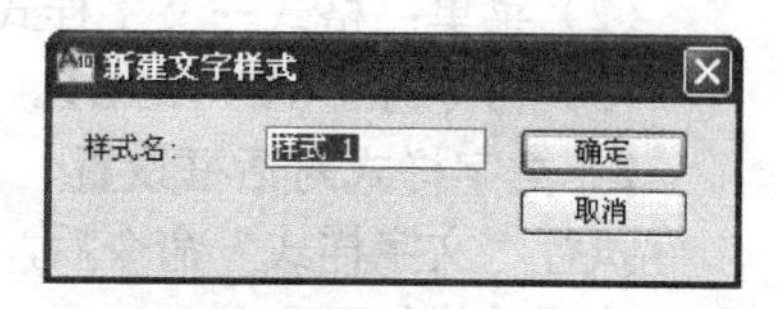

图 8-2 “新建文字样式”对话框

8.2 多行文字的创建

创建文字样式后，接下来就可以输入文字。在 AutoCAD 软件中，共包括“多行文字”与“单行文字”两种创建文字的方式。如果要输入的文字较少，可以采用单行文字。对于较长、较为复杂的内容，可以创建多行或段落文字。

多行文字是由任意数目的文字行或段落组成的，布满指定的宽度。还可以沿垂直方向无限延伸。用户可对其进行整体移动、旋转、删除、复制、镜像或缩放操作。在园林绘图中，一些较为复杂的文字内容，多使用“创建多行文字”命令来完成。

1）命令调用方式

（1）工具栏：A。

（2）菜单：绘图→文字→多行文字。

（3）命令行：**MTEXT/T**。

2）命令格式

执行“多行文字创建”命令→指定第一角点→指定对角点[高度(H)/对正(J)/行距(L)/旋转(R)/样式(S)/宽度(W)/栏(C)]→在“文字格式”对话框中设置字体、文字高度、颜色等特性值→输入具体的文字内容→单击“确定”按钮结束多行文字创建过程。

3）多行文字对话框设置

执行多行文字命令后，命令行提示指定第一个角点，单击鼠标左键在绘图窗口中指定第一个角点，此时命令行提示指定对角点，拖拽鼠标形成矩形区域并再次单击鼠标左键，则系统自动弹出“文字格式”对话框，如图 8-3 所示。该对话框主要选项功能如下。

图 8-3 “文字格式”对话框

（1）字体：为新输入的文字指定字体或改变选定文字的字体。操作时可以在字体下拉列表框中选择相应字体。

（2）字高：按图形单位设置新文字的字符高度或改变选定文字的高度。

（3）颜色设置：用于设置多行文字的颜色，或者改变选中文字的颜色。

（4）堆叠/非堆叠：在 AutoCAD 中，“堆叠”是比较特殊的工具，用于表示特殊字符。如果选定文字中包含堆叠字符，则创建堆叠文字（例如分数）。

（5）插入符号：该选项可以在文字中插入“°”、“Φ”等特殊符号。

表 8-1 文字对正种类特征

对正种类	基本特征
左上（TL）	靠左对齐，向下溢出
左中（ML）	靠左对齐，向上和向下溢出
左下（BL）	靠左对齐，向上溢出
中上（TC）	置中对正，向下溢出
正中（MC）	置中对正，向上和向下溢出
中下（BC）	置中对正，向上溢出
右上（TR）	靠右对齐，向下溢出
右中（MR）	靠右对齐，向上和向下溢出
右下（BR）	靠右对齐，向上溢出

（6）样式：用于改变多行文字的文字样式。

（7）多行文字对正：用于设置多行文字的对齐边界。AutoCAD 中有 9 个对齐选项可用，默认情况下为左上对齐，如表 8-1 所示。

（8）宽度因子：用于指定多行文字段落的不同字符宽度。

（9）倾斜角度：用于指定多行文字的倾斜角度。

（10）行距：用于指定多行文字中所有文字行之间的距离。

此外，在多行文字对话框中，还可以对文字进行下划线、上划线、加粗及其他设置。

8.3 单行文字的创建

在 AutoCAD 中，还提供了创建单行文字的命令。对于不需要多种字体或多行的简短文字项，可以利用单行文字命令进行创建。

1）命令调用方式

（1）工具栏：A|。

（2）菜单：绘图→文字→单行文字。

（3）命令行：**TEXT /DT**。

2）命令格式

执行命令→指定文字的起点或[对正(J)/样式(S)]→指定高度→指定文字的旋转角度→输

入文字后回车。

（1）文字的起点：指定单行文字的起始点，可以用十字光标在屏幕上直接点取。

（2）指定高度：设置单行文字的高度。

（3）对齐：通过指定基线端点来指定文字的高度和方向。该选项共包括对齐(A)、布满(F)、居中(C)、中间(M)、右对齐(R)、左上(TL)、中上(TC)、右上(TR)、左中(ML)、正中(MC)、右中(MR)、左下(BL)、中下(BC)、右下(BR)等多个选项。

（4）样式：用于选择不同的文字样式。

（5）旋转角度：用于指定单行文字的旋转角度。

注意：利用“单行文字创建”命令创建的多行文字对象，与用“多行文字创建”命令创建的多行文字对象效果看似相同，但前者创建的多行文字是多个独立的文字对象，编辑修改时需要分别进行，如图 8-4、图 8-5 所示。

春花灿漫
夏荫浓郁
秋色绚丽
冬景苍翠

图 8-4 “多行文字”的选择与编辑

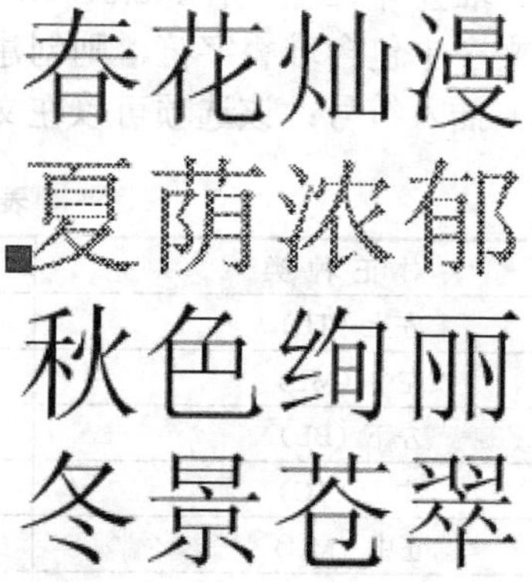

春花灿漫
夏荫浓郁
秋色绚丽
冬景苍翠

图 8-5 “单行文字”的选择与编辑

8.4 特殊文字字符

在园林图形绘制中，许多说明或注释的地方需要使用特殊字符，而这些特殊字符一般很难直接使用常规方法输入，常需要采用特殊字符的输入方法。特殊字符的输入方式包括 AutoCAD 内部符号插入（图 8-6）和输入特殊控制码进行组合堆叠（表 8-2）。

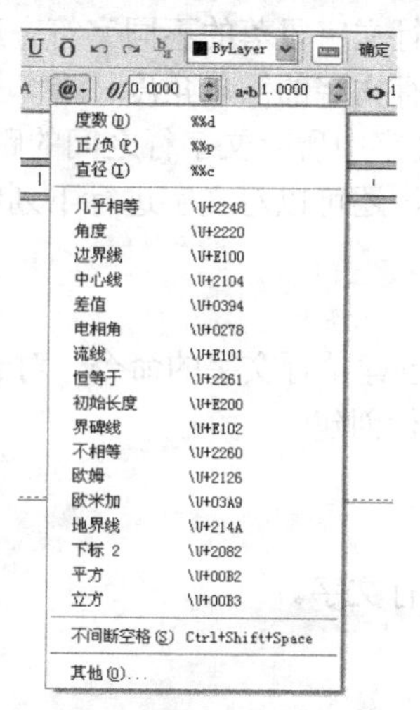

图 8-6 “多行文字”对话框中的内部符号插入种类

一些特殊文字字符，如直径符号“Φ”、角度符号“°”、加/减符号“±”等输入时，需要输入特殊控制码来表示。在 AutoCAD2011 中，控制码一般用“%%”起头，常用符号种类如表 8-2 所示。

表 8-2 常用的特殊符号代码

代码	定义	实例	结果
%%d	绘制度符号	27.8%%d	27.8°
%%p	绘制正负号	%%p0.000	±0.000
%%c	绘制直径符号	%%c85	Φ85
3 ^	立方输入	433 ^	433
%%O	绘制上划线	%%O100	$\overline{100}$

8.5 文字编辑

与其他绘图命令一样，文字创建完后，也会出现一些错误操作，这时需要对其进行编辑与修改。“文字编辑”命令对多行文字、单行文字以及尺寸标注中的文字均适用。

1）命令调用方式

（1）工具栏：A。

（2）菜单：修改→对象→文字→编辑。

（3）命令行：**DDEDIT/ED**。

（4）鼠标左键：双击文字对象。

2）多行文字编辑

执行文字编辑命令后，选择需要编辑的多行文字对象，重新打开“多行文字编辑器”对话框，在该对话框中可以对全部或部分文字的高度、字体、颜色和位置等特性进行编辑与修改。

3）单行文字编辑

执行文字编辑命令后，选择需要编辑的单行文字，则系统将弹出“编辑文字”对话框。该对话框只能修改文字内容，而不能进行字体、位置及字体高度等项修改。

此外，还可以利用“特性”选项板来直接修改多行或是单行文字的字体、颜色、文字高度、对齐方式、旋转角度等文字特性。

本章小结

在园林绘图中，输入文字有利于更好地标识图纸上各种铺装的材料、各树种的名称、各种施工图的材料等。输入文字时，可根据实际需要选择建立多行文字或单行文字。本章围绕多行文字、单行文字的创建方式、编辑特点展开了详细的讲解，并对文字的字体、字符高度、角度、对齐方式及其他特殊效果等知识点进行了重点讲解。通过本章的学习，可以基本掌握多行文字与单行文字的基本输入和编辑方法与技巧。

习题

1）如何设置文字样式？

2）简述如何创建单行文字与多行文字。

3）单行文字与多样文字的编辑有哪些不同之处？

4）输入特殊字符共有几种方法?如何输入？

5）一种文字样式在永不使用的情况下是否只能留在文字样式表中？

9 尺寸标注

9.1 尺寸标注基本概念

尺寸标注是园林设计绘图工作中的一项重要环节，通过正确的尺寸标注来反映园林图形对象的几何尺寸和角度特征。一个完整的尺寸标注由尺寸线、尺寸界线、尺寸起止符和尺寸文本四个基本要素构成。

9.2 尺寸标注样式设置

在 AutoCAD 绘图中，要使标注的尺寸符合要求，在进行尺寸标注之前，需要先设置“尺寸标注样式”。

1）命令调用方式

（1）菜单：格式→标注样式。

（2）工具栏：。

（3）命令行：**DIMSTYLE/D**。

2）尺寸标注样式管理器的设置

执行尺寸标注样式命令后，系统将弹出“标注样式管理器”对话框（图 9-1），在该对话框中可以新建标注样式、修改标注样式、删除标注样式及重命名标注样式等操作。

单击“标注样式管理器”对话框中的“新建”按钮，系统将弹出“创建新标注样式”对话框，在“新样式名”选项中输入新的尺寸样式名，在“基础样式”下拉的列表框中选择相应的标准，在“用于”选项下拉列表框中选择将此尺寸样式应用的尺寸标注范围，如图 9-2 所示。

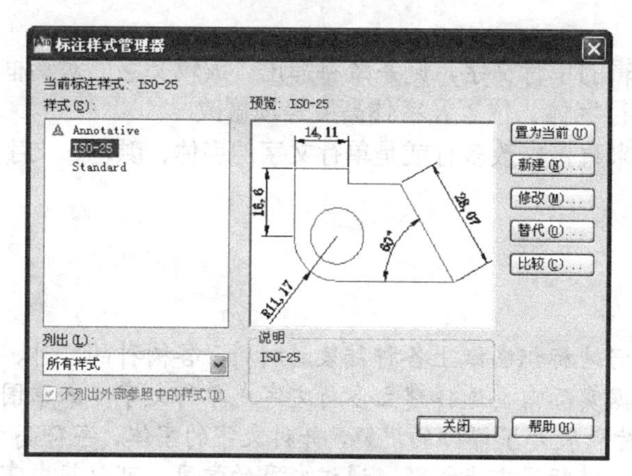

图 9-1 “标注样式管理器”对话框

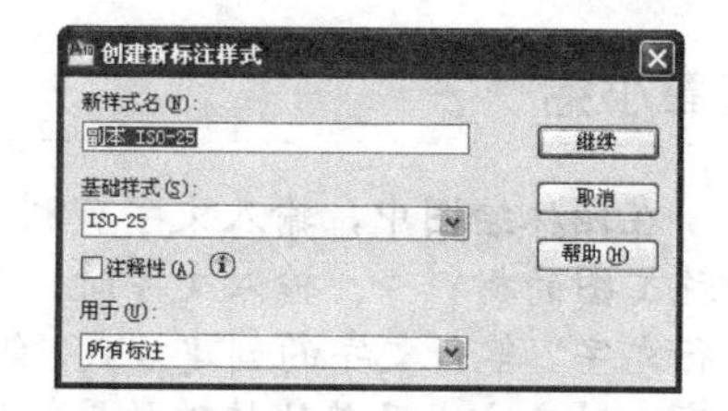

图 9-2 “创建新标注样式”对话框

如果单击“继续”按钮将弹出“新建标注样式”对话框，该对话框中包括“线”、“符号和箭头”、“文字”、“调整”、“主单位”、“换算单位”、“公差”等多个选项卡，如图 9-3 所示。

（1）线选项卡：该选项卡用于设置尺寸线和尺寸界线等属性特征。

① 尺寸线：用于修改颜色、线宽、超出标记、基线间距和隐藏尺寸线等尺寸线外部特征。其中，超出标记用于设置尺寸线超出尺寸界线的距离，默认情况下为 0。

② 尺寸界线：用于修改尺寸界线的颜色、尺寸界线线型与线宽、超出尺寸线、起点偏

移量、隐藏等属性。其中，超出尺寸线用于设置尺寸界线超出尺寸线的距离；起点偏移量用于设置尺寸界线与所标注的图形之间空隙距离。

（2）符号和箭头选项卡：用于设置尺寸标注箭头样式。箭头是尺寸标注起止符号，包括“第一个”、“第二个”、“引线”、“箭头大小”4个选项，如图9-4所示。

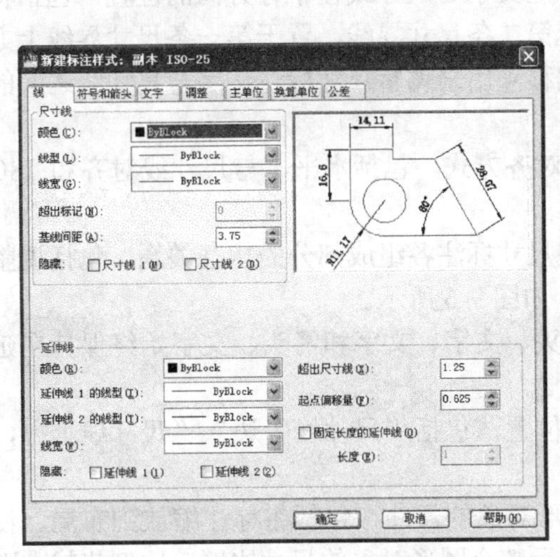

图9-3 “新建标注样式”对话框

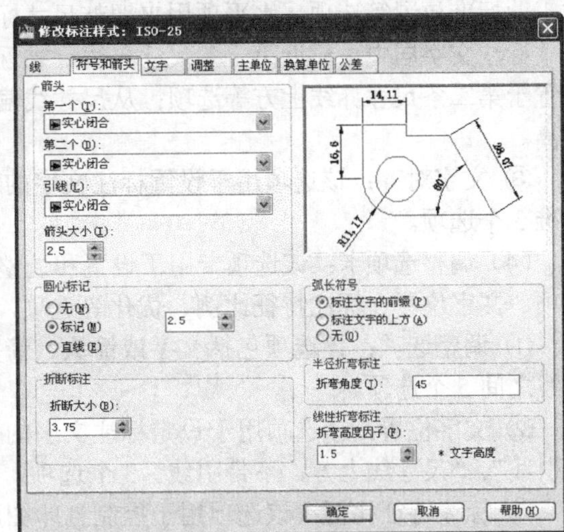

图9-4 符号和箭头选项卡

① 箭头：包括第一个箭头、第二个箭头，设置时可以直接在下拉列表框中选择某一箭头类型。

② 引线：用于设置引线尺寸标注的指引箭头类型。

③ 箭头大小：用于设置尺寸标注第一个箭头、第二个箭头和引线箭头的大小值。

（3）文字选项卡：该选项卡用于设置尺寸标注文字的样式，如图9-5所示。

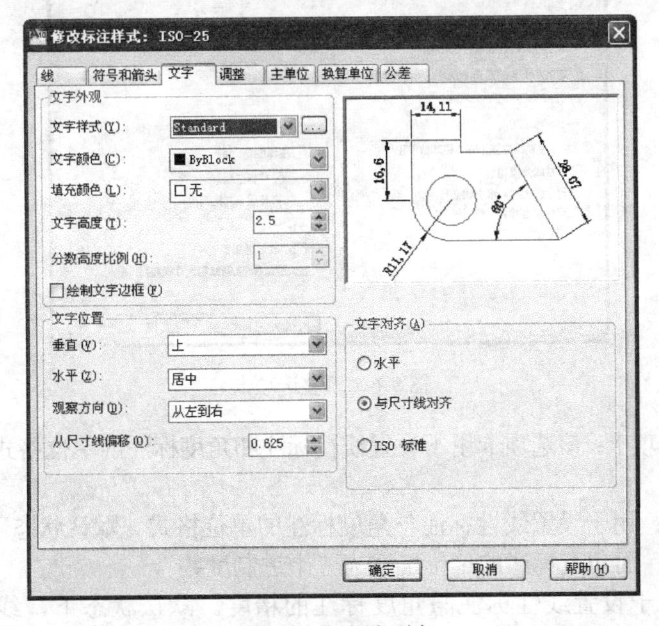

图9-5 文字选项卡

① 文字外观：该选项用于设置标注文字的文字样式、文字颜色、文字高度、分数高度

比例及绘制文字边框等属性。

② 文字位置：该选项用于设置尺寸标注文字的位置，即设定尺寸数字与尺寸线、尺寸界线的相对位置，包括垂直、水平和从尺寸线偏移 3 个选项。其中，垂直项用来调整尺寸标注文字与尺寸线在垂直方向的位置，包括将标注文字置于尺寸线的中间、上方、外侧及按日本工业标准放置等选项；水平项用来调整尺寸标注文字与尺寸线在平行方向的位置，包括将尺寸标注文字居中、靠近第一条尺寸界线、靠近第二条尺寸界线、置于第一条尺寸界线上方及置于第二条尺寸界线上方等选项；从尺寸线偏移项用来调整尺寸标注文字与尺寸线之间的距离。

③ 文字对齐：该选项用于设置标注文字的对齐方式，包括水平、与尺寸线对齐和 ISO 标准 3 个选项。

（4）调整选项卡：该选项卡用于设置和调整尺寸标注各组成部分的相互关系，包括调整选项、文字位置、标注特征比例、优化等选项，如图 9-6 所示。

① 调整选项：该选项包括文字或箭头、箭头、文字、文字和箭头、文字始终保持在延伸线之间 5 个选项。

② 文字位置：该选项用于设定标注文字的位置，包括“尺寸线旁边”、“尺寸线上方，带引线”、“尺寸线上方，不带引线”3 个选项。

③ 标注特征比例：该选项用于控制打印图形对象的尺寸，包括将标注缩放到布局、使用全局比例 2 个选项。其中，使用全局比例项表示整个图形对象的尺寸比例，比例值越大则尺寸标注字体越大；将标注缩放到布局项表示以相对于图纸布局比例来缩放尺寸标注。

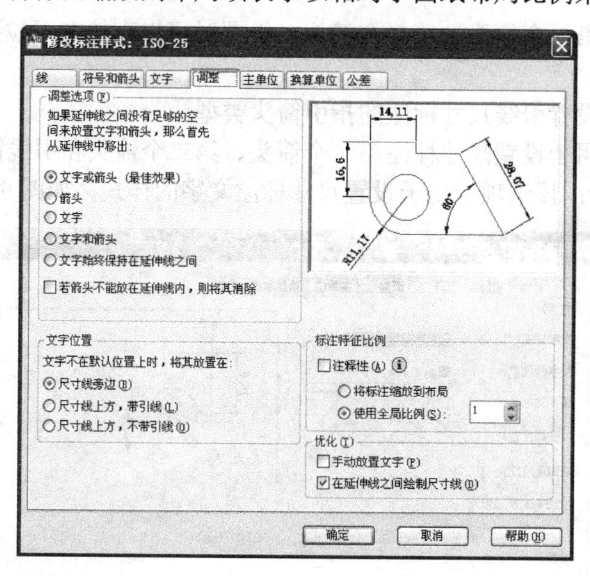

图 9-6　调整选项卡

（5）主单位选项卡：该选项卡用于设置线性标注和角度标注的单位格式和精度，如图 9-7 所示。

① 单位格式：用于设置线性标注与角度标注的单位格式。默认状态下，线性标注的单位格式为“小数”，而角度标注的单位格式为“十进制度数”。

② 精度：用于设置线性标注与角度标注的精度。默认状态下，线性标注的精度为“0.0000”，而角度标注的精度为“0”。

③ 分数格式：该项可以设置分数的表现格式，包括水平显示、对角显示和不堆叠显示等格式类型。

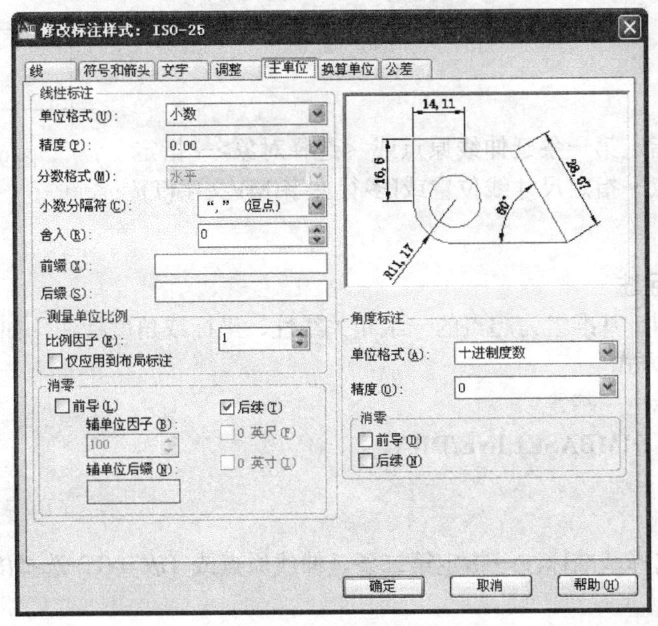

图 9-7　主单位选项卡

④ 小数分隔符：用于设置小数分隔符的表现格式，包括‘.’（用点来表示小数分隔符）、‘,’（用逗号来表示小数分隔符）、‘ ’（用空格来表示小数分隔符）等分隔符类型。

⑤ 舍入精度：用于设置四舍五入的位数及具体数值。

⑥ 前缀：该项可为尺寸标注文字加一定的前缀。

⑦ 后缀：该项可为尺寸标注文字加入后缀。

⑧ 清零：用于设置尺寸标注文字中前导零和后续零的显示状态。

9.3　尺寸标注类型

在 AutoCAD2011 中，共有十几种尺寸标注类型，园林绘图中应用较多的有“线性标注”、“对齐标注”、“基线标注”、“连续标注”、“半径标注”、“直径标注”、“角度标注”、“快速标注”、“圆心标注”等标注类型。

9.3.1　线性标注

用于标注图形的水平尺寸、垂直尺寸和旋转尺寸，如图 9-8 所示。

1）命令调用方式

（1）菜单：标注→线性。

（2）命令行：**DIMLINEAR/DLI**。

（3）工具栏：。

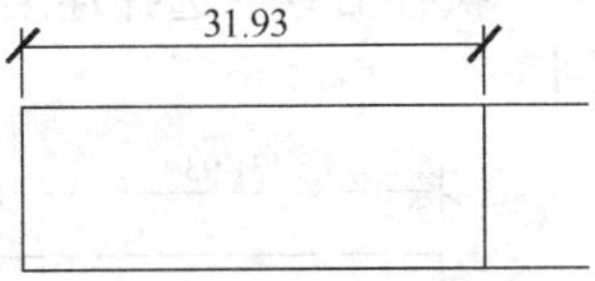

31.93

图 9-8　线性标注

2）命令格式

执行命令→指定第一条延伸线原点或 <选择对象>→指定第二条延伸线原点→指定尺寸线位置或[多行文字(M)/文字(T)/角度(A)/水平(H)/垂直(V)/旋转(R)]。

9.3.2　对齐标注

用于标注倾斜方向两点间的长度，标注的尺寸线与两点之间的连线平行，如图 9-9 所示。

1）命令调用方式

（1）菜单：标注→对齐。

（2）命令行：**DIMALIGNED/DAL**。

（3）工具栏：。

2）命令格式

执行命令→指定第一条延伸线原点或 <选择对象>→指定第二条延伸线原点→指定尺寸线位置或[多行文字(M)/文字(T)/角度(A)]。

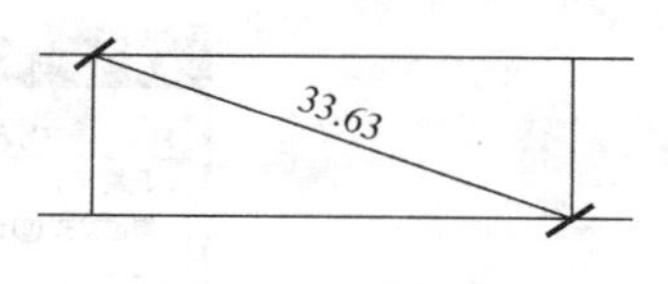

图 9-9　对齐标注

9.3.3　基线标注

用于标注以同一基准组为起点的一组相关线性、坐标或角度标注，如图 9-10 所示。

1）命令调用方式

（1）菜单：标注→基线。

（2）命令行：**DIMBASELINE/DBA**。

（3）工具栏：。

2）命令格式

执行命令→选择基准标注→指定第二条延伸线原点或 [放弃(U)/选择(S)] <选择>→…→回车。

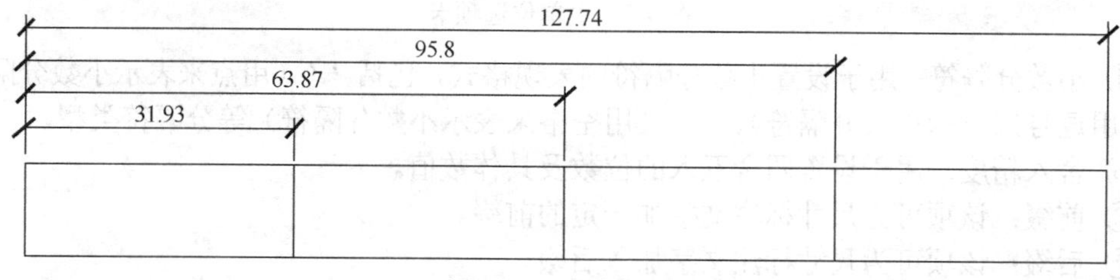

图 9-10　基线标注

9.3.4　连续标注

用于标注一组连续的相关尺寸，即前一尺寸的终点是后一尺寸的基准，如图 9-11 所示。

1）命令调用方式

（1）菜单：标注→连续。

（2）命令行：**DIMCONTINUE/DCO**。

（3）工具栏：。

2）命令格式

执行命令→选择连续标注→指定第二条延伸线原点或 [放弃(U)/选择(S)] <选择>→…回车。

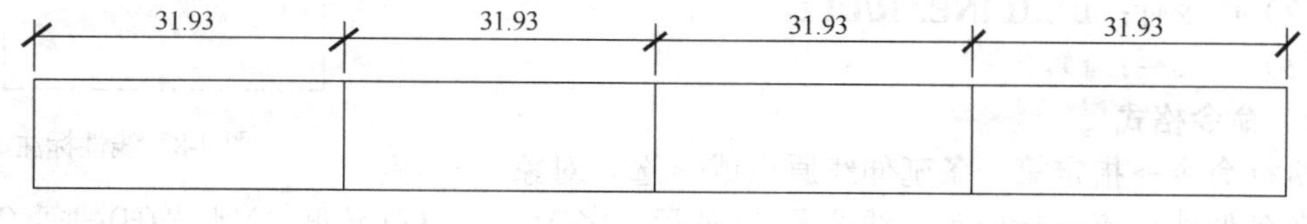

图 9-11　连续标注

9.3.5　半径标注

用于标注圆或圆弧的半径尺寸，如图 9-12 所示。

1）命令调用方式

（1）菜单：标注→半径。

（2）命令行：**DIMRADIUS/DRA**。

（3）工具栏：。

2）命令格式

执行命令→选择圆弧或圆→指定尺寸线位置或 [多行文字(M)/文字(T)/角度(A)]。

9.3.6　直径标注

用于标注圆或圆弧的直径尺寸，如图 9-13 所示。

1）命令调用方式

（1）菜单：标注→直径。

（2）命令行：**DIMDIAMETER/DDI**。

（3）工具栏：。

2）命令格式

执行命令→选择圆弧或圆→指定尺寸线位置或 [多行文字(M)/文字(T)/角度(A)]。

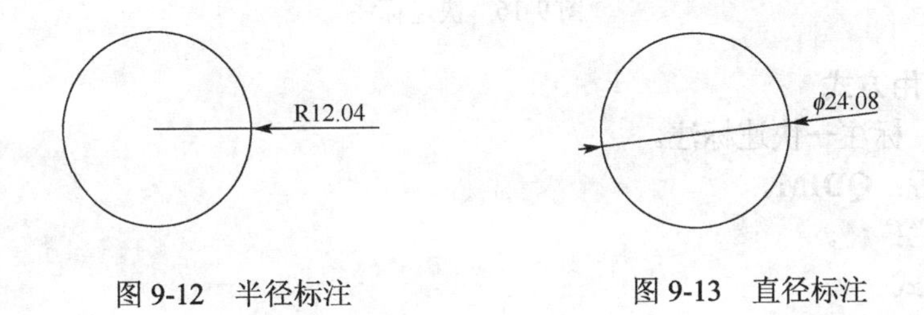

图 9-12　半径标注　　　图 9-13　直径标注

9.3.7　圆心标注

用于标注圆或圆弧圆心绘制的十字形标记或中心线，如图 9-14 所示。

1）命令调用方式

（1）菜单：标注→中心线。

（2）命令行：**DIMCENTER/DCE**。

（3）工具栏：。

2）命令格式

执行命令→选择圆弧或圆。

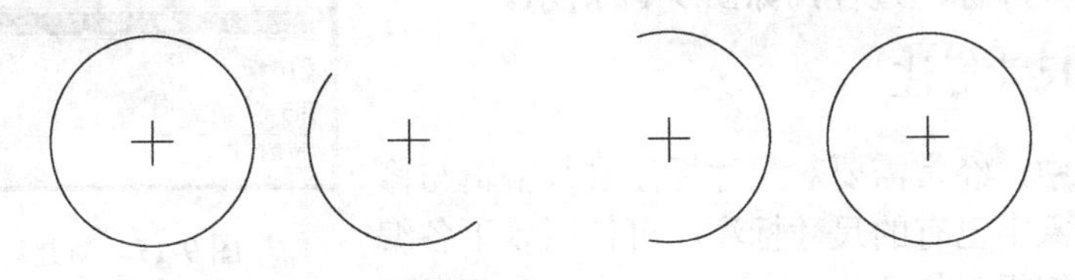

图 9-14　圆心标注

9.3.8　角度标注

用于标注圆弧的中心角、圆周上一段圆弧的中心角、两条不平行直线之间的夹角、已知三点标注角度，如图 9-15 所示。

1）命令调用方式

（1）菜单：标注→角度。

（2）命令行：**DIMANGULAR/DAN**。

（3）工具栏：![icon]。

2）命令格式

执行命令→选择圆弧、圆、直线或 <指定顶点>→选择第二条直线→指定标注弧线位置或 [多行文字(M)/文字(T)/角度(A)/象限点(Q)]。

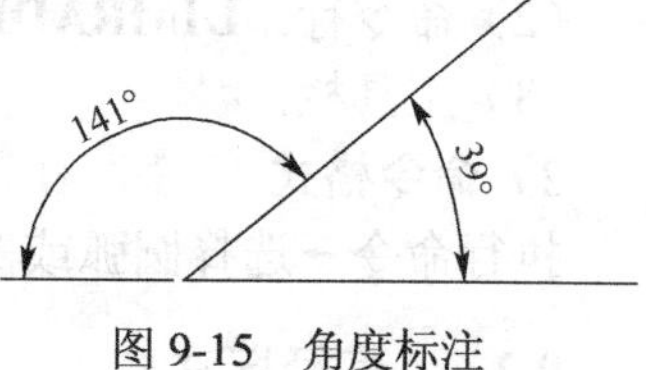

图 9-15　角度标注

9.3.9　快速标注

"快速标注"能够一次性标注连续、交错、基线和坐标尺寸；一次性标注多个圆或圆弧的直径或半径，如图 9-16 所示。

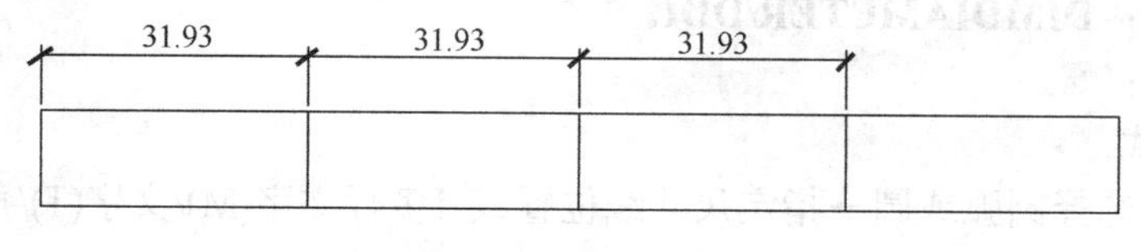

图 9-16　快速标注

1）命令调用方式

（1）菜单：标注→快速标注。

（2）命令行：**QDIM**。

（3）工具栏：![icon]。

2）命令格式

执行命令→关联标注优先级 = 端点→选择要标注的几何图形→选择要标注的几何图形→…回车→指定尺寸线位置或 [连续(C)/并列(S)/基线(B)/坐标(O)/半径(R)/直径(D)/基准点(P)/编辑(E)/设置(T)] <连续>。

9.4　建立尺寸标注

在各类园林图形中，施工图的尺寸标注是一项非常复杂的工作，需要准确标注出图形对象每个构成部分的详细尺寸。进行尺寸标注之前，首先需要建立一个用于存放尺寸标注的新图层，然后创建一种用于尺寸标注文字的样式，最后结合对象捕捉选项来完成园林图形的尺寸标注过程，如图 9-17 所示。

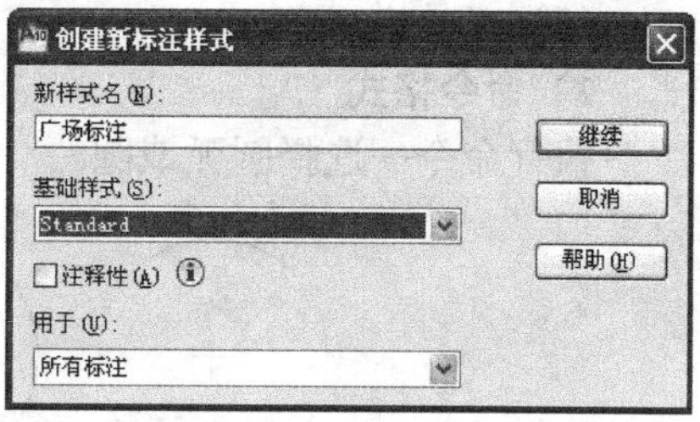

图 9-17　新建广场标注样式

9.5　编辑尺寸标注

在园林绘图中，经常需要对尺寸标注进行编辑与修改。对于图形对象中已有的尺寸标注，可使用以下各编辑方式对其进行编辑与修改。

1）命令调用方式

（1）菜单：修改→特性。

（2）命令行：**DDMODIFY**。

（3）工具栏：![icon]。

2）尺寸标注的编辑

执行编辑尺寸标注命令后，将打开"特性"选项框。选择需要编辑的尺寸标注对象，在"特性"选项框中可对其尺寸线、尺寸界线、尺寸箭头和尺寸文本等属性进行修改。如果要修改图 9-18 有的半径标注，在"特性"选项栏中将箭头改为"实心闭合"，将箭头大小改为"400"，如图 9-19。园林广场施工图半径标注修改后的尺寸标注效果如图 9-20 所示。

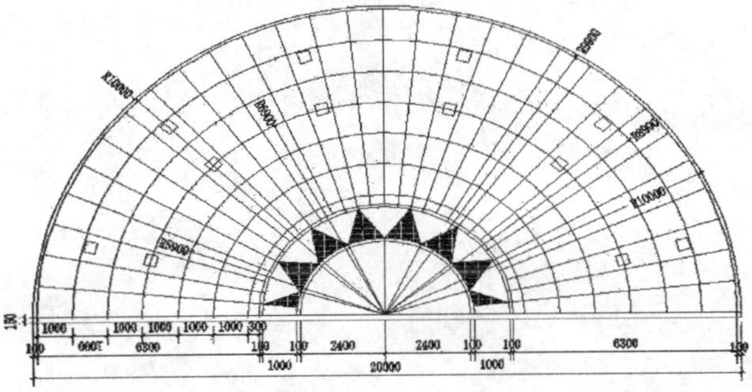

图 9-18　广场尺寸标注

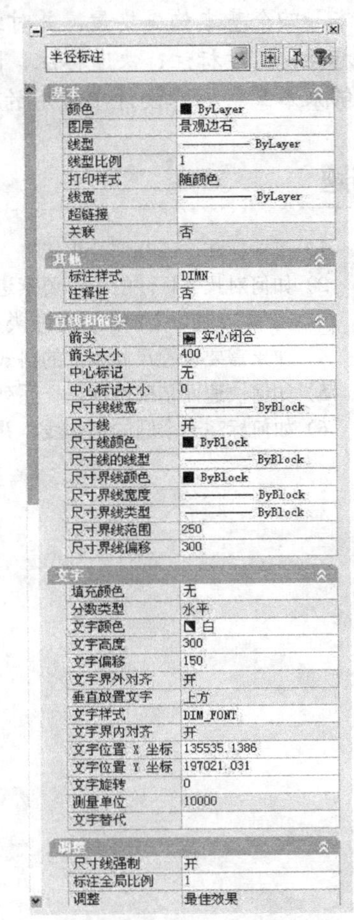

图 9-19　利用“特性”选项框修改尺寸标注

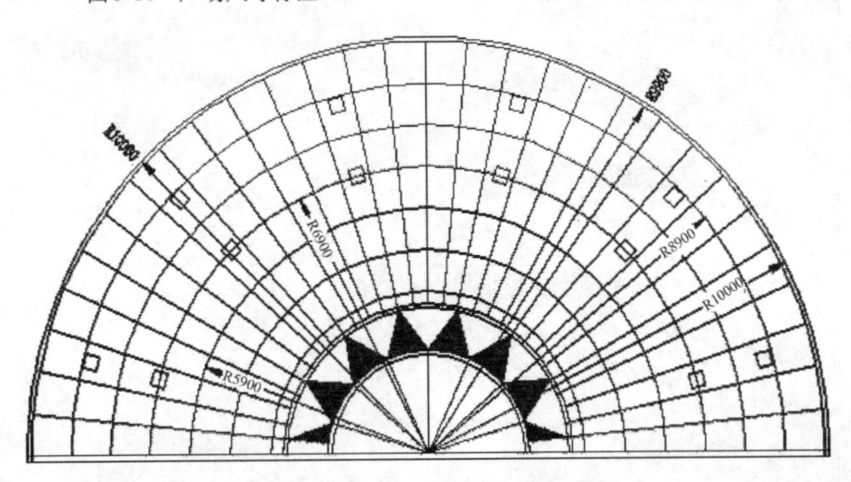

图 9-20　半径标注箭头修改后显示效果

本章小结

尺寸标注是使图纸保持完整的不可忽略的环节，规范的标注可以对图纸的尺寸及空间结构做出积极的正确反馈。本章主要介绍了尺寸标注的尺寸线、尺寸界线、尺寸起止符、尺寸文本等四个基本构成要素，并对线性标注、对齐标注、基线标注、连续标注、半径标注、直径标注、角度标注、快速标注、圆心标注等标注类型进行了详细的讲解。通过本章的学习，能够基本掌握园林设计中常用的标注类型和标注方法。

习题

1）尺寸标注由哪几部分组成？

2）如何对尺寸标注的各个要素进行修改？

3）列举10种以上的尺寸标注类型及相应的标注方法。

4）如果需要设置尺寸单位的格式、精度及小数点标注，需要怎样设置？

5）如何快速而精确地标注一系列相似的图形实体？

6）如何标注一个圆的中心线，并标注半径长度？

10　图形的打印输出

在园林设计中，完成了各类园林图纸绘制后，接下来就需要执行园林图纸的打印输出操作。在 AutoCAD 中，图纸输出可以在模型空间进行，也可以在图纸空间进行，从园林设计角度，在图纸空间进行图纸布局与打印输出比较符合行业规范。

10.1　模型空间与图纸空间

在 AutoCAD 中，共包括两种工作环境，即模型空间和图纸空间，在绘图窗口下方分别用“模型”和“布局”选项卡进行标识。默认状态下，可在模型空间中按 1∶1 比例进行绘图和打印出图，也可先在模型空间中完成图形对象绘制，然后在图纸空间对图形对象进行排版、尺寸标注、文字注释及创建图框、标题栏等内容，最后对图形对象进行打印输出。

10.1.1　模型空间

在 AutoCAD 中，“模型”选项卡为绘图人员提供了一个无限的绘图区域，称之为模型空间。在模型空间中，可以按照物体的实际尺寸绘制、查看、编辑二维图形或三维实体造型，还可以对图形对象进行尺寸标注和文字说明。默认状态下，启动 AutoCAD 后，绘图窗口下面的“模型”选项卡便被激活，可直接在模型空间绘制图形对象。

10.1.2　图纸空间

“布局”选项卡为绘图人员提供了一个图纸空间区域，称之为图纸空间。在图纸空间中，可以插入标题栏、创建布局与视口、标注图形尺寸及添加文字说明。此外，在图纸空间中还可以查看和编辑标题栏、图形文字与尺寸标注。在 AutoCAD 中，图纸空间主要用于二维视图的显示、布局及打印输出操作。

10.1.3　模型空间与图纸空间的切换

在园林绘图中，经常需要在“模型空间”与“图纸空间”之间来回切换。一般情况下，在模型空间中创建和编辑各类图形对象，在图纸空间中创建布局与打印输出。单击绘图窗口下方的布局选项卡与模型选项卡即可相互切换。

10.2　图形布局

“图形布局”，相当于图纸空间环境。在园林绘图中，一个布局相当于一页纸，如果设置多个布局，则可以从不同侧面来体现图形对象的各种属性特征。

1）命令调用方式

（1）菜单：插入→布局→新建布局。

（2）命令行：**LAYOUT**。

（3）工具栏：[图标]。

（4）快捷方式：在模型或布局选项卡上，使用右键菜单的“新建布局”选项。

2）创建新布局

在新布局创建过程中，需要设置图纸尺寸、图纸单位、图形方向、打印区域、打印比例、打印偏移、打印选项及打印样式等。创建新布局的基本步骤如下。

（1）执行“创建图层”命令，系统自动弹出“图层特性管理器”对话框，在该对话框中单击“新建”按钮新建一个图层，命名为“园林铺装”，并将该图层置为当前。

（2）选择工具菜单栏中的“向导”选项，选择其中的“创建布局”子菜单，系统将弹出

“创建布局-开始”对话框，该对话框的左侧列出了创建布局的基本步骤。

（3）在“开始”选项中，在“输入新布局的名称”中输入“园林铺装”，如图 10-1 所示。单击“下一步”按钮，进入下一步操作。

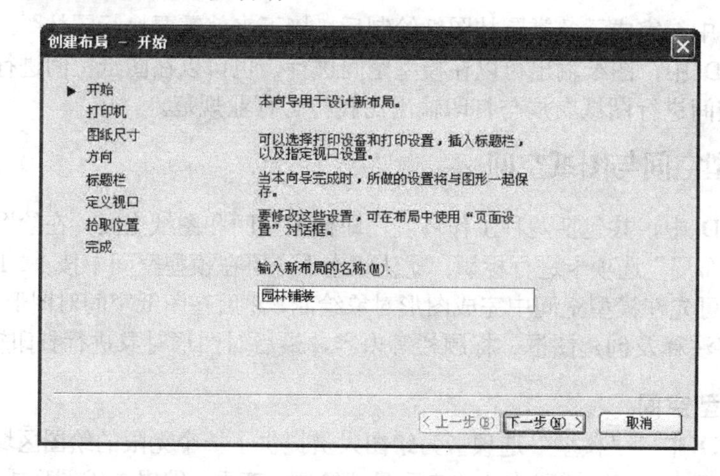

图 10-1 创建布局-开始

（4）在“打印机”选项中，系统弹出“创建布局-打印机”对话框，在“为新布局选择配置的绘图仪”下拉列表中选择“DWF6 ePlot.pc3”打印机，如图 10-2 所示。单击“下一步”按钮，进入下一步操作。

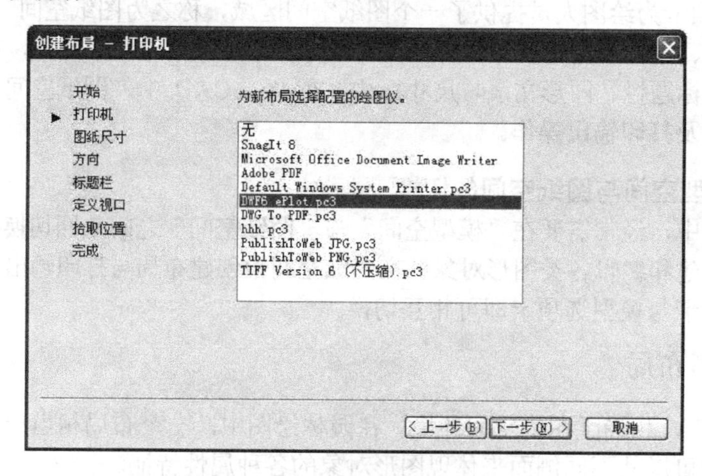

图 10-2 创建布局-打印机

（5）在“图纸尺寸”选项中，系统将弹出“创建布局-图纸尺寸”对话框，在“选择布局使用的图纸尺寸”下拉列表中选择图形打印图纸为“ISO full bleed A1(841.00×594.00)”，图纸单位默认为“毫米”，如图 10-3 所示。单击“下一步”按钮，进入下一步操作。

（6）在“方向”选项中，系统将弹出“创建布局-方向”对话框，在“选择图形在图纸上的方向”选项中将图纸方向设置为“横向”，如图 10-4 所示。单击“下一步”按钮，进入下一步操作。

（7）在“标题栏”选项中，系统将弹出“创建布局-标题栏”对话框，在“选择用于此布局的标题栏”选项中通过插入“块”或调用“外部参照”方式选择调用“A1 图框”，如图 10-5 所示。单击“下一步”按钮，进入下一步操作。

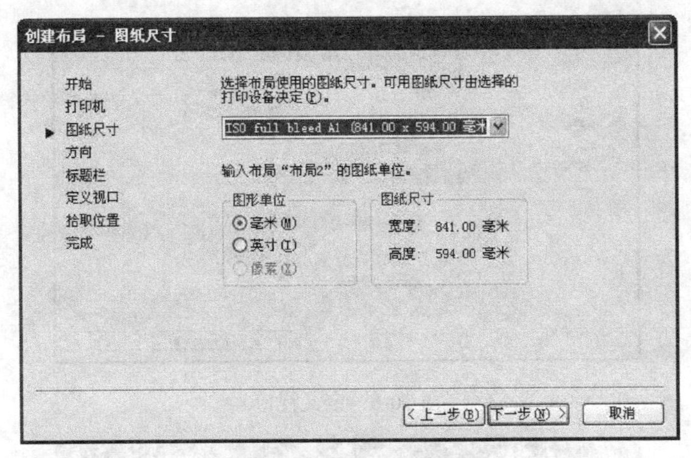

图 10-3　创建布局-图纸尺寸

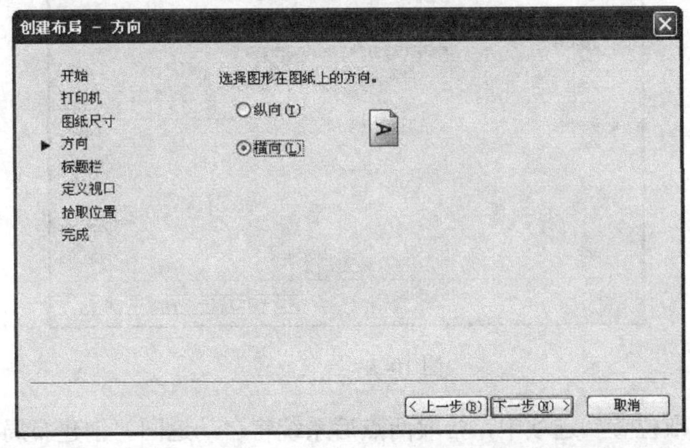

图 10-4　创建布局-方向

（8）在“定义视口”选项中，系统将弹出“创建布局-定义视口”对话框，在“视口设置”选项中将视口个数设置为“单个”，在“视口比例”选项中将比例设置为“1∶1”，如图 10-6 所示。单击“下一步”按钮，进入下一步操作。

（9）在“拾取位置”选项中，系统将弹出“创建布局-拾取位置”对话框，如图 10-7 所示。选择“拾取位置”按钮，系统将自动返回绘图窗口，按照命令行的提示，在图形对象边框位置指定两个对角点确定视口的大小和位置。单击“下一步”按钮，进入下一步操作。

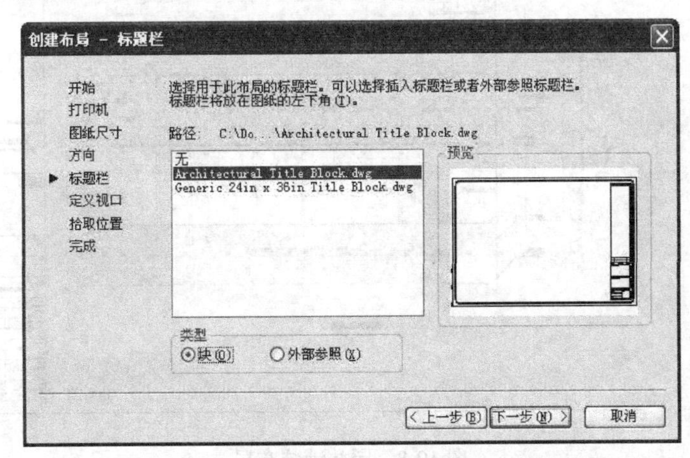

图 10-5　创建布局-标题栏

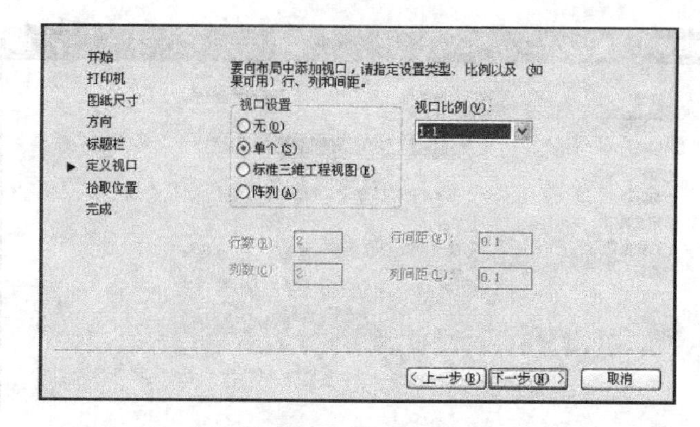

图 10-6　定义视口

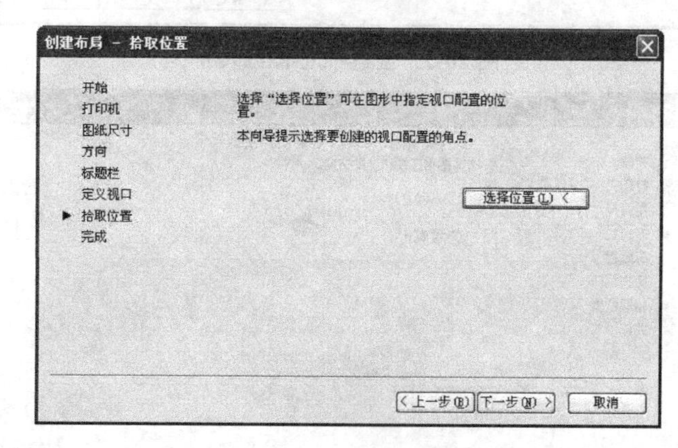

图 10-7　拾取位置

（10）在“拾取位置”选项中，拾取两点后系统将自动返回“创建布局-拾取位置”对话框，在该对话框中单击“完成”按钮便完成新布局的创建过程。新创建的“园林铺装”布局此时显示在屏幕上，并以虚线表示布局范围，如图 10-8 所示。

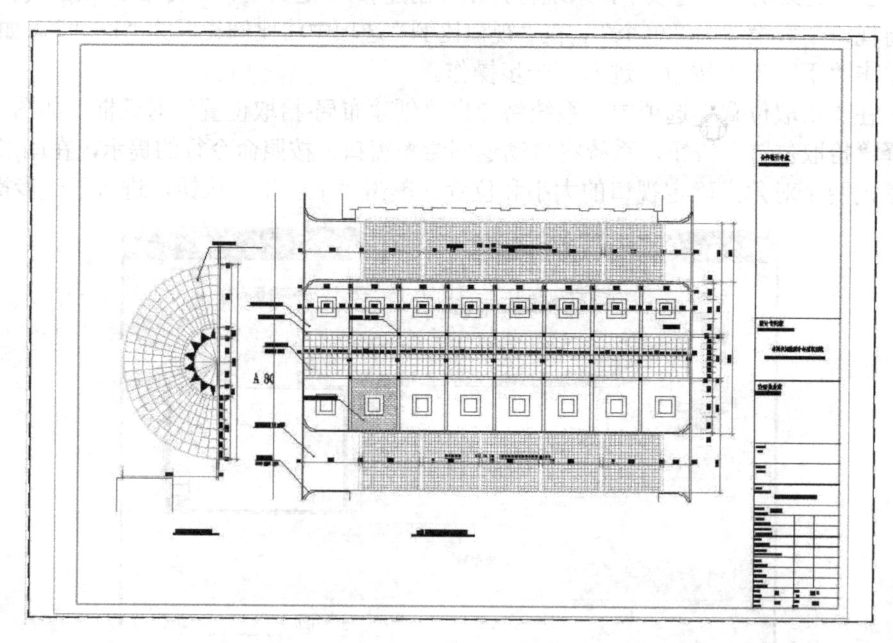

图 10-8　园林铺装布局

在 AutoCAD 中，如果创建好的布局存在错误，可以对其进行复制、删除、更名、移动位置等编辑操作。

10.3 图形输出

打印输出是将绘制好的图形用打印机或绘图仪绘制出来。为了正确打印输出图形对象，需要掌握如何添加与配置绘图设备、如何配置打印样式、如何设置页面，以及如何打印绘图文件。

10.3.1 打印设置

1）命令调用方式

（1）菜单：文件菜单→打印。

（2）命令行：**PLOT**。

（3）工具栏：。

（4）快捷方式：在模型或布局标签上使用右键菜单的“打印”选项。

2）打印对话框设置

执行“打印”命令后，系统自动弹出“打印”对话框，如图 10-9 所示。在该对话框中，可对以下选项进行设置。

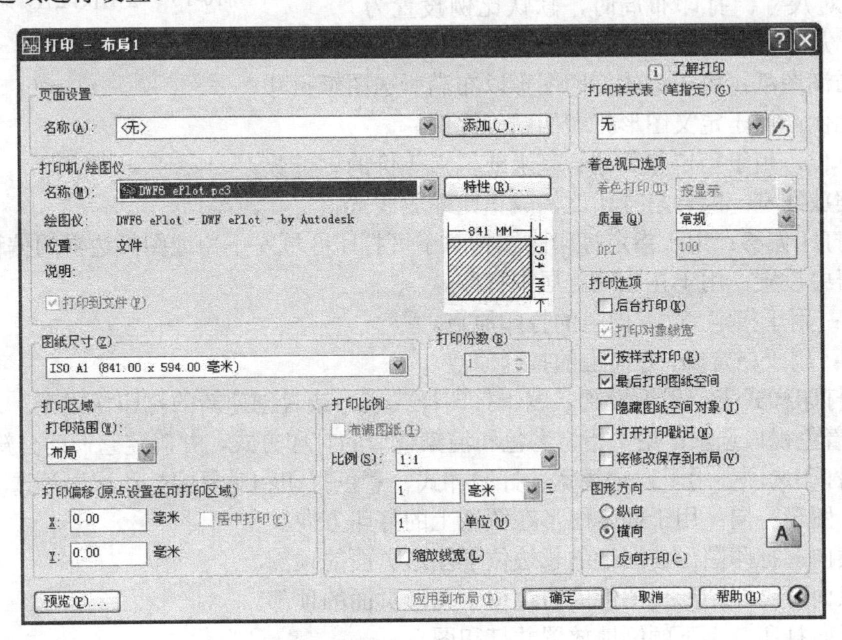

图 10-9 打印对话框

（1）页面设置：列出图形中已命名或已保存的页面设置。

（2）打印机/绘图仪：用于指定打印布局时使用已配置的打印设备。

① 名称：用于指定 PC3 文件或系统打印机，可从下拉列表中进行选择，以打印当前布局。

② 打印到文件：打印输出到文件而不是绘图仪或打印机。

③ 预览：精确显示相对于图纸尺寸和可打印区域的有效打印区域。

（3）图纸尺寸：用于指定所选打印设备可用的标准图纸尺寸。

如果未选择绘图仪，将显示全部标准图纸尺寸的列表以供选择。如果所选绘图仪不支持布局中选定的图纸尺寸，可以单击“打印-布局 1”对话框中的“特性”按钮，系统将弹出“绘图仪配置编辑器”对话框，如图 10-10 所示。在该对话框中，选择“自定义图纸尺寸”选项，然后按照系统提示逐步完成图纸尺寸的自定义过程。

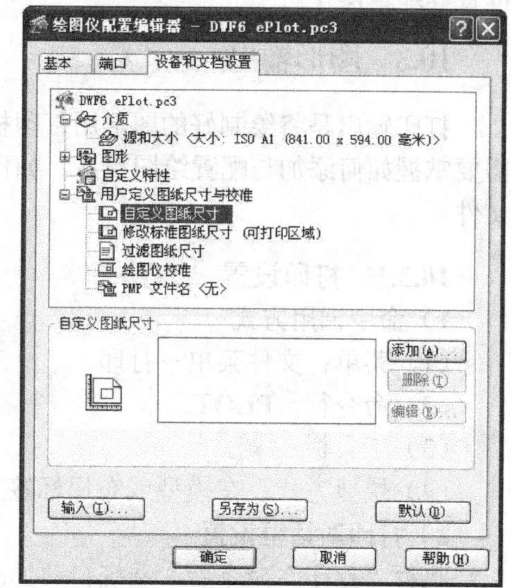

图 10-10　绘图仪配置编辑器

（4）打印区域：用于指定图形对象的打印范围。

① 布局/图形界限：用于打印指定图纸尺寸的可打印区域内的所有内容。

② 范围：用于打印包含对象的图形的部分当前空间。

③ 显示：用于打印“模型”选项卡当前视口中的视图或布局中的当前图纸空间视图。

④ 视图：用于打印以前使用视图命令保存的视图。

⑤ 窗口：用于打印指定的图形区域。单击“窗口”按钮返回绘图窗口中指定两个角点。

（5）打印比例：用于控制图形单位与打印单位之间的相对尺寸。打印布局时，默认比例设置为“1∶1”。从模型空间直接打印时，默认设置为“布满图纸”。

① 布满图纸：用于缩放打印图形以布满所选图纸尺寸。

② 比例：用于定义图形打印的精确比例。

③ 单位：用于指定与英寸、毫米或像素等价的单位数。

④ 缩放线宽：能够与打印比例成正比缩放线宽。

（6）打印偏移：用于指定打印区域相对于可打印区域左下角或图纸边界的偏移。

① 居中设置：用于在图纸上居中打印。

② X：用于指定 X 方向上的打印原点。

③ Y：用于指定 Y 方向上的打印原点。

（7）打印样式表：用于设置、编辑打印样式表，或者创建新的打印样式表。

（8）着色视口选项：用于指定着色和渲染视口的打印方式，并确定它们的分辨率大小。

（9）打印选项：用于设定线宽、打印样式、着色打印和对象的打印次序等选项。

（10）图形方向：用于确定图形在图纸上的打印方向。

① 横向：打印图形使图纸的长边位于图形页面的顶部。

② 纵向：打印图形使图纸的短边位于图形页面的顶部。

③ 反向打印：上下颠倒地放置并打印图形。

10.3.2　图形输出

园林图形的打印输出，一般都在布局空间中进行。在创建布局时，由于其打印设备、图纸尺寸、打印方向、出图比例等选项都在创建布局时设定好了，所以在打印输出时就不需要再次进行设置。使用布局打印园林图形的基本步骤如下。

（1）切换到“园林铺装”布局项。

（2）执行“打印”命令，系统将弹出“打印-园林铺装”对话框，其“园林铺装”是要打印的布局名，如图 10-11 所示。在该对话框中，打印设备、图纸尺寸、打印区域、打印比例都与布局设置相同。

（3）选择打印样式表下拉列表中的“monochrome.ctb”选项，单击“应用到布局”按钮，将其保存到布局设置中。

（4）单击“确定”按钮，因当前选择的打印机是虚拟的电子打印机（DWF6 ePlot.pc3），所以此时系统将弹出“浏览打印文件”对话框提示绘图人员保存打印文件，设置好存储路径后单击“保存”按钮，则“园林铺装”图形文件便开始打印输出了。“园林铺装”图形文件的最终打印效果如图 10-12 所示。

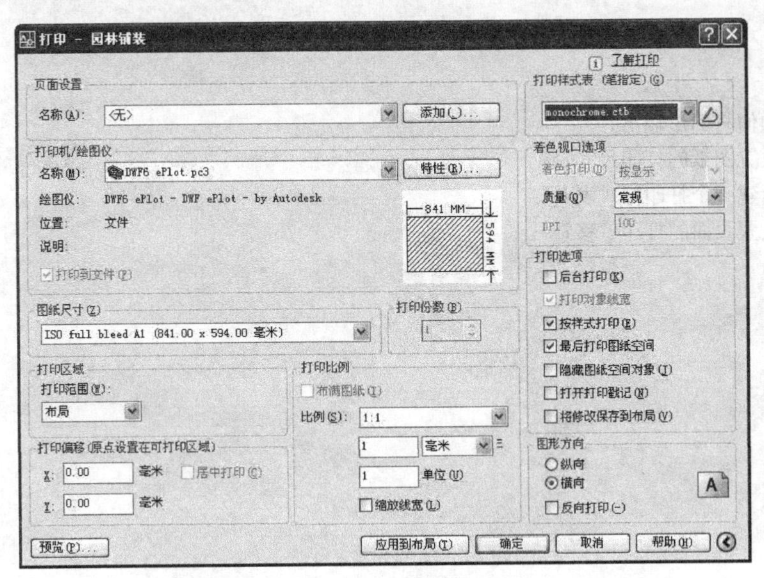

图 10-11　打印-园林铺装

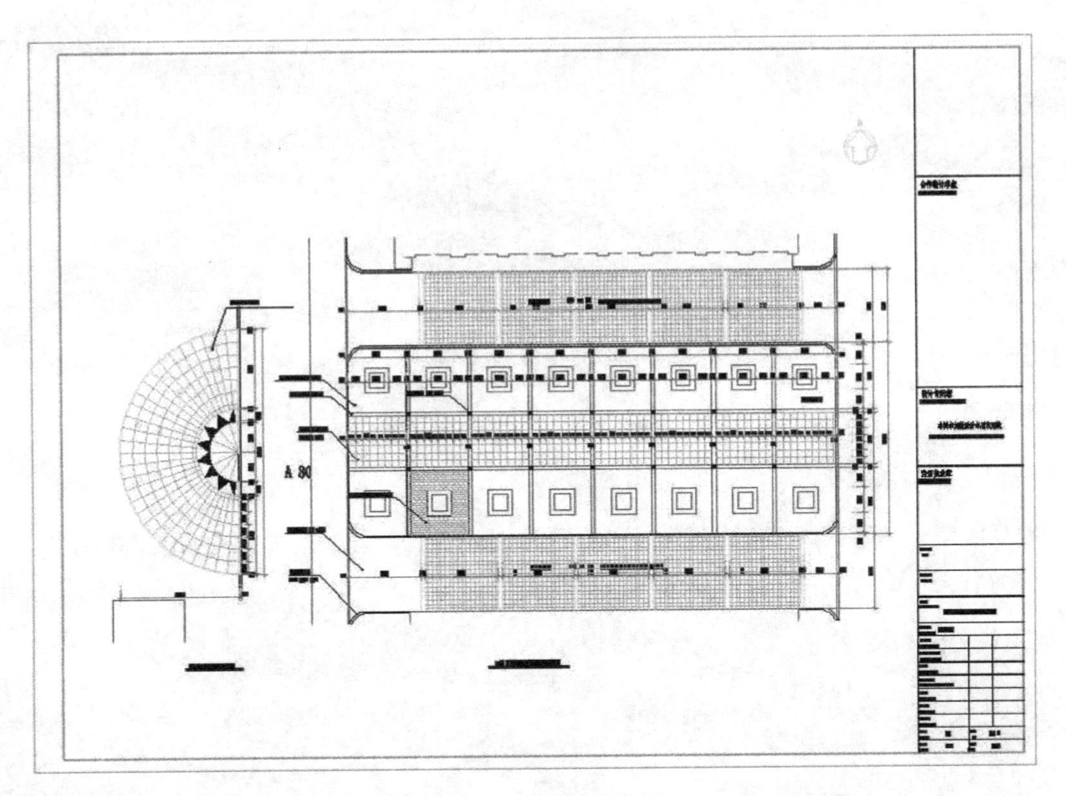

图 10-12　最终打印效果

本章小结

本章主要从输出类型、图形布局、图形输出三部分进行讲解。并举例介绍了图形输出打印的操作流程。在 AutoCAD 中，图纸输出可以在模型空间执行，也可以在图纸空间执行。通过本章的学习之后，可以将图形输出到 3D 设计软件中继续加工、完善。

习题

1）简述如何将图形输出？
2）如何设置图纸的打印尺寸？
3）如何新建一个打印样式表？
4）如何设置页面的打印偏移？

第2部分 Sketch Up7.0

11 Sketch Up 简介及绘图环境设置

11.1 Sketch Up 简介

11.1.1 概述

Sketch Up 是一种全新理念的 3D 模型设计软件，具有如下优点。

1）快速化

与其他 3D 模型设计软件相比，Sketch Up 可以让设计者在三维空间中输入精确的尺寸，并且能够快速地制作 3D 模型。

2）智能化

Sketch Up 建模系统具有“基于实体”和“精确”的特点，在有限的时间内，设计者可以反复多次修改模型方案。

3）多样化

Sketch Up 软件不但能够生成类似于手绘风格的效果图，而且还具有多种格式的导入与导出项，可将模型导入其他三维软件中进行材质处理与渲染输出。

11.1.2 安装

将 Sketch Up 安装文件解压至指定目录后运行 Google Sketch Up Pro.exe，开始进行 Sketch Up 的安装，如图 11-1、图 11-2 所示。

图 11-1 将压缩包解压

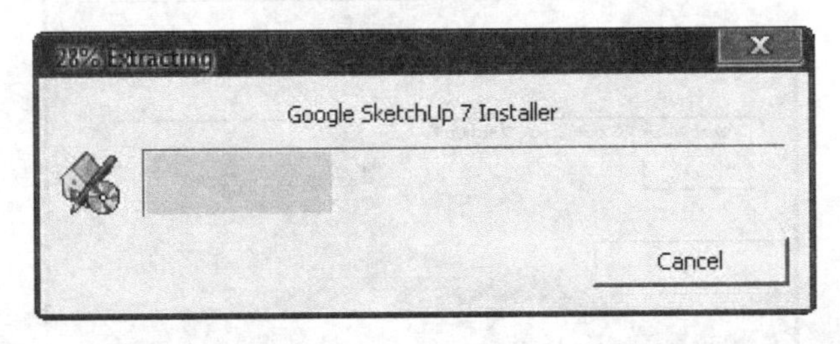

图 11-2 开始安装

单击“Next”开始安装，如图 11-3 所示。

单击“Next”，如图 11-4 所示。

选择安装的路径，默认装在 C 盘，如需改变盘符的位置，单击“Change”按钮，选择安装路径，如图 11-5 所示。

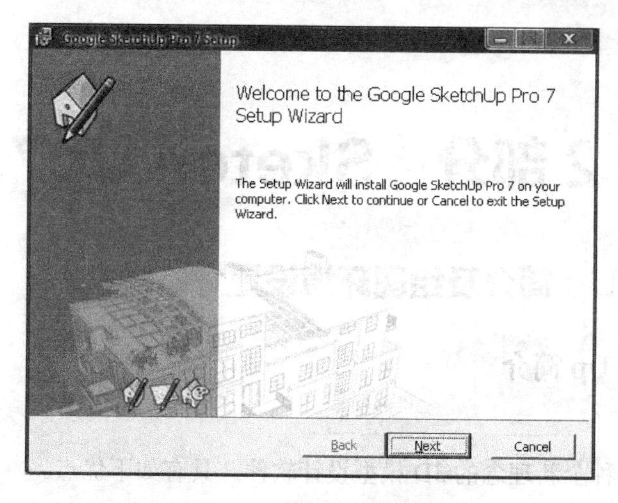

图 11-3 单击“Next”

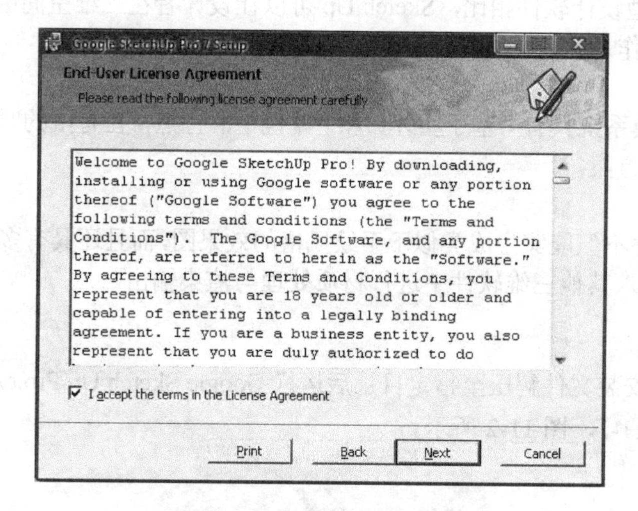

图 11-4 单击“Next”

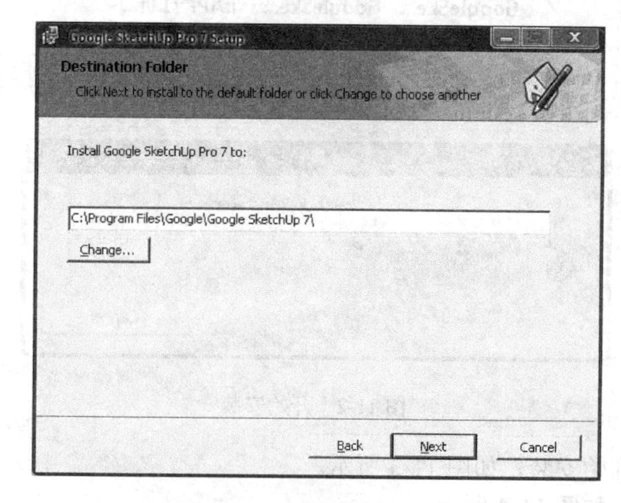

图 11-5 确定安装路径

确定路径后，单击“Install”按钮进行软件的安装，如图 11-6 所示。

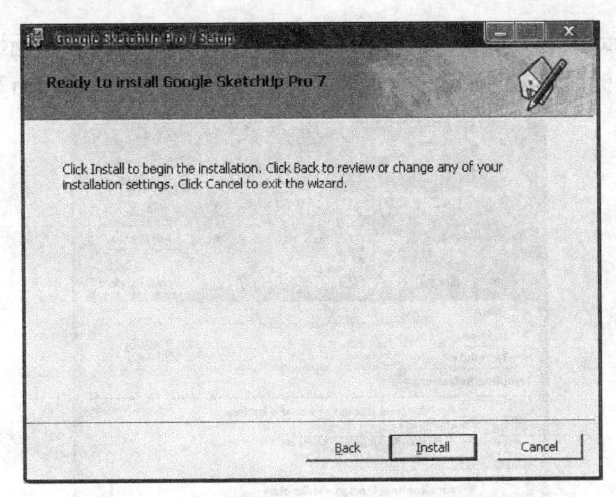

图 11-6　准备安装

安装进行中，如图 11-7 所示。

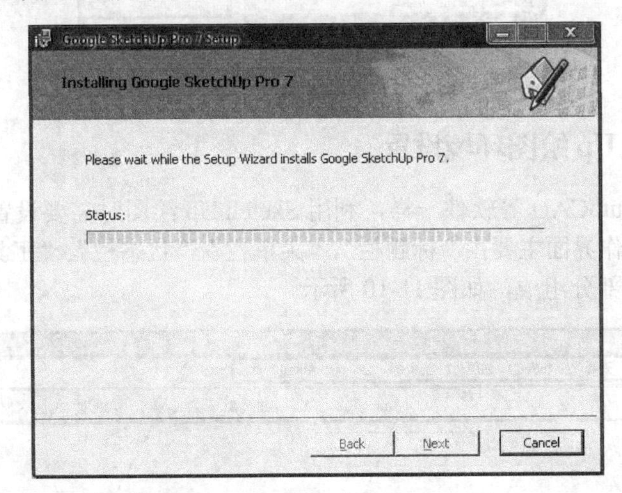

图 11-7　安装中

安装结束，单击“Finish”按钮，如图 11-8 所示。

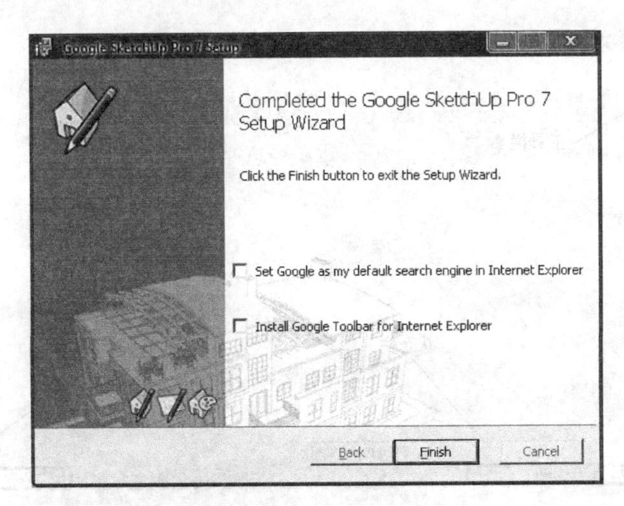

图 11-8　安装完成

双击 Google Sketch Up 7 图标，运行软件，此时会出现如图 11-9 所示的界面，提示选择模板，挑选好合适的模板后单击“Start using Sketch Up”按钮，进入 Sketch Up 的操作界面。

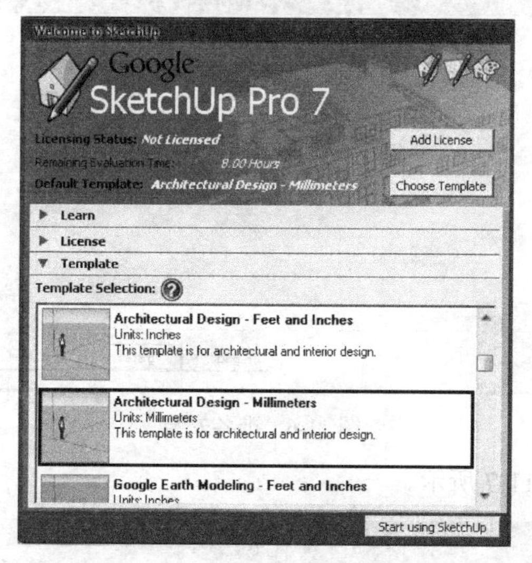

图 11-9　选择模板

11.2　Sketch Up 绘图环境设置

与 3ds Max、AutoCAD 等软件一样，利用 Sketch Up 绘图时需要设置绘图环境。

Sketch Up 的工作界面主要由“标题栏”、“菜单栏”、“状态栏”、“工具栏”、“绘图区”和“数值控制栏”等几部分组成，如图 11-10 所示。

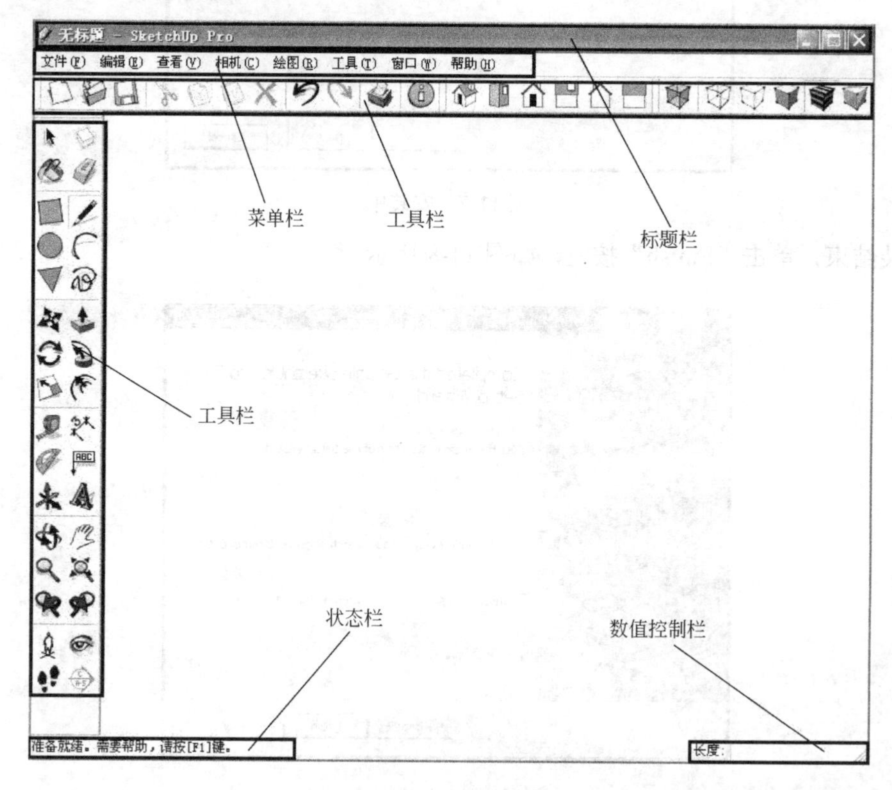

图 11-10　工作界面

1）标题栏

Sketch Up“标题栏”包括“关闭”、“最小化”、“最大化”按钮和窗口所打开的文件名。

2）菜单栏

“菜单栏”在标题栏的下方，包括：“文件”、“编辑”、“查看”、“相机”、“绘图”、“工具”、“窗口”、“帮助”等选项，如图 11-11 所示。

文件(F) 编辑(E) 查看(V) 相机(C) 绘图(R) 工具(T) 窗口(W) 帮助(H)

图 11-11 菜单栏

3）状态栏

“状态栏”位于绘图窗口的下方，如图 11-10 所示。

4）工具栏

Sketch Up 软件由横、纵两个工具栏组成。利用“查看”菜单栏和“工具”菜单栏，可以设置绘图所需的工具栏选项，如图 11-12 所示。

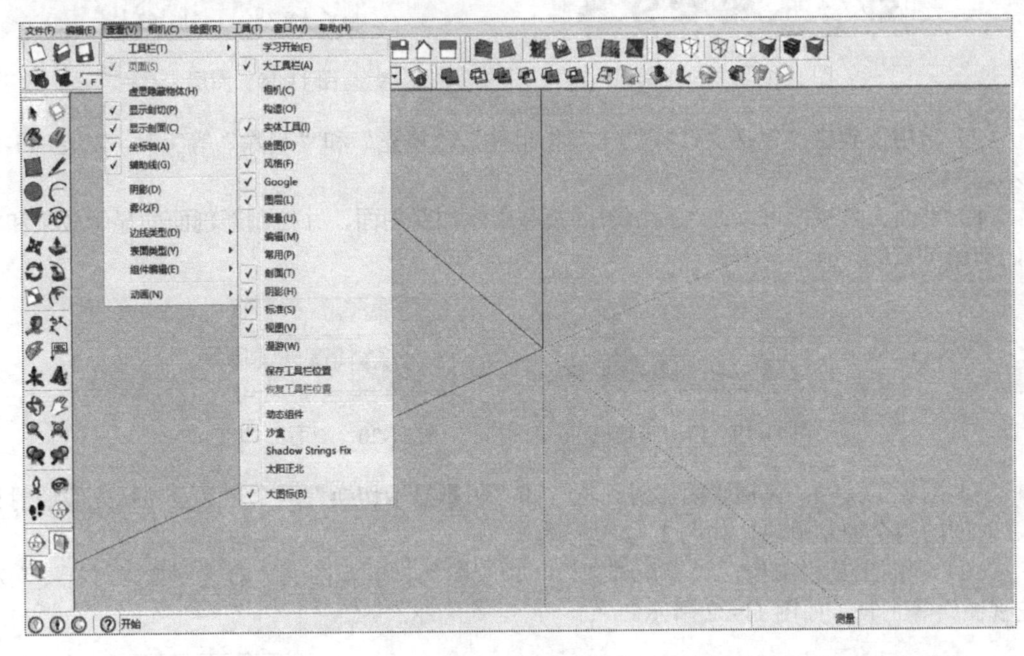

图 11-12 启动工具栏

（1）标准工具栏：包括“新建文件”、“打开文件”、“保存文件”、“制作组件”、“剪切”、“复制”、“粘贴”、“删除”、“撤销”、“重复”、“打印”、“用户设置”和“帮助”工具，如图 11-13 所示。

（2）编辑工具栏：包括“移动/复制”、“推拉”、“旋转”、“路径跟随”、“缩放”和“偏移复制”等工具，如图 11-14 所示。

图 11-13 标准工具栏

图 11-14 编辑工具栏

（3）绘图工具栏：包括“矩形”、“线”、“圆”、“圆弧”、“多边形”和“徒手画笔”等工具，如图 11-15 所示。

（4）显示模式工具栏：包括“X 光透视”、“线框”、“消隐”、“着色”、“材质与贴图”、“单色”等显示模式，如图 11-16 所示。

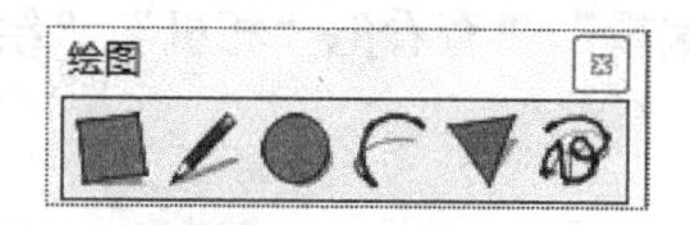

图 11-15　绘图工具栏

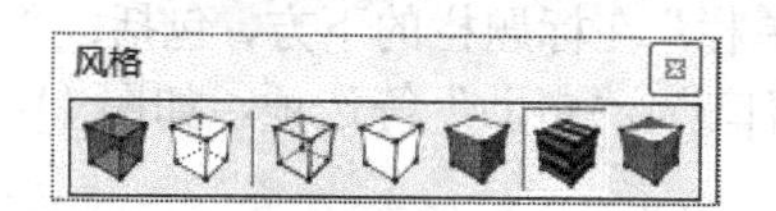

图 11-16　显示模式工具栏

（5）相机工具栏：包括“转动”、“平移”、“实时缩放”、“窗口缩放”、“上一视图”、“下一视图”和“充满视图”等工具，如图 11-17 所示。

（6）图层工具栏：包括“图层”和“图层管理”等工具，具有管理图层的功能，如图 11-18 所示。

图 11-17　相机工具栏

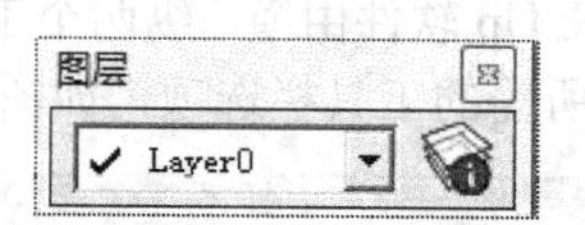

图 11-18　图层工具栏

（7）常用工具栏：包括“选择”、“制作组件”、“填充”和“删除”等工具，如图 11-19 所示。

（8）剖面工具栏：可以在当前编辑的模型中添加新剖面，并控制新剖面的显示效果和状态，如图 11-20 所示。

图 11-19　常用工具栏

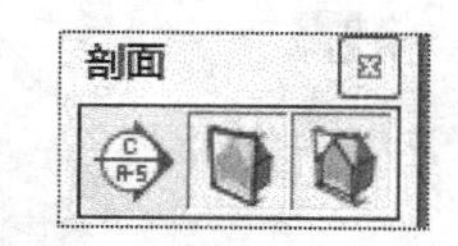

图 11-20　剖面工具栏

（9）阴影工具栏：包括“阴影对话框”和“阴影显示切换”两个工具及显示光线照射日期、时间的两个控制滑块，如图 11-21 所示。

（10）视图工具栏：包括“等角透视”、“顶视图”、“前视图”、“右视图”、“后视图”和“左视图”等工具，如图 11-22 所示。

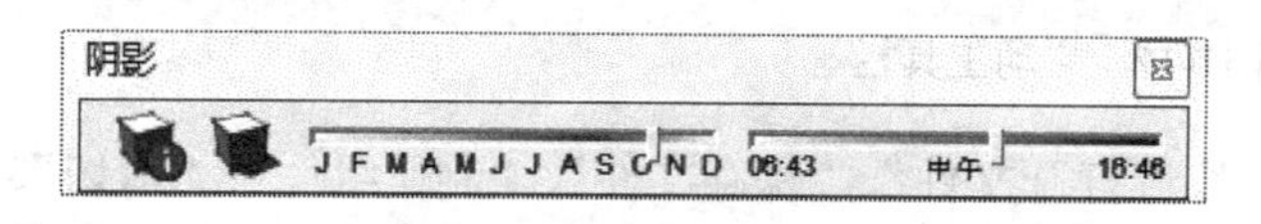

图 11-21　阴影工具栏

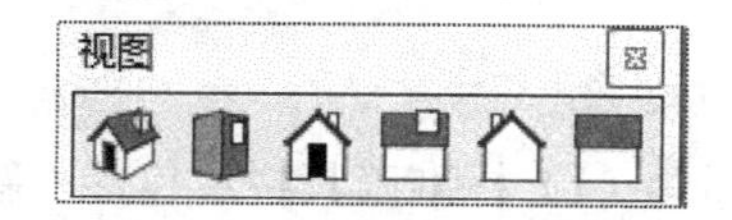

图 11-22　视图工具栏

（11）漫游工具栏：包括“相机位置”、“漫游”和“绕轴旋转”等工具，如图 11-23 所示。

（12）地形工具栏：包括“用等高线生成地形”、“用栅格生成地形”、“挤压”、“贴印”、“悬置”、“栅格细分”和“边线凹凸”等工具，如图 11-24 所示。

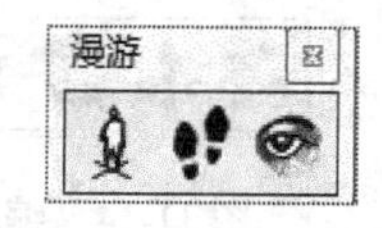

图 11-23　漫游工具栏

图 11-24　地形工具栏

5）绘图区

在 Sketch Up 软件中，“顶视图”为默认视图。在绘图区域内，按住鼠标滚轮拖拽鼠标，则顶视图将转换成三维视图，具有三条三维轴线，如图 11-25 所示。

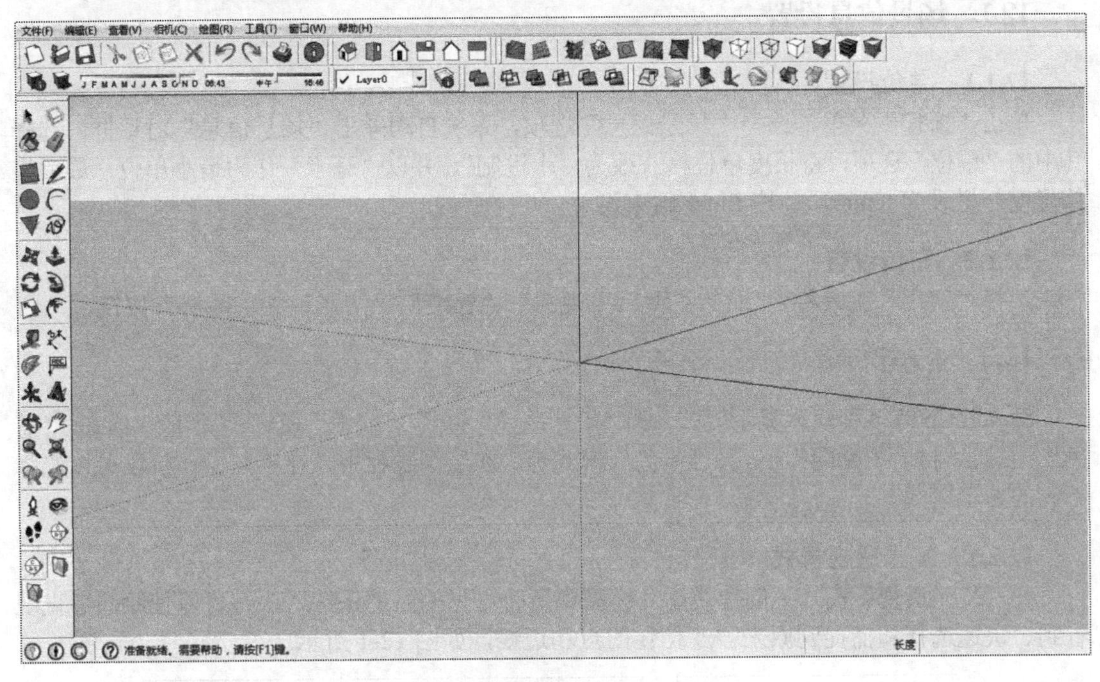

图 11-25　由顶视图切换到透视图

6）数值控制栏

在 Sketch Up 软件中，数值控制栏位于状态栏的右边。数值控制栏的功能如下。

（1）显示功能：在创建或移动一个几何体时，在数值控制栏中，随着操作的进程显示出相应的空间尺寸信息，如几何体的长度或半径等。

（2）输入功能：在数值控制栏中，可以输入数据来绘制图形。如进行弧形段数、圆形段数、多边形边数以及多重复制等操作时，都需要在数值控制栏中输入相应数字。

本章小结

本章首先介绍了 Sketch Up 软件所具有的独特优点，继而讲解了软件的安装步骤，最后详细论述了 Sketch Up 工作界面的各个组成部分：标题栏、菜单栏、工具栏、绘图区、状态栏和数值控制栏的主要功能，让初学者对 Sketch Up 软件具有了一定了解，为下一步的深入学习奠定了坚实的基础。

习题

1）“视图”工具栏由哪些工具组成？

2）简要介绍“数值控制栏”的两大使用功能？

3）“绘图窗口”由哪些部分组成？分别是什么？

4）简述 Sketch Up 的安装过程？

12 Sketch Up 显示设置

12.1 场景信息设置

12.1.1 单位设置

单击“窗口”菜单，选择“场景信息”选项，系统自动弹出“场景信息”对话框，选择其中的“单位”选项，将长度单位格式改为“十进制”，并以“毫米”作为最小单位，最后将精确度一栏设为 0 mm，并按 Enter 结束设置。

12.1.2 窗口设置

选择“常用”工具栏、“面的类型”、“视图”、“标准”、“阴影”和“图层”按钮。

12.2 显示模式

Sketch Up 有多种模型显示模式，如“X 光透视”模式、“线框”模式、“消隐”模式、“着色”模式、“材质与贴图”模式、“单色”模式等。在绘图过程中，在不同操作阶段可以选择不同的显示模式。

12.2.1 X 光透视模式

在“X 光透视”模式下创建模型，模型中所有可见的面都保持透明，可以使绘图者直观看到、快速选择和捕捉到原来被遮挡住的点和边线，如图 12-1 所示。

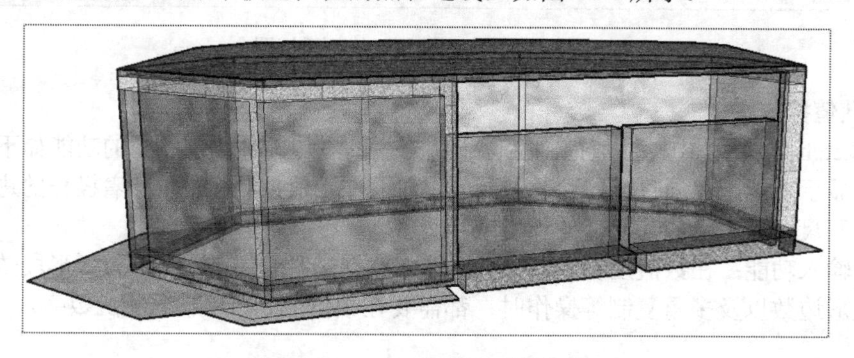

图 12-1 “X 光透视”模式

12.2.2 线框模式

“线框”模式只能以线条形式来创建模型，如图 12-2 所示。“线框”模式所创建的模型不能使用“推/拉”等以表面为基础的工具进行编辑，但线框模式能提高模型显示速度。

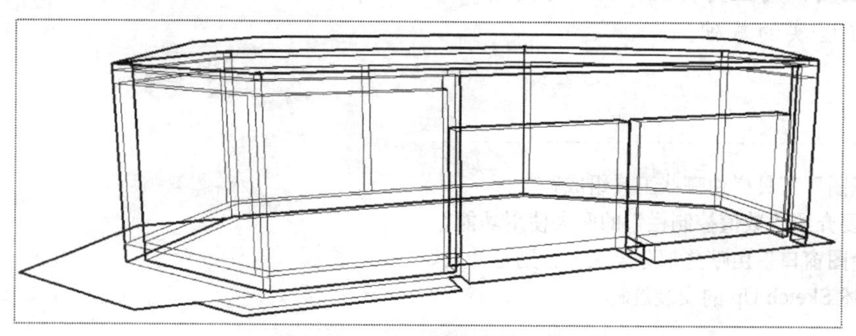

图 12-2 “线框”模式

12.2.3 消隐模式

“消隐”模式利用边线和表面的集合构筑模型，将被挡在后面的几何体隐去显示模型，模型没有着色和贴图，如图 12-3 所示。

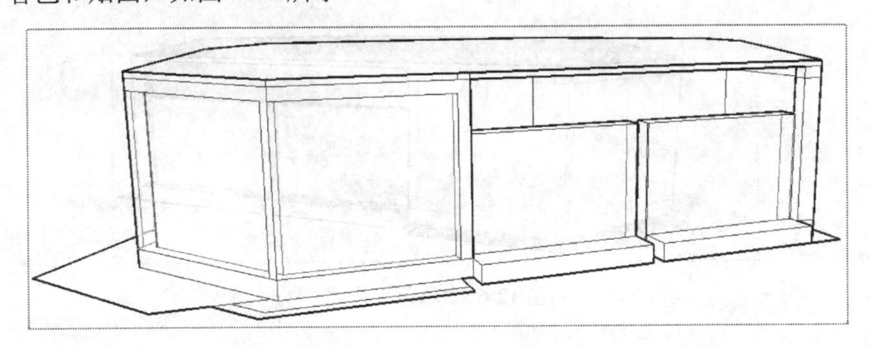

图 12-3 “消隐”模式

12.2.4 着色模式

在“着色”模式下，模型表面被着色，并可反映光源。在 Sketch Up 中，如果表面没有赋予颜色，将显示默认颜色，即正面显示黄色，背面显示蓝色。模型的正、反面可以赋予不同的颜色和材质。如图 12-4 所示。

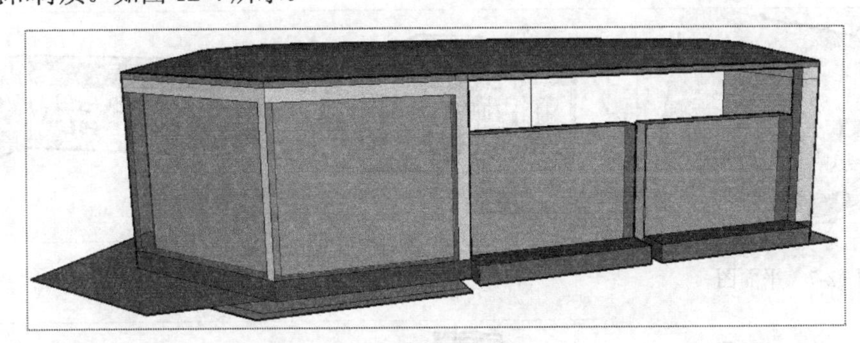

图 12-4 “着色”模式

12.2.5 材质与贴图模式

在“材质与贴图”模式下，赋予模型的材质贴图将会显示出来。“材质与贴图”模式会影响模型显示刷新的速度，所以在模型创建过程中常常使用“着色”模式，在渲染时切换到“材质与贴图”模式，如图 12-5 所示。

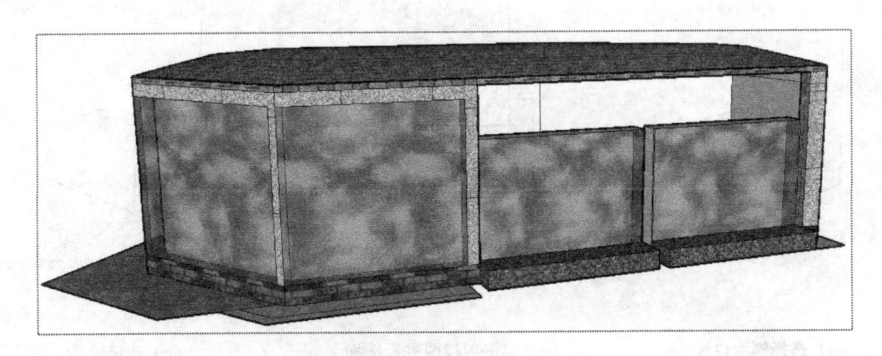

图 12-5 “材质与贴图”模式

12.2.6 单色模式

“单色”模式提供默认的投影，只要把面从前面转到后面，就可以显示出投影，如图 12-6 所示。

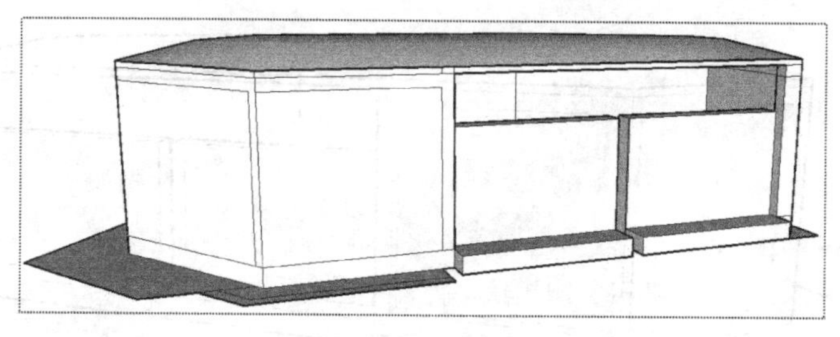

图 12-6 “单色”模式

12.3 切换视图显示

Sketch Up 提供 7 种视图：“等角视图”、“顶视图”、“前视图”、“右视图”、“后视图”、“左视图”及“剖面图”。平面图、剖面图、透视图、前视图（立面图）如图 12-7～图 12-10 所示。Sketch Up 软件默认为单视图操作，切换起来非常简便，设计者可以借助视图的切换选择对应的面和边线，如图 12-11 所示。

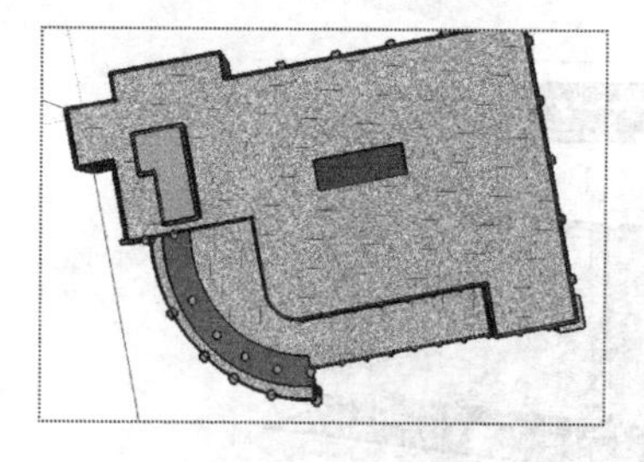

图 12-7 平面图

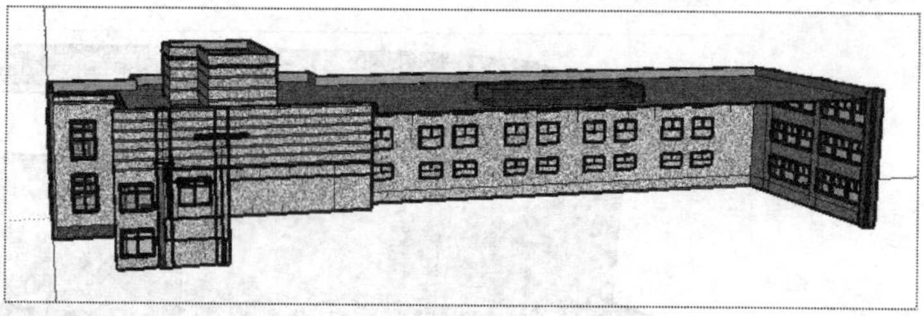

图 12-8 剖面图

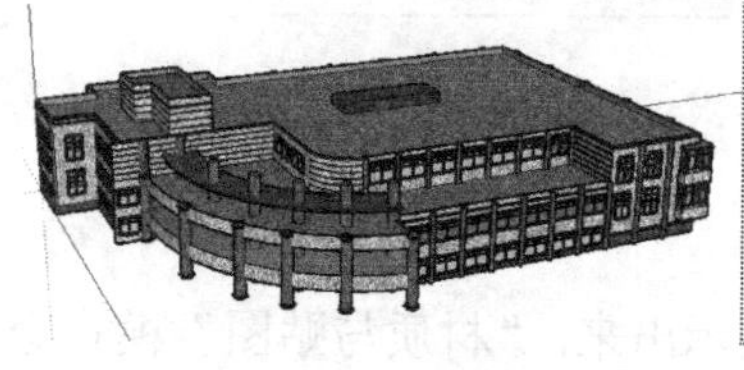

图 12-9 透视图

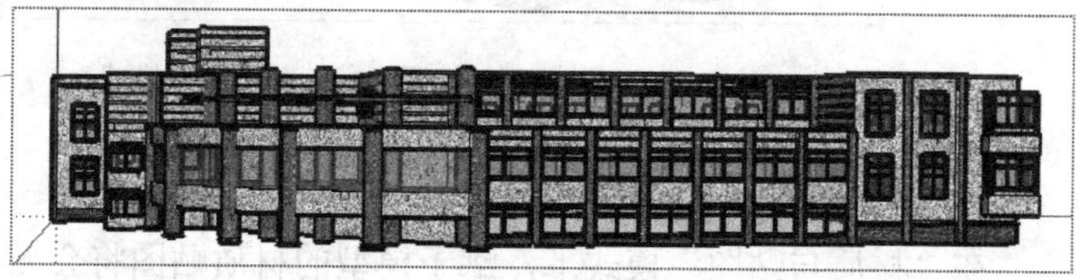

图 12-10 前视图（立面图）

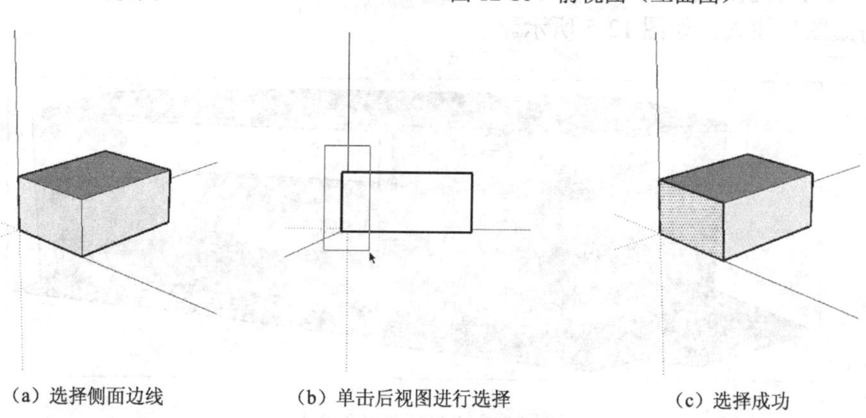

（a）选择侧面边线　（b）单击后视图进行选择　（c）选择成功

图 12-11 一次性选择边线

绘图中，利用键盘快捷键可以快速进行视图转换。其中：F6 键为后视图、F7 键为底视图、F3 键为前视图、F8 键为透视或轴测视点、F4 键为左视图、F5 键为右视图、F2 键为顶视图。

12.4 边线效果显示

Sketch Up 的边线渲染增强模式，既可以保留三维数字模型的优势，又可以进行生动有效的图像表现。操作时，需要在渲染标签中设置相关参数，从而确保图纸以更加真实独特的风格展现出来。

12.4.1 显示边线

选中“显示边线”选项，将显示模型所有的可见边线，如图 12-12 所示。当边线隐藏时，边线的参考对齐的功能则不能使用。该选项只在“着色”模式和“材质与贴图”模式中有效。

12.4.2 显示轮廓线

“显示轮廓线”借鉴传统绘图的表现方式，通过加重物体的轮廓线的方式来突显三维物体的空间轮廓。在建模过程中，可以根据实际需要控制轮廓线的粗细，如图 12-13 所示。

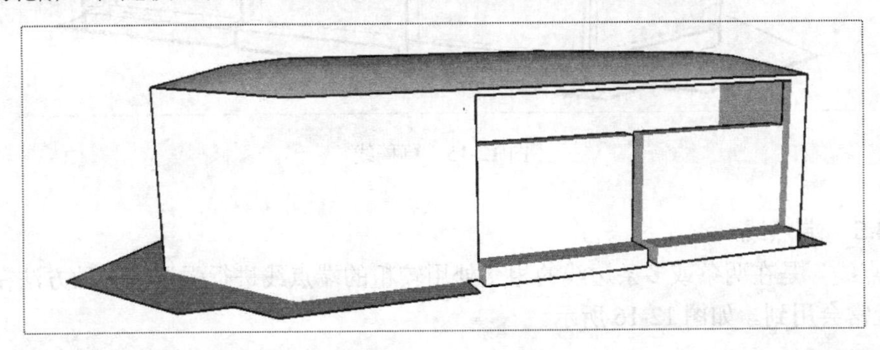

图 12-12 显示边线

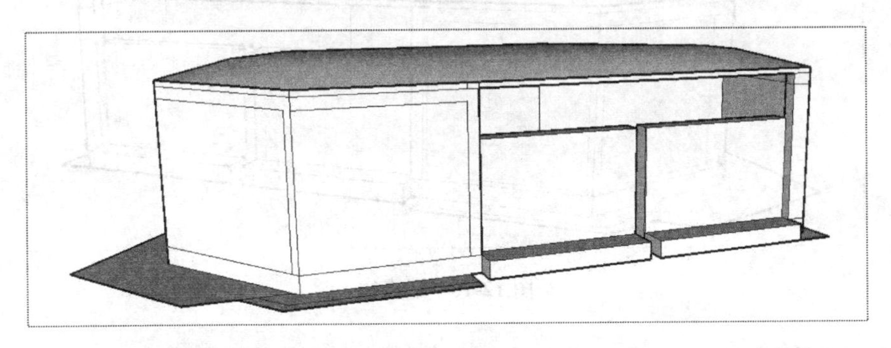

图 12-13 显示轮廓线

12.4.3 显示延长线

“显示延长线”是让每一条边线的末端都适当延长，使模型类似手绘的效果。绘图时，可以按实际需要控制边线延长的长度，并且不会影响参考捕捉操作。如图 12-14 所示。

12.4.4 草稿线

“草稿线”通过轻微偏移边线，形成具有动感的、粗略的草图效果，同样不会影响参考捕捉操作。如图 12-15 所示。

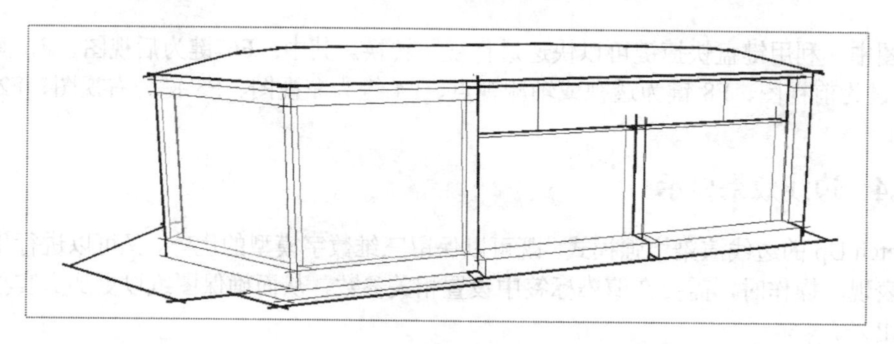

图 12-14　显示延长线

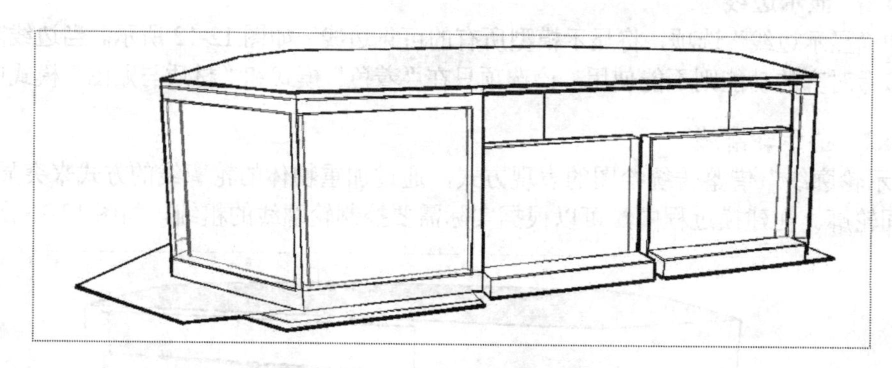

图 12-15　草稿线

12.4.5　端点线

“端点线”是在两条或多条边线的相交处用较粗的端点线进行强调，这种方法在绘制手稿时也经常会用到。如图 12-16 所示。

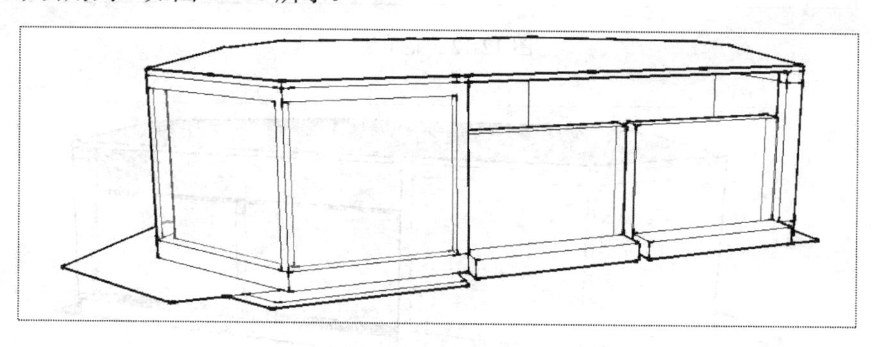

图 12-16　端点线

12.5　阴影设置

阴影在效果图中具有举足轻重的地位，能够增强模型的立体感。绘图中，要想准确表达三维几何体的阴影，需要知道其具体的地理位置和时间。

单击阴影设置按钮，弹出“阴影设置”对话框，如图 12-17 所示。

（1）显示阴影：控制阴影的显示与隐藏。

（2）时间和日期：用于调整阴影在不同时间的变化情况。

（3）光线滑块：调整光强的强弱，范围从 0～100，一般设置在 60～80 之间。

（4）明暗滑块：调整模型背光的明暗程度。一般设置在 50～60 之间。

（5）表面阴影：指在几何体上产生投影，一般在出图时使用，如图 12-18 所示。

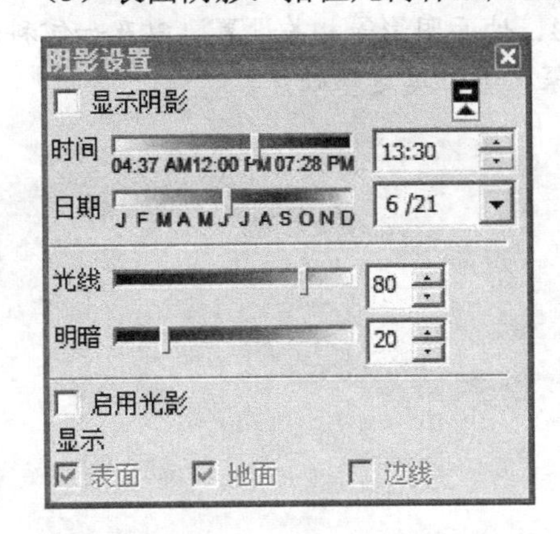

图 12-17 “阴影设置”对话框

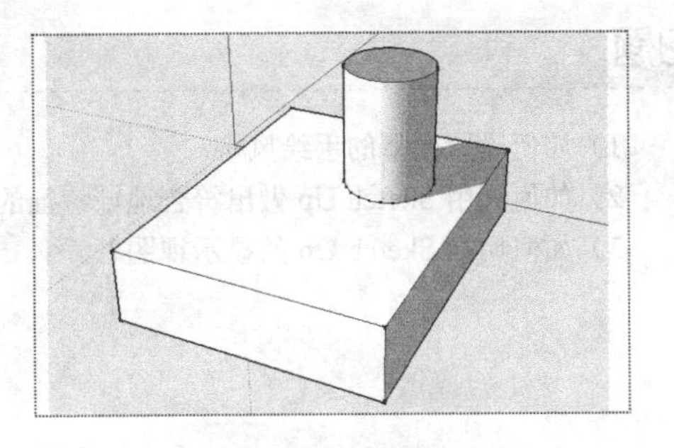

图 12-18 表面阴影

（6）地面阴影：指几何体在地面上的阴影，如图 12-19 所示。

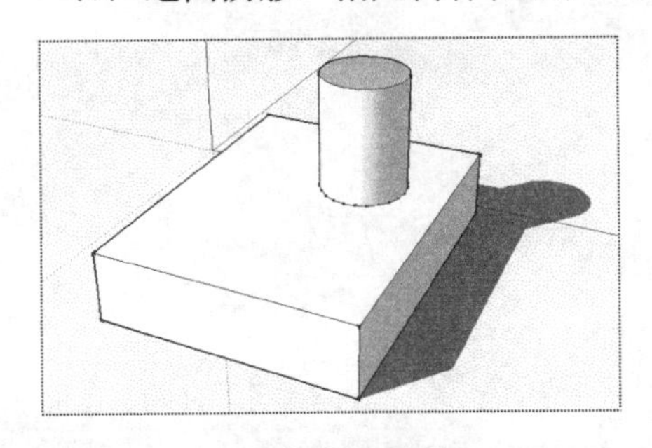

图 12-19 地面阴影

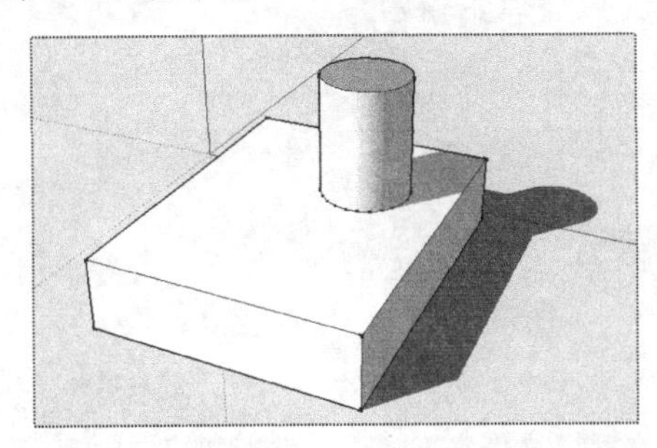

图 12-20 同时开启表面阴影和地面阴影

开启阴影后，绘图速度会受到影响，所以一般在观察整体效果时打开“表面阴影”与“地面阴影”，如图 12-20 所示。设置阴影的具体地理位置时，可在“窗口”菜单选择“场景信息”中的“位置”选项，如图 12-21 所示。

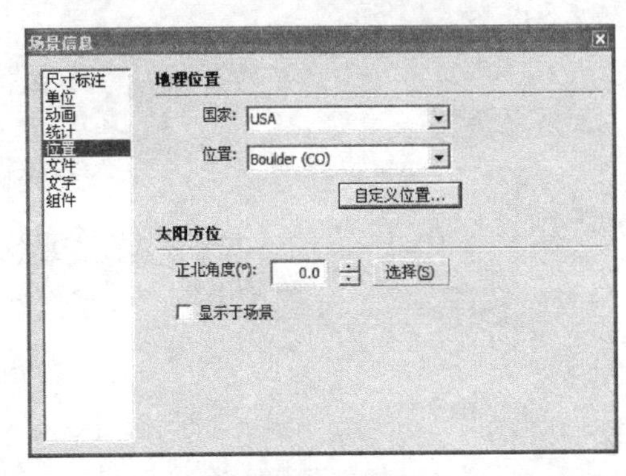

（a）场景信息对话框

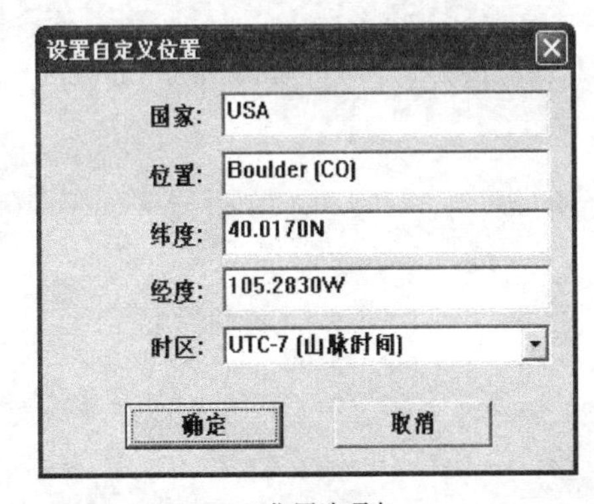

（b）位置选项卡

图 12-21 对阴影设置具体的地理位置

本章小结

本章首先介绍了 Sketch Up 的“单位设置、窗口设置”等场景信息设置，继而讲解了“X

光透视”模式、“线框”模式、“消隐”模式、“着色”模式、“材质与贴图”模式、“单色”模式等多种显示模式，最后介绍了 Sketch Up 表面阴影、地面阴影等相关设置，以及如何科学有效地设置阴影观察建筑的日照情况，为进一步的深入学习奠定基础。

习题

1）如何设置模型的手绘风格？

2）如何利用 Sketch Up 做出符合地域特征的科学阴影？

3）如何切换 Sketch Up 的显示视图？

13　Sketch Up 常用命令简介

这一章主要讲解各种工具栏命令的调用方式、操作过程及注意事项。

13.1　绘图工具命令

13.1.1　线工具

“线”工具主要用来绘制边线或直线几何体。直线闭合后会生成平面，也可以用直线拆分平面。

1）命令调用方式

（1）工具栏：。

（2）菜单：绘图→直线。

（3）命令行：**L**。

2）命令格式

（1）绘制直线：启动“线”工具→将鼠标放在直线的起点单击鼠标→将鼠标移至直线的终单单击鼠标。

注意：“线”工具绘制的每条直线的终点系统会自动默认为下一条直线的起点，移动鼠标再次单击鼠标即可创建第二条直线。在绘制直线的起点后，直线的长度将显示在数值控制栏中，可在确定起点或终点后输入精确的数值。

（2）绘制 / 分割平面

① 三条或三条以上在终点和起点处相交的共面直线可形成平面几何体，如图 13-1 所示。

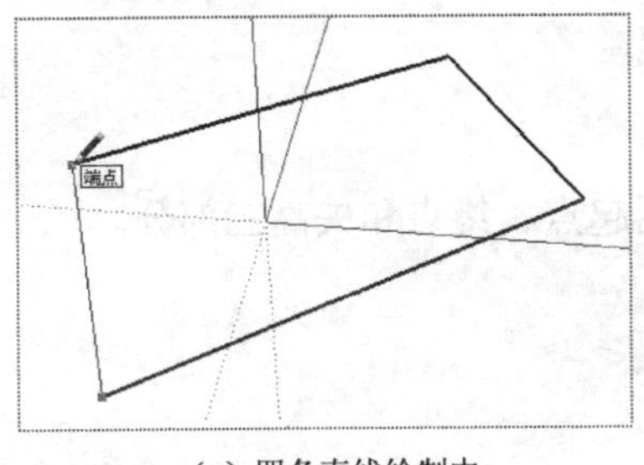

（a）四条直线绘制中

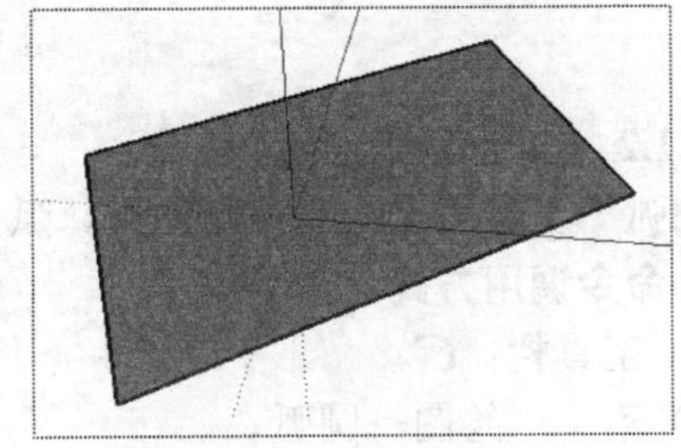

（b）线演变成面

图 13-1　相交直线形成平面

② 利用直线工具连接平面上任意两条边线上的任意两点，即可实现拆分该平面。如图 13-2 所示。

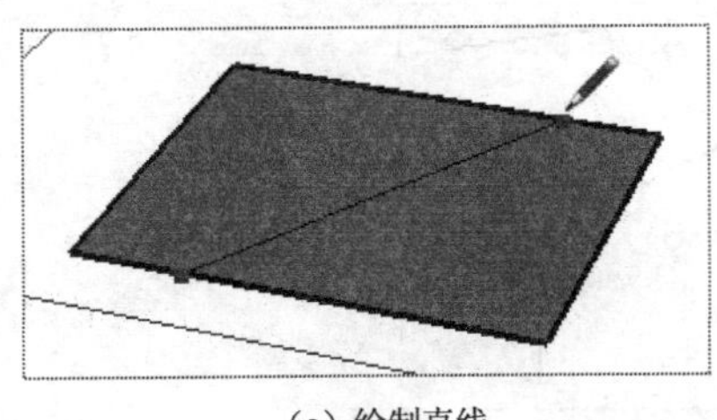

（a）绘制直线

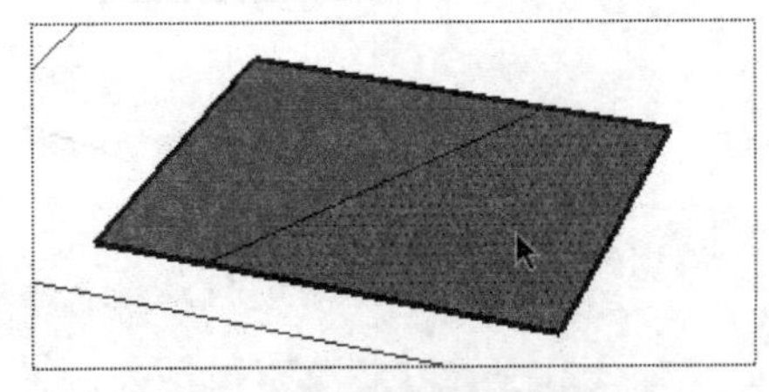

（b）起到了分割作用

图 13-2　利用直线拆分平面

注意：当交叉线没有起到分割平面的作用时，在确定打开轮廓线的条件下，所有显示相对较粗的线都不是图形的边线，这时需要用直线工具再绘制一遍，Sketch Up 会重新整合这条线和几何体，如图 13-3 所示。

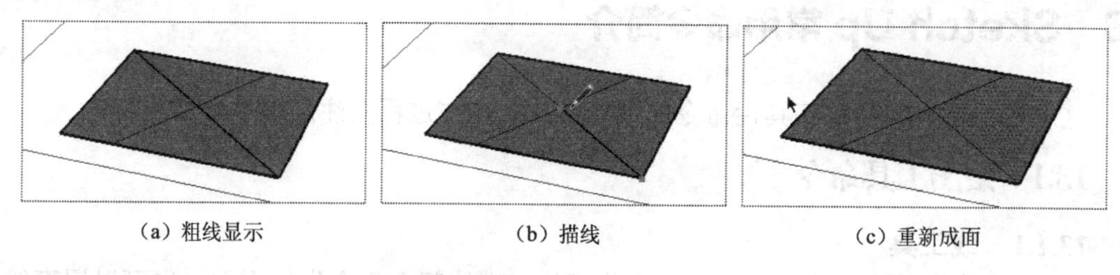

图 13-3　重新拆分平面

3）分割线段

线段可被分割为任意数量的相等线段。

（1）使用“选择”工具选中线段。

（2）在下拉菜单中选择“编辑”→“边线属性”→“等分”。

（3）将鼠标移向直线中点可减少线段的数量，将鼠标移向直线的端点可增加线段的数量。

（4）当达到所需的线段数量时，单击该直线结束操作，直线即被拆分为长度相等并相互连接的多个线段，如图 13-4 所示。

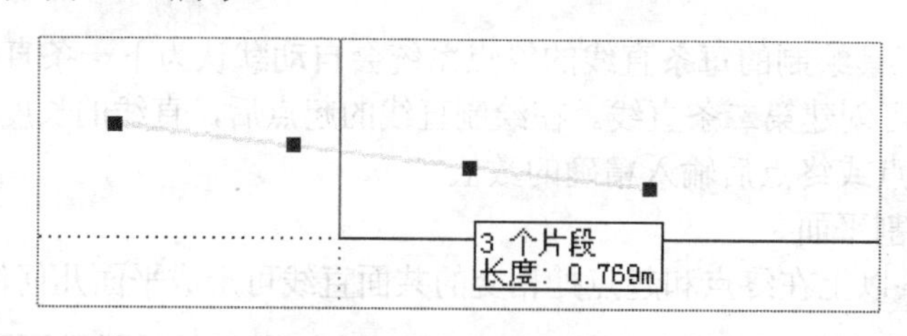

图 13-4　等分线段

13.1.2　圆弧工具

“圆弧”工具用来绘制圆弧曲线。弧几何体包括起点、终点和矢高三部分。

1）命令调用方式

（1）工具栏：。

（2）菜单：绘图→圆弧。

（3）命令行：**A**。

2）命令格式

启动“圆弧”工具→单击鼠标作为圆弧的起点→单击鼠标放置圆的终点→此时在起点和终点之间会出现一条直线，沿着此条直线的垂直方向移动确定矢高，结果如图 13-5 所示。

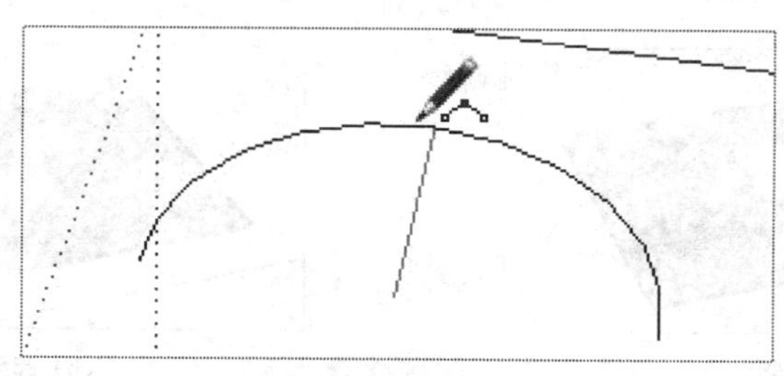

图 13-5　确定圆弧的矢高

注意：想要创建尺寸精确的圆弧可在数值控制栏中输入矢高或弧长，按 Enter 结束命令。

（1）当用圆弧工具拉出矢高时，圆弧变成半圆时会有暂时的停顿，如图 13-6 所示。

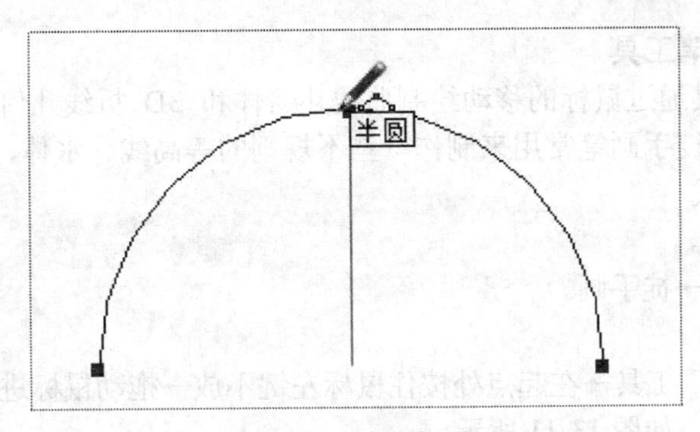

图 13-6　半圆提示

（2）如果完成一个圆弧的绘制，从圆弧的终点继续创建下一个圆，当两个圆弧相切时，圆弧工具会变成青色，如图 13-7 所示。

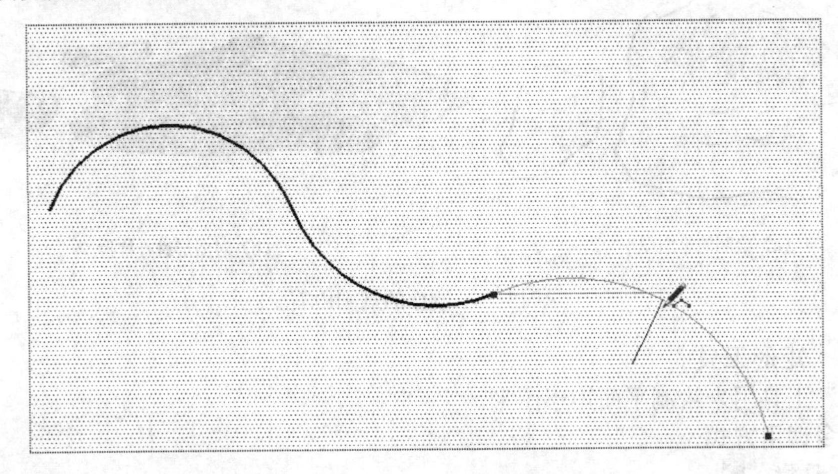

图 13-7　两圆弧相切

（3）若要修改已绘制的圆弧（图 13-8）可使用移动工具，单击圆弧几何体的中点调整矢高，如图 13-9 所示。单击起点或终点调节弧长，如图 13-10 所示。

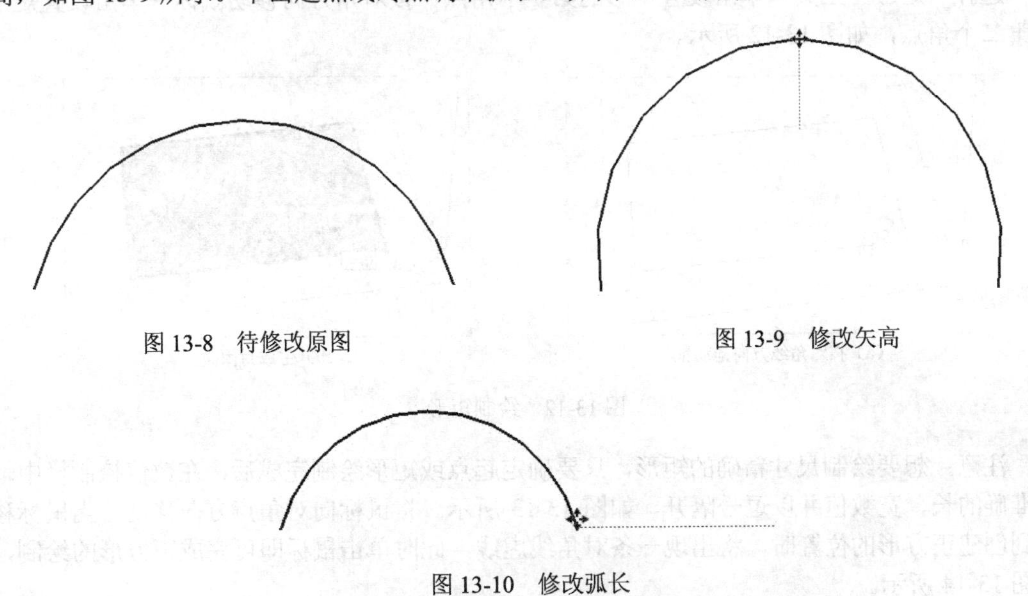

图 13-8　待修改原图

图 13-9　修改矢高

图 13-10　修改弧长

13.1.3　徒手画笔工具

“徒手画笔”工具通过鼠标的移动绘制曲线几何体和 3D 折线几何体等形式不规则的线条。在园林设计中，徒手画笔常用来制作一些不规则的等高线、水体、石头等模型。

1）命令调用方式

（1）工具栏：。

（2）菜单：绘图→徒手画。

2）命令格式

启动“徒手画笔”工具→在起点处按住鼠标左键不放→拖动鼠标进行线条绘制→松开鼠标左键结束线条绘制，如图 13-11 所示。

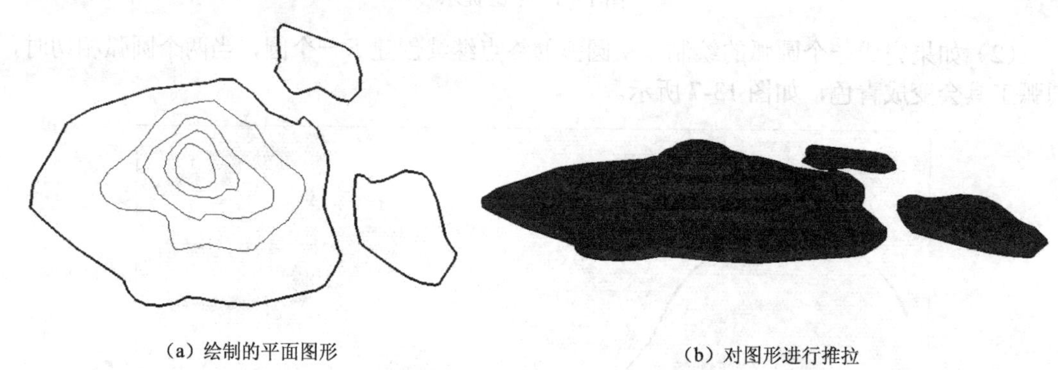

（a）绘制的平面图形　　（b）对图形进行推拉

图 13-11　制作的规则山石

13.1.4　矩形工具

“矩形”工具用来绘制平面矩形图形。

1）命令调用方式

（1）工具栏：。

（2）菜单：绘图→矩形。

2）命令格式

选择“矩形”工具→单击设置矩形的第一个角点→按对角方向移动鼠标→单击设置矩形的第二个角点，如图 13-12 所示。

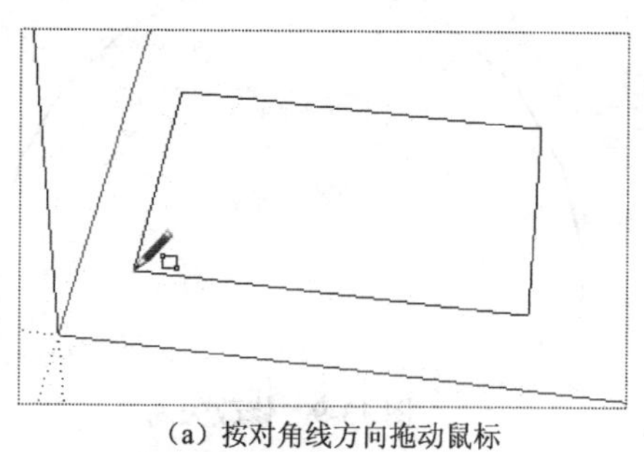

（a）按对角线方向拖动鼠标

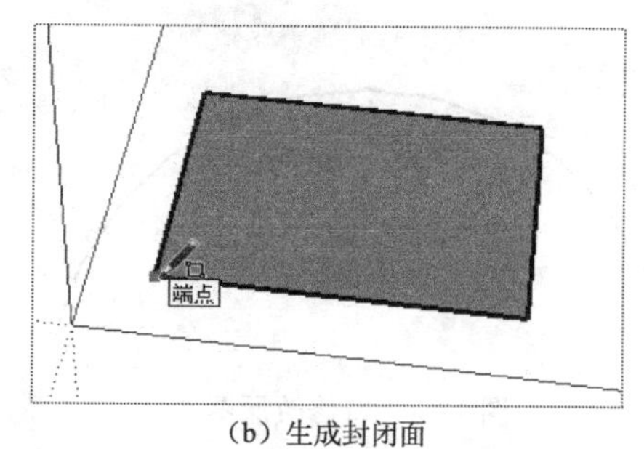

（b）生成封闭面

图 13-12　绘制矩形

注意：想要绘制尺寸精确的矩形，只要确定起点或矩形绘制完成后，在数值控制栏中输入准确的长、宽数值并以逗号隔开，如图 13-13 所示。将鼠标向对角点方向移动，当鼠标移动到创建正方形的位置时，将出现一条对角线虚线，此时单击鼠标即可完成正方形的绘制，如图 13-14 所示。

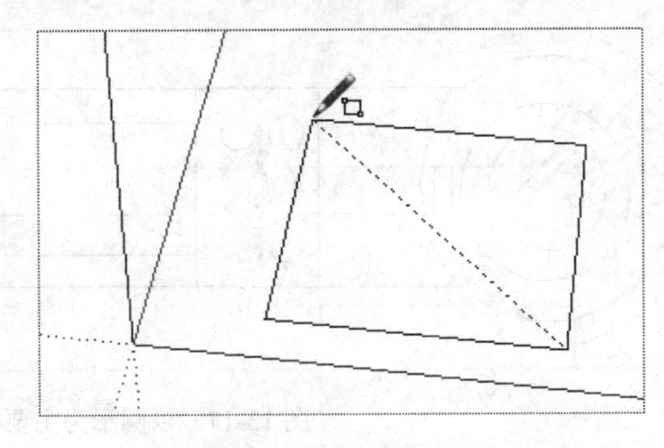

尺寸标注 9000mm, 7000mm

图 13-13 输入数值

图 13-14 绘制正方形

此外，可借助几何图形轴线推导引擎来绘制矩形。绘图时，将鼠标移到现有边线的端点上，然后沿轴线方向往远处移动鼠标，将鼠标从一个边线端点拖拽鼠标到另一个端点继而沿垂直方向拖动鼠标，在适当位置松开鼠标，如图 13-15 所示。

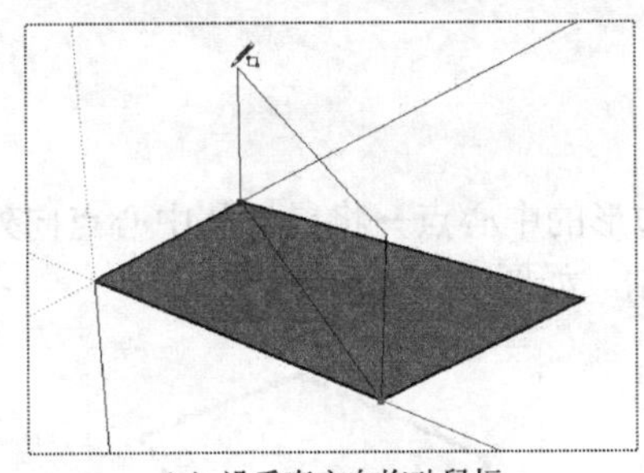

（a）沿垂直方向拖动鼠标

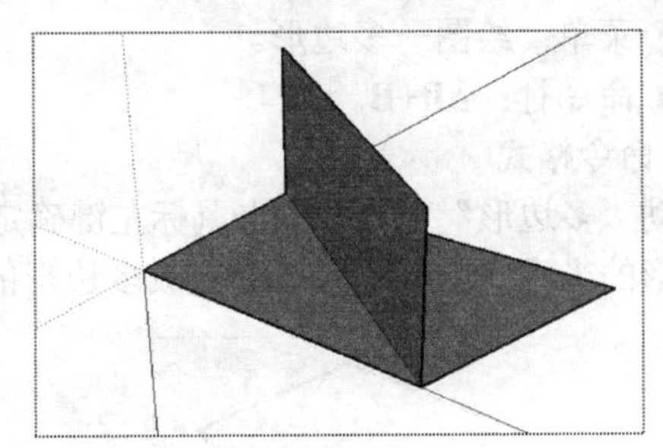

（b）在适当位置松开鼠标

图 13-15 创建垂直面

13.1.5 圆工具

“圆”工具用来绘制圆形几何体图形。

1）命令调用方式

（1）工具栏：●。

（2）菜单：绘图→圆。

（3）命令行：**C**。

2）命令格式

启动“圆”工具→单击鼠标左键绘制圆心→确定圆心后鼠标向外移动确定圆的半径→单击鼠标左键完成圆的绘制，如图 13-16 所示。

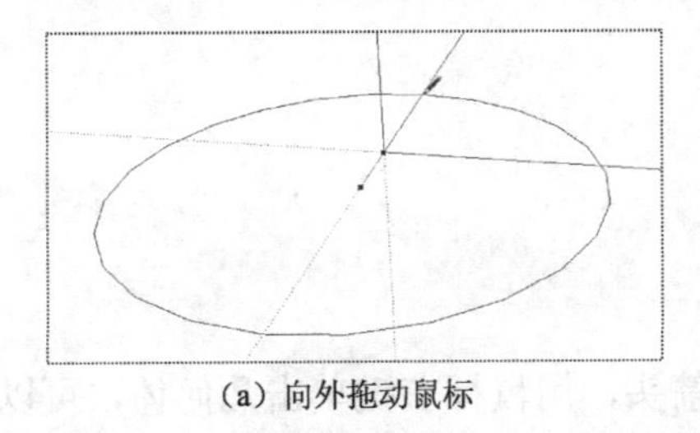

（a）向外拖动鼠标

（b）在适当位置松开鼠标

图 13-16 绘制圆

注意：想要绘制精确尺寸的圆可在数值控制栏中输入半径值。在园林设计中存在很多圆形物体，如花坛、广场、铺装、水池等要素设计，如图 13-17 所示。

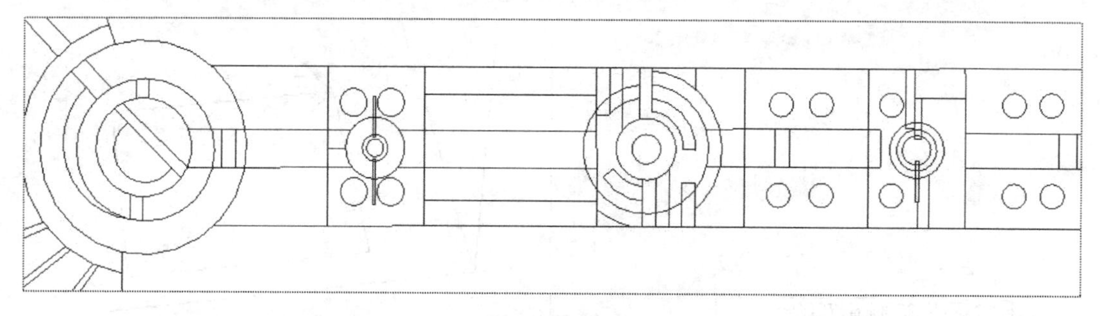

图 13-17　以圆形为主要构成要素的小广场

13.1.6　多边形工具

“多边形”工具用于绘制正多边形图形。

1）命令调用方式

（1）工具栏：▼。

（2）菜单：绘图→多边形。

（3）命令行：**Alt+B**。

2）命令格式

启动“多边形”工具→单击鼠标左键确定多边形的中心点→将鼠标从中心点向外移出确定多边形的半径→单击鼠标左键完成多边形的绘制，如图 13-18 所示。

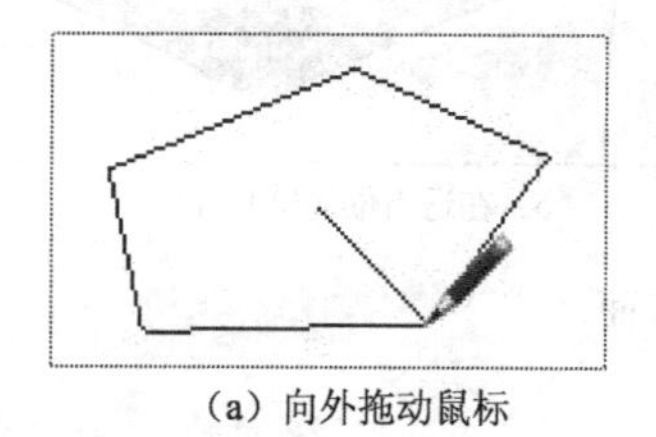

（a）向外拖动鼠标

（b）在适当位置松开鼠标

图 13-18　绘制多边形

注意：启动多边形工具后，先设置多边形的边数和中心点，后输入多边形的半径尺寸。

13.2　修改工具命令

13.2.1　选择工具

在 Sketch Up 中，选择工具是使用频率极高的一个命令。在选择几何体时，可根据物体的数量变化及选择类型的不同进行操作。

1）命令调用方式

（1）工具栏：。

（2）菜单：工具→选择。

（3）命令行：**Space**。

2）命令格式

（1）选择单个实体

① 单击：启动“选择”工具，鼠标变为一个箭头，用鼠标左键单击几何体，可以选中几何体的某一个面、线或打开群组或组件。

② 双击：启动“选择”工具，用鼠标左键连续两次单击几何体，可以选中几何体的某一表面及其边线。

③ 三击：启动“选择”工具，用鼠标左键连续三次单击几何体，可以选中该面及所有

与之相邻的几何体。如图 13-19 所示。

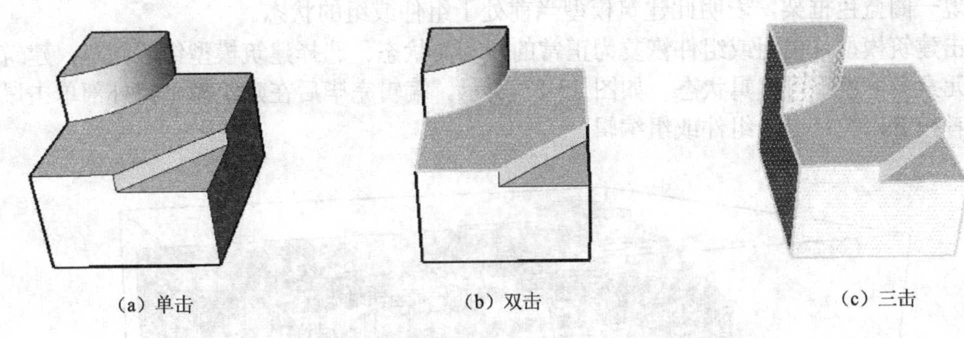

（a）单击　　（b）双击　　（c）三击

图 13-19　选择单个实体的三种方式

（2）选择多个实体

① 右选：启动选择工具，在要选择的几何体右侧单击鼠标左键不放设置选择框起点，拖动鼠标至几何体左侧松开鼠标按键，完成从右向左选择操作。此种选择方法使完全包含或部分包含在选择框中的几何体都会被选中，如图 13-20 所示。

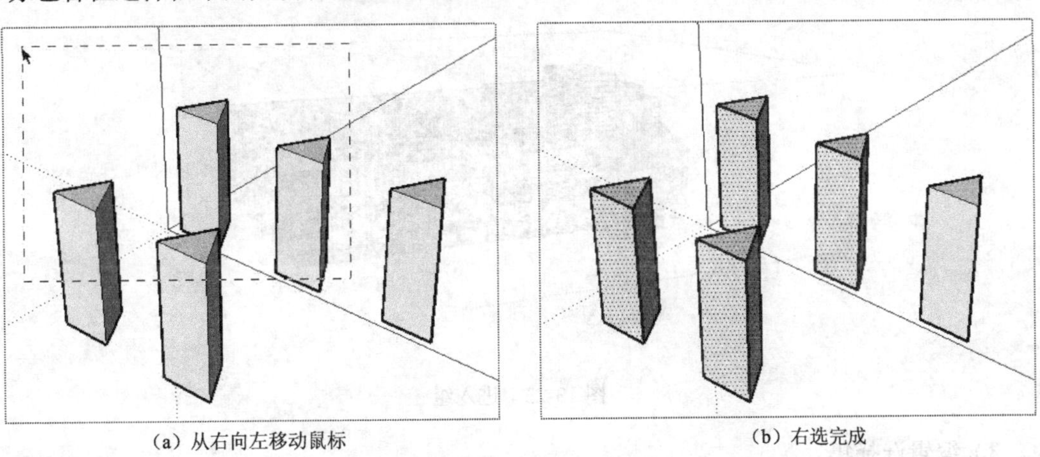

（a）从右向左移动鼠标　　（b）右选完成

图 13-20　利用“右选”选择多个实体

② 左选：在几何体的左侧单击鼠标左键不放设置选择框起点，拖动鼠标至几何体右侧松开鼠标按键，完成从左向右选择操作。此种选择方式只有完全包含在选择框内的那部分几何体被选中，如图 13-21 所示。

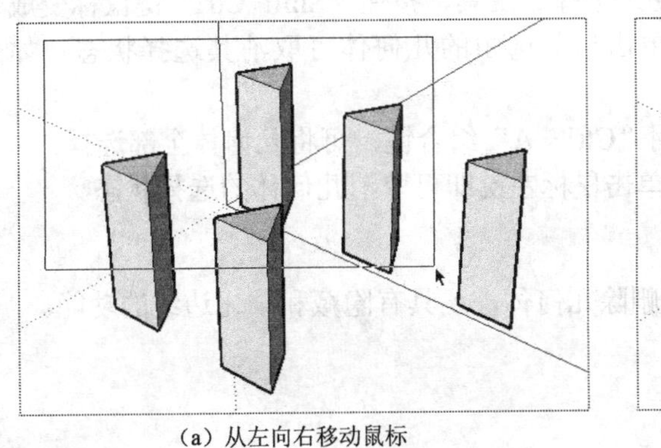

（a）从左向右移动鼠标

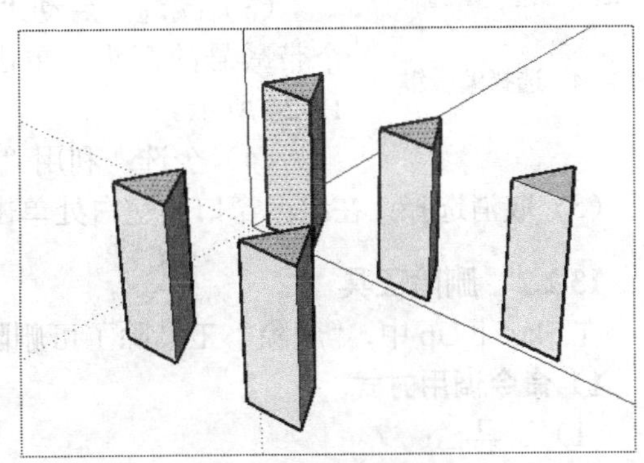

（b）左选完成

图 13-21　利用“左选”选择多个实体

（3）选择组件与组：如图 13-22 所示，启动“选择”工具单击建筑模型，在建筑模型附近出现一圈蓝色框架，表明此建筑模型当前处于组件或组的状态。

双击建筑模型，使组或组件恢复为正常的线和面状态。选择建筑模型组后回车，建筑模型内部元素当前处于可编辑状态，如图 13-23 所示。编辑完毕后在建筑模型组外部单击鼠标左键或者按 Esc 键可退出组件或组编辑。

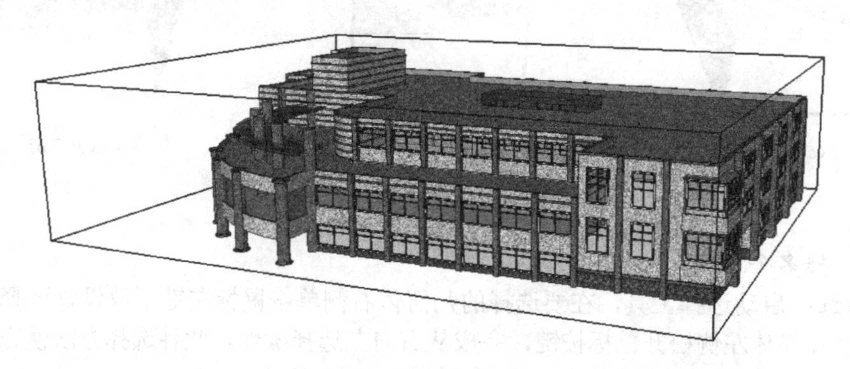

图 13-22 选择模型

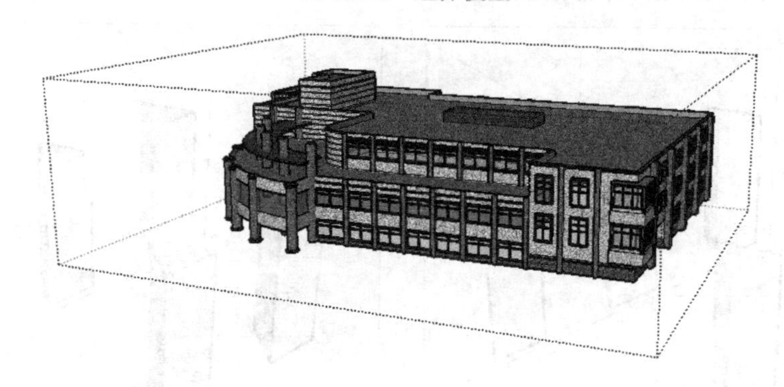

图 13-23 进入组

3）编辑选择集

（1）增选：启动“选择”工具，按住 Ctrl 键鼠标变成一个带加号的箭头，单击几何体将其添加到当前选择集中。

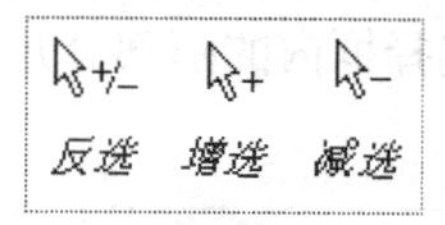

图 13-24 选择编辑键

（2）反选：启动“选择”工具，按住 Shift 键鼠标变成一个带加号和减号的箭头，单击几何体即可反转几何体的选择状态。

（3）减选：启动“选择”工具，按住“Shift+Ctrl”键鼠标变成一个带减号的箭头，单击当前选中的几何体可取消其选择状态。如图 13-24 所示。

（4）全选：利用“Ctrl + A”组合键，可将几何体全部选择。

（5）取消选择：在绘图窗口的空白处单击鼠标左键即可取消几何体的选择状态。

13.2.2 删除工具

在 Sketch Up 中，“删除”工具除了可删除几何体，还具有隐藏和柔化边线的功能。

1）命令调用方式

（1）工具栏：。

（2）菜单：工具→删除。

（3）命令行：**E**。

2）命令格式

（1）删除几何体：启动“删除”工具，单击要删除的几何体边线即可完成相应操作，如图 13-25 所示。

注意：“删除”工具不能直接删除平面。

（2）隐藏边线：启动“删除”工具，按住 Shift 键单击直线可隐藏直线，但不能删除直线，如图 13-26 所示。

（3）柔滑边线：启动“删除”工具，按住 Ctrl 键单击直线可柔滑边线，但不能删除边线。按住“Shift+Ctrl”键单击直线，可取消直线的柔滑状态，如图 13-27 所示。

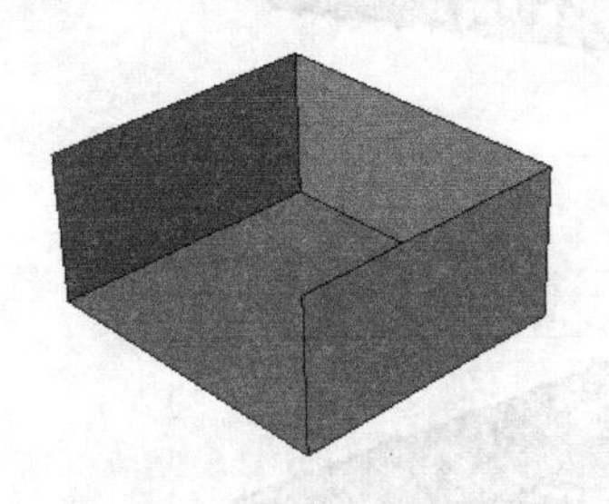

图 13-25　删除边线的几何体

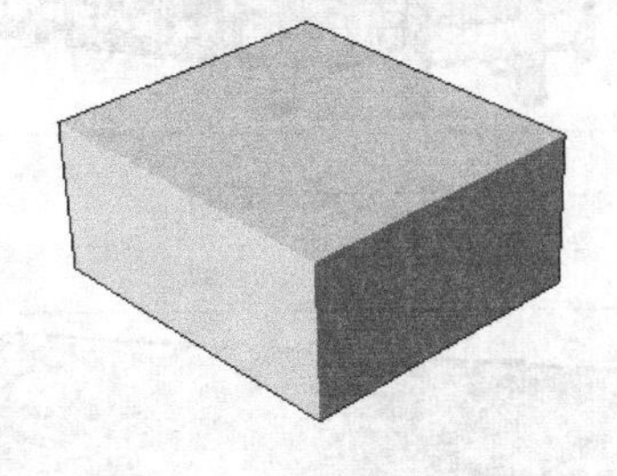

图 13-26　隐藏边线的几何体

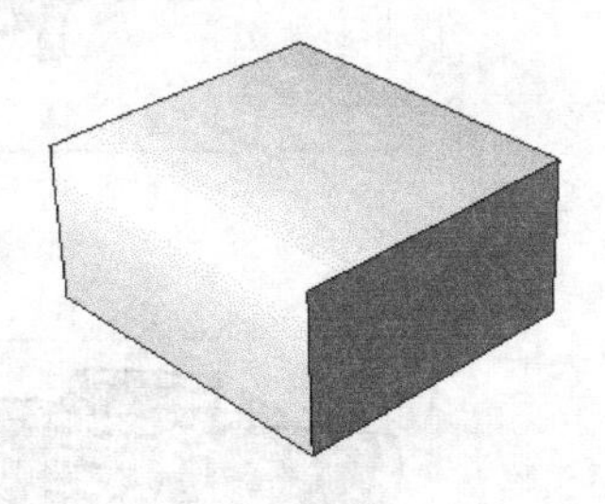

图 13-27　柔滑边线的几何体

13.2.3　填充工具

“填充”工具用于为指定的几何体模型赋予各种贴图材质。

1）命令调用方式

（1）工具栏：。

（2）菜单：工具→材质。

（3）命令行：**B**。

2）命令格式

（1）单个填充：启动“填充”工具，系统自动弹出“材质”对话框，其中包含了多个材质库。选择一种材质，利用“填充”工具将其填充到指定的几何体平面上，如图 13-28 所示。

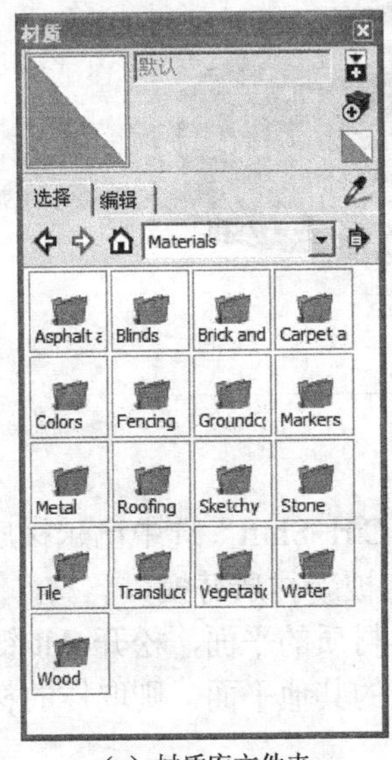

（a）材质库文件夹

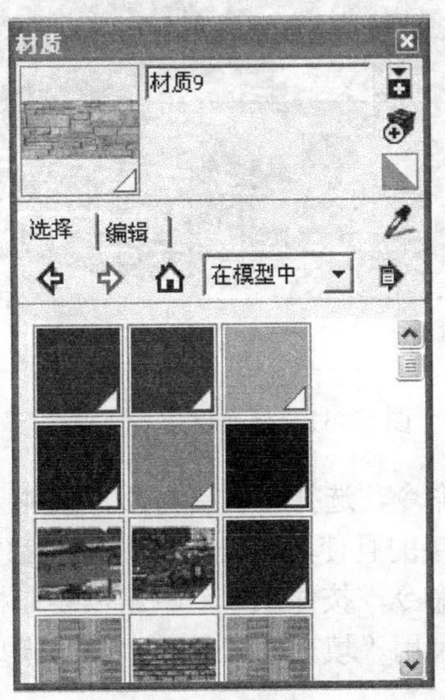

（b）选择适当的材质

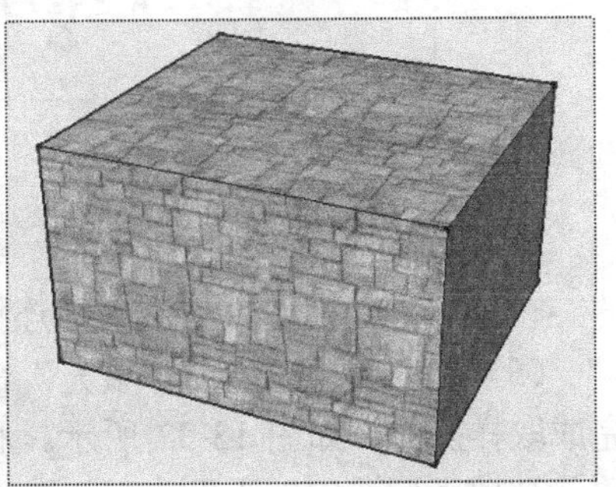

（c）填充材质

图 13-28　几何体填充材质

（2）邻接填充：启动“填充”命令，按住 Ctrl 键可以对某一平面和所有与其相邻的其他平面赋予同一贴图材质，如图 13-29、图 13-30 所示。

图 13-29　原图

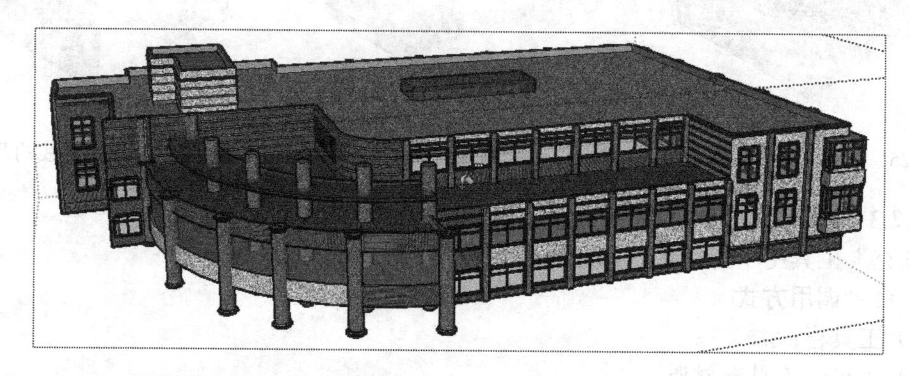

图 13-30　邻接填充

（3）替换材质：启动“填充”命令，选择一种新材质，按住 Shift 键选中已赋材质的某一平面，则模型中使用同一材质的所有平面都将被新材质替换，如图 13-31 所示。

图 13-31　替换材质

（4）邻接替换：启动“填充”命令，选择一种新材质，按住“Ctrl+Shift”选中已赋材质的某一平面，则模型中与该平面连接的且使用同一材质的平面都将被新材质替换。

（5）提取材质：启动“填充”命令，按住 Alt 键单击需要取样材质的平面，松开 Alt 键完成取样操作，如图 13-32 所示。利用“填充”工具选中建筑模型的其他平面，则取样的材质就被填充到选中的平面上。

（6）填充组件与组：启动“填充”工具，从材质库中选择一种材质，单击需要填充的组或组件模型，将选择材质填充到组或组件模型的所有平面，如图 13-33 所示。

图 13-32　按住 Alt 键，鼠标变成吸管

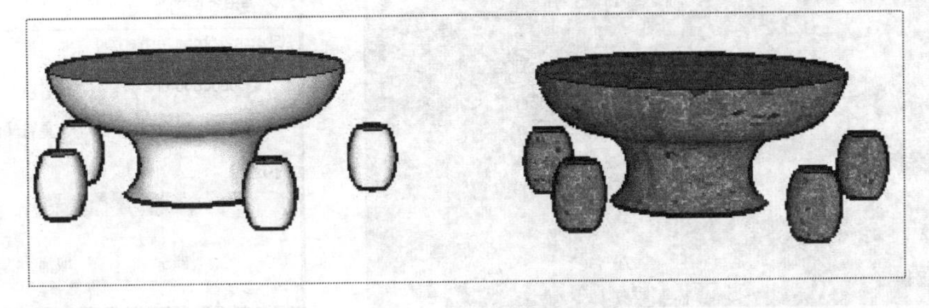

图 13-33　对多个组件进行填充

3）材质编辑

在园林绘图中，材质库中的材质常常与设计中所需要的材质在大小、颜色、透明度等方面存在一些差距。因此，设计中需要利用“材质”对话框中的“编辑”选项，对选定材质的大小、颜色和透明度进行编辑与修改，如图 13-34、图 13-35 所示。

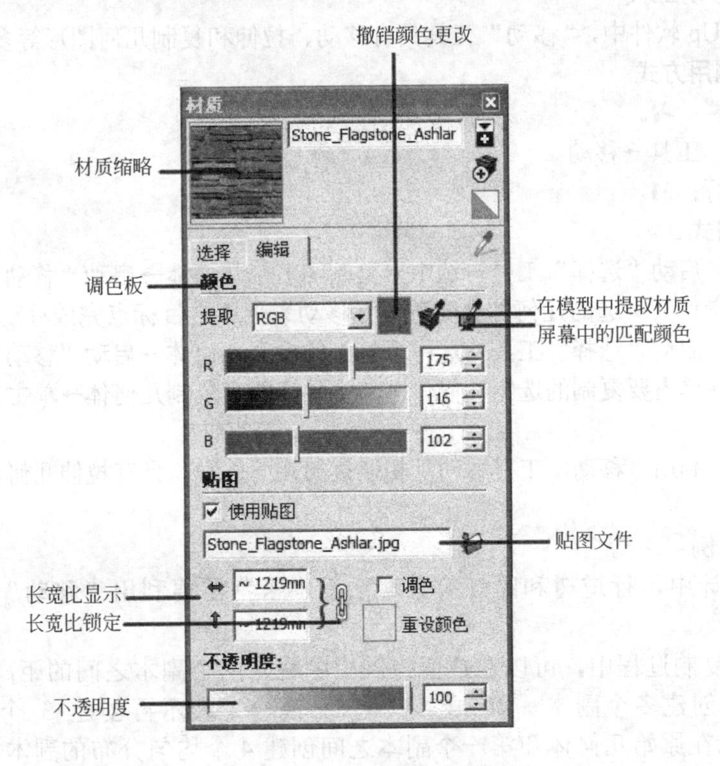

图 13-34　材质“编辑”选项

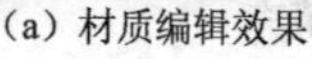

(a) 材质编辑效果

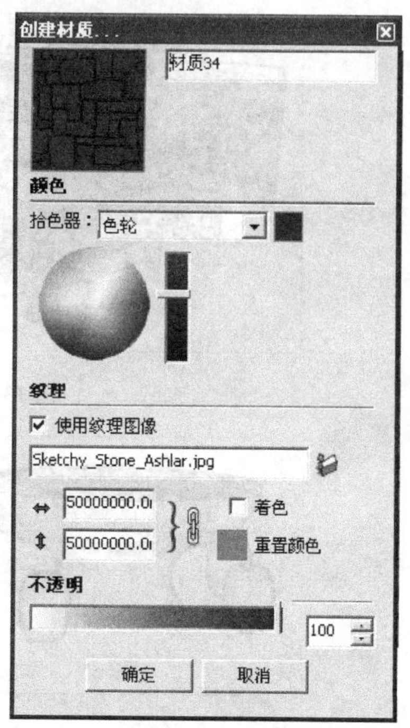

(b) 调整材质长宽与颜色

图 13-35　修改材质贴图

13.3　编辑工具命令

13.3.1　移动工具

在 Sketch Up 软件中，“移动”工具具有移动、拉伸和复制几何图形等多项编辑功能。

1）命令调用方式

（1）工具栏：。

（2）菜单：工具→移动。

（3）命令行：**M**。

2）命令格式

（1）移动：启动“选择”工具→选中要复制的多个几何体→启动“移动”工具→单击几何体开始移动操作（所选的几何体会随着鼠标移动）→单击目标点完成移动操作。

（2）复制：启动“选择”工具→选中要复制的多个几何体→启动“移动”工具→在键盘上按下 Ctrl 键→单击要复制的选定几何体→移动鼠标即可复制几何体→单击目标点完成复制操作。

（3）拉伸：利用“移动”工具移动互相连接的几何体时，具有拉伸几何体的功能，如图 13-36 所示。

3）应用实例

在园林设计中，行道树和路灯等景观要素，常常需要利用“移动”工具复制多个副本。

注意：在复制过程中，可以在数值控制栏中输入两个副本之间的距离，也可以输入一个乘数值来创建多个副本。例如输入 4×（或*4）表示再创建 3 个副本；输入/5（或/5×）表示在原始几何体和第一个副本之间创建 4 个均匀分布的副本，如图 13-37～图 13-39 所示。

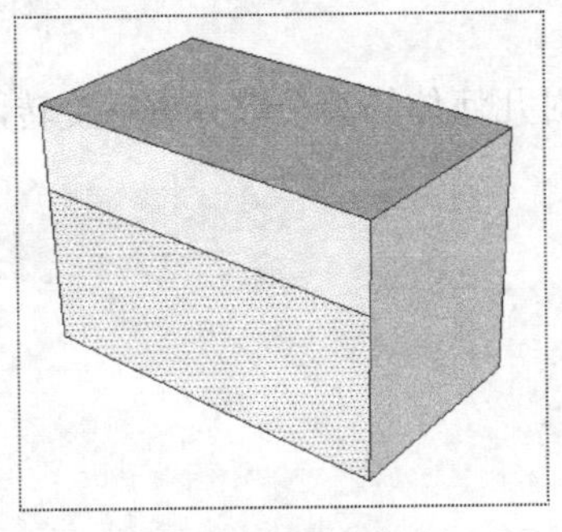

（a）选择想要拉伸的面

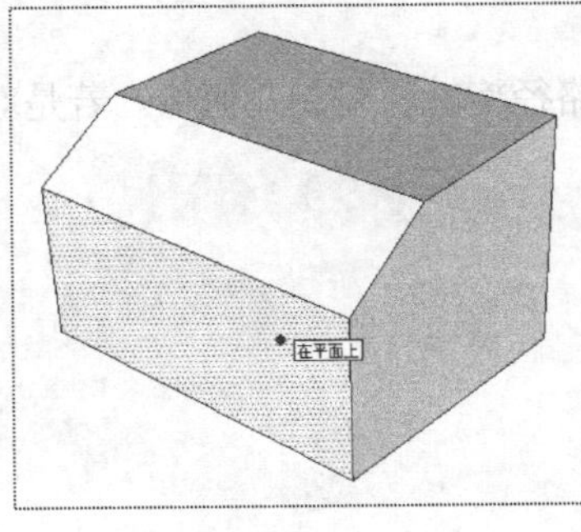

（b）使用“移动”工具拉伸面

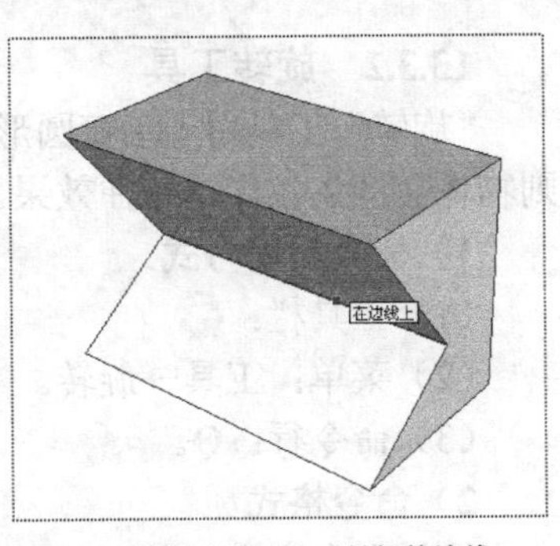

（c）使用“移动”工具拉伸边线

图 13-36　利用“移动”工具拉伸几何体

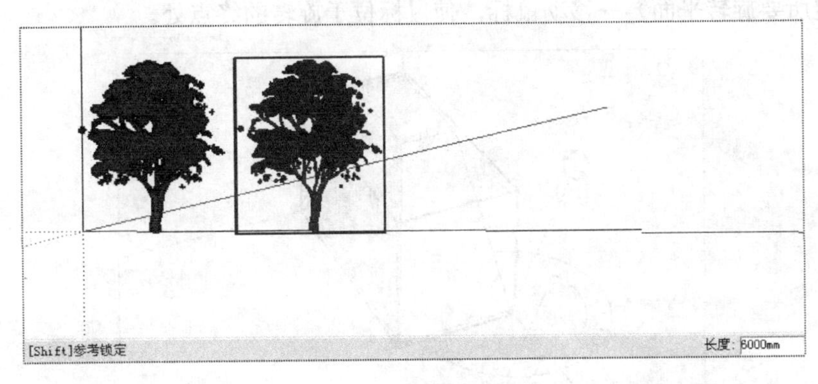

图 13-37　“复制”物体

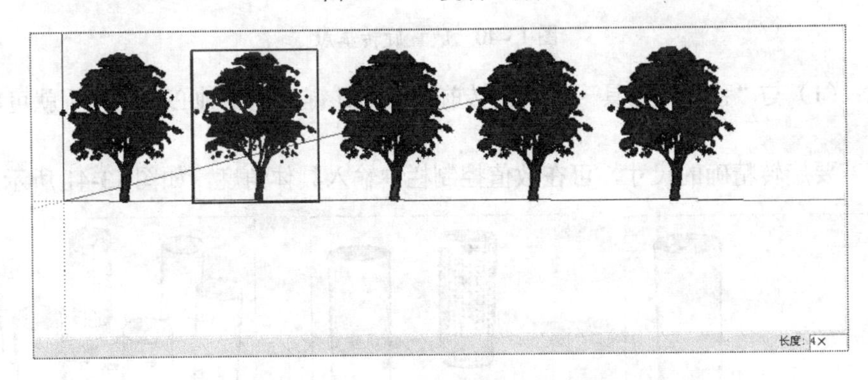

图 13-38　输入 4×后添加了 3 个新物体

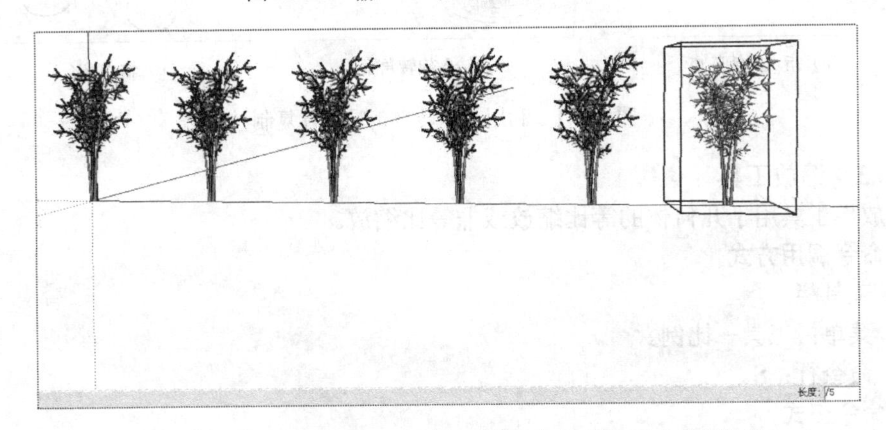

图 13-39　输入 / 5 在已知物体与新物体之间增加了 4 个新物体

13.3.2 旋转工具

“旋转”工具用于沿着圆形路径旋转、复制几何体。若是对几何体的某个部分进行旋转，则物体会产生拉伸、扭曲效果。

1）命令调用方式

（1）工具栏：。

（2）菜单：工具→旋转。

（3）命令行：**Q**。

2）命令格式

旋转命令格式：启动“选择”工具→选中要旋转的几何体→启动“旋转”工具→移动鼠标到旋转的基点处（图 13-40）→确定所要旋转的平面后单击旋转的基点（按住 Shift 可有助于快速锁定所要旋转平面）→移动鼠标，使鼠标位于旋转的终点处。

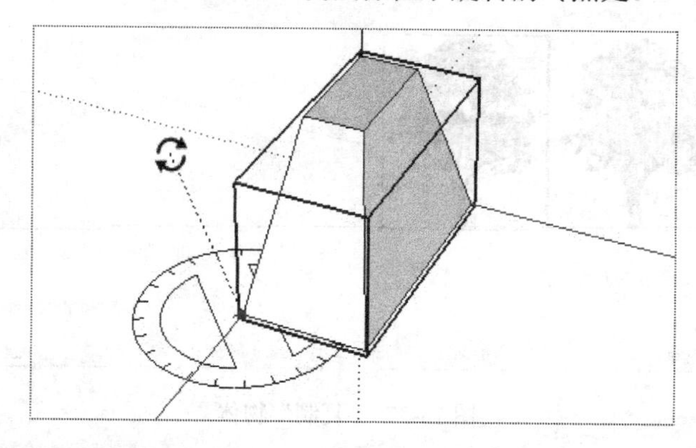

图 13-40　放置旋转基点

注意：（1）与“移动”工具一样，旋转前按住 Ctrl 键并确定轴心点的位置就可以进行环形阵列。

（2）若要旋转精确的尺寸，可在数值控制栏中输入具体角度，如图 13-41 所示。

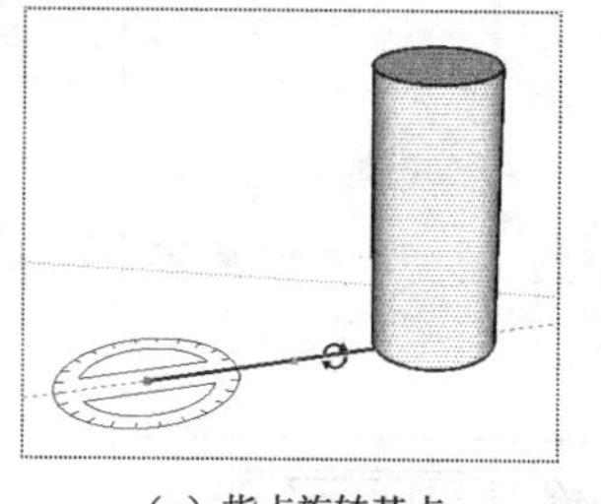

（a）指点旋转基点

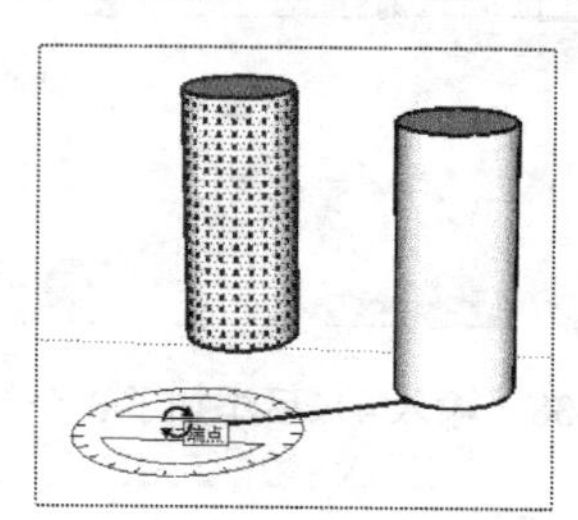

（b）输入旋转角度

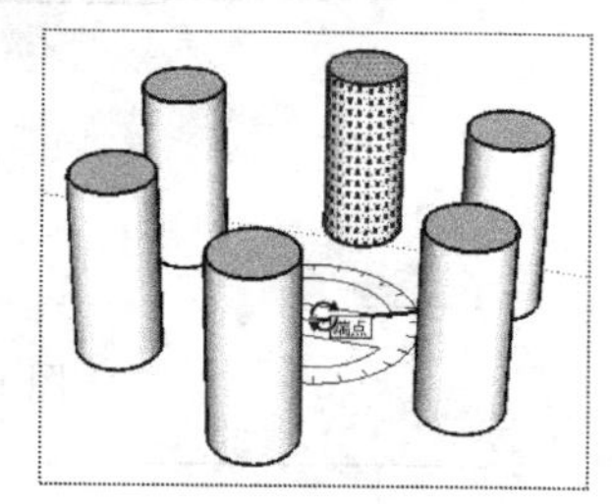

（c）输入 5×

图 13-41　利用“旋转”工具进行复制

13.3.3 缩放工具

“缩放”工具用于几何体的等比缩放或非等比缩放。

1）命令调用方式

（1）工具栏：。

（2）菜单：工具→比例。

（3）命令行：**S**。

2）命令格式

（1）三维物体的缩放：启动“缩放”工具→单击几何体（图 13-42）→单击调整手柄（Sketch

Up 用红色强调所选的手柄)→移动鼠标调整几何体比例→输入所需的比例尺寸(尺寸小于“1”为缩小，大于“1”则为放大)。

注意：调节不同的缩放节点会形成不同的缩放效果，如图 13-43～图 13-45 所示。

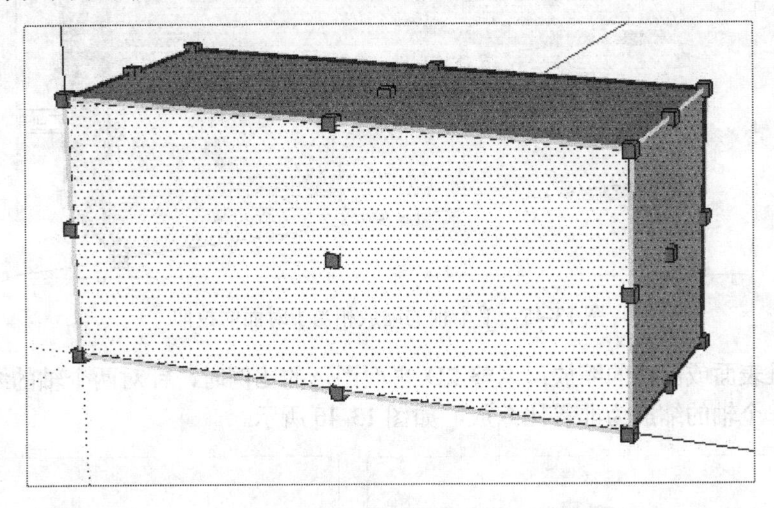

图 13-42　角点为调整手柄

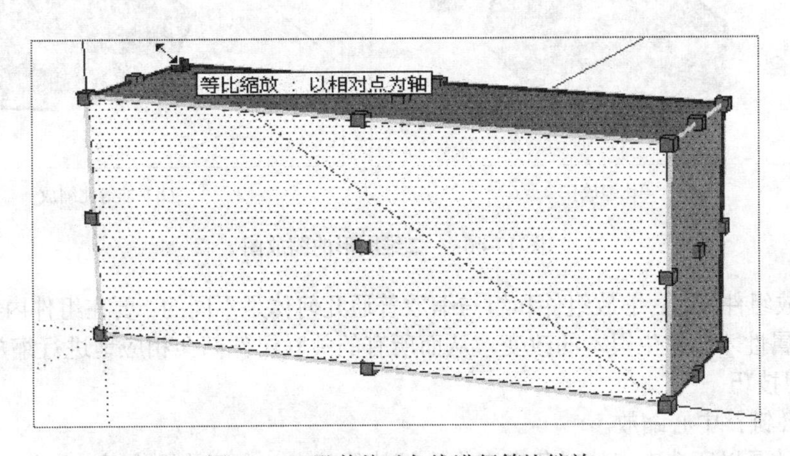

图 13-43　沿着体对角线进行等比缩放

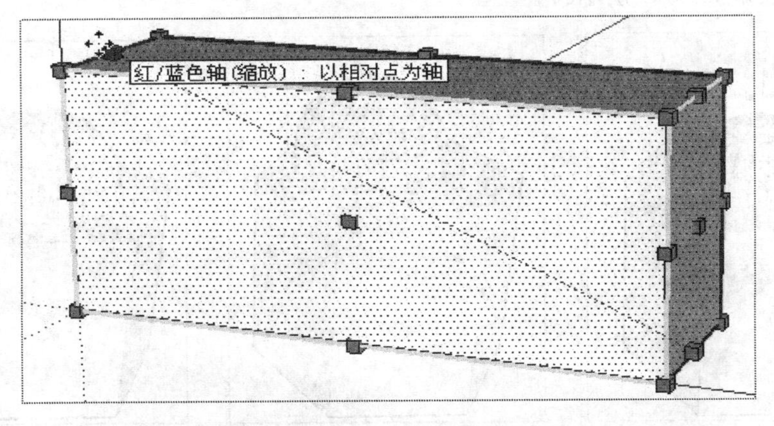

图 13-44　沿着某一平面的对角线进行非等比缩放

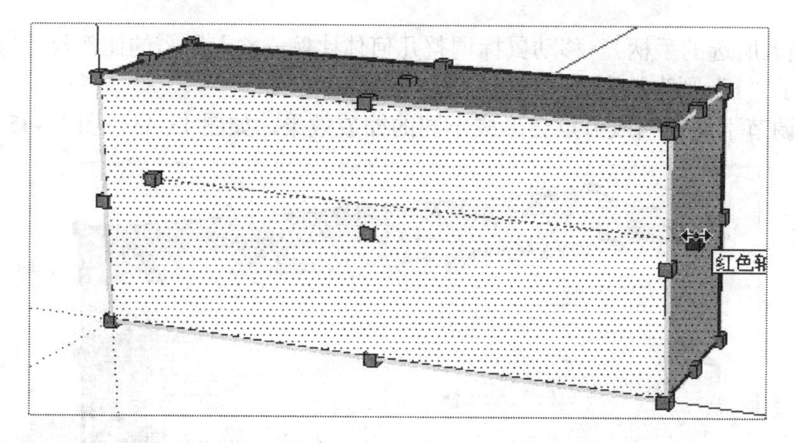

图 13-45　单个轴的缩放相当于对面的拉伸

（2）二维表面或图像的缩放：调整 2D 平面图形的比例时，针对两个轴的缩放为等比缩放，而针对一个轴的缩放为非等比缩放，如图 13-46 所示。

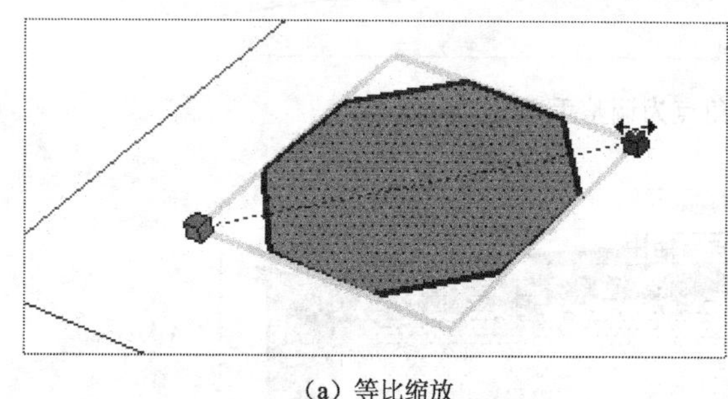

（a）等比缩放

（b）非等比缩放

图 13-46　　二维图形的缩放图

（3）缩放组件和组：缩放组件和组与缩放普通几何体是不同的。要在组件内部进行缩放，这样组件的属性才会发生根本的改变，从而所有的关联组件都会相应地进行缩放。

3）使用技巧

（1）Ctrl 键：中心缩放。

夹点缩放是以所选夹点的对角夹点作为缩放的基点。在缩放操作时，按住 Ctrl 键可以进行中心缩放，如图 13-47 所示。

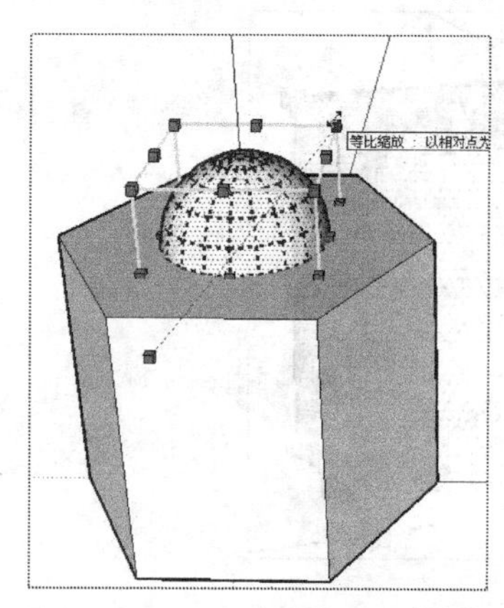

（a）准备缩放

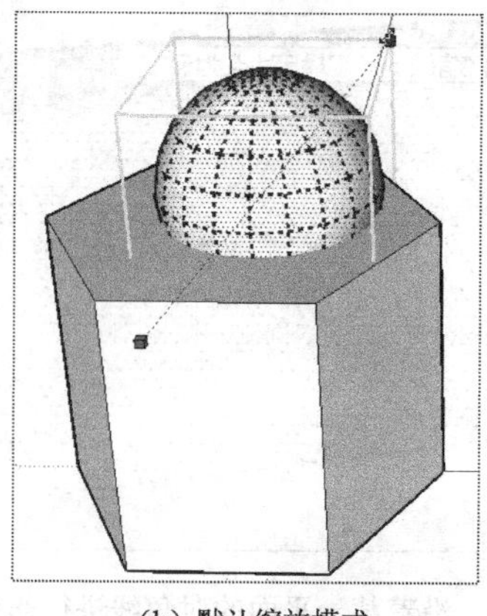

（b）默认缩放模式

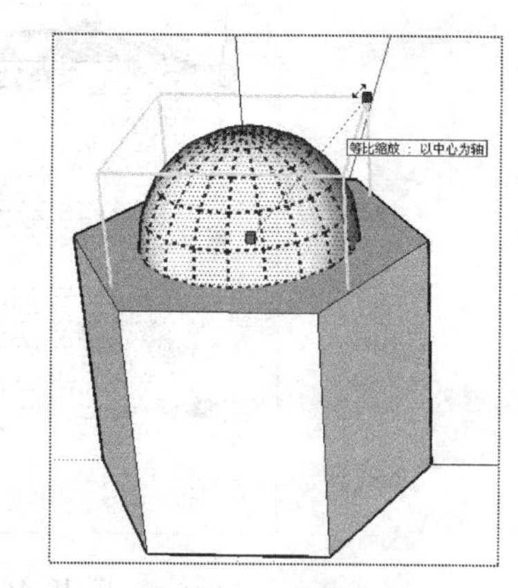

（c）锁定 Ctrl 的等比缩放

图 13-47　中心缩放

（2）Shift 键：等比/非等比缩放。

在调整几何体的比例关系时，边线和表面上夹点的非等比缩放功能是很有帮助的。在非等比缩放操作中，可以按住 Shift 键，此时执行的是等比缩放而不是拉、伸变形，如图 13-48 所示。

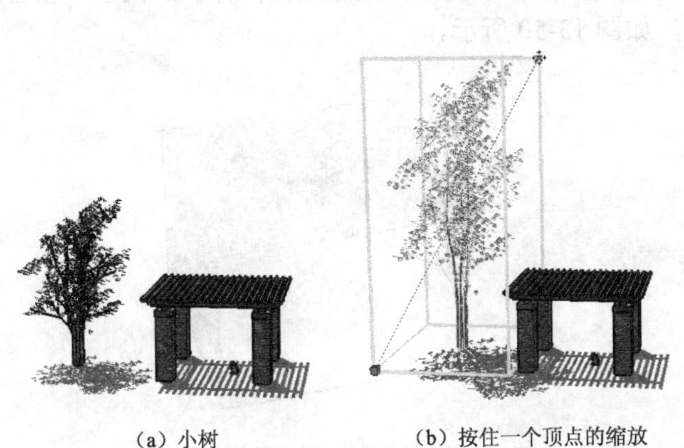

（a）小树　（b）按住一个顶点的缩放　（c）锁定 Shift 的等比缩放

图 13-48　等比/非等比缩放

同样的，在使用对角夹点进行等比缩放时，按住 Shift 键则能切换到非等比缩放。

（3）"Ctrl + Shift"组合键。

在使用对角夹点缩放几何体时，按住"Ctrl+Shift"组合键，可以切换到等比/非等比的中心缩放。

（4）缩放方向。

在缩放几何体时，先用坐标轴工具重新设置绘图坐标轴，然后利用"比例"工具在新的红/绿/蓝轴方向进行定位并控制夹点方向，能够在各个轴线方向上精确缩放几何体，如图 13-49 所示。

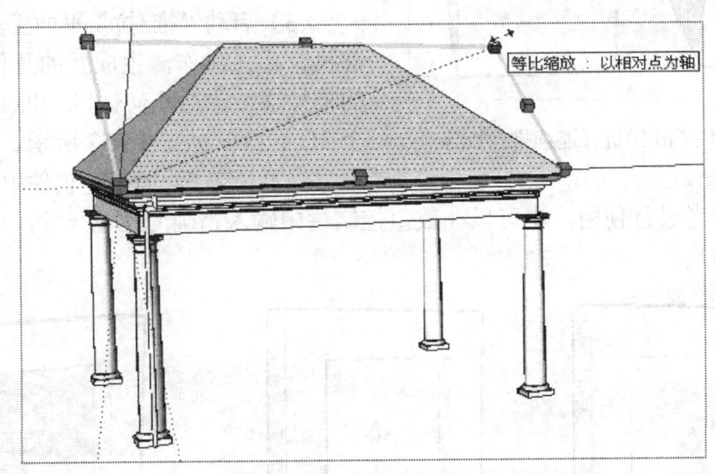

图 13-49　对斜面进行缩放

13.3.4　推/拉工具

"推/拉"工具主要用于推拉平面几何体，包括移动、挤压或挖空。此外，"推/拉"工具也可以将所有类型的平面（包括圆形、矩形和抽象平面）创建成三维几何体。

1）命令调用方式

（1）工具栏：![icon]。

（2）菜单：工具→推/拉。

（3）命令行：**P**。

2）命令格式

启动“推/拉”工具→单击所要推/拉的平面→移动鼠标调整几何体体积的大小→在合适位置释放鼠标→单击 Enter 结束命令，如图 13-50 所示。

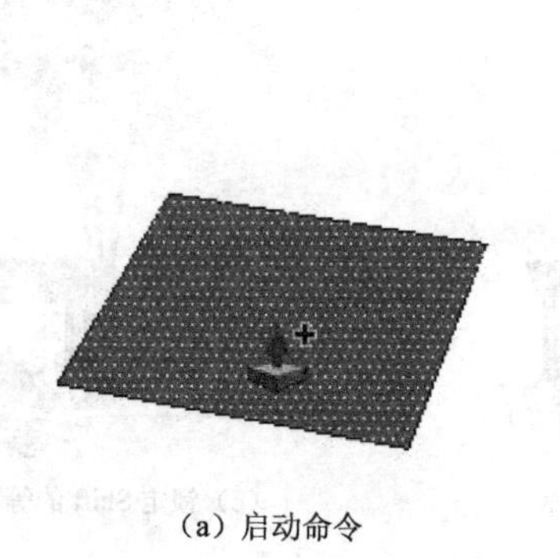

（a）启动命令

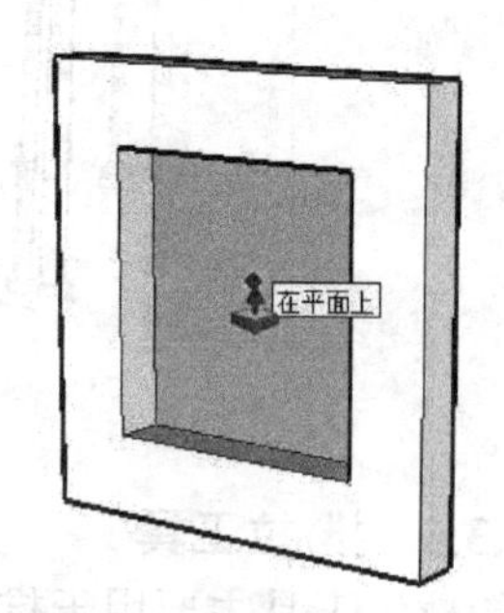

（b）进行“推/拉”操作

图 13-50 “推/拉”物体

3）使用技巧

（1）启动“推/拉”平面工具，单击平面移动鼠标完成一次推拉操作后，在某个面上双击鼠标，则系统以相同的高度推拉该面。

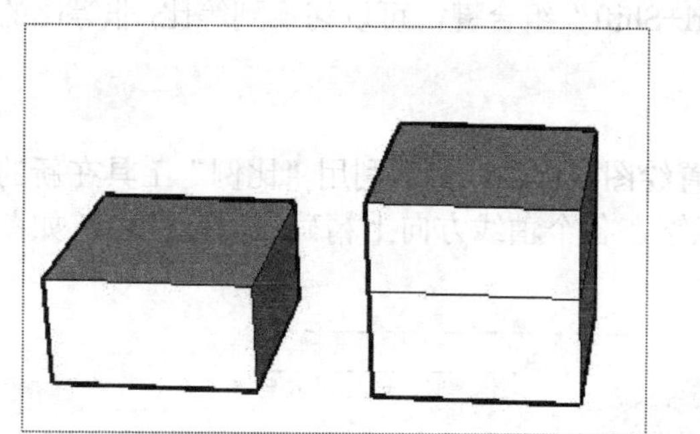

图 13-51 按住 Ctrl 键进行连续推拉操作

（2）启动“推/拉”平面工具，单击平面移动鼠标完成一次推拉操作后，按下 Ctrl 键鼠标将带一个加号，再次执行推拉操作时，系统会以最上层的平面作为新的推拉起点，如图 13-51 所示。

（3）启动“推/拉”平面工具，在几何体内部执行推拉操作，生成新的几何体。如果向后的推拉深度穿透几何体，则 Sketch Up 将创建一个 3D 孔洞，如图 13-52 所示。

注意：在 Sketch Up 软件中，“推/拉”工具可以结合捕捉参考进行使用，也可以在数值控制栏中输入精确的推拉尺寸，而输入数值的正负代表推拉的方向。

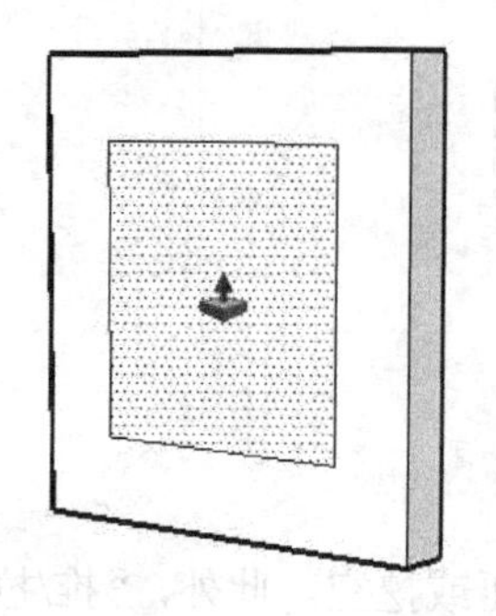

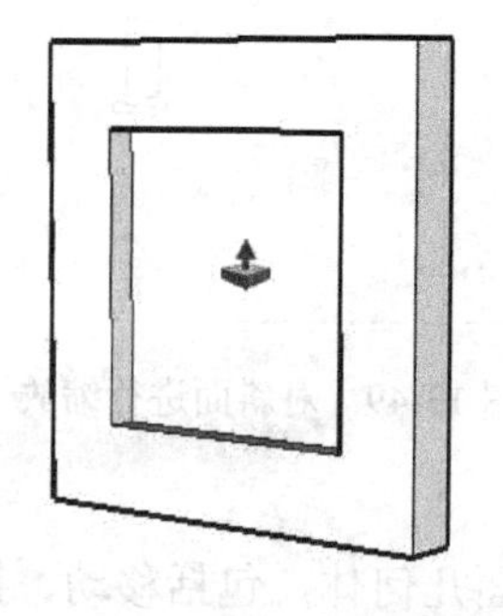

图 13-52 物体内部进行推拉

13.3.5　路径跟随工具

“路径跟随”就是将某一截面沿着某一路径进行复制形成三维几何体的建模过程。

1）命令调用方式

（1）工具栏：。

（2）菜单：工具→路径跟随。

2）命令格式

确定作为路径的边线→绘制跟随路径的剖面，并确保剖面与路径成垂直关系→单击创建的剖面→启动“路径跟随”工具→沿路径移动鼠标→到达路径末端单击鼠标完成跟随路径操作，如图 13-53 所示。

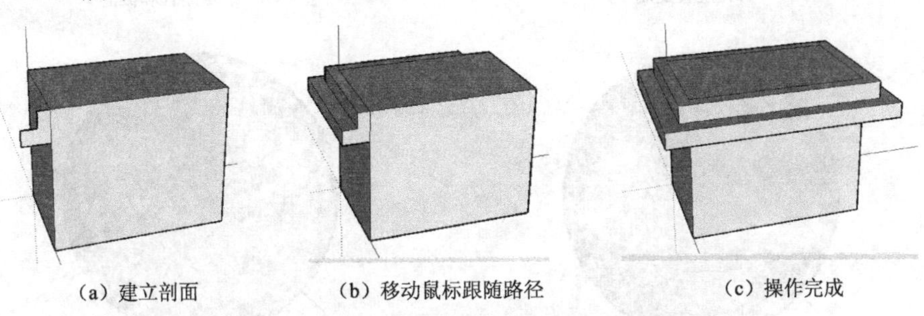

（a）建立剖面　（b）移动鼠标跟随路径　（c）操作完成

图 13-53　利用“路径跟随”工具创建模型

注意：在启动“路径跟随”工具时，剖面必须紧靠轮廓的路径段，以保证位置关系的精确。如果选择一条未触及轮廓的边线作为路径，则“路径跟随”工具将在边线（而非从该轮廓）开始进行拉伸。

利用“路径跟随”可以沿某一路径挤压模型（图 13-54）。启动“路径跟随”工具后，按住 Alt 键后单击剖面，然后将鼠标指针放置到要修改的几何体表面上，则路径会自动闭合。

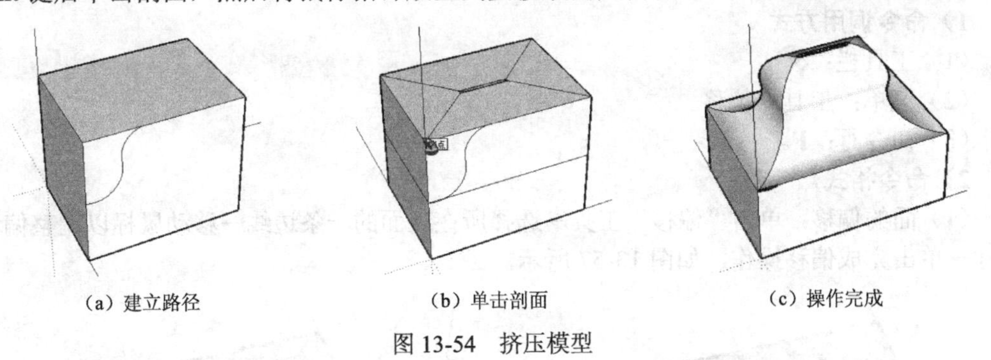

（a）建立路径　（b）单击剖面　（c）操作完成

图 13-54　挤压模型

此外，还可以利用“路径跟随”工具沿圆形路径创建比较规则的旋转体，如圆锥、圆球体等。如图 13-55、图 13-56 所示。

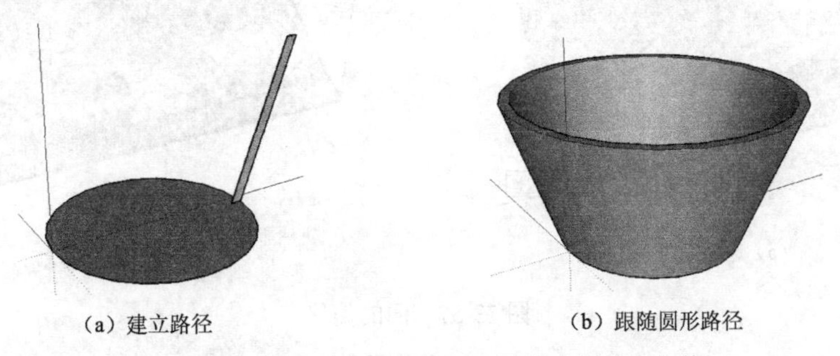

（a）建立路径　（b）跟随圆形路径

图 13-55　利用“路径跟随”工具创建规则几何体

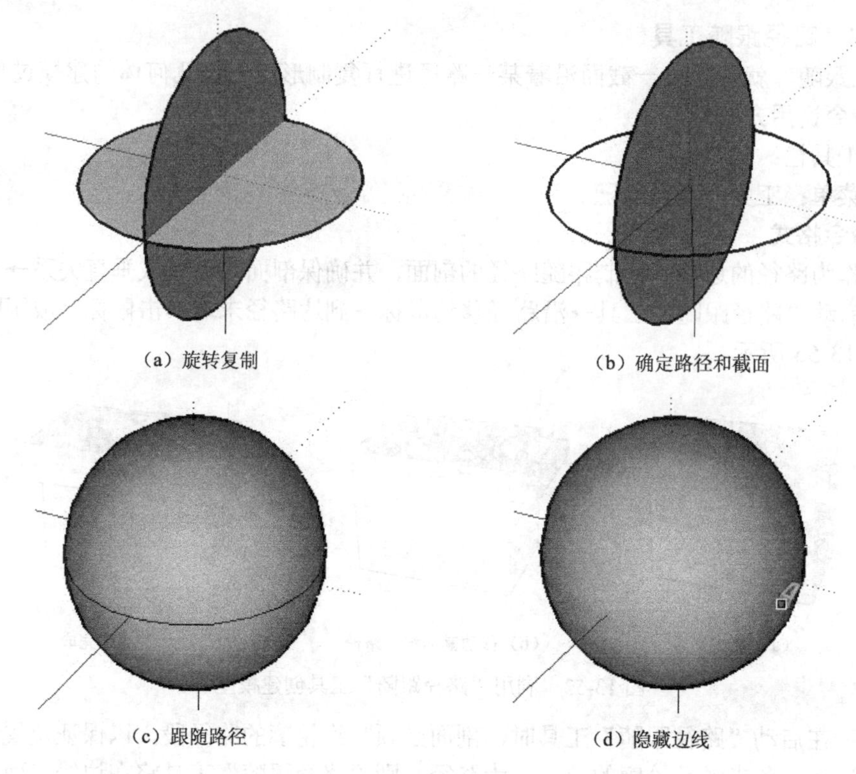

（a）旋转复制　　（b）确定路径和截面

（c）跟随路径　　（d）隐藏边线

图 13-56　利用“路径跟随”工具创建圆球

13.3.6　偏移工具

“偏移”工具可对已知几何体的面或一组共面的线进行向内或向外的偏移复制。

1）命令调用方式

（1）工具栏：。

（2）菜单：工具→偏移。

（3）命令行：**F**。

2）命令格式

（1）面的偏移：单击“偏移”工具→选择所在表面的一条边线→移动鼠标以调整偏移的尺寸→单击完成偏移操作，如图 13-57 所示。

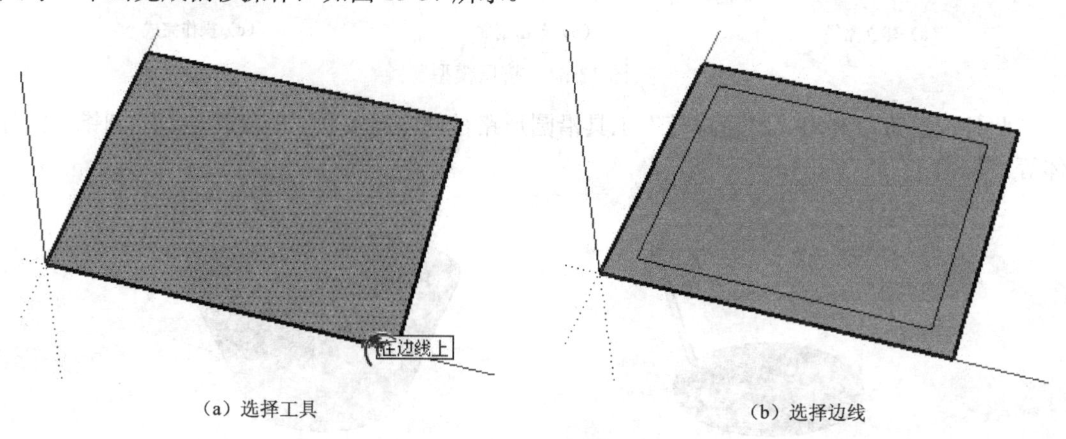

（a）选择工具　　（b）选择边线

图 13-57　面的偏移

注意：一次只能利用“偏移”工具选择一个面。偏移距离可在数值控制栏中输入具体的数值，并按 Enter 键完成数值输入。

（2）线的偏移：选中所要偏移的直线后单击“偏移”工具→单击选中的线段里任意的一条（鼠标将自动对齐到最近线段）→移动鼠标以定义偏移的距离→单击鼠标完成偏移操作，如图 13-58 所示。

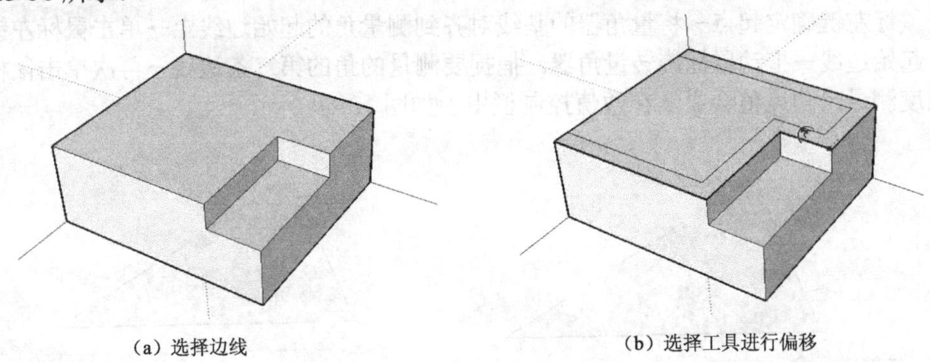

（a）选择边线　　（b）选择工具进行偏移

图 13-58　线的“偏移”

注意：利用“偏移”工具对共面相交的线进行偏移时，可以配合 Ctrl 键和 Shift 键来更改选择范围。当对圆弧进行偏移时，偏移的圆弧会降级为曲线，将不能按圆弧的定义对其进行编辑。

13.4　构造工具命令

13.4.1　测量/辅助线工具

“测量/辅助线”工具既可以测量距离也能用来创建辅助线或菜单点。

1）命令调用方式

（1）工具栏：。

（2）菜单：工具→辅助测量线。

（3）命令行：**T**。

2）命令格式

（1）测量距离：启动“卷尺”工具→单击测量的起点→鼠标向测量的方向移动→单击测量的终点，最终距离会显示在数值控制栏中。

注意：“卷尺”工具的测量方向与某条轴线平行时，会变成相应轴线的颜色。

（2）创建辅助线：启动“卷尺”工具→单击与辅助线平行的直线，设定测量的起点→向测量的方向移动鼠标，此时会出现一条临时测量卷尺和一条辅助线从起点处展开。如图 13-59 所示。

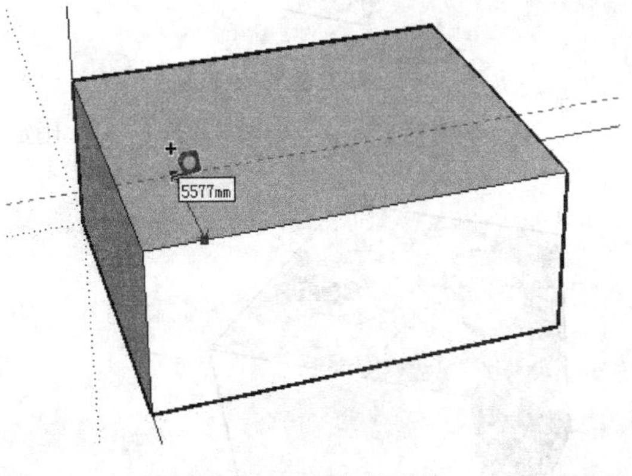

图 13-59　添加辅助线

注意：想要精确的辅助线距离可在数值控制栏中输入。激活工具后按住 Shift 键可锁定辅助线的轴方向。

13.4.2　量角器/辅助线工具

“量角器/辅助线”工具具有测量角度和创建角度辅助线的双重作用。

1）命令调用方式

（1）工具栏：。

（2）菜单：工具→辅助量角线。

2）命令格式

测量角度：启动“量角器/辅助线”工具→把量角器的中心设置在要测量的角的顶点上→单击鼠标左键确定起点→将量角器的基线对齐到测量角的起始边线上→单击鼠标左键确定测量的起始边线→拖动鼠标旋转量角器，捕捉要测量的角的第二条边线→再次单击鼠标左键完成角度测量，角度值会显示在数值控制栏中，如图 13-60 所示。

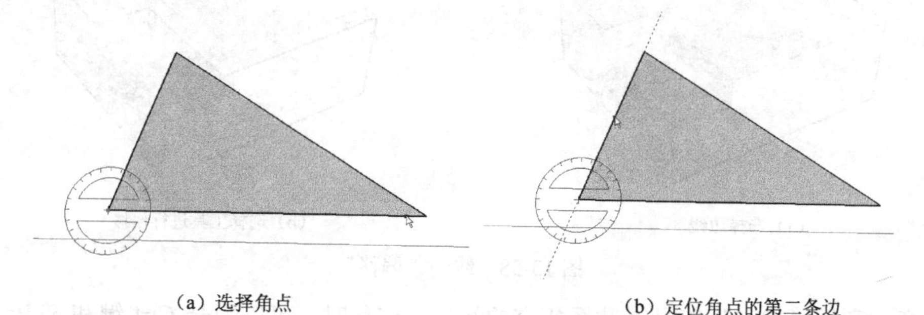

（a）选择角点　　（b）定位角点的第二条边

图 13-60　添加辅助线

注意：按住 Shift 键来锁定自己需要的量角器定位方向，如图 13-61 所示。也可以在操作过程中输入具体的角度并添加辅助线，即在确定好角度的一条边后，在右下方的数值控制栏中输入角度（如 60.5）或斜率（如 1∶5），最后按 Enter 键结束命令，如图 13-62 所示。

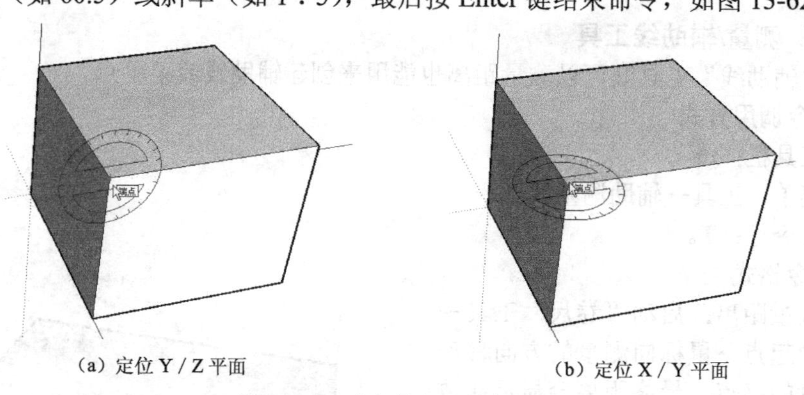

（a）定位 Y / Z 平面　　（b）定位 X / Y 平面

图 13-61　确定量角器所在平面

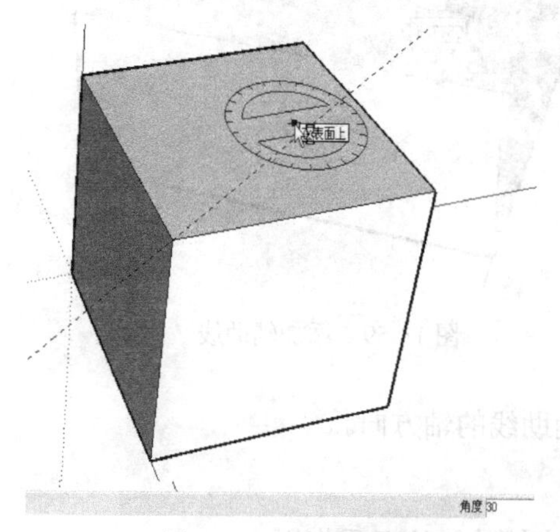

图 13-62　指定角度

13.4.3　坐标轴工具

“坐标轴”工具能够将坐标轴移动到适当的平面上。

1）命令调用方式

（1）工具栏：。

（2）菜单：工具→设置坐标轴。

2）命令格式

启动“坐标轴”工具（此时鼠标会附着一个红/绿/蓝坐标符号）→移动鼠标到新坐标系的原点→单击鼠标左键确定→移动鼠标对齐红色轴的新位置→单击鼠标左键确定→移动鼠标对齐绿色

轴的新位置→单击鼠标左键确定，如图 13-63 所示。

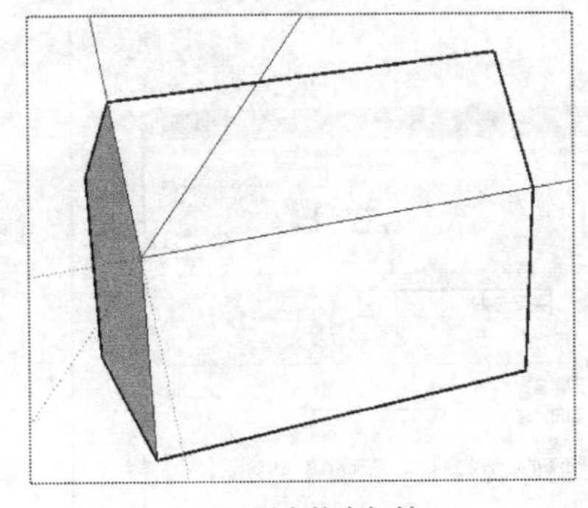

（a）原来的坐标轴

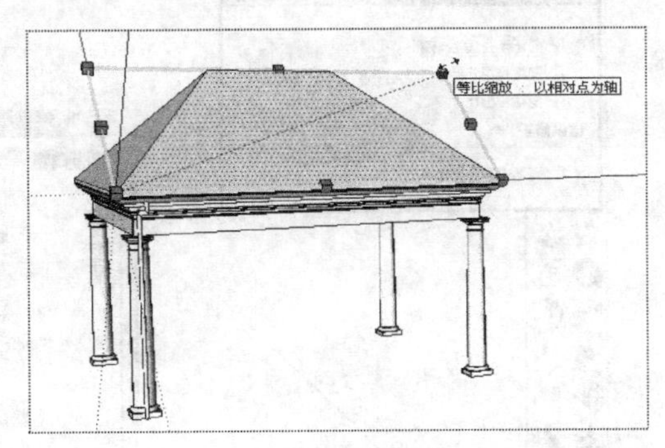

（b）新定位的坐标轴

图 13-63　定位坐标轴

注意：定位坐标轴操作完成时，坐标系的蓝色轴垂直于红/绿轴平面。

13.4.4　尺寸标注工具

“尺寸标注”工具用于精确标出模型中的尺寸。Sketch Up 中的尺寸标注是基于 3D 模型的，端点、中点、边线上的点、交点及圆或圆弧的圆心都可以进行标注，如图 13-64 所示。

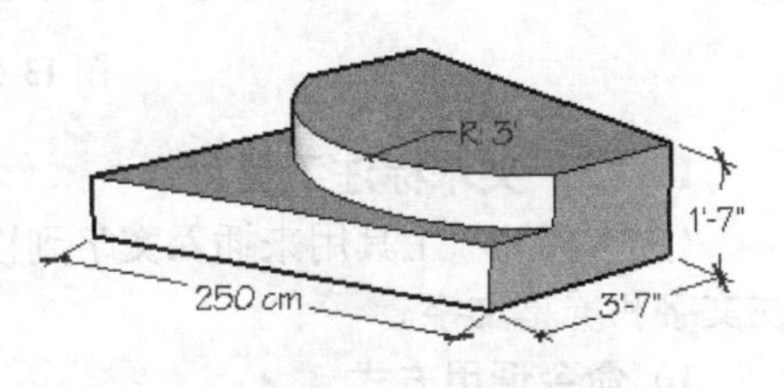

图 13-64　尺寸标注

1）命令调用方式

（1）工具栏：。

（2）菜单：工具→尺寸标注。

2）命令格式

（1）线性标注：启动“尺寸标注”工具→单击尺寸的起点→将鼠标向尺寸的终点移动→单击尺寸的终点→垂直移动鼠标以标注尺寸字符串→单击鼠标确定尺寸字符串的位置，如图 13-65 所示。

（2）半径标注：启动“尺寸标注”工具→单击圆弧几何体→移动鼠标，选择尺寸字符串的位置→再次单击鼠标确定尺寸字符串的位置，如图 13-66 所示。

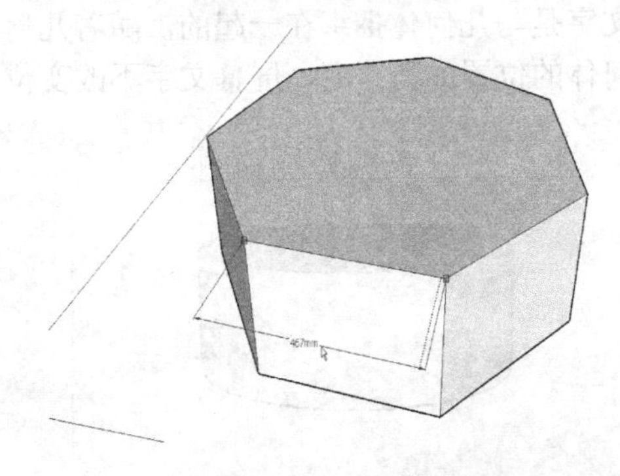

图 13-65　线性标注

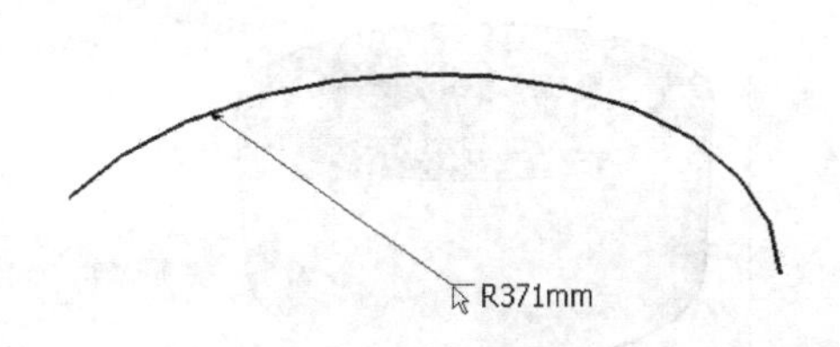

图 13-66　半径标注

注意：在尺寸标注时，可以对尺寸标注的相关参数进行设置。单击“窗口”菜单，选择“场景信息”中的“尺寸标注”选项，在弹出的“尺寸标注设置”对话框中设置标注参数，如图 13-67 所示。

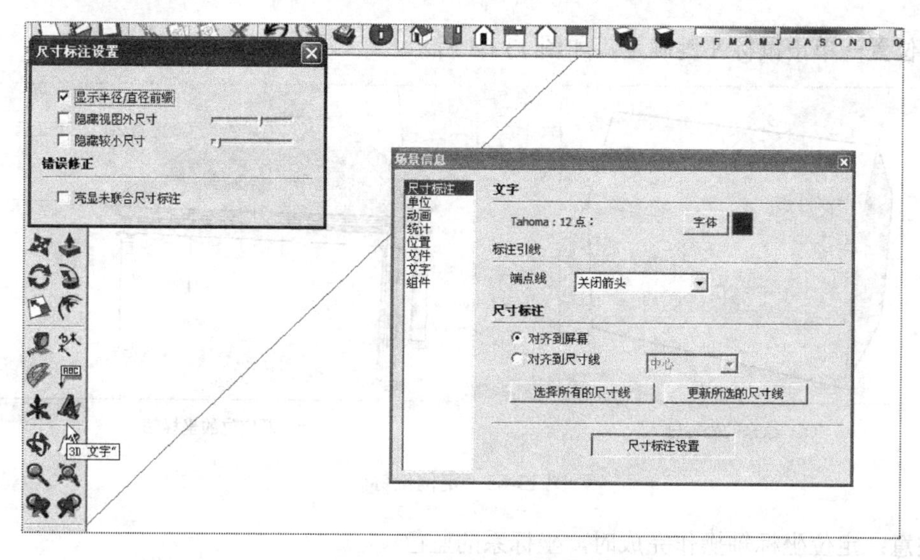

图 13-67　尺寸标注细部设置

13.4.5　文本标注工具

“文本标注”工具用来插入文字到模型中。在 Sketch Up 软件中主要有两种类型文字：引注文字和屏幕文字。

1）命令调用方式

（1）工具栏：ABC。

（2）菜单：工具→文字。

2）命令格式

（1）引注文字：启动“文本标注”工具→单击所要标注的几何体，拖拽至引线的终点（引线所指的位置）→移动鼠标确定文本的位置→单击定位文本，系统会自动出现一个文本输入框（如果引线的终点与组件连接，则框内的默认文本可能是组件的名称；如果引线的终点与方形平面连接，默认文本可能是方形的面积）。

（2）屏幕文字：启动“文本”工具→鼠标移动至屏幕上的空白区域→单击确定文本的位置，系统会显示文本输入框→在文本输入框中输入文本→单击文本输入框外部，或按 Enter 键两次，即可完成文本输入。

注意：引注文字和屏幕文字是有区别的。引注文字是与几何体捆绑在一起的，随着几何体的移动而移动；屏幕文字是一个独立体，无论几何体的位置如何改变，屏幕文字不改变位置。如图 13-68 所示。

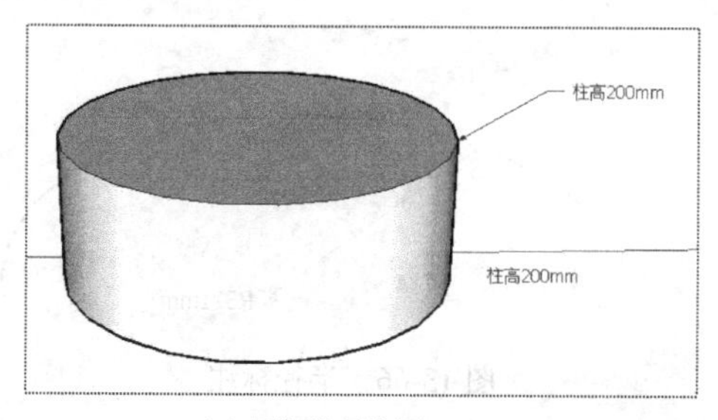

（a）两标注原位置

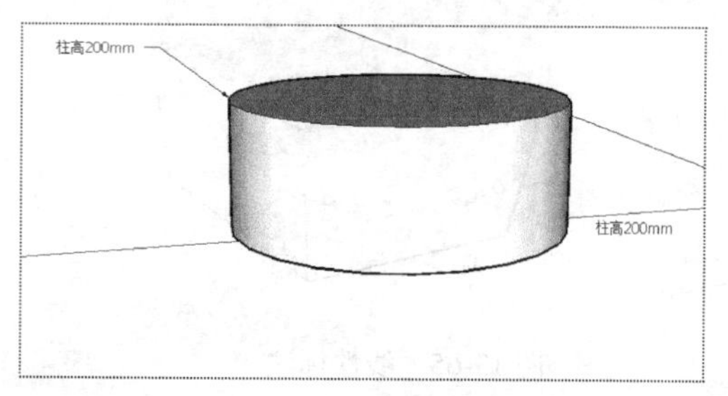

（b）移动后的相对位置

图 13-68　引注文字与屏幕文字的区别

在文本标注之前，可以对文本标注的相关参数进行设置。单击“窗口”菜单，选择“场景信息”中的“文字”选项，在对话框中对文字引线类型、引线端点符号、字体类型和颜色等参数进行设置。修改文字利用文字工具或选择工具在文字上双击即可。

13.4.6　剖面工具

在园林设计中“剖面”工具是不可缺少的。它不但帮助了解园林的内部结构，更能使场地的空间关系一目了然。

1）命令调用方式

（1）工具栏：。

（2）菜单：工具→剖面。

2）命令格式

增加剖面：启动“添加剖面”工具→在鼠标上出现一个剖面符号（图 13-69），将鼠标移动至几何体上，剖面符号会对齐到表面上→按住 Shift 键来锁定剖面的某个平面定位→单击鼠标左键完成定位，如图 13-70、图 13-71 所示。

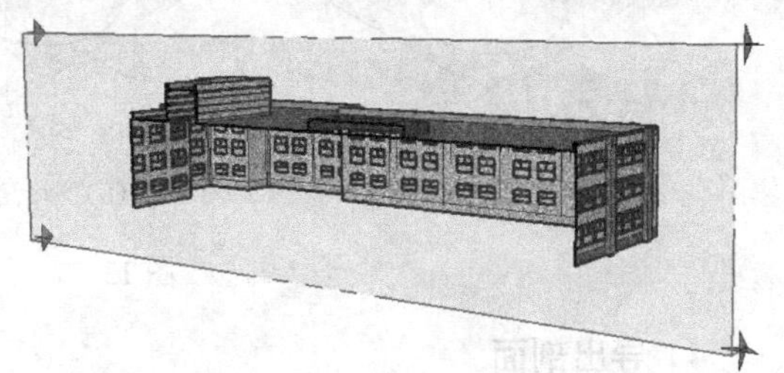

图 13-69　剖面符号

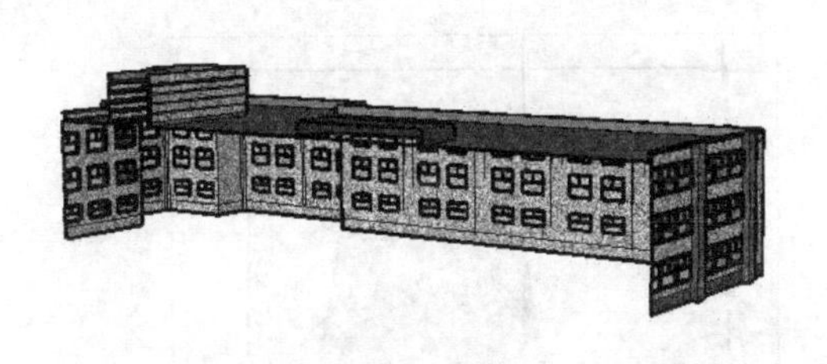

图 13-70　剖面效果

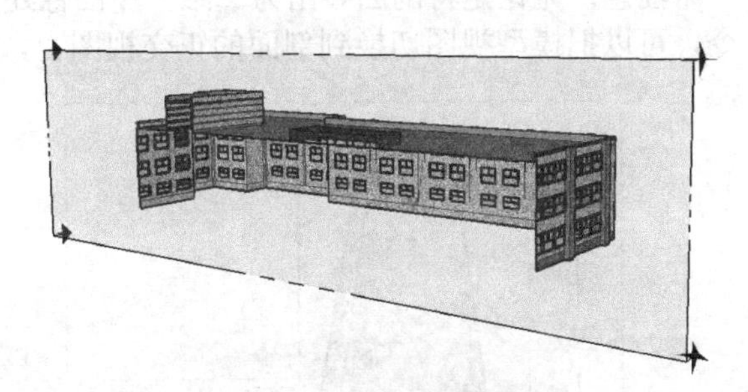

图 13-71　线框即为剖面切片

3）应用技巧

（1）变换剖面位置：可以用移动工具和旋转工具改变剖面位置，如图 13-72 所示。

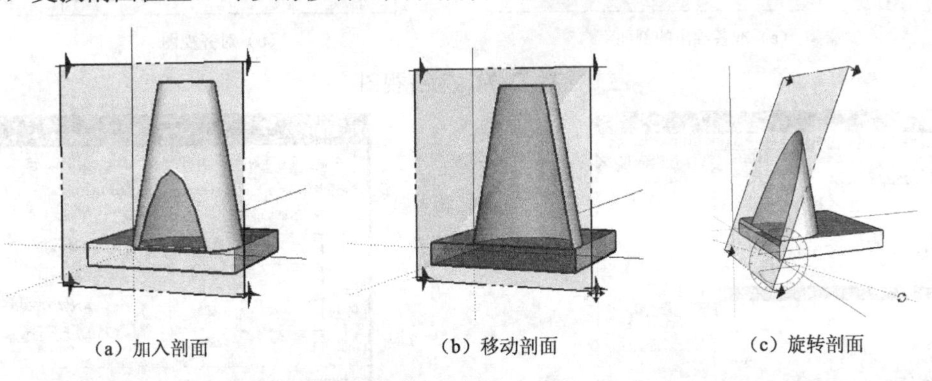

（a）加入剖面　（b）移动剖面　（c）旋转剖面

图 13-72　变换剖面位置

（2）激活 / 显示 / 隐藏剖面：创建一个新的剖面后，双击鼠标或鼠标右键都可激活剖面。视图中允许多个剖面的存在，如图 13-73（a）所示。一次只限激活一个剖面，如图 13-73（b）所示。对于暂时不需要的剖面，可将它隐藏起来，如图 13-73（c）所示。

（3）创建剖面的组：在剖面上右键单击鼠标，在关联菜单中选择“剖面创建组”。可以移动或马上炸开组，使边线和模型合并。

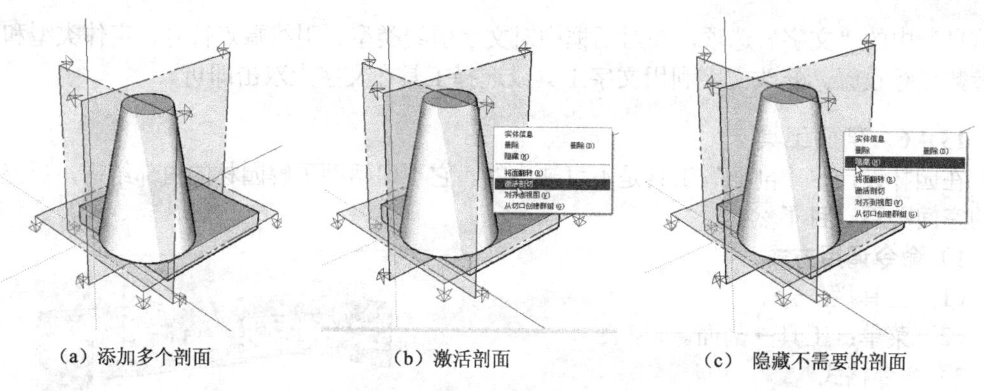

（a）添加多个剖面　　（b）激活剖面　　（c）隐藏不需要的剖面

图 13-73　剖面相关操作

4）导出剖面

（1）二维光栅图像：将剖面导出为光栅图像文件。

（2）二维矢量剖面切片：将激活的剖面切片导出为二维矢量图（DWG 和 DXF）。导出的二维矢量剖面能够进行准确的缩放和测量。

注意：无论是将剖面导出为二维光栅图像还是二维矢量剖面切片，都需执行对齐视图命令，可以把模型视图切换到剖面的正交视图上，如图 13-74、图 13-75 所示。

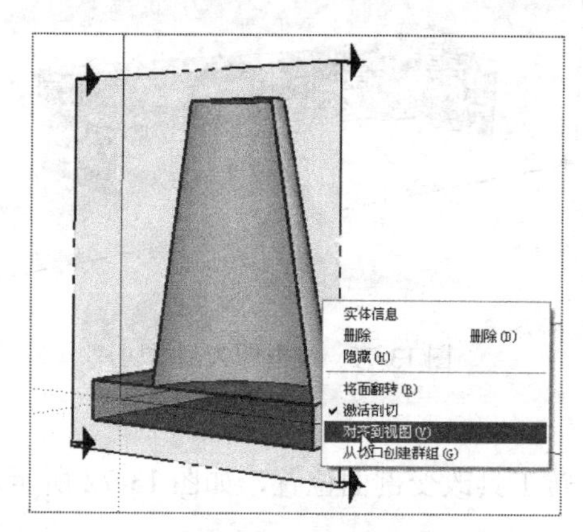

（a）准备导出的剖面

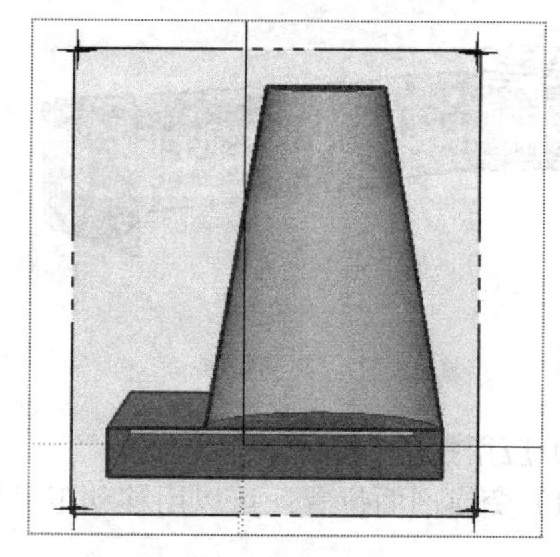

（b）对齐视图

图 13-74　对齐视图

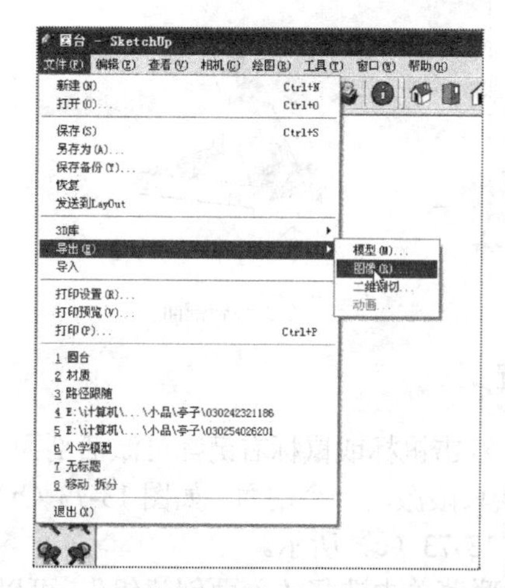

（a）单击文件选择导出的类型

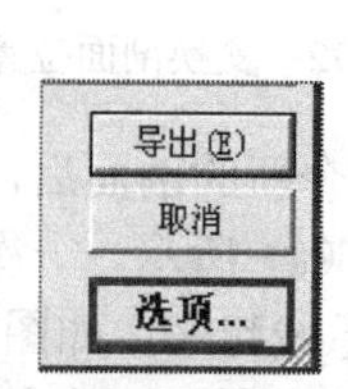

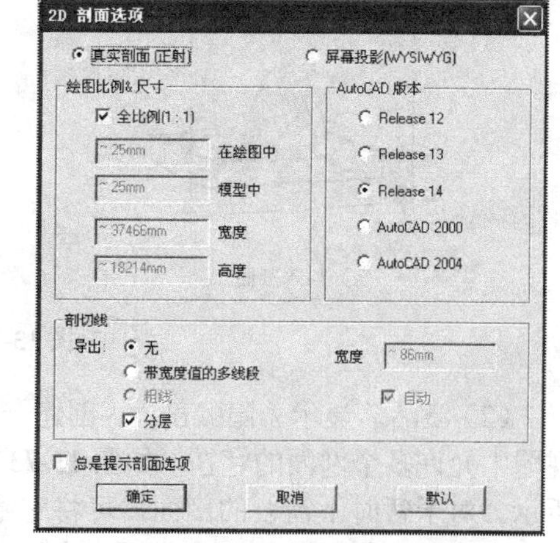

（b）若导出的为二维矢量剖面切片，可在导出前进行设置

图 13-75　导出剖面图形

13.4.7 制作地形

在 Sketch Up 软件中，地形主要用于创建不规则地形。

1）命令调用方式

工具栏：。

2）命令格式

（1）等高线法

① 单击“窗口”→“系统属性”→“扩展栏”命令，选中“地形”工具，系统自动弹出地形工具栏，如图 13-76、图 13-77 所示。

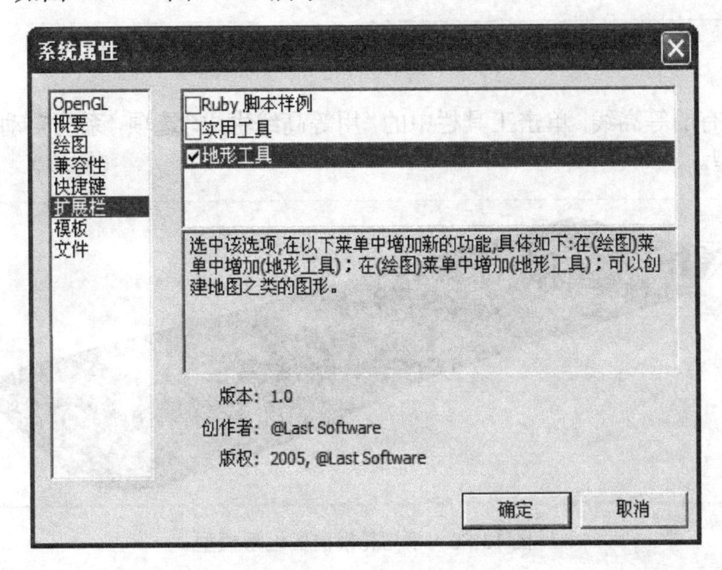

图 13-76　启动地形工具

图 13-77　地形工具栏

② 将绘制好的 AutoCAD 地形图文件导入 Sketch Up 软件中，并根据设计等高距依次将等高线移至相应的高度，如图 13-78、图 13-79 所示。

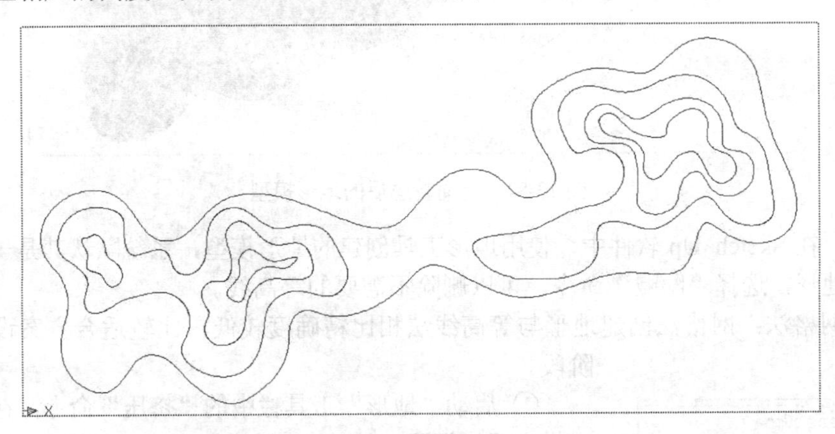

图 13-78　将 AutoCAD 地形图导入 Sketch Up 软件中

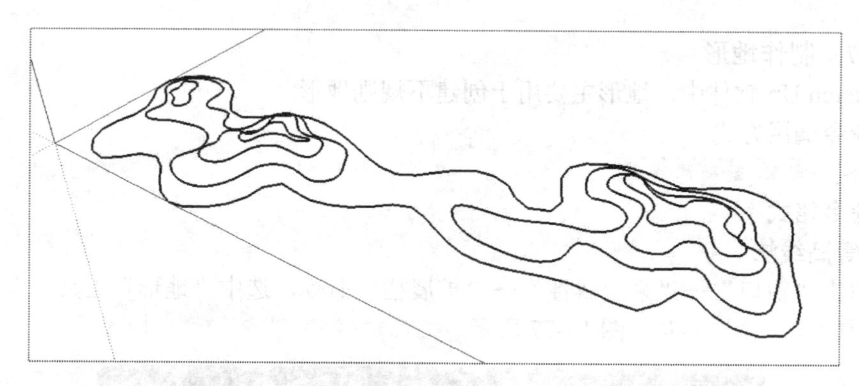

图 13-79　将等高线提升至设计高度

③ 选择所有的等高线，单击工具栏中的“用等高线生成”选项，系统自动生成如图 13-80 所示的地形模型。

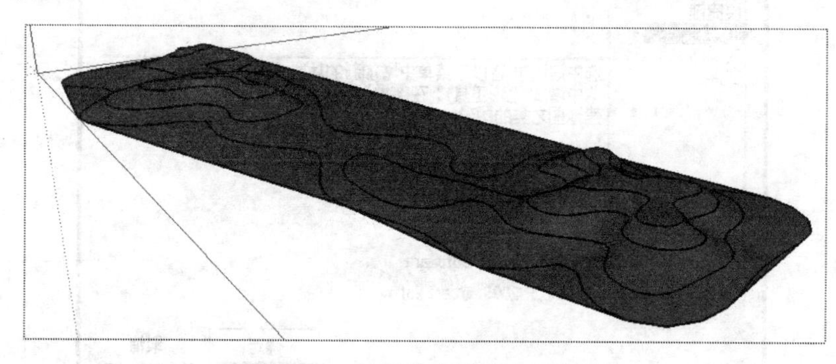

图 13-80　精简轮廓前的地形模型

④ 单击“查看”→“虚显隐藏物体”，去掉没有意义的面。因为等高线严重影响了地形的美观，所以操作中可将轮廓线值改为 1，结果如图 13-81 所示。

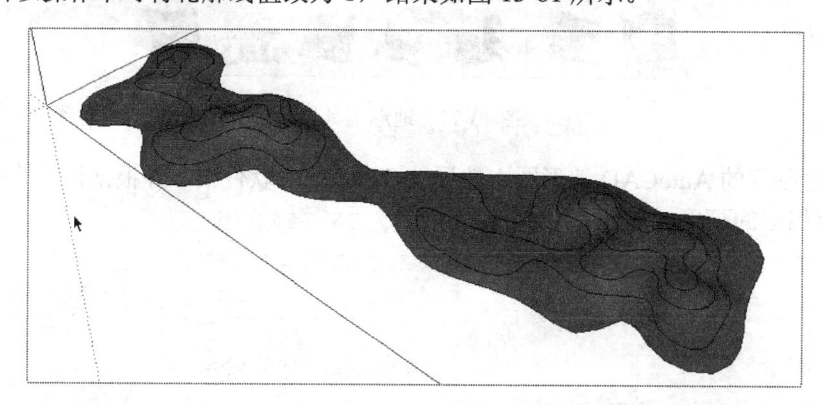

图 13-81　精简轮廓后的地形模型

注意：在 Sketch Up 软件中，使用地形工具创建的地形模型，系统默认其是一个群组。右键单击地形，选择“隐藏”命令，可以删除不需要的等高线。

（2）网格法：网格法创建地形与等高线法相比精确度较低，比较适合方案设计的初期阶段。

Grid Spacing 50mm

图 13-82　指定栅格距离

① 启动“地形”工具栏中的“挤压”命令，在数值控制栏指定栅格间距，按 Enter 键设置完成，如图 13-82 所示。

② 单击一点作为栅格的起点，沿某一方向生成一条边，

在适当的位置单击确定。鼠标沿此方向的垂直方向移动，在适当位置单击鼠标，也可在数值控制栏中输入具体数值，网格面生成，如图 13-83 所示。

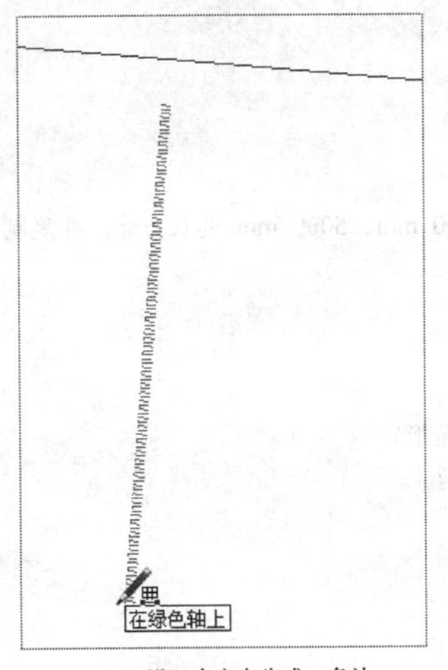

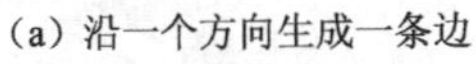

(a) 沿一个方向生成一条边

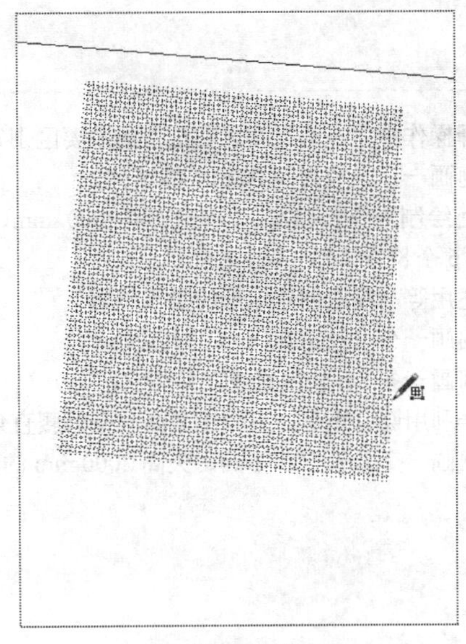

(b) 指定网格面大小

图 13-83　生成网格面

③ 单击“地形”工具栏中的“挤压”工具，在数值控制栏中输入拉伸半径。单击要拉伸的中心点，上下移动确定拉伸的高度，经过输入不同半径，不同拉伸高度的组合后生成如图 13-84 所示的图形。

④ 若想进行局部的微调，可单击地形工具栏中的栅格细分工具，即选中所要细分的栅格，单击此工具即可。调整完地形后，可右键选择地形群组，选择“柔化 / 平滑”边线按钮，调整平滑值，如图 13-85 所示。

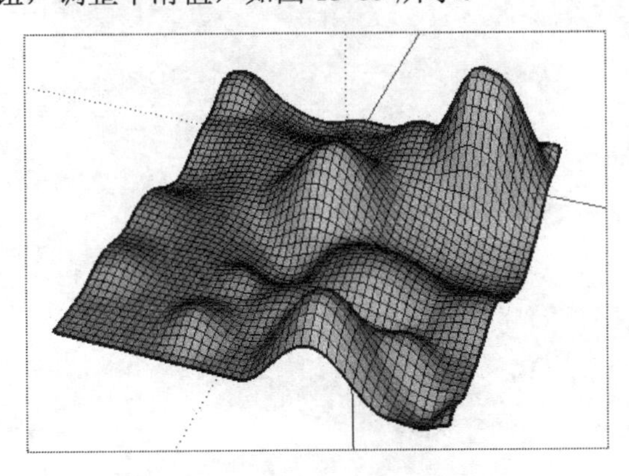

图 13-84　生成地形

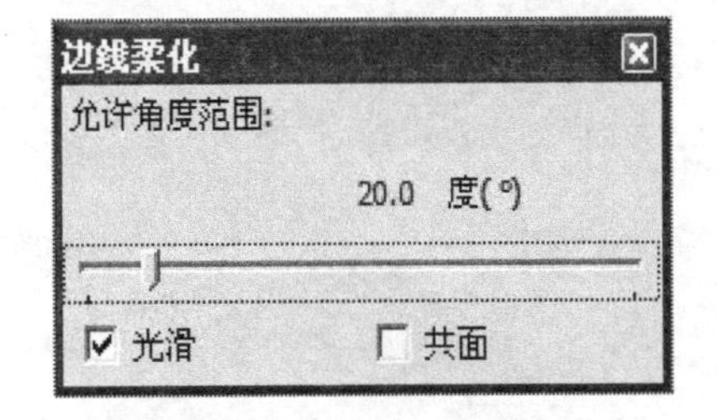

图 13-85 “柔化 / 平滑”边线

本章小结

本章从“命令调用方式、命令格式、应用技巧及注意事项”等角度首先介绍了线、圆弧、徒手画线、矩形、圆等常用绘图工具栏命令，继而讲解了选择、删除及填充等基本修改工具栏命令，紧接着阐述了移动、旋转、推拉、缩放、路径跟随及偏移等编辑工具栏命令，最后论述了测量、尺寸与文字标注、剖面及地形等常用构造工具栏命令，为进一步的模型制作奠定基础。

习题

1）选择操作中“左选”和“右选”的主要区别？

2）如何画一个半径为 5400 mm 的球体？

3）如何绘制一个长、宽、高分别为 2000 mm、3000 mm、5000 mm 的长方体，并复制一行间距为 4300 mm 的 6 个长方体？

4）简述用等高线法创建地形的操作步骤？

5）如何画一个半径 7000 mm 的九边形？

6）如何画一条 8m 长的直线，并将它四等分？

7）怎样利用圆、矩形、直线工具画一个等腰直角三角形？

8）如何画一个弧长 5000 mm、矢高 2000 mm 的圆弧？

14 Sketch Up 动画简介

在园林设计中常常需要将创建的场景制作出多张效果图，这样才能表现场景中各景观节点的设计效果。Sketch Up 软件可将制作的各个景点效果图存储成页面，通过动画的形式进行播放，将设计成果直观地展示给大家。

所谓“相机”就是人的观测点。在设置相机的位置时要一切从人的观测点、视线目标出发。这样设置的相机视图才符合人类的审美观点。在 Sketch Up 中就通过依次播放相机视图形成连续的动画效果。

14.1 相机位置工具

“相机位置”工具可确定相机的位置与方向，直接生成相机视图。

1）命令调用方式

（1）工具栏：。

（2）菜单：相机→配置相机。

2）命令格式

（1）单击“漫游”工具栏中的“相机位置”工具，此时鼠标变成站立人的形状，右下方的数值控制栏显示“高度偏移 1676.4 mm”，如图 14-1 所示。这个高度是软件的默认值，表示相机当前高度 1.676 m。从人体工程学的角度，高度值在 1500~2400 mm 之间比较合理。

高度偏移	1676.4mm

图 14-1 相机高度

（2）完成相机的设置后，即可进入场景中指定相机的位置，只要在观测地点单击鼠标即可，如图 14-2、图 14-3 所示。此时，系统会以 1.676 m 的相机高度进行观察。

此外，还可以通过另外一种方式设置相机：单击“相机位置”工具进入场景，在指定相机的位置上单击鼠标左键进行拖拽，在拖动过程中视图中会出现一条虚线，即为观测视线，如图 14-4 所示。在合适的位置松开鼠标，软件会自动转换成观测视线的相机视图，如图 14-5 所示。此时的观测高度为 0 mm，需要在数值控制栏中输入一个人眼的高度，如 1650 mm，按 Enter 键结束，如图 14-6 所示。

图 14-2 “指定相机”位置

图 14-3　设置相机后的相机视图

图 14-4　指定观测视线

图 14-5　观测高度为 0 mm 的相机视图

图 14-6　观测高度为 1650 mm 的相机视图

14.2　绕轴旋转工具

“绕轴旋转”工具主要对相机视图进行局部调整。

1）命令调用方式

（1）工具栏：。

（2）菜单：相机→绕轴旋转。

2）命令格式

激活“绕轴旋转”工具，鼠标立刻变成了一只眼睛。在场景范围内按住鼠标左键不放并进行拖动，拖拽到理想的观测角度时松开鼠标，如图 14-7 所示。

图 14-7　修改后的图

14.3　漫游工具

只有在激活透视模式的条件下，“漫游”工具才能启动。漫游工具可以固定视线高度。它可以跟随观测者移动，表现出游历的操作工程。

1）命令调用方式

（1）工具栏：。

（2）菜单：相机→漫游。

2）命令格式

（1）启动“漫游”工具，在绘图窗口的任意位置按下鼠标左键，此时会出现一个十字符号，这是鼠标参考点的位置。

（2）继续按住鼠标不放，向上移动是前进，向下移动是后退，左右移动是左转和右转。距离鼠标参考点越远，移动速度越快。

3）应用技巧

（1）移动鼠标的同时按住 Shift 键，可以进行垂直或水平移动。

（2）按住 Ctrl 键可以加速移动。

（3）在使用漫游工具的状态下，按住鼠标中键可以临时切换到“绕轴旋转”工具。

（4）启动“旋转”工具，在任意位置按住鼠标，以绘图区域为中心进行旋转。双击鼠标，可以将点击位置移动到视图窗口的中间。

（5）可以在使用任何工具的同时，同时按住 Shift 键和鼠标中键可临时切换到平移工具。

（6）在任何时候都可以用滚轮来缩放视图。向前滚动是放大，向后滚动是缩小。鼠标所在的位置是缩放的中心点。快捷键为 Z。

（7）启动“窗选”工具，按住鼠标拖曳出一个窗口，松开鼠标，选区就被放大并充满整个绘图窗口。

（8）“全屏缩放”工具可以以整个模型区域在绘图窗口居中。快捷键“Shift + Z”。

4）动画设置

在 Sketch Up 中，可以将每一个透视图保存起来作为一个页面，形成动态的观赏效果。

（1）新建页面：当利用“漫游”工具栏指定好透视角度时，点击“查看”→“动画”→“添加页面”命令来创建第一个页面，定义为“页面 1”，如图 14-8 所示。

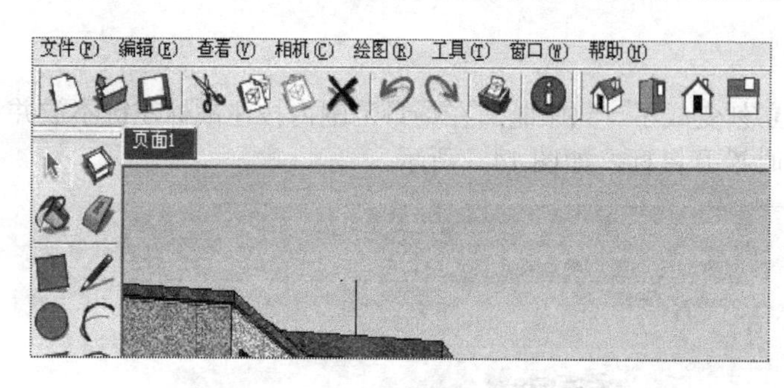

图 14-8　创建页面 1

继续创建页面除了用上述方法，还可以直接右键点击页面 1，选择“添加”按钮，如图 14-9 所示。

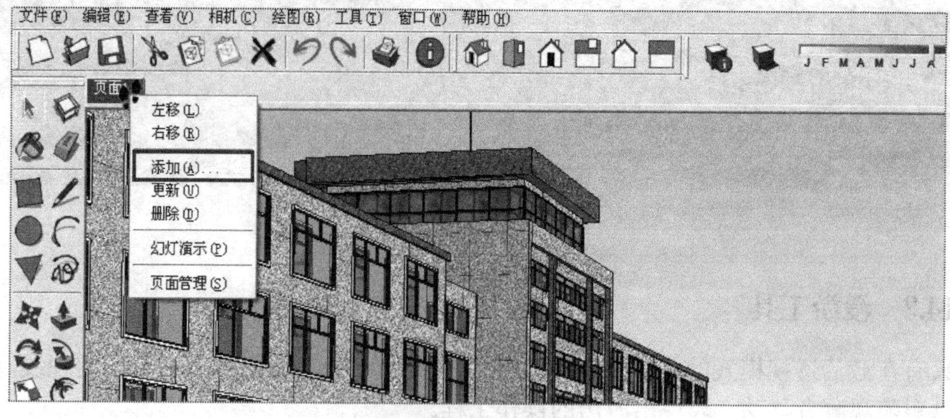

图 14-9　添加页面

（2）页面的设置与修改：对已储存的页面，设计者可进行对“页面名称、页面顺序、播放速度、页面更新”等方面进行调整。

① 改变页面名称：点击“窗口”→“页面管理”命令，在弹出的对话框中在“名称”一栏输入新的页面名称即可，如图 14-10 所示

② 调整页面顺序：鼠标右键点击页面，如图 14-9 所示，执行“左移”和“右移”的命令。

③ 控制播放速度：点击“窗口”→“场景信息”→“动画”命令，其中包含 “页面切换”和“页面延迟”两个选项。页面切换为播放每一帧动画所需时间，页面切换是从前一页面转换到下一页面所需时间，如图 14-11 所示。

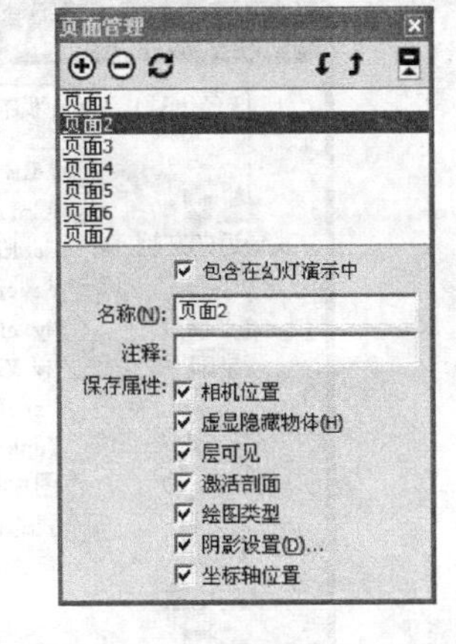

图 14-10 “页面管理”对话框

注意：“页面延迟”数值不宜过大，否则观看起来会有画面不连贯的感觉。“页面切换”需要根据场景大小反复调整时间。二者的范围都是 0~100s。

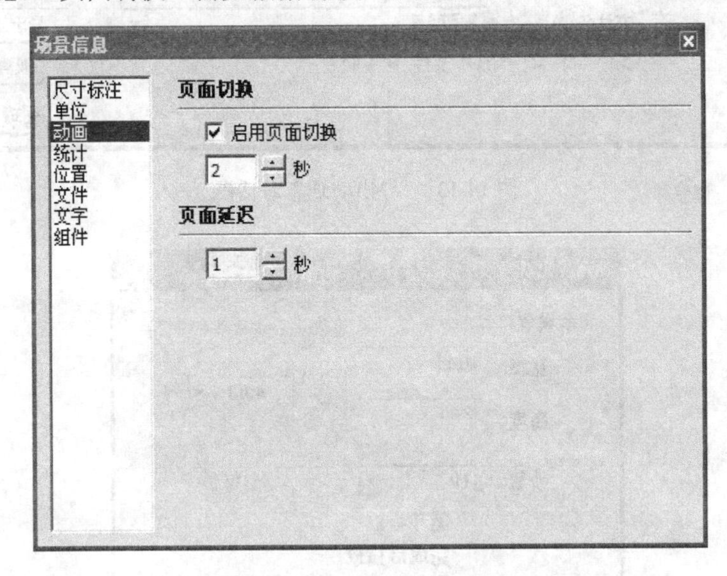

图 14-11 控制播放速度

④ 保持页面更新：当更换某一页面的内容时，必须进行更新才会生效。只需右键单击此页面，点击“更新”按钮。

图 14-12 “幻灯演示”对话框

（3）导出动画：设计者完成了动画的制作操作之后，需要将该动画导出。导出动画之前，操作者可以点击“查看”→“动画”→“播放”，通过此过程来查看动画的制作效果，如图 14-12 所示。此对话框可以控制动画的播放或暂停。

确认制作好的动画无误后，单击“文件”→“导出”→“动画”命令，系统自动弹出“导出动画”对话框，如图 14-13 所示。

点击“导出动画”对话框中的“选项”按钮，会弹出“动画导出选项”对话框，如图 14-14 所示。

① 宽度 / 高度：控制每帧画面的尺寸，以像素为单位。一般设置为 320×230，既能在 CD 播放机上播放，也可转为录像带。

② 锁定高宽比：锁定每一帧动画图像的高宽比。

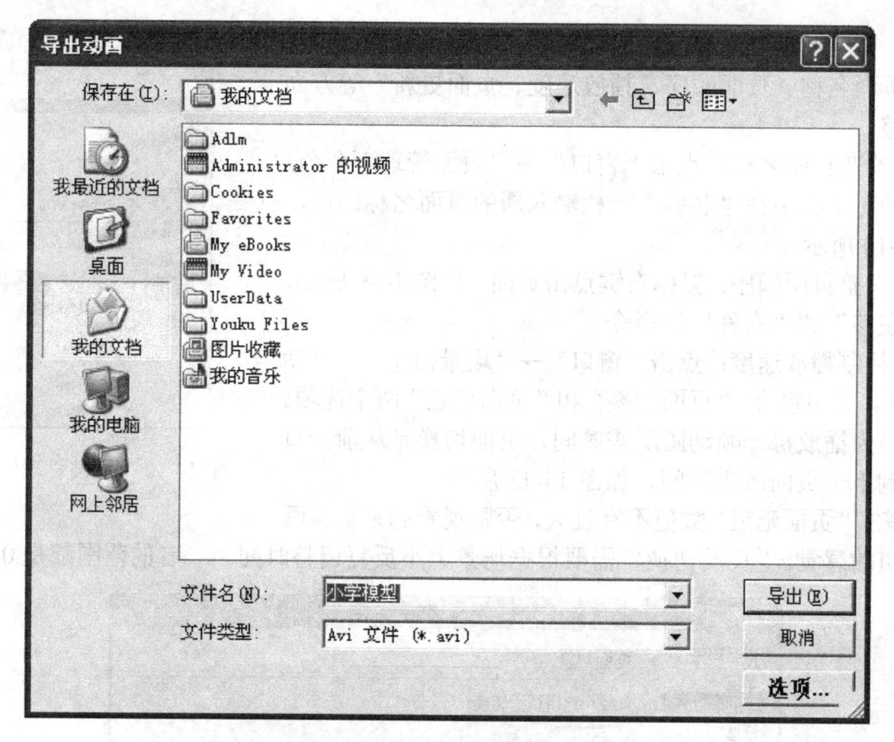

图 14-13 “导出动画”对话框

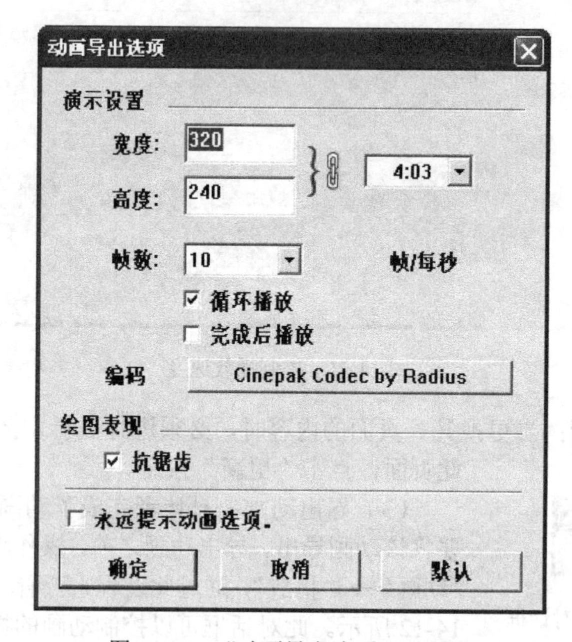

图 14-14 “动画导出选项”对话框

③ 帧数：指导出的动画每秒包括的帧画面数。8~10 之间的设置是保证画面连续的极限，12~15 之间的设置既可以控制文件的大小也可以保证流畅放映。

④ 抗锯齿：开启后，可以减少图像中的锯齿。

完成所有设置后，选择储存的盘符，输入名称，点击“导出”，开始导出动画，如图 14-15 所示。

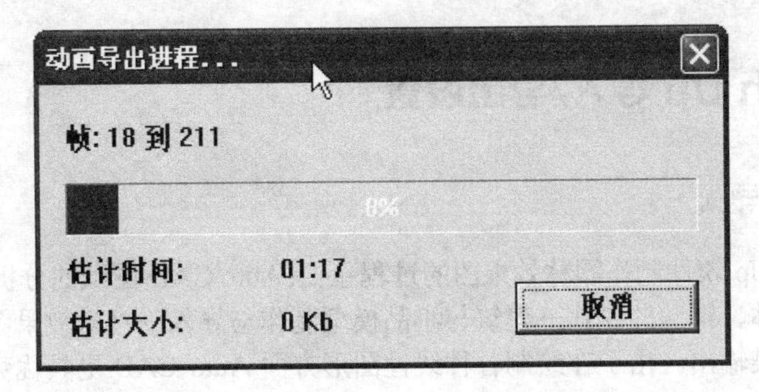

图 14-15　导出动画

本章小结

此章介绍了相机的使用。借助相机工具，可以快速地放大与缩小物体，使建立的空间场景不但有一个正确的观赏视角，还可以将这些视角储存成页面，便于切换视图。此外，启动“漫游”工具后，随着鼠标的推进，可对场景有一个大致的了解，看见不足之处可及时调整、修改。

习题

1）如何快速放大一个几何体？
2）如何正确摆放相机的位置？
3）阐述“漫游”工具的作用？
4）阐述“绕轴旋转”工具的使用方法？
5）简述导出动画的操作过程？

15 Sketch Up 导入/导出设置

15.1 图形导入

利用 Sketch Up 软件制作园林效果图的过程包括：Auto CAD 图纸的分析整理→Sketch Up 道路、地形、水体、铺装的制作→建筑与小品模型制作与导入→鸟瞰效果图相机及阴影的设置→效果图的渲染输出。由于在绘制各种线性图形方面 Auto CAD 更具优势，因此本节主要讲解如何将图形导入 Sketch Up 软件中及后期的制作过程。

1）Auto CAD 导入

（1）启动 AutoCAD 系统，点击菜单工具栏的“格式”菜单，单击“单位”选项，将图形单位中的“类型”设置为“小数”，将“精度”设置为 0，将“插入时的缩放单位”设置为毫米，如图 15-1、图 15-2 所示。

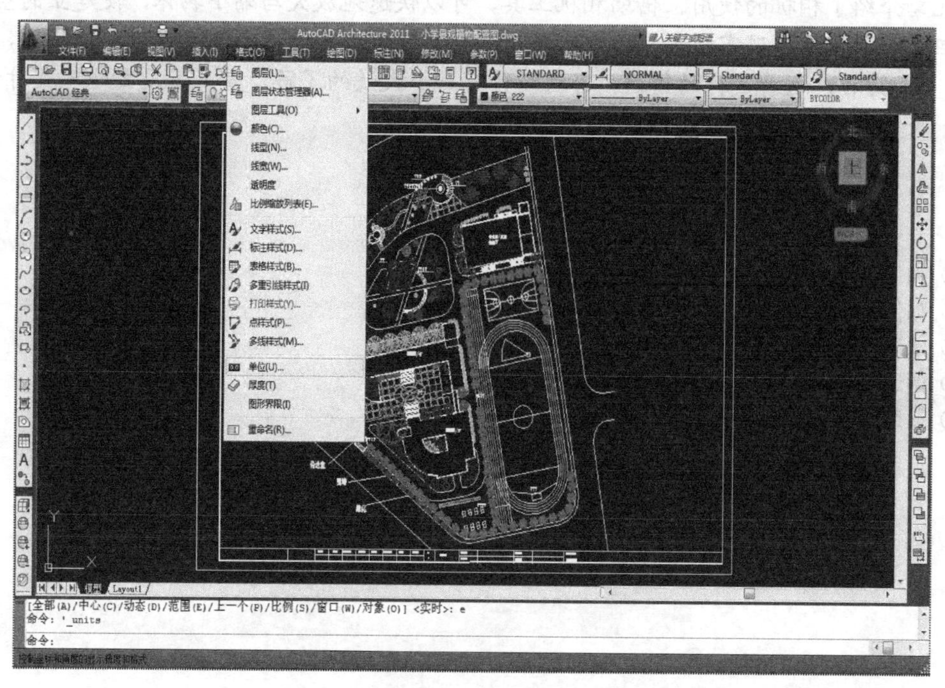

图 15-1　CAD 二维图形导出前的设置

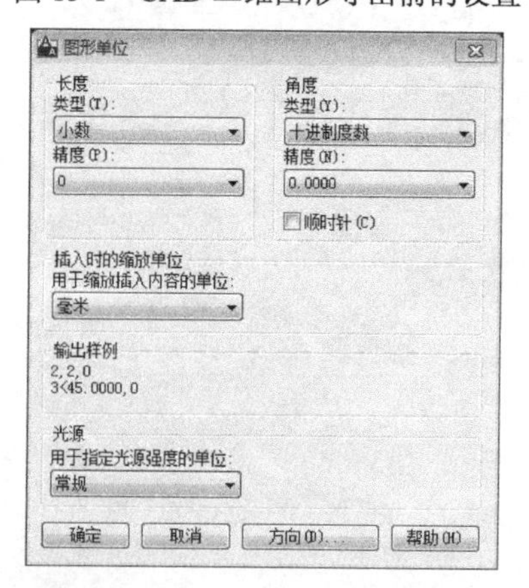

图 15-2　图形单位设置

（2）单击“图层选项”面板，关闭植物层、铺装层等后期建模不需要的图层，如图 15-3、图 15-4 所示。

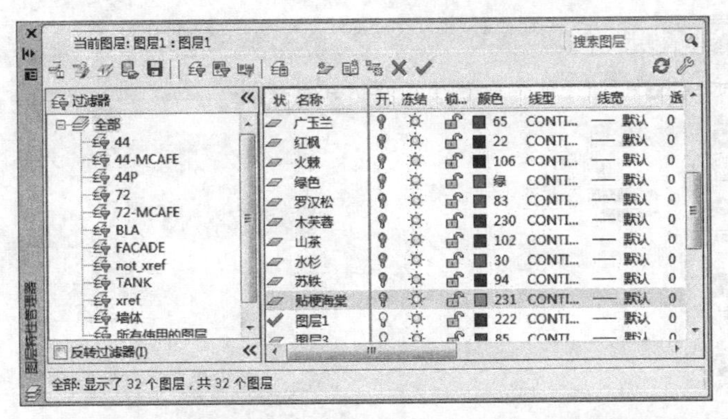

图 15-3　关闭不需要的图层

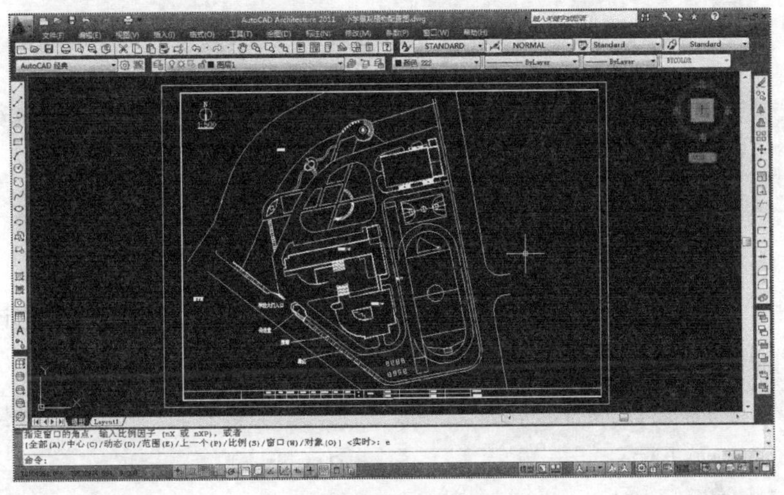

图 15-4　处理后的二维图形

（3）将处理好的图形文件另存为 AutoCAD2004 格式，单击“保存”后退出 AutoCAD，如图 15-5 所示。

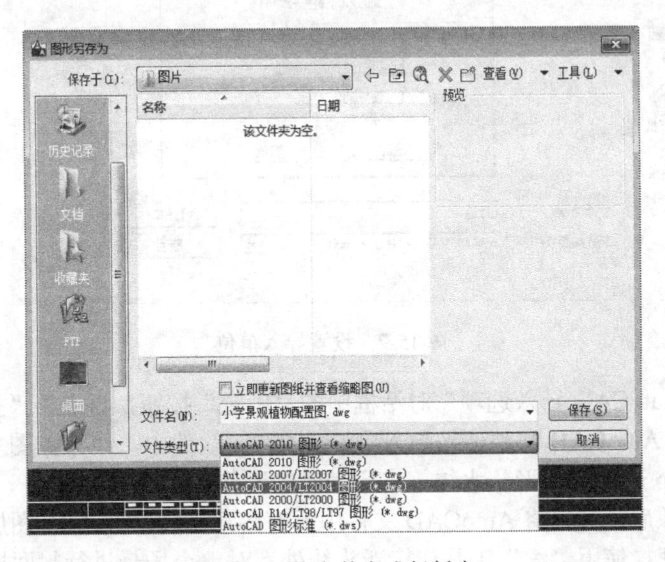

图 15-5　将文件存成低版本

（4）打开 Sketch Up 软件，单击“文件”菜单选择“导入”选项，系统自动弹出“打开”对话框，在该对话框中选择 AutoCAD 文件类型和打开的文件名称，如图 15-6 所示。

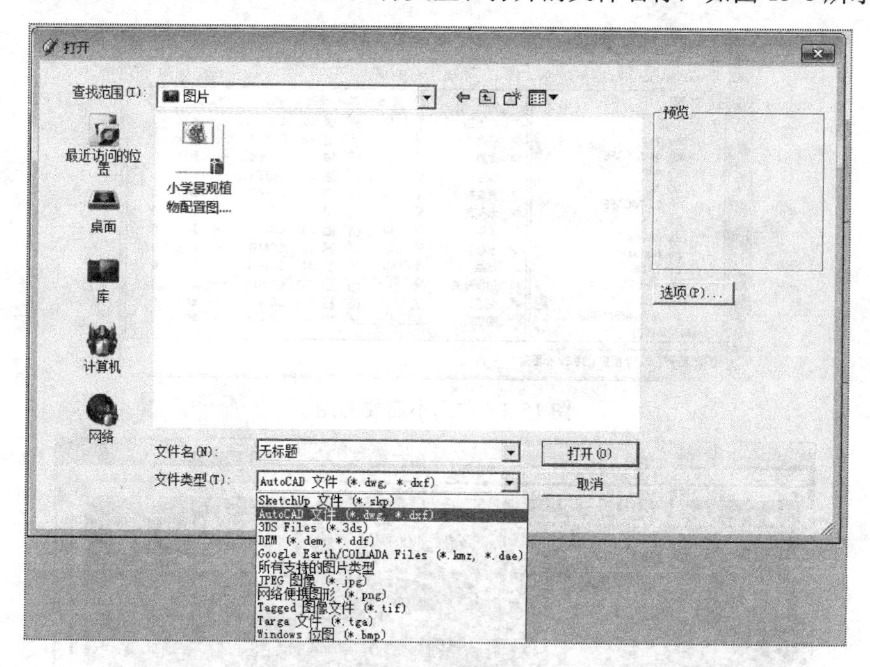

图 15-6　导入文件

（5）单击“选项”按钮，系统自动弹出“AutoCAD 导入选项”对话框，在该对话框中设置 Sketch Up 的单位，并且与 AutoCAD 软件单位保持一致，如图 15-7 所示。

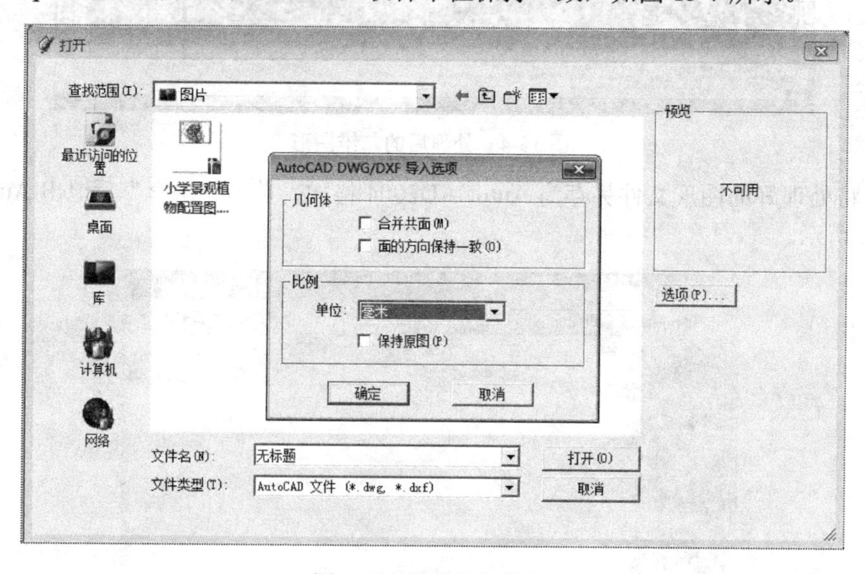

图 15-7　设置导入单位

（6）点击“AutoCAD 导入选项”对话框中的“确定”按钮，再点击“打开”对话框中的“打开”按钮，则 AutoCAD 文件便被导入到 Sketch Up 软件中，结果如图 15-8 所示。

2）Sketch Up 道路、地形、水体、广场铺装的制作

（1）导入图像后，首先将 AutoCAD 文件中所有图形都转换到“0”图层，然后对导入的图形进行封面处理：使用“线”工具连接断头线处，对整个场景进行封面操作，完成后如图

15-8 所示。

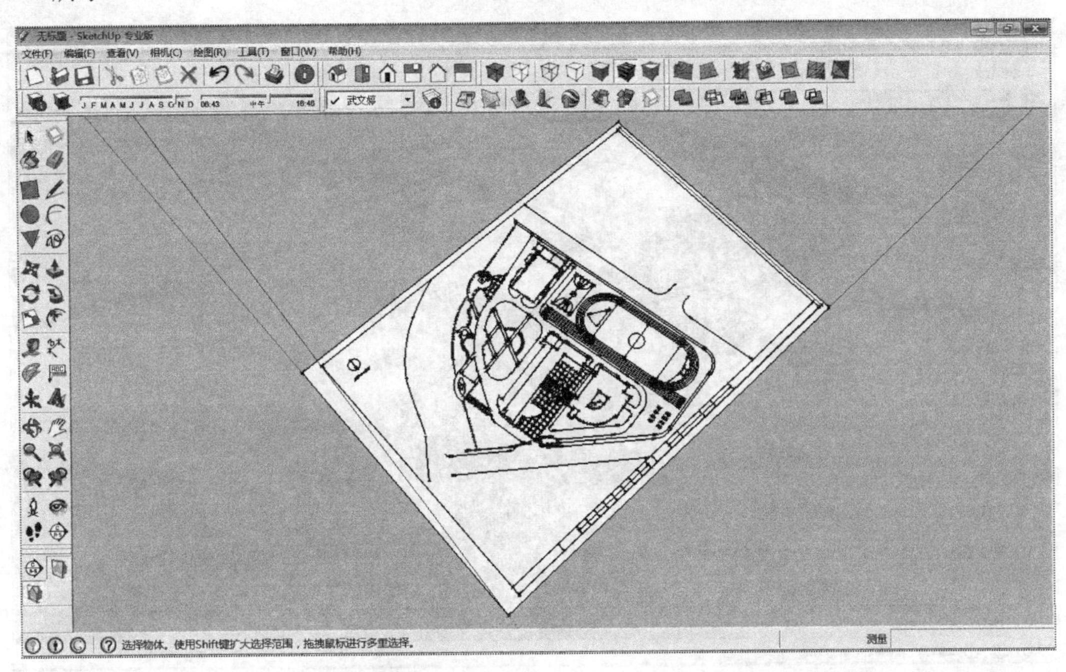

图 15-8　文件导入到 Sketch Up 软件中

（2）在导入方案中，场地地形相对平坦，没有较大的地形起伏，可以通过“推/拉”工具分别对道路、水体进行建模。首先使用“推/拉”工具将场地中的水体向下拉伸 500 mm，如图 15-9 所示。

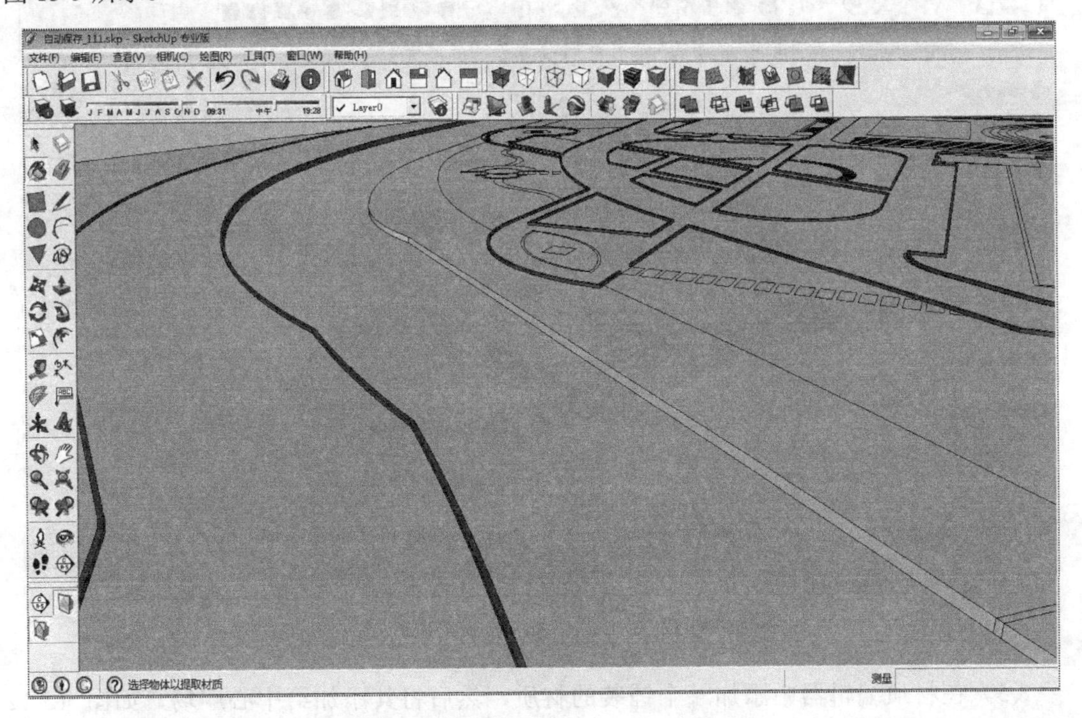

图 15-9　“推/拉”道路和水体

（3）打开“材质”工具，单击“创建材质”按钮，在材质库中找到水的材质并将材质填充给模型，如图 15-10 所示。

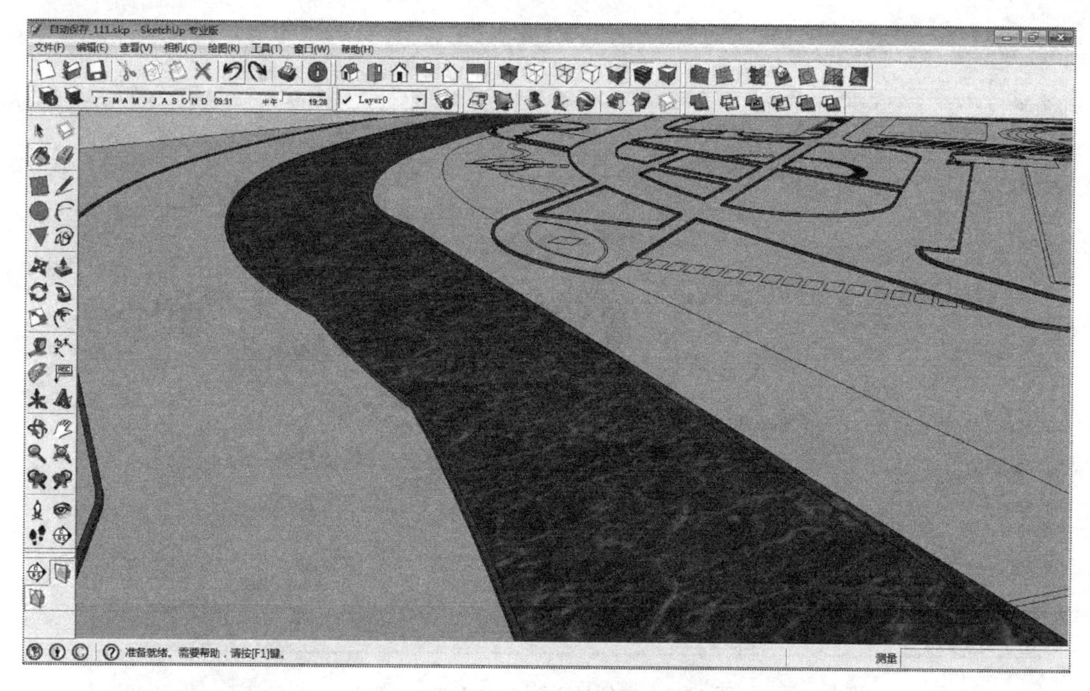

图 15-10　添加水的材质

（4）用同样的方法将材质添加给道路和绿地，如图 15-11 所示。

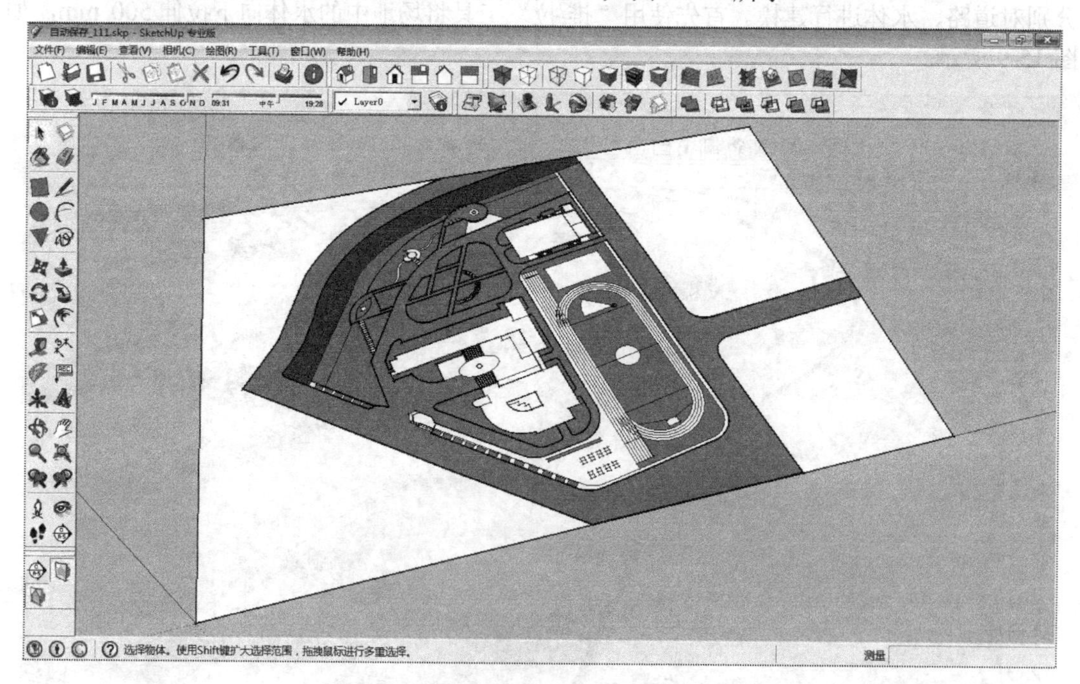

图 15-11　添加道路和绿地的材质

（5）在材质编辑器中添加一个铺装的材质，然后将其添加给中心广场，如图 15-12 所示。

（6）将材质添加给对象后，还需要设置贴图的坐标，一般不建议用调整大小数值的方法，而是采用设置贴图位置的方法来改变贴图的位置和大小。选择贴图所在的面，然后在右键菜单中执行“贴图”下的“位置”命令，如图 15-13 所示。

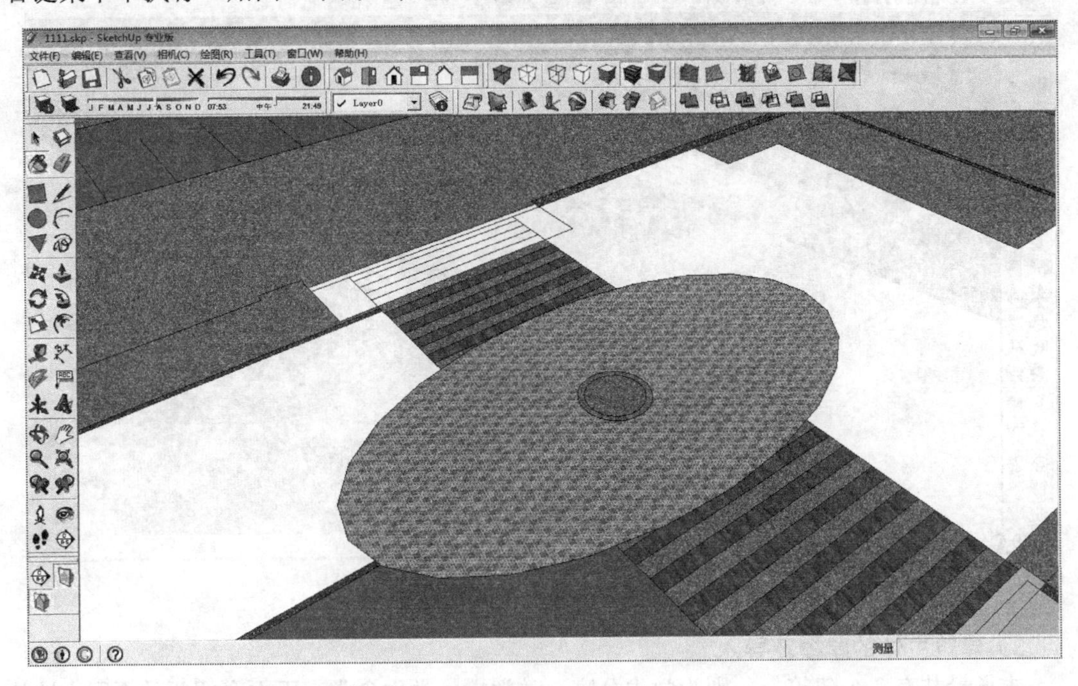

图 15-12　添加铺装

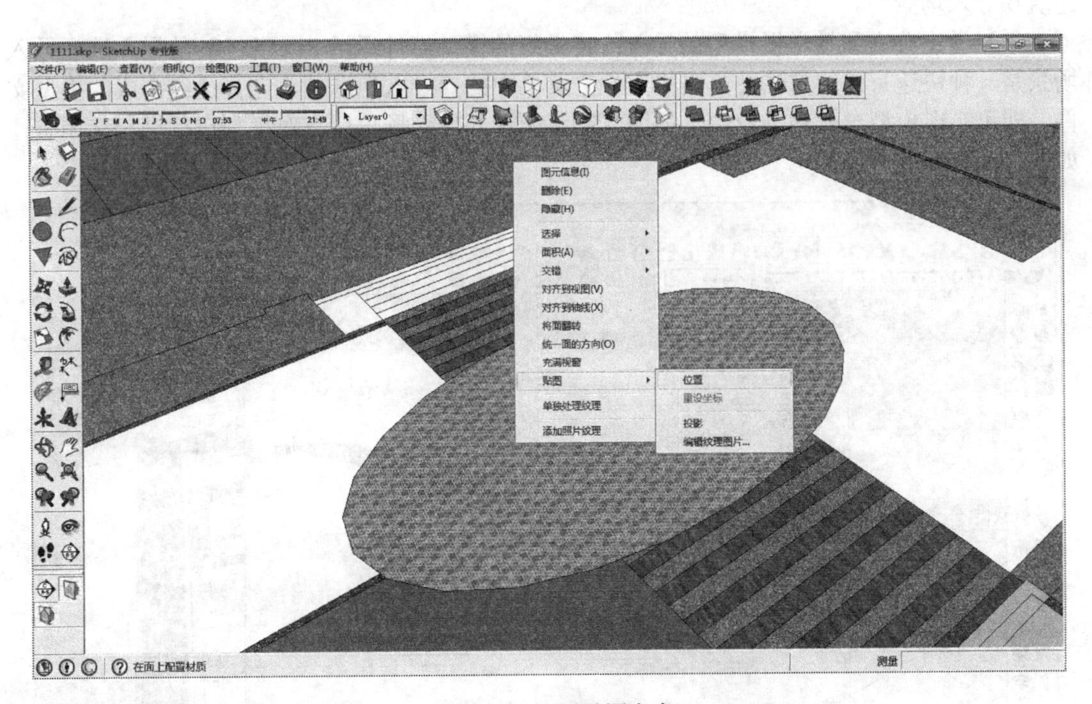

图 15-13　调用贴图命令

（7）在“缩放旋转”别针中拖动圆圈标志，等比例拉伸贴图，然后结合“移动”别针将贴图纹理调整到合适的大小及位置，如图 15-14 所示，完成后按 Enter 键完成贴图位置的调整。

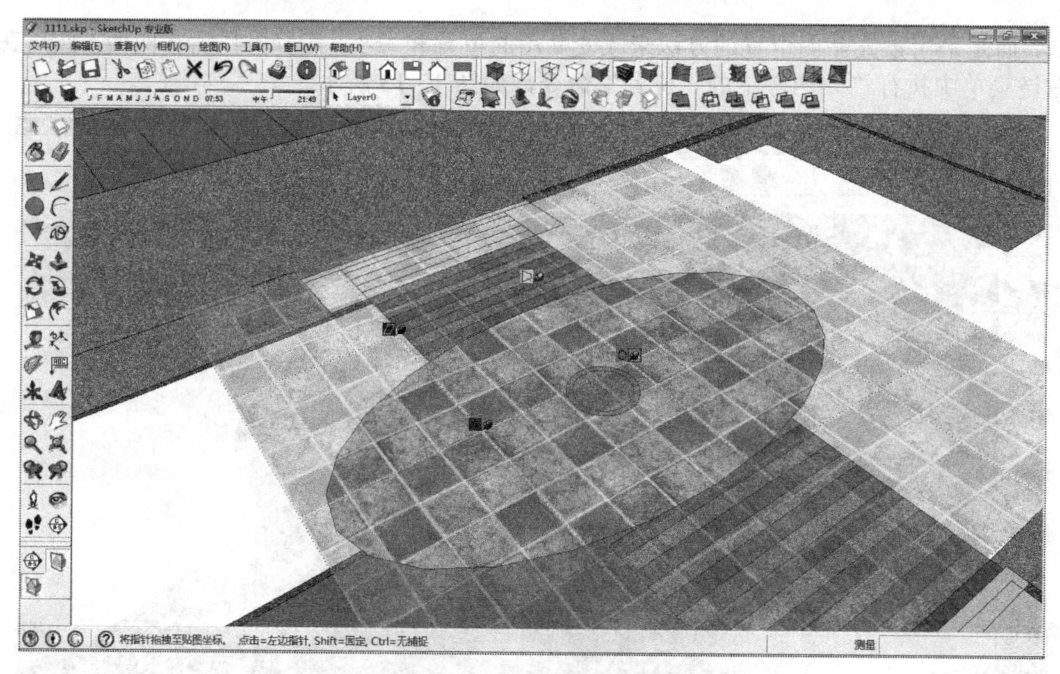

图 15-14 调整材质的参数

3）建筑主体的建模及导入

本场景共有 3 个建筑，分别为学生公寓、教学楼、学生食堂。下面介绍两种不同方法将建筑物导入场景中。

（1）学生公寓和教学楼模型的导入：将做好的模型组件通过 Sketch Up 的导入选项导入场景是一种快速有效的方法，单击“文件”菜单中的“导入”选项，选择已经完成的模型文件，即可实现模型导入到场景中，如图 15-15 所示。导入场景后，对模型进行进一步调整，如图 15-16 所示。

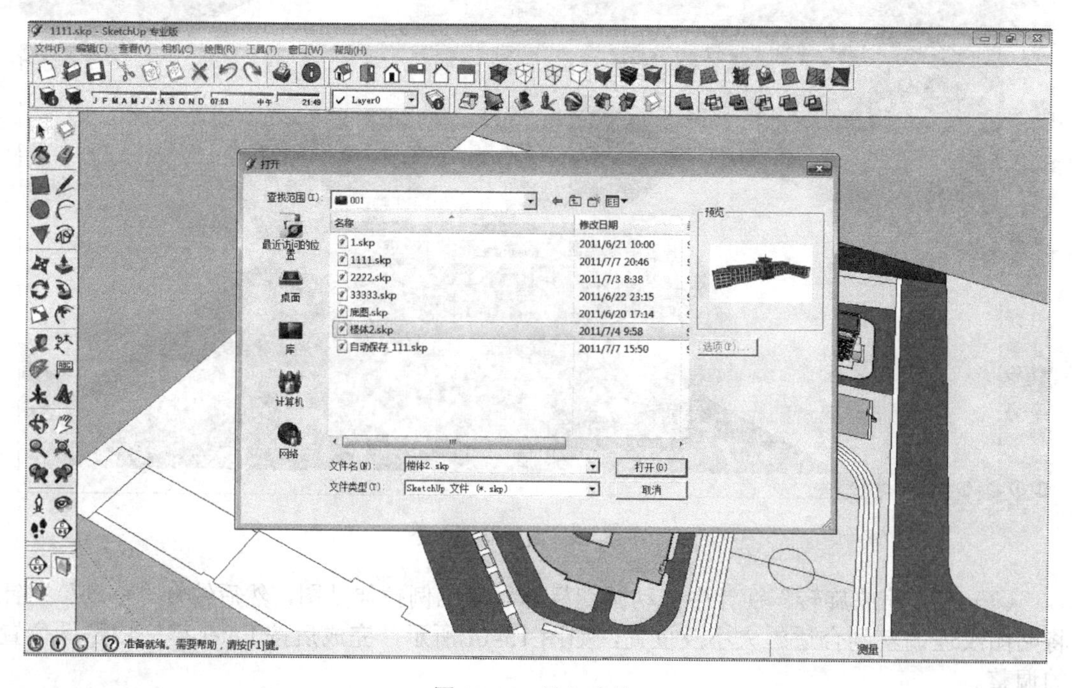

图 15-15 导入建筑

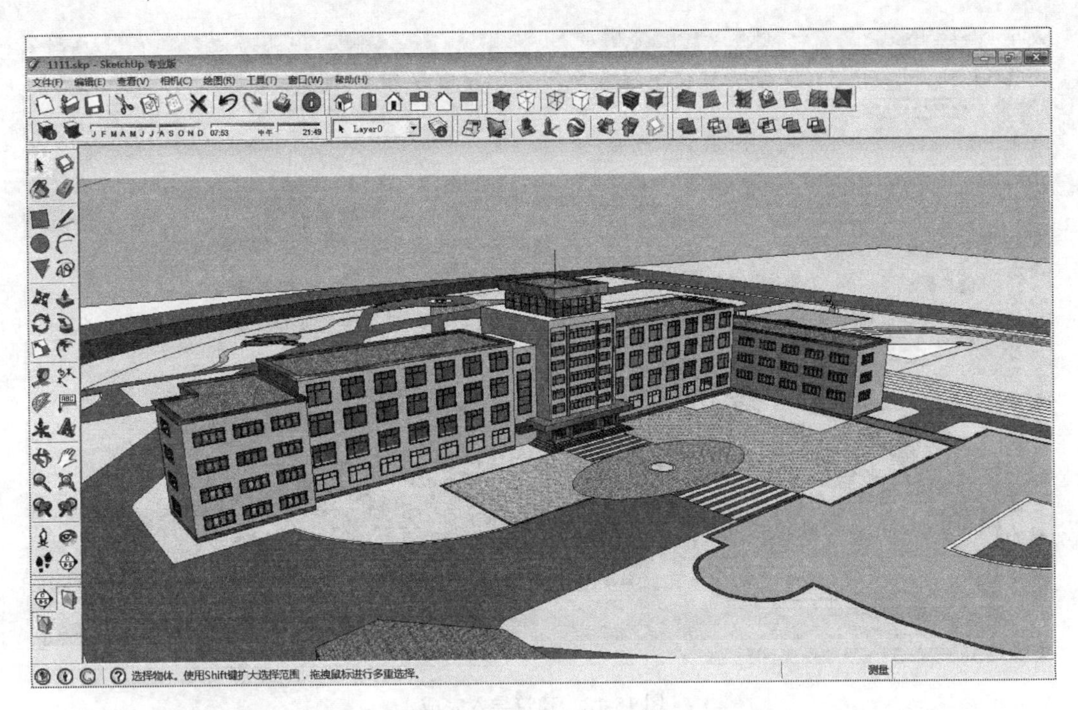

图 15-16　对建筑进行微调

（2）学生食堂模型的下载：Sketch Up 提供了模型下载功能，可以方便地在网上下载适合场景的模型。单击菜单工具栏中的“获取模型”按钮，打开如图 15-17 所示的界面，在对话框中输入要下载的模型名称，即可将模型导入到场景中。将主建筑的模型导入到场景中，方便下一步的渲染，导入后如图 15-18 所示。

（3）将模型增加光影效果，单击“阴影切换显示”按钮，调整阴影参数，最终得到完整的图形，如图 15-19 所示。

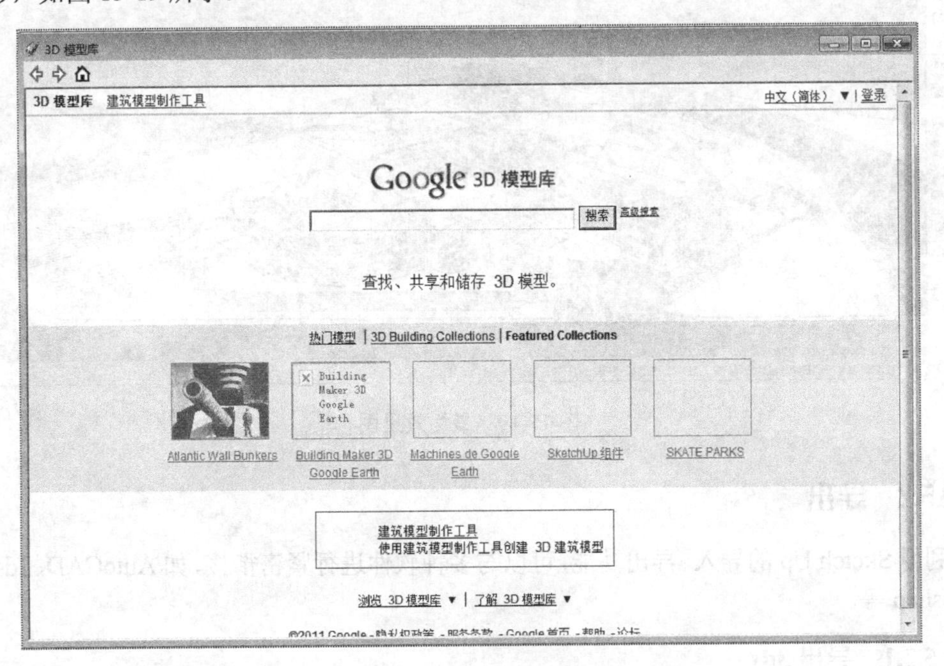

图 15-17　下载建筑模型

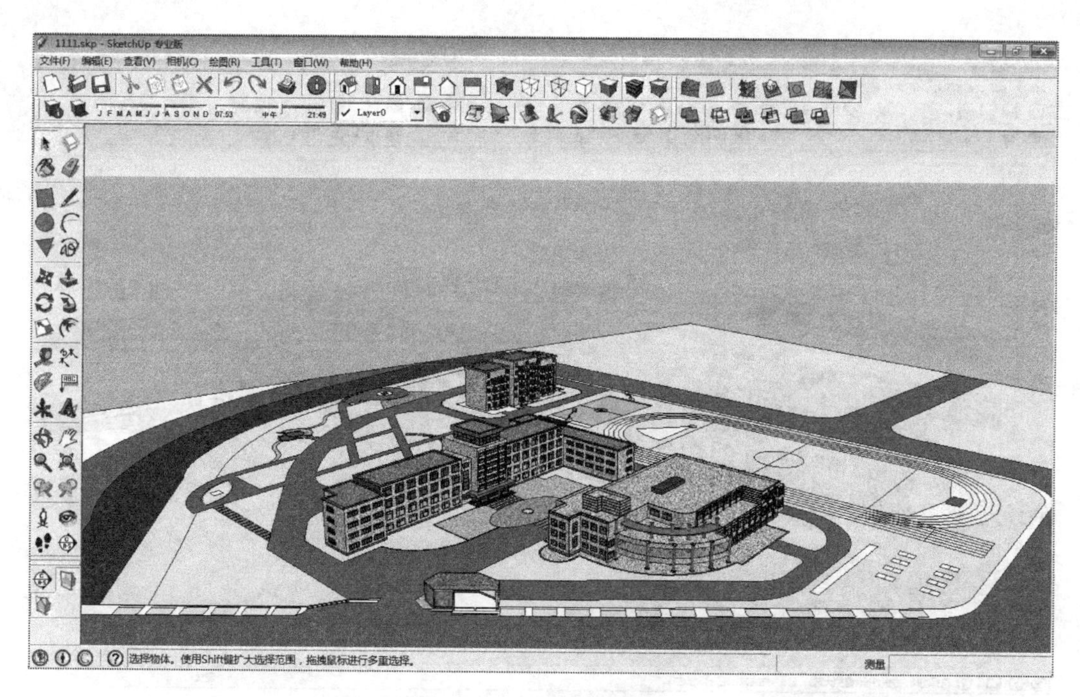

图 15-18 建筑导入完成

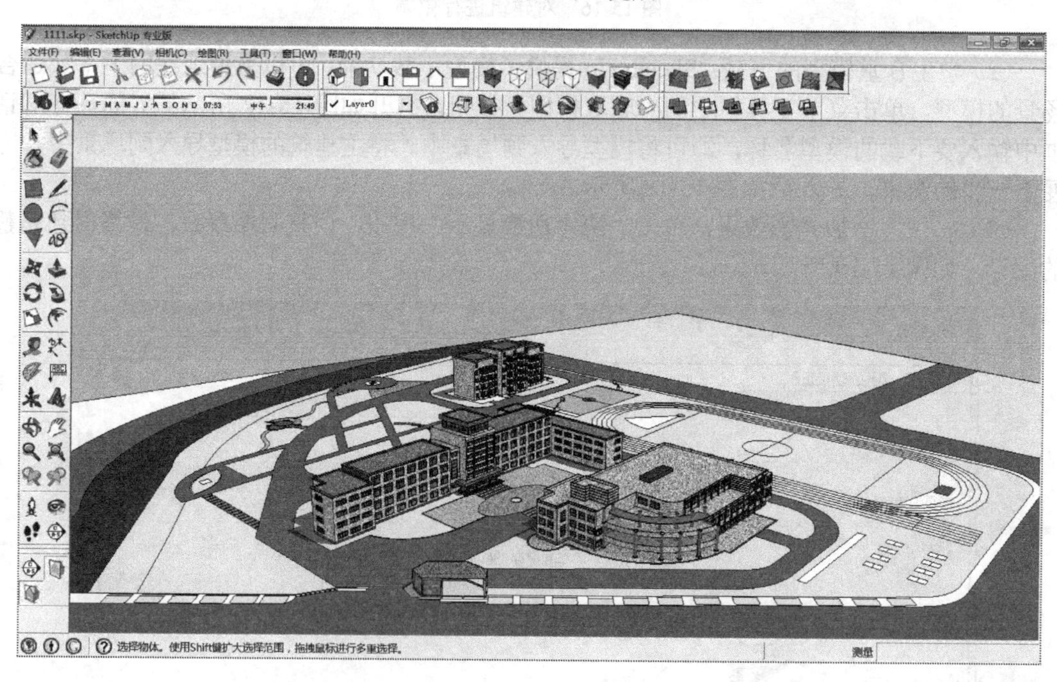

图 15-19 最终效果图

15.2 导出

利用 Sketch Up 的导入、导出功能，可以与多种软件进行紧密衔接，如 AutoCAD、3dsMax、Photoshop 等。

15.2.1 导出 3ds

运行文件菜单，点击“导出”子菜单中的“三维模型”选项，系统自动打开标准保存文件对话框，在导出类型栏中选择 3D Studio (*.3ds)即可导出模型文件。可以按当前设置保存文件，也可以点击“选项”按钮进行设置，如图 15-20 所示。

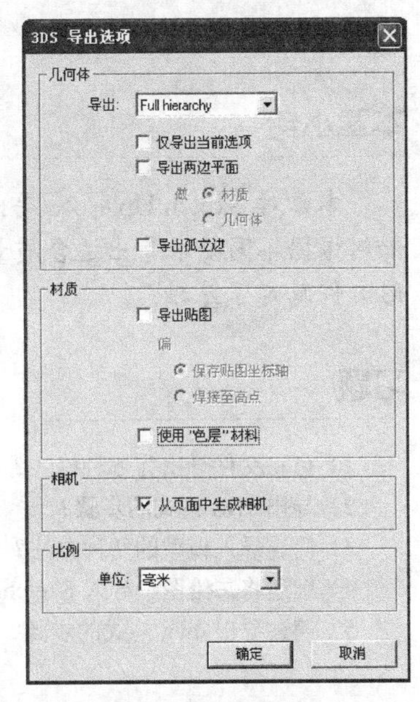

图 15-20　导出选项

导出类型如下。

（1）按几何体导出：对 Sketch Up 模型进行分析，按几何体、组和组件定义来导出各个物体。任何嵌套的组或组件都将整合为一个物体。

（2）导出材质贴图：导出 3DS 文件时也将 Sketch Up 的材质导出。

（3）导出双面：Sketch Up 两个面都可以渲染，正反两面可有不同的材质。

15.2.2　导出 dwg

Sketch Up 能导出 3D 几何体为几种 AutoCAD 格式：DWG r14、DWG r2000、 DXF r14、DXF r2000。Sketch Up 使用工业标准的 Open DWG Alliance 文件导入/导出模型库来确保和 AutoCAD 的最佳兼容性。导出 CAD 文件，如图 15-21 所示。

首先，选择文件菜单导出子菜单中的三维模型选项，系统自动弹出一个标准的保存文件对话框，在导出类型下拉列表中选择适当的格式，单“确定”即完成导出。若需要详细设置，则点击“选项”按钮进入 DWG/DXF 导出选项对话框。

注意：导出选项 Sketch Up 可以导出面、线（线框），或辅助线。所有 Sketch Up 的表面都将导出为三角形的多义网格面。导出 AutoCAD 文件时，Sketch Up 使用当前文件单位。

15.2.3　导出 jpg

Sketch Up 允许导出 JPG、BMP、TGA、TIF、PNG 和 Epix 等格式的二维光栅图像，如图 15-22 所示。

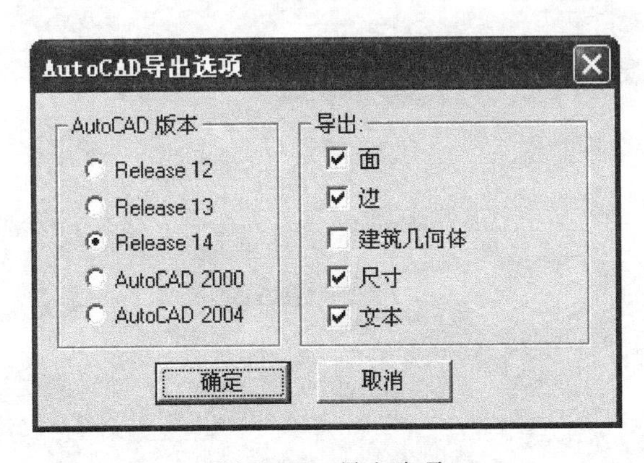

图 15-21　导出选项

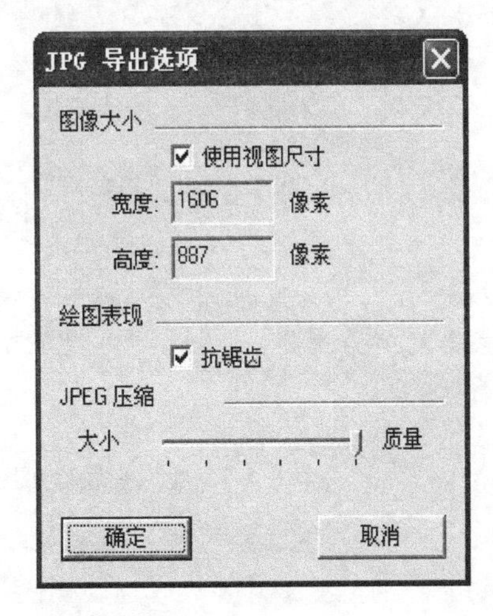

图 15-22　导出选项

导出 JPG 文件的基本步骤如下。

（1）先在绘图窗口打开需要导出的模型视图。

（2）设置好视图后，从文件菜单中指定命令（文件→导出→光栅图像）。

（3）在导出类型下拉列表中选择适当的格式，点击“选项”按钮进入导出选项对话框设置相关参数。

本章小结

本章对 Sketch Up 导入/导出项的格式、类型及模型的分类进行了详细介绍，着重讲解了如何根据不同要求导出适合质量的图形文件，为后期利用其他设计软件进一步加工、完善图形文件奠定了基础。

习题

1）可将文件导出为哪种格式？
2）导出 3DS 格式的步骤？
3）简述导入模型的两种方法？
4）细述将二维图形导入 Sketch Up 的步骤？
5）简述导出 dwg 格式的步骤？

16　Sketch Up 茶室建模实例

操作步骤如下。

（1）打开 Sketch Up 软件，设置单位为 mm，切换至顶视图，在平面上绘制一个矩形，绘制时使图形尽量靠近坐标原点，各尺寸如图 16-1 所示。

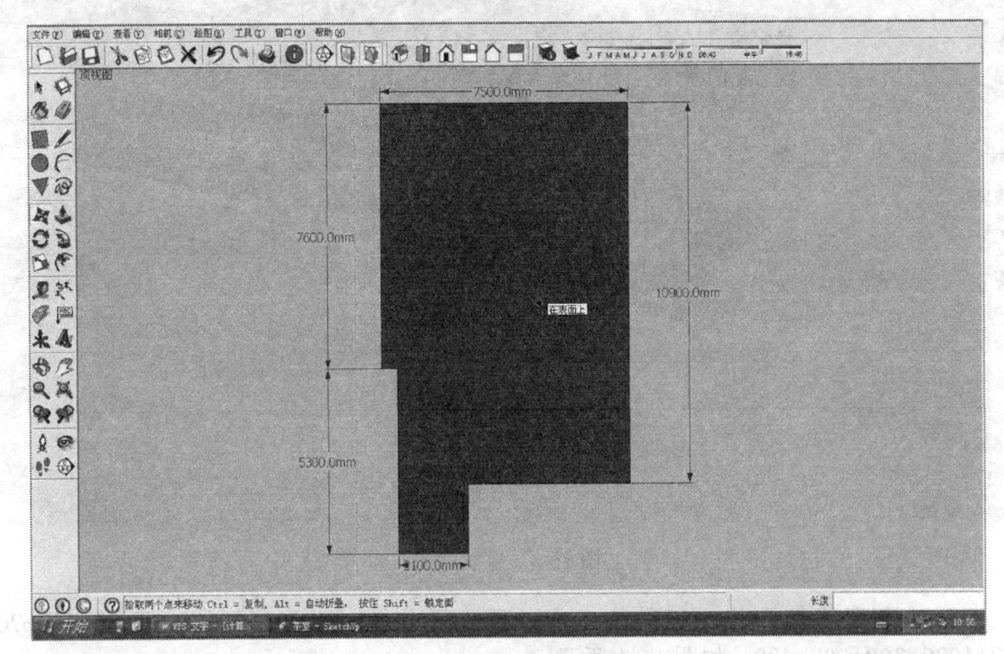

图 16-1　设置单位，建立矩形

（2）将图形用“推/拉”工具向上推出 2800 mm，如图 16-2 所示。

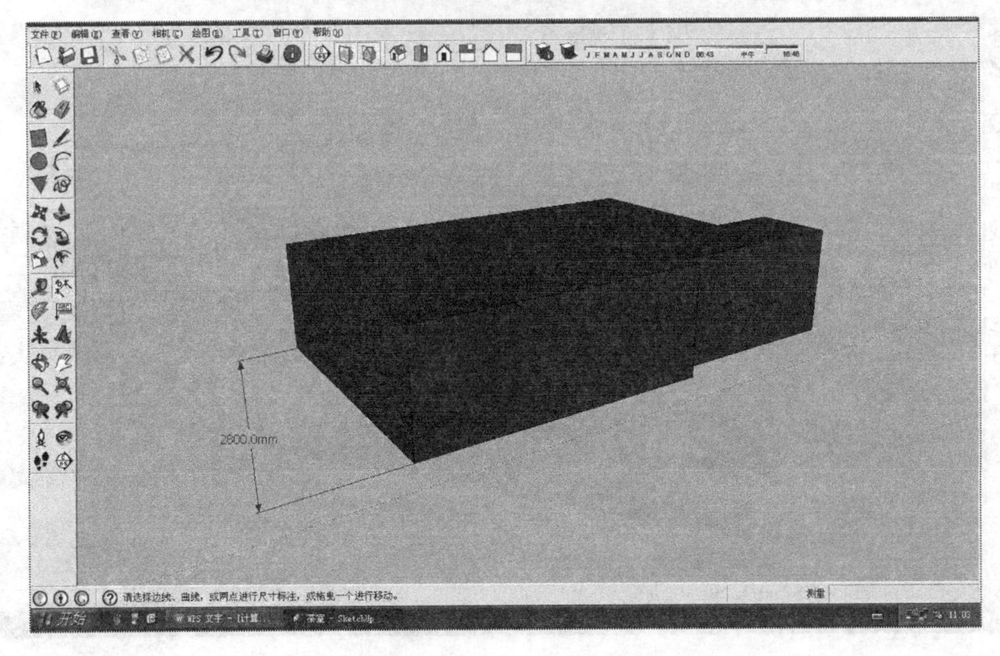

图 16-2　使用“推/拉”工具向上推出 2800 mm

（3）绘制 200 mm 的白色墙裙，如图 16-3 所示。

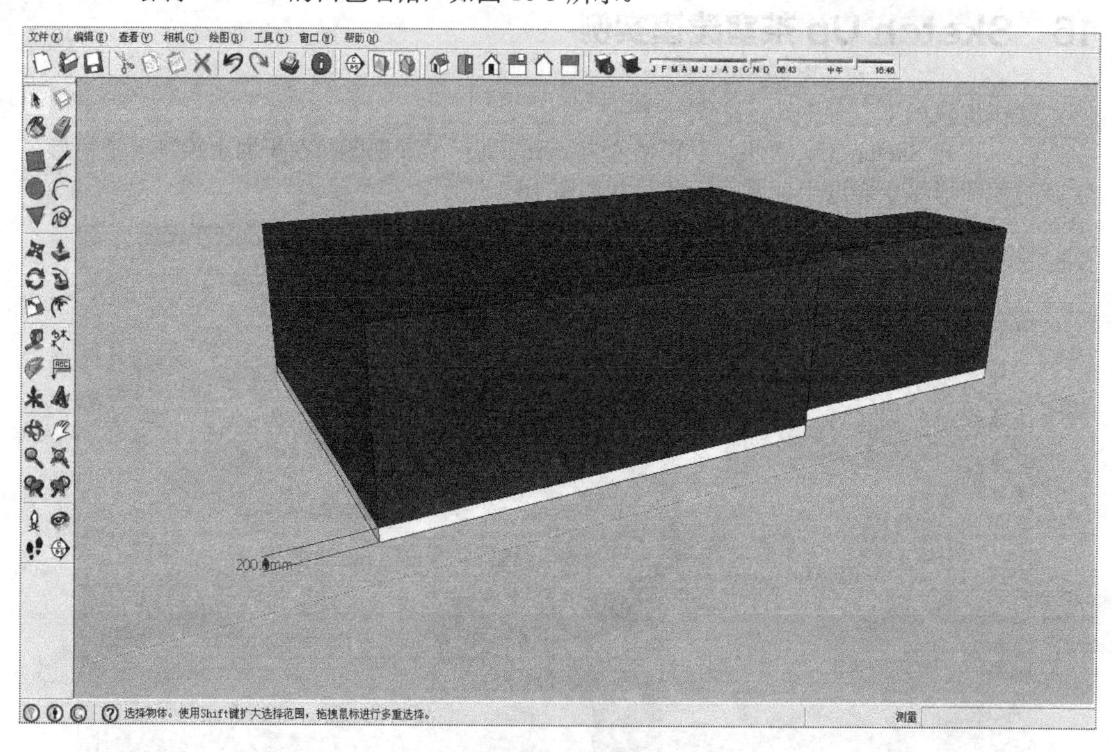

图 16-3　绘制墙裙

（4）绘制竖直辅助线，辅助线之间的距离分别为：400+2200+700+2400+400+700+2400+1000+300+900+400，如图 16-4 所示。

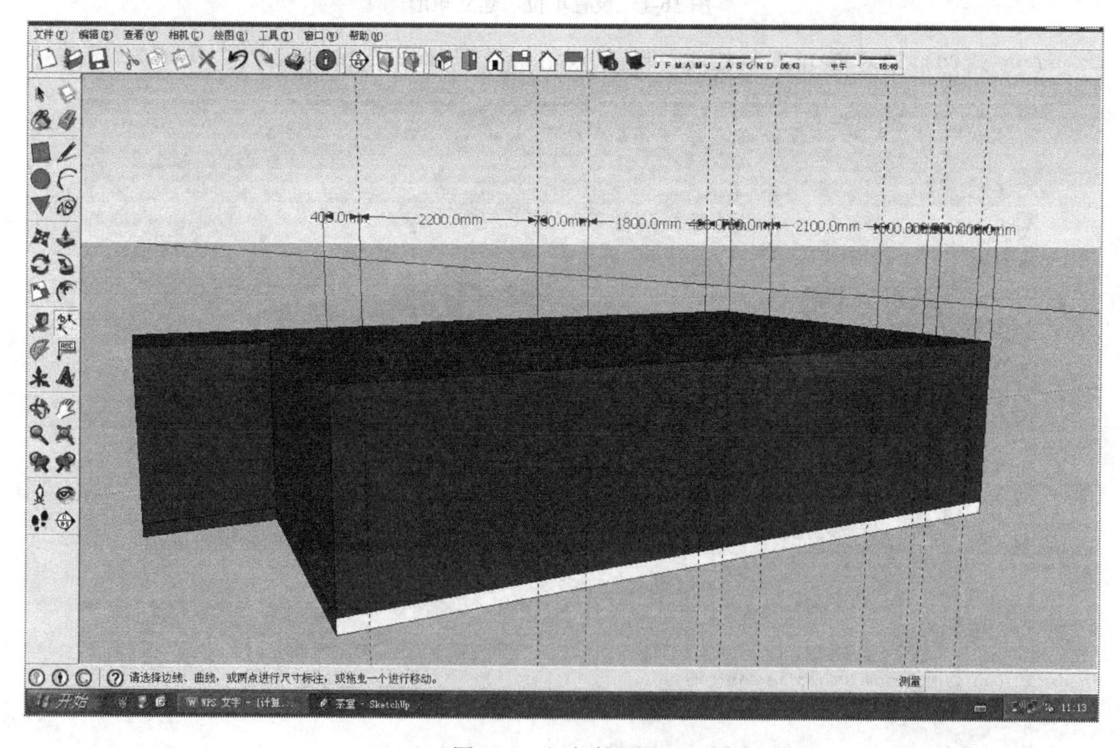

图 16-4　添加辅助线

（5）依据辅助线的位置，绘制窗口的立面图，距离为 1100+1200，如图 16-5 所示。

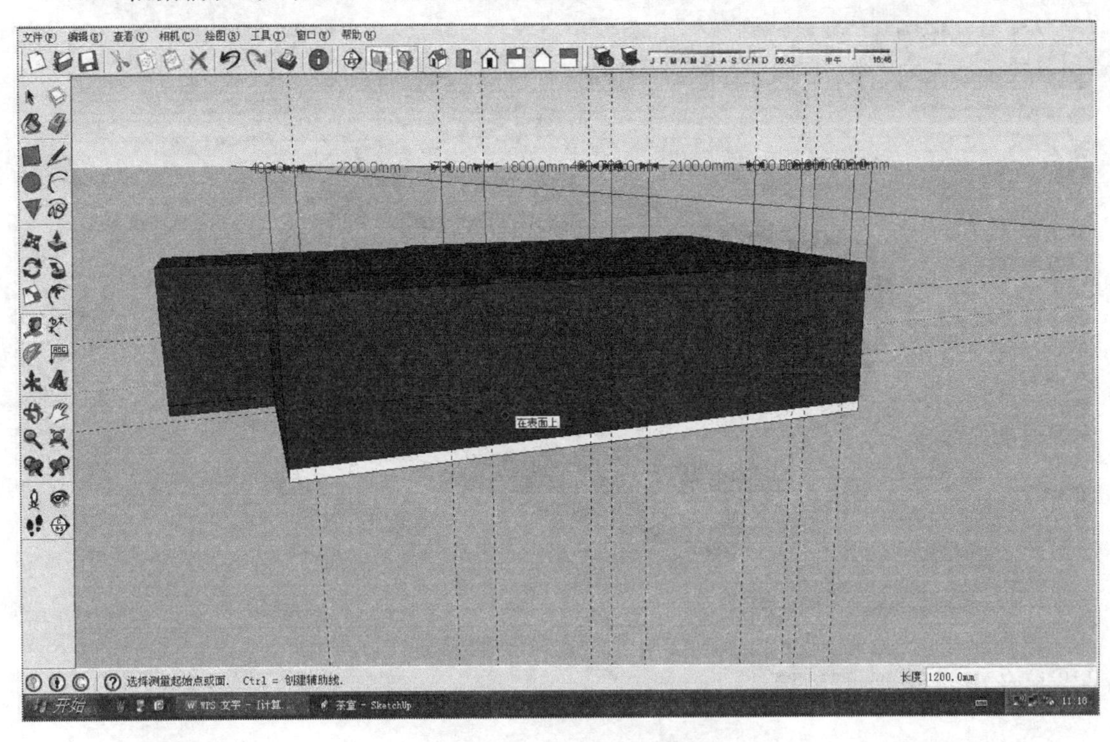

图 16-5 绘制窗口立面

（6）将窗口切换到立面图进行窗户的绘制，如图 16-6 所示。

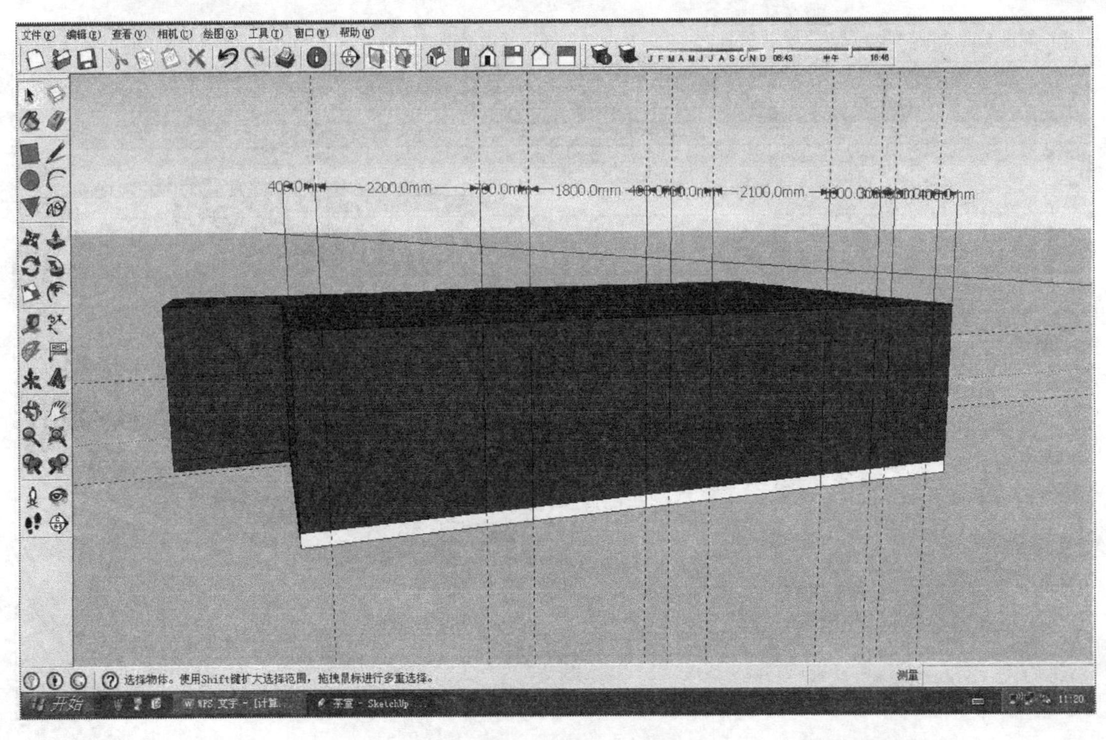

图 16-6 切换视图绘制窗户

（7）将窗口进行“推/拉”，推拉距离为：150+0+400+150+400。如图 16-7 所示。

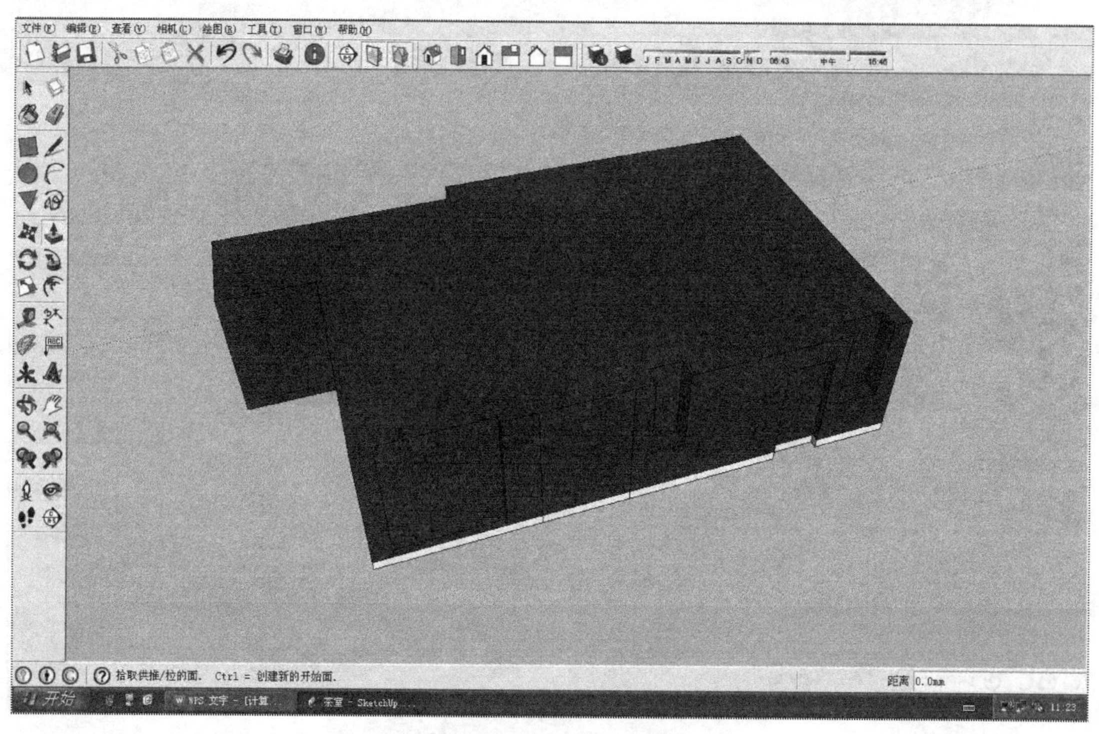

图 16-7 “推/拉”窗口

（8）在侧立面绘制 2400×1200 的长方形，向内推拉 150。如图 16-8 所示。

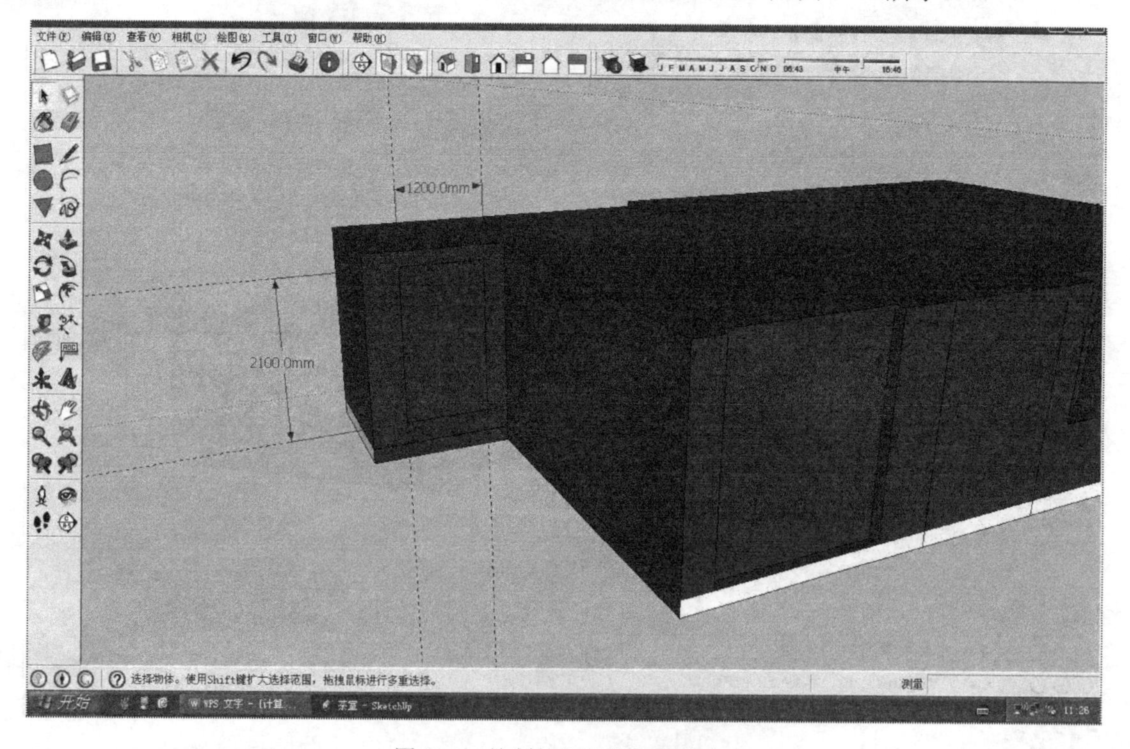

图 16-8 绘制长方形并向内推/拉

（9）将另一个立面用偏移复制命令向内偏移 300 并向内推拉 500，如图 16-9 所示。

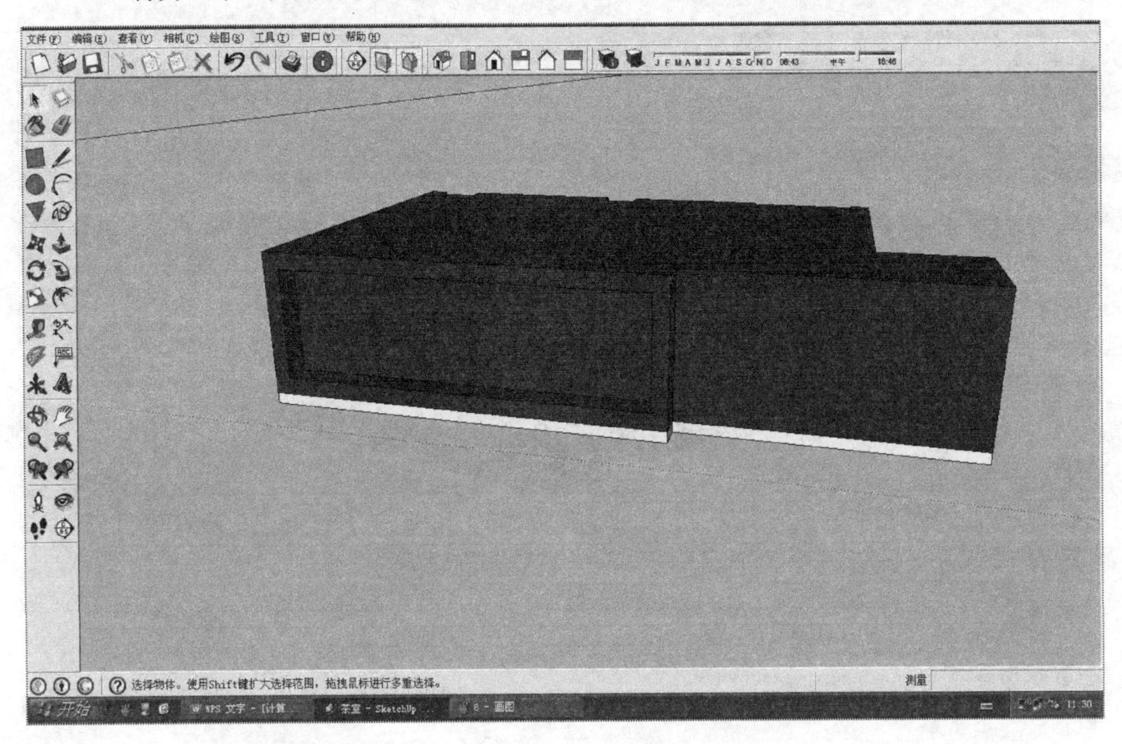

图 16-9　执行“偏移”和“推/拉”命令

（10）在另一立面绘制 2400×2400 的门框，向内推拉 150。如图 16-10 所示。

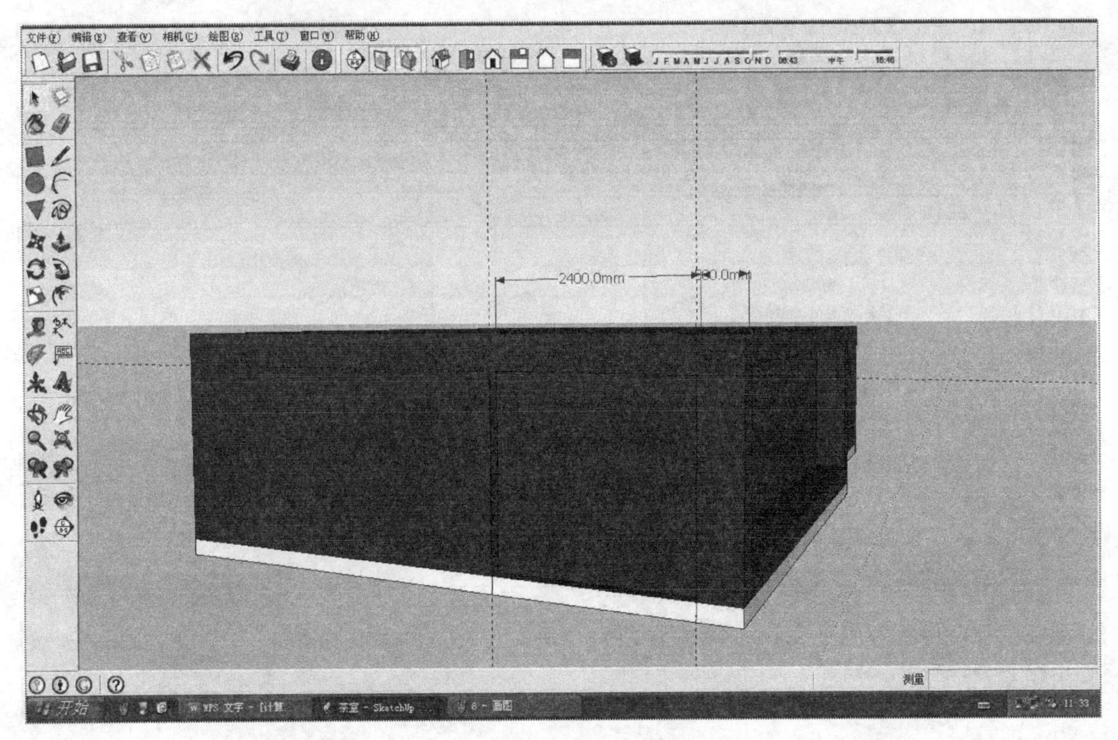

图 16-10　绘制另一立面

（11）将模型中的玻璃添加透明材质，如图 16-11 所示。

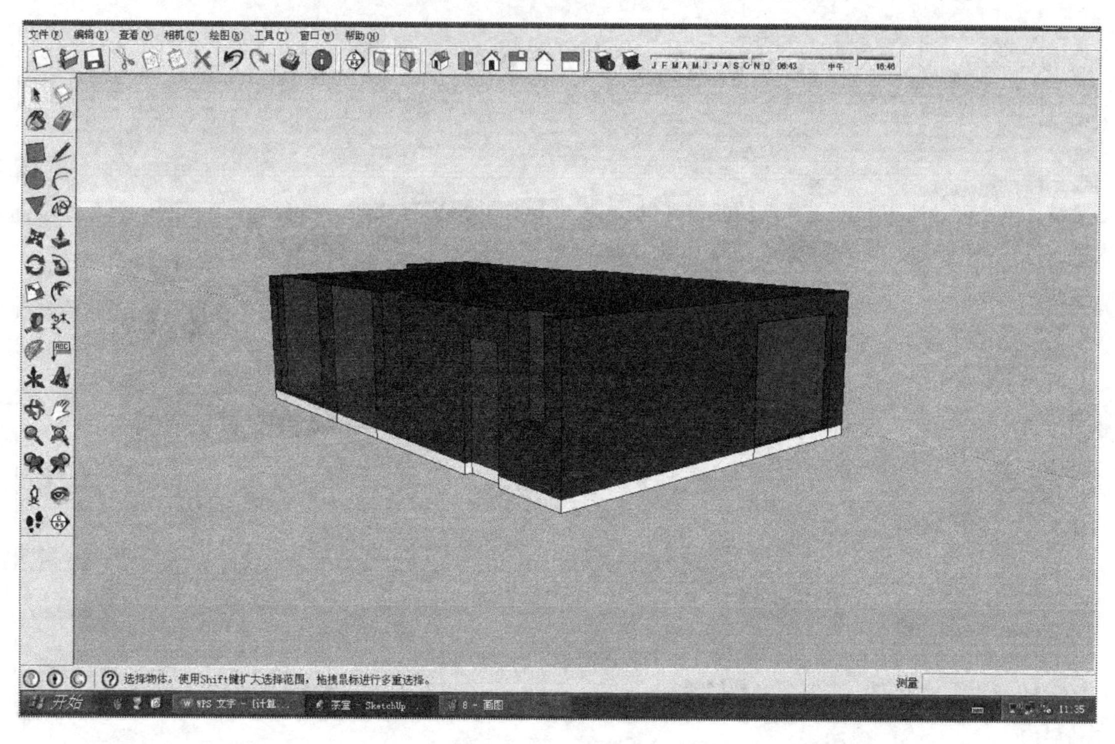

图 16-11　给玻璃添加透明材质

（12）在顶视图，另外绘制一个矩形，尺寸如图 16-12 所示。

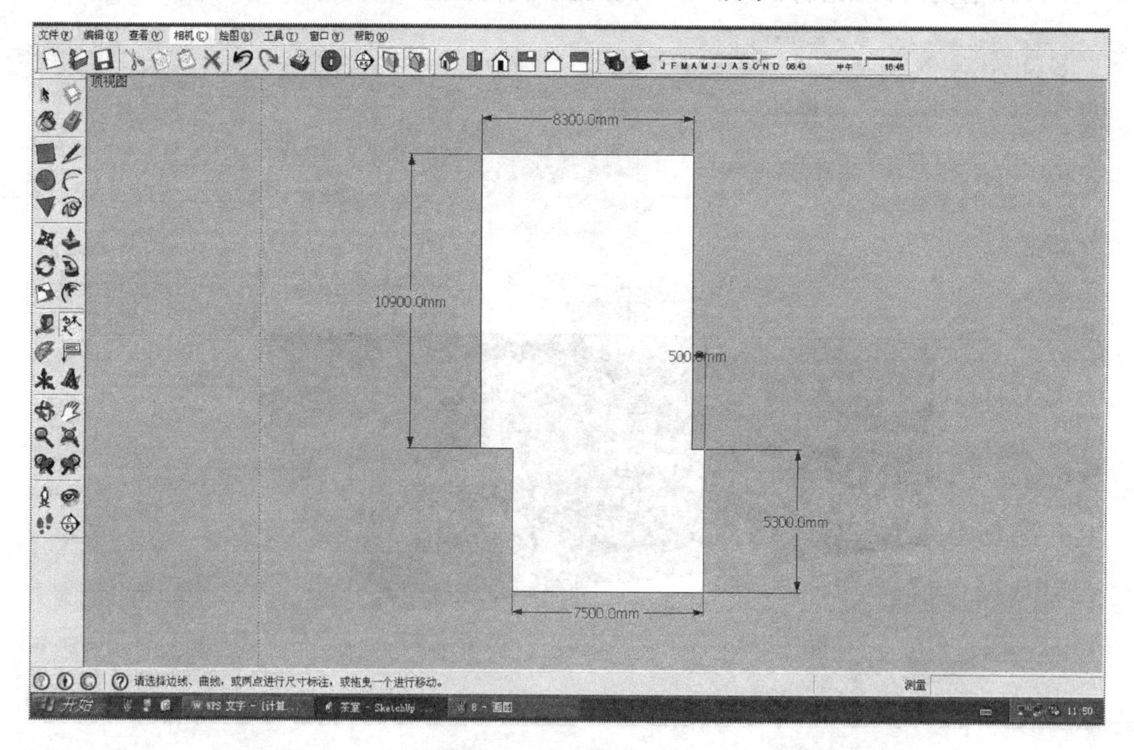

图 16-12　绘制另一矩形

（13）向上推拉 3600 mm，如图 16-13 所示。

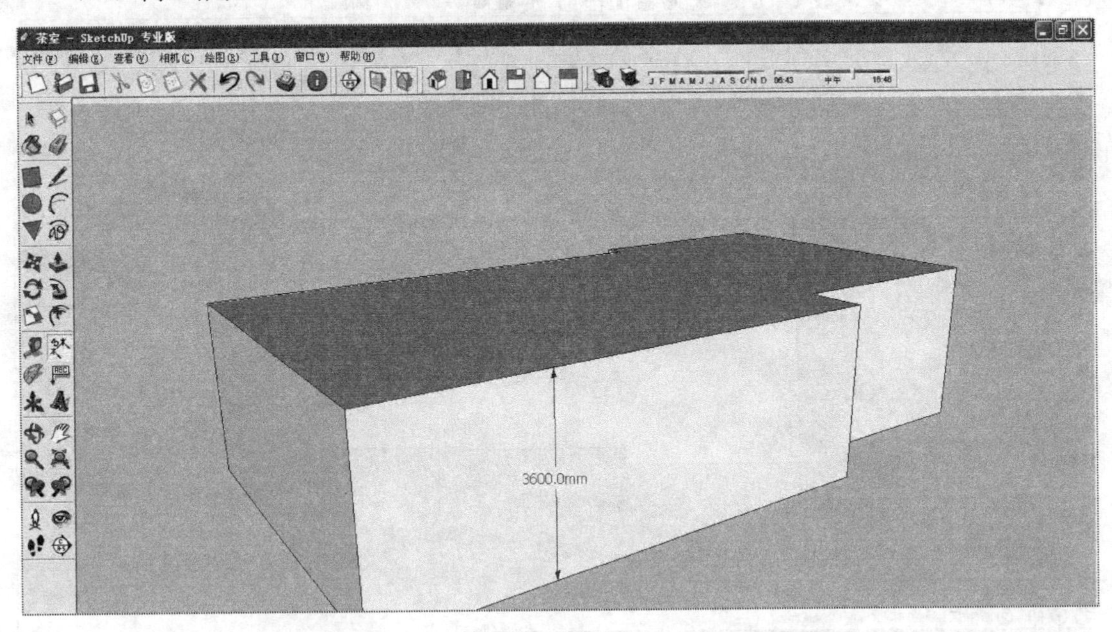

图 16-13　向上推拉 3600 mm

（14）在顶视图绘制一条直线，将物体分为两部分，并用推拉工具向下推拉 1000 mm，如图 16-14 所示。

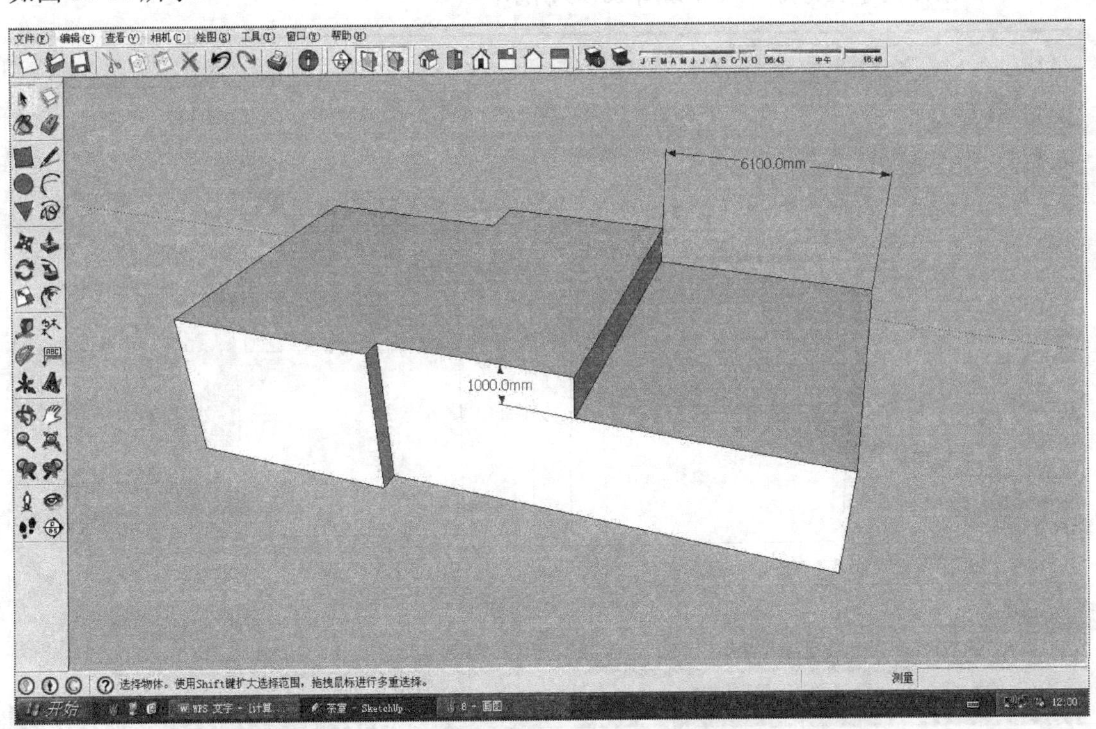

图 16-14　拆分几何体

（15）通过顶视图，绘制 300 mm 的窗框边线，如图 16-15 所示。

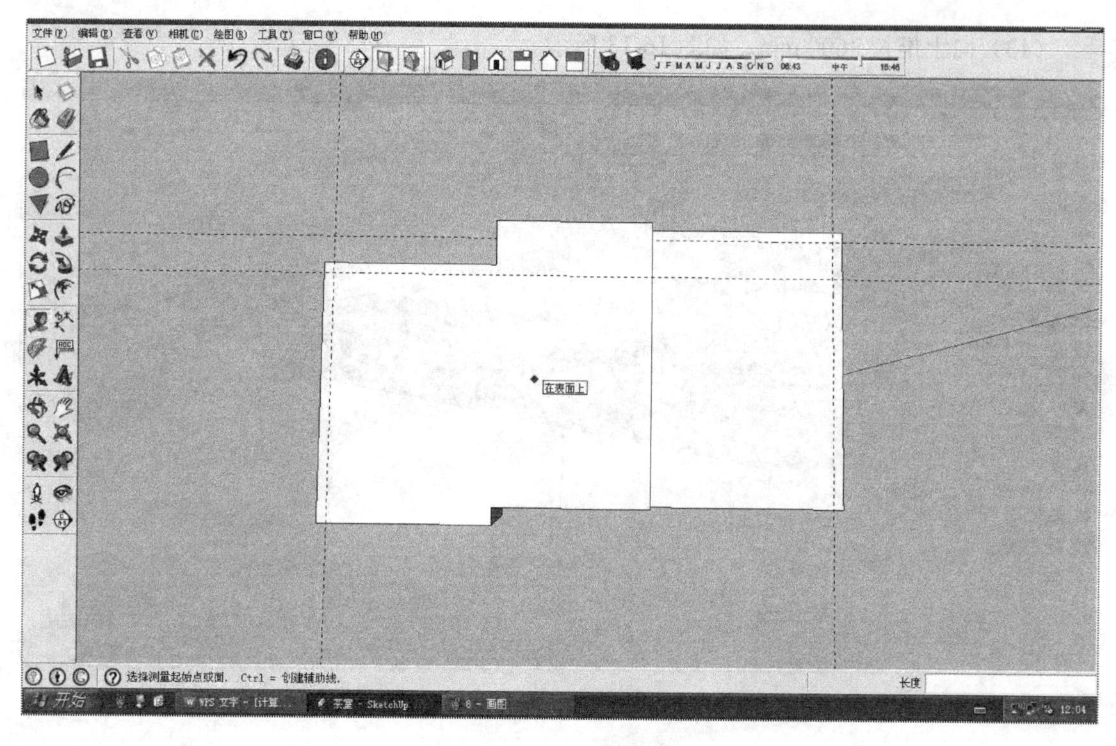

图 16-15　绘制窗框边线

（16）绘制两个长方形，尺寸如图 16-16 所示。

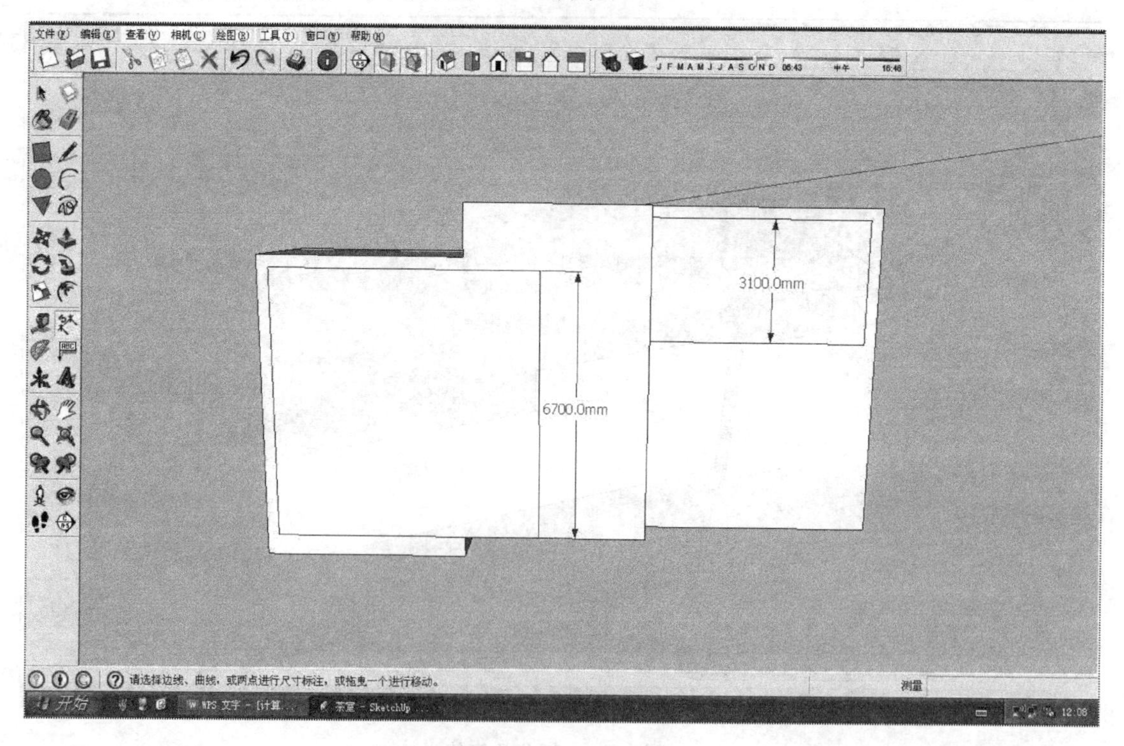

图 16-16　绘制两个长方形

（17）将两个长方形分别向下推拉如图 16-17 所示的尺寸。

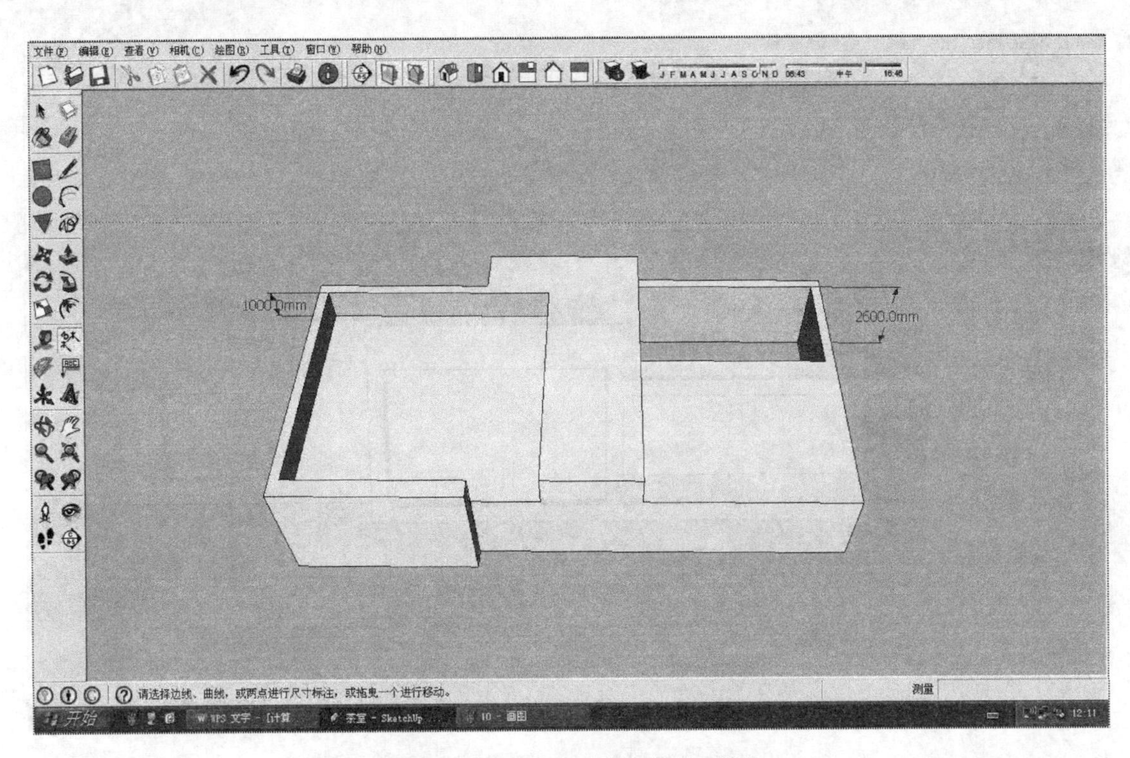

图 16-17　对已绘制的长方形进行推拉

（18）细化立面，在适当位置绘制窗户，并向内推拉 400，如图 16-18 所示。

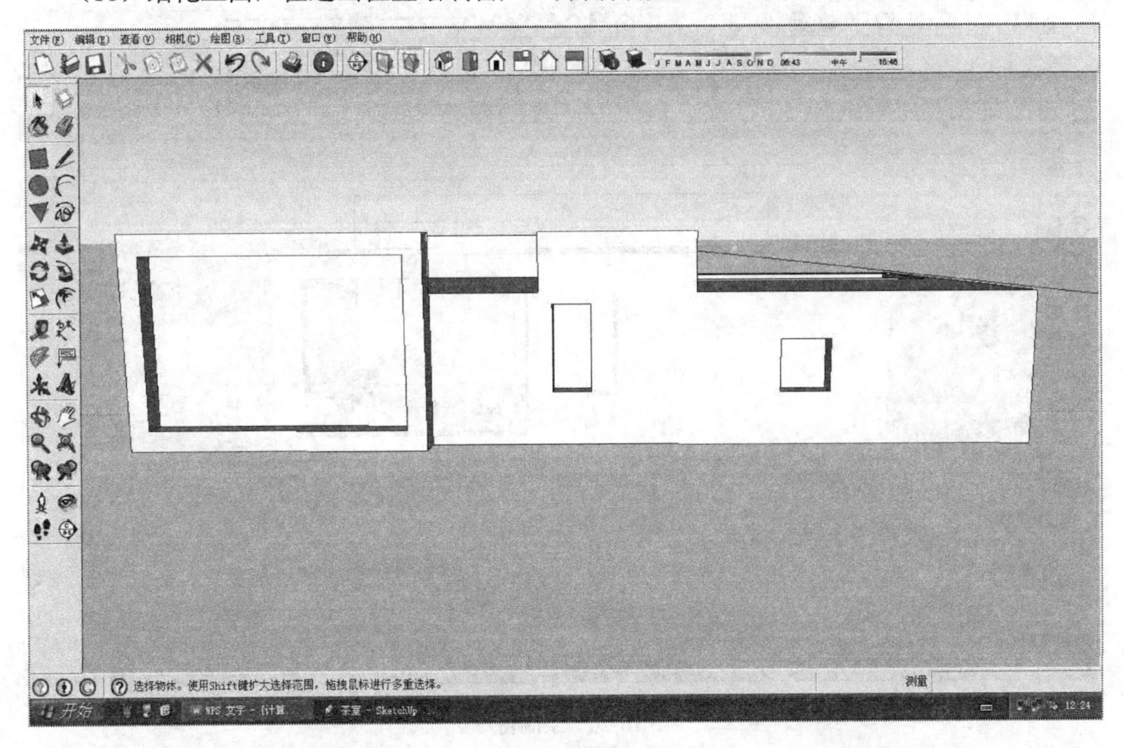

图 16-18　细化窗户

（19）在其他面同样进行开窗，并向内推拉 400，如图 16-19、图 16-20 所示。

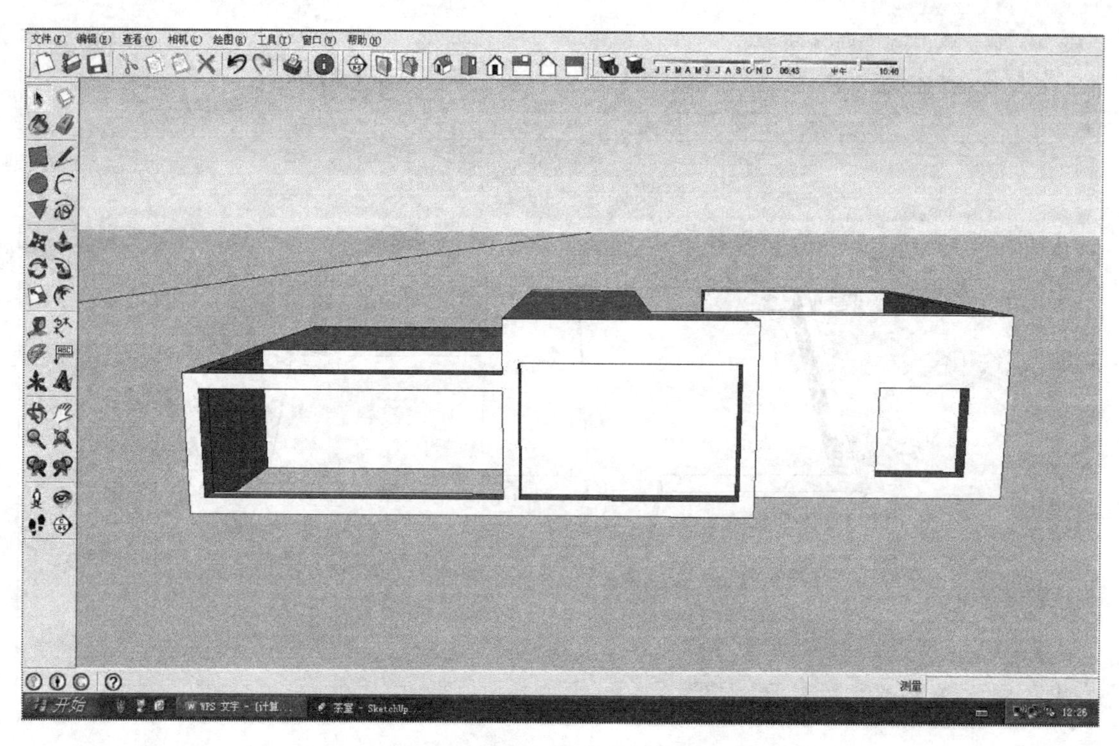

图 16-19　绘制窗户 1

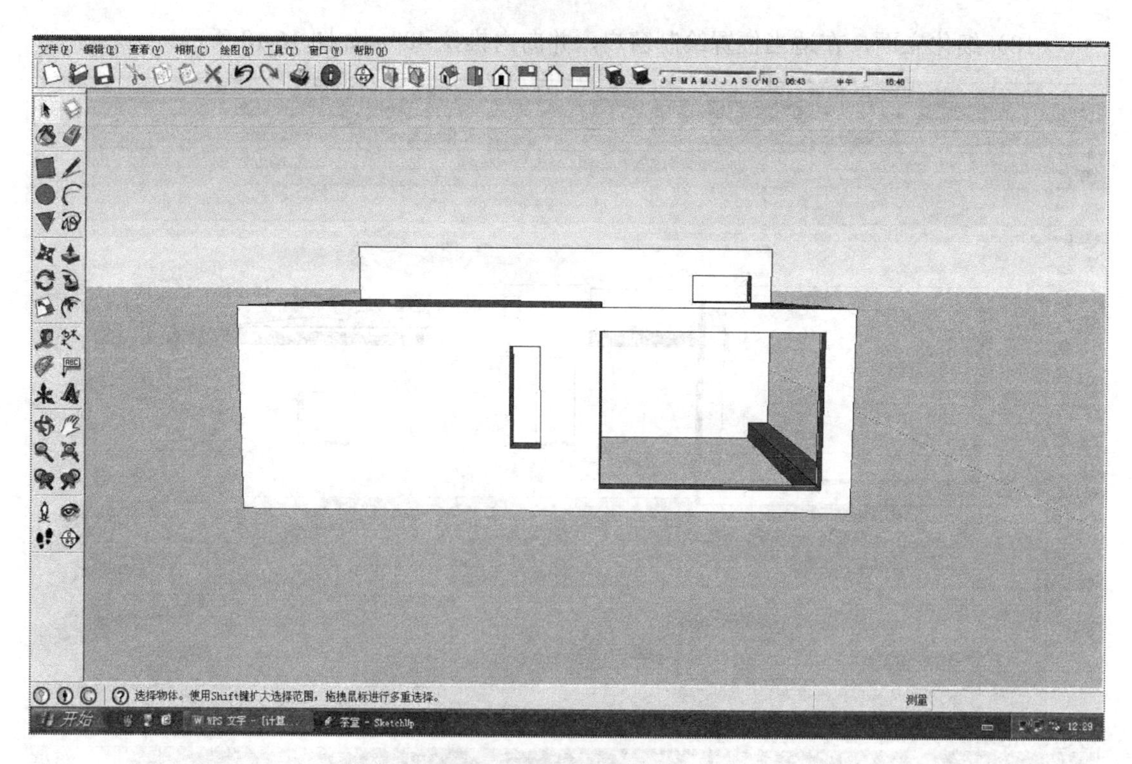

图 16-20　绘制窗户 2

（20）将所用的玻璃添加材质，如图 16-21 所示。

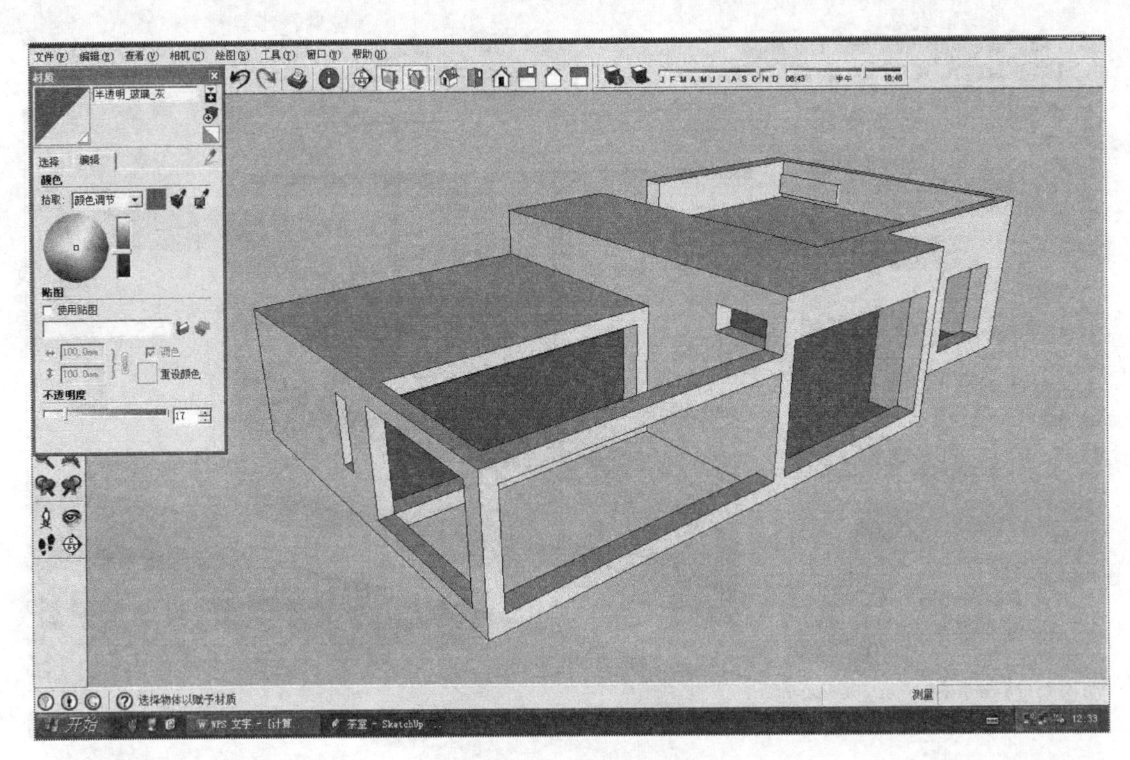

图 16-21　给玻璃添加材质

（21）移动做好的模型，以底部的边角为基准，使其与正立面相接，如图 16-22 所示。

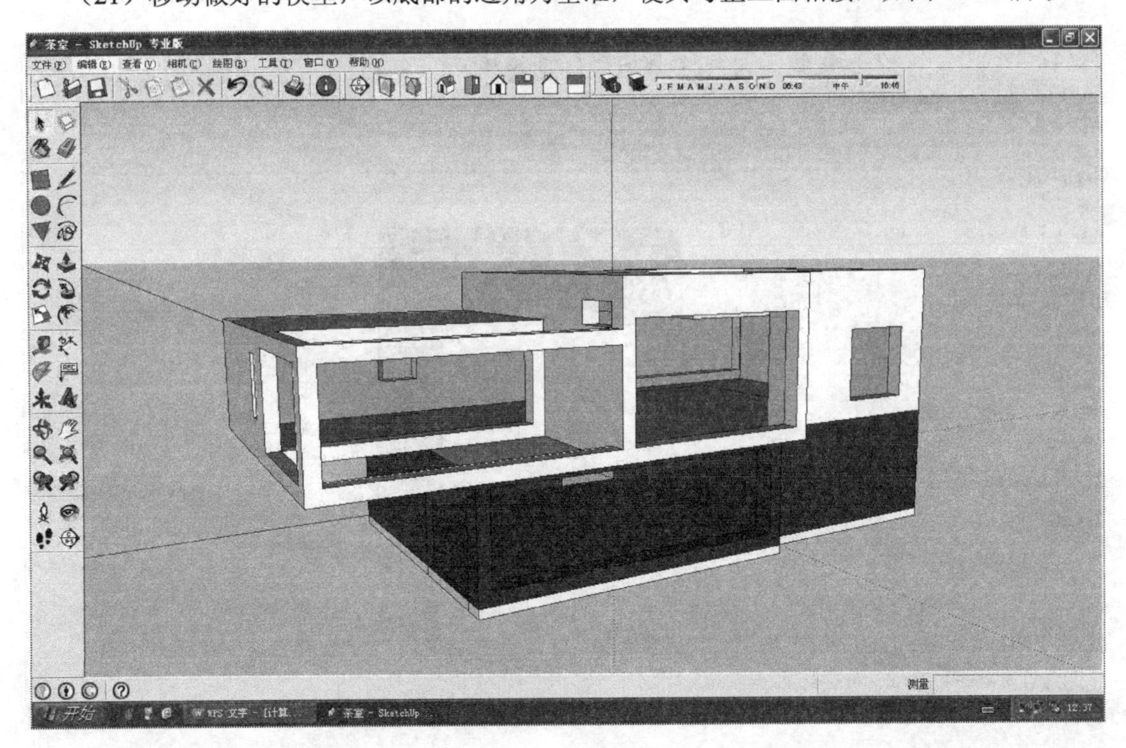

图 16-22　组合两模型

（22）制作模型细化的组件，加入窗框，将窗框外缘向内偏移 60，并用推拉工具向外推拉 60，如图 16-23 所示。

图 16-23 绘制窗框

（23）接下来介绍模型的组件做法，画一个图形尺寸如图 16-24 所示，并挤出 2400。

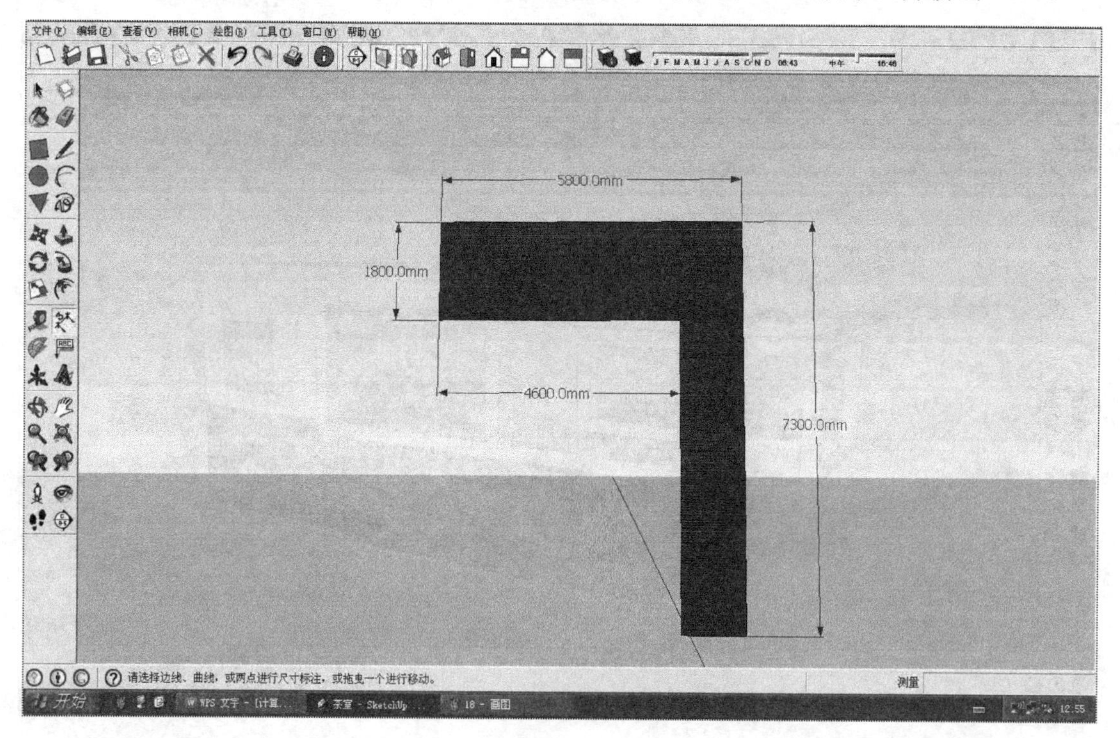

图 16-24 制作模型几何体

（24）在正立面一侧偏移 400，并向内推拉 200 赋予材质，如图 16-25 所示。

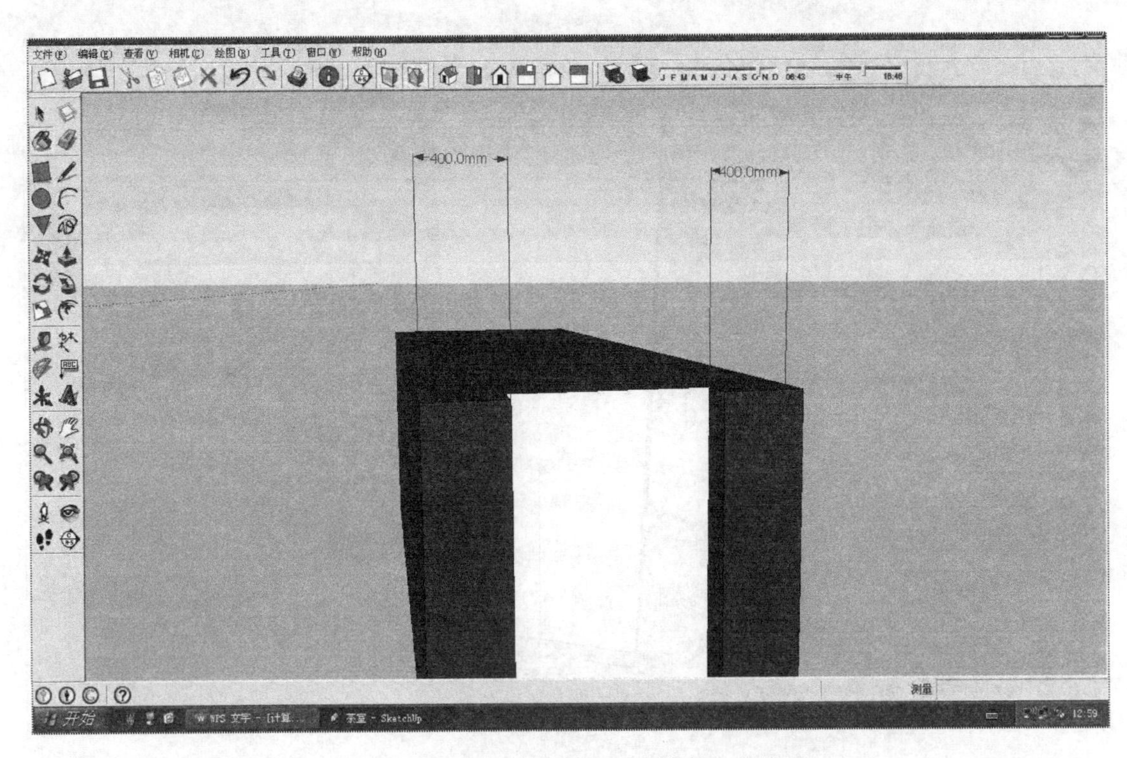

图 16-25　使用“偏移”和“推/拉”工具

（25）将玻璃赋予材质，并将组件加上窗框，进行细化，最后将组件进行成组，如图 16-26 所示。

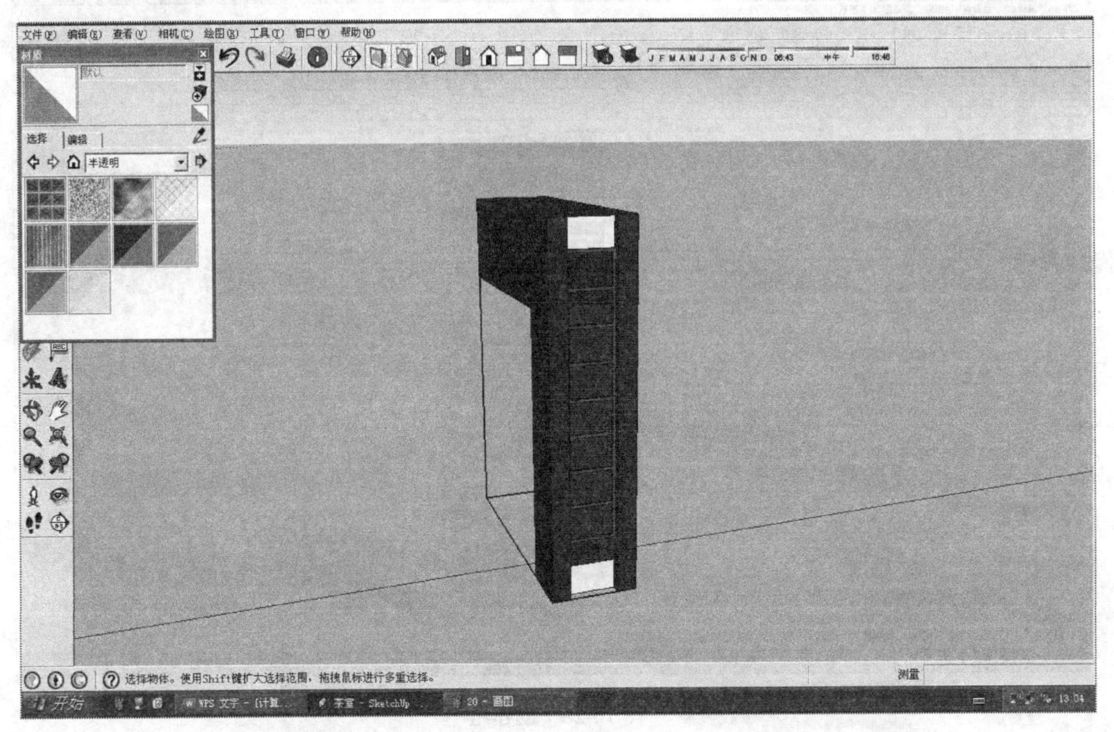

图 16-26　添加材质，细化组件

（26）建造第二个组件，绘制尺寸如图 16-27 所示的长方体。

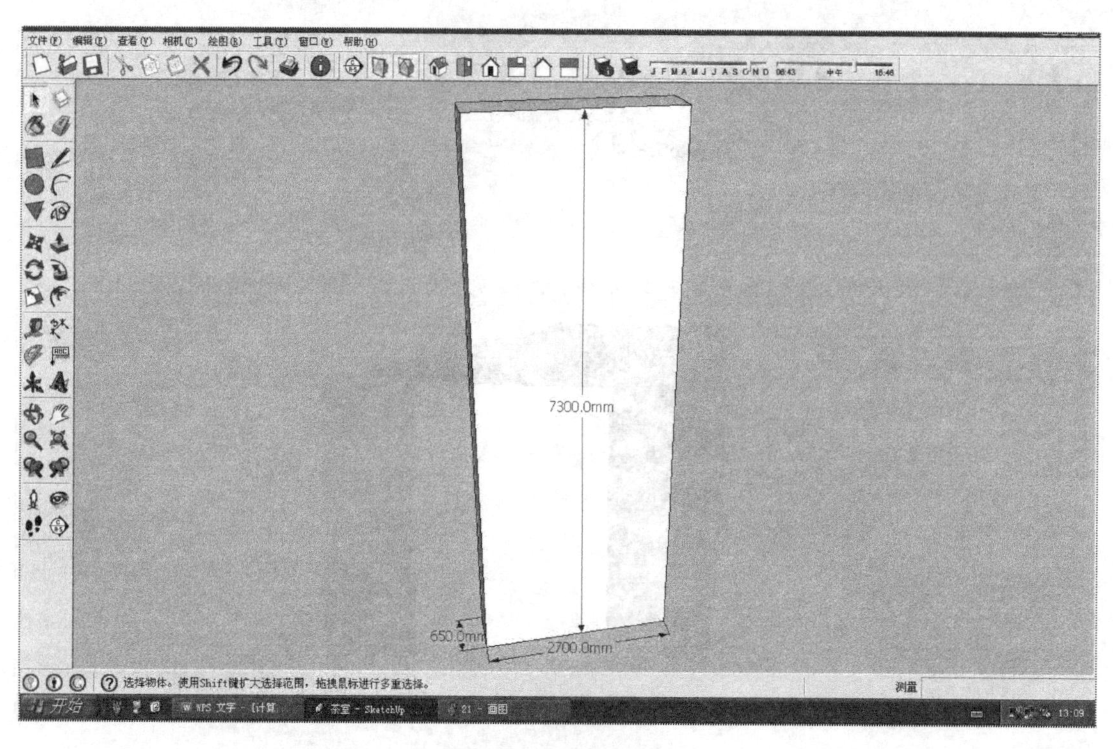

图 16-27　制作组件 2

（27）将材质赋予物体，并对物体进行细化，细化后将物体成组，如图 16-28 所示。

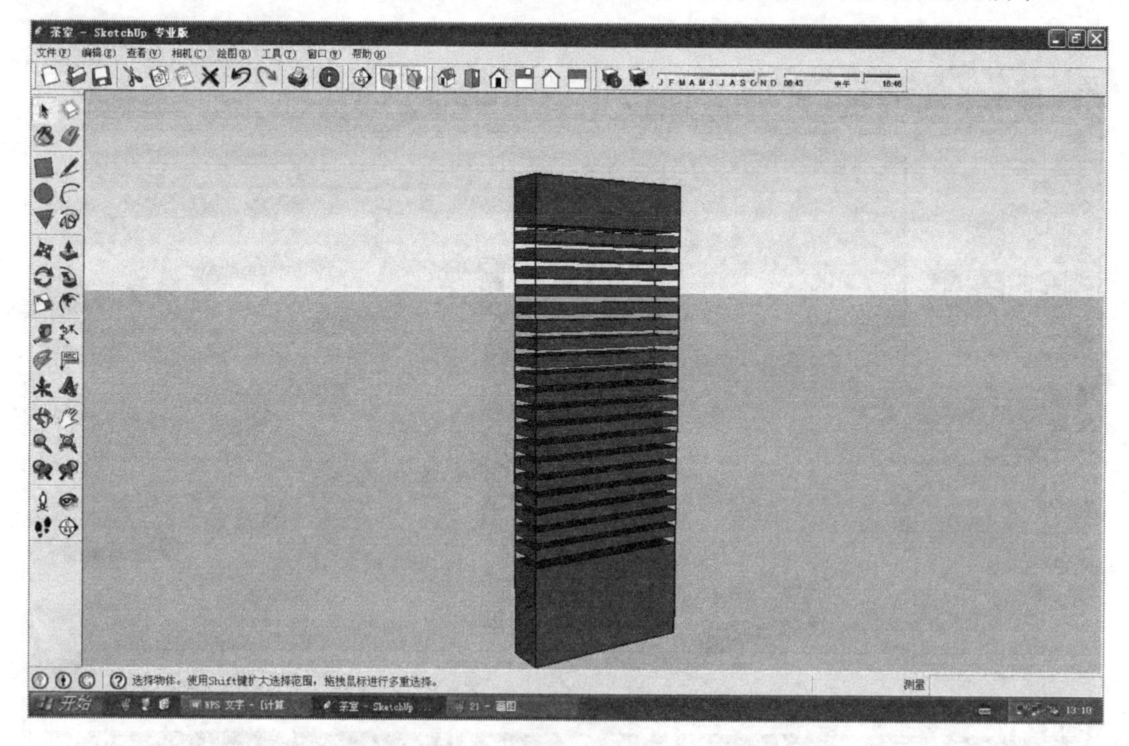

图 16-28　创建组

（28）将两个组件移动到模型中，调整适当位置，如图 16-29 所示。

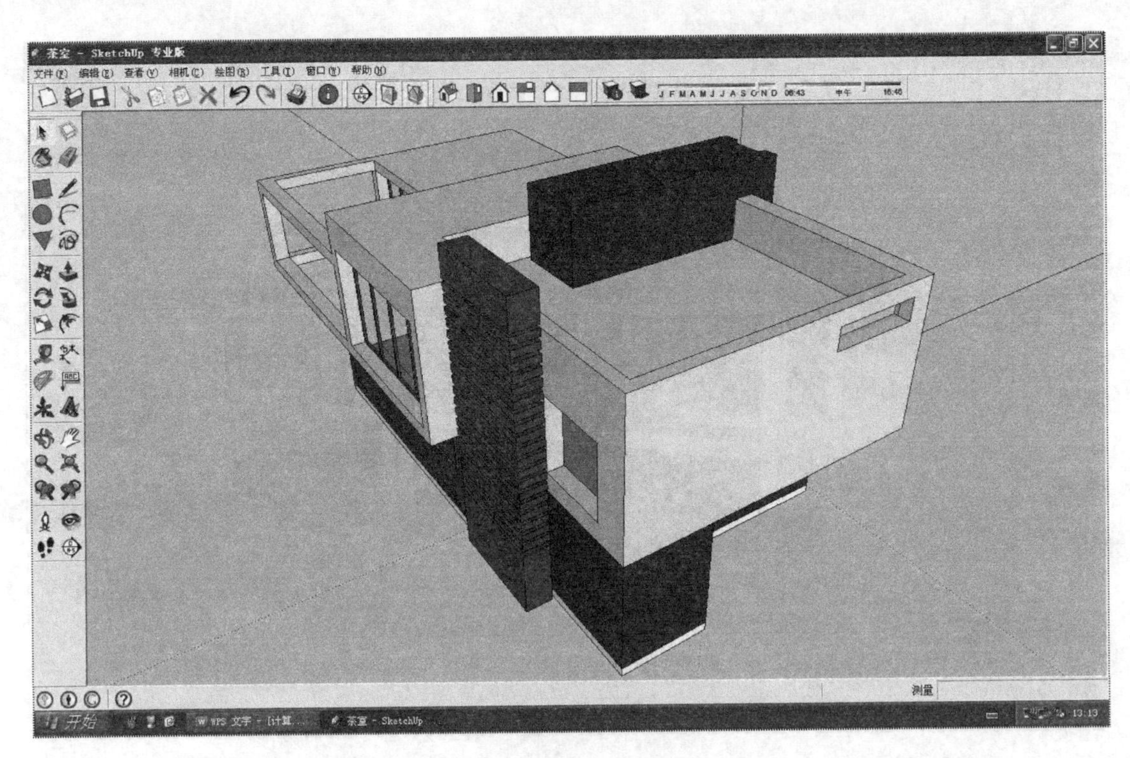

图 16-29 组合模型

（29）细化模型，为模型加柱，使其立面更加丰富，如图 16-30 所示。

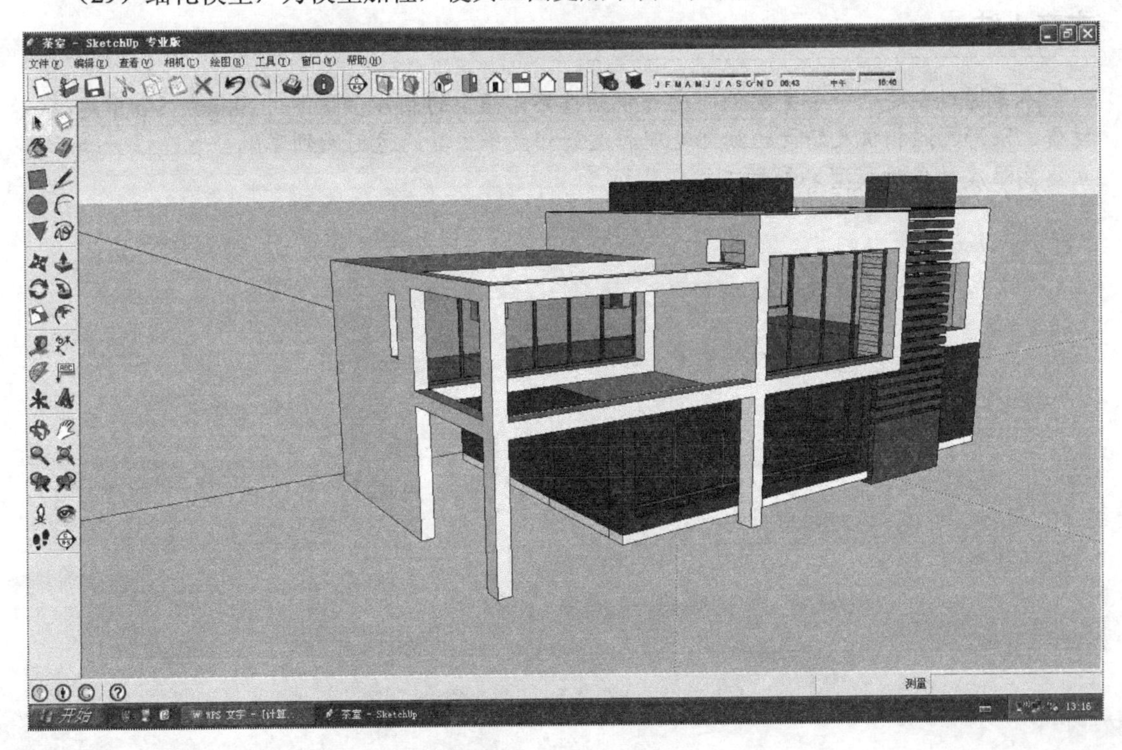

图 16-30 为模型添加柱子

（30）进一步将模型细化，最终完成图如图 16-31 所示。

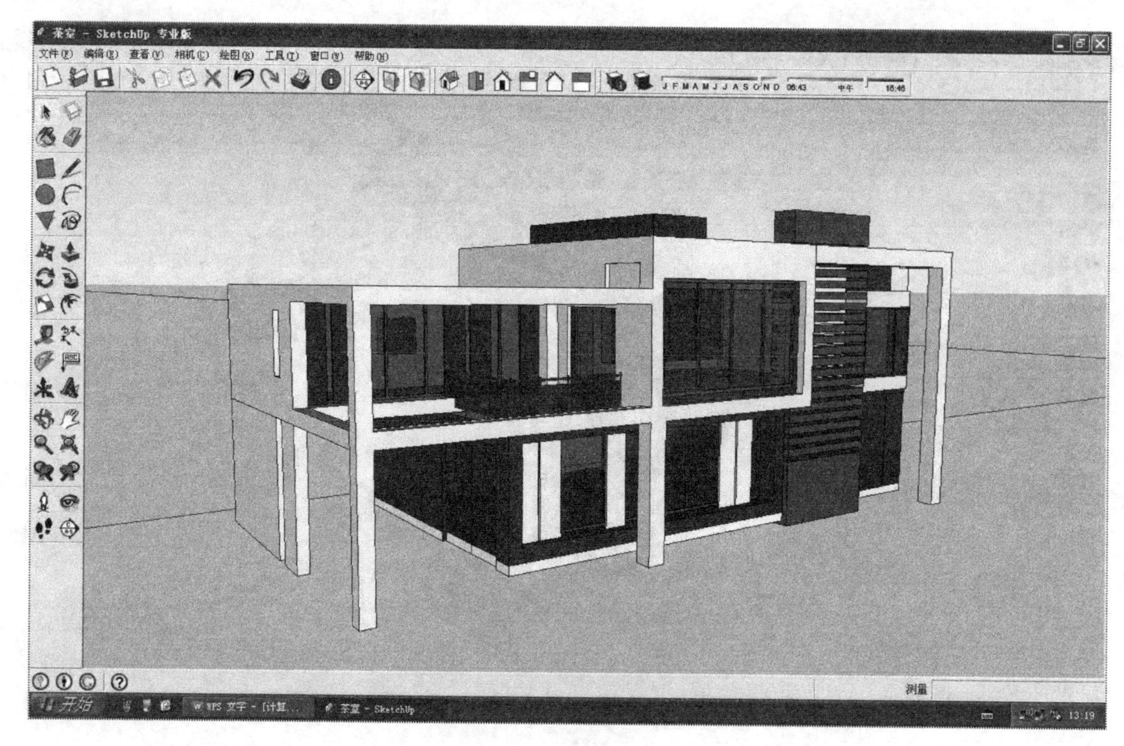

图 16-31　最终效果

本章小结

本章通过创建一个茶室实例，进一步熟悉具体模型的制作步骤，对 Sketch Up 中建模、材质、阴影、照相机及场景的细部处理和渲染模式等工具的运用做到了融会贯通，为今后建立更高难度的各种模型场景打下坚实基础。

第3部分 Photoshop CS5

17 Photoshop 基础知识

17.1 Photoshop 简介

Photoshop 是Adobe公司旗下最为出名的图像处理软件，也是目前最流行的平面设计软件。它是集图像扫描、编辑修改、图像制作、广告创意、图像输入与输出于一体的图形图像处理软件。Photoshop 主要是进行图像处理，而不是图形创作。所谓的图像处理就是对已有的位图图像进行编辑、加工、处理从而达到使用者想要的效果。这款软件同时还可以外挂其他的图像处理软件和图像输入输出设备，来创造精彩绝伦的影像世界。

17.2 图像处理的基本知识

17.2.1 分辨率

分辨率指的是在单位长度内所含像素点的多少，就是屏幕图像的精密度。它包括图像分辨率、屏幕分辨率、设备分辨率、位分辨率、输出分辨率。

（1）图像分辨率：图像分辨率指的是每英寸图像所含有的点数，指图像中存储的信息量，单位为 dpi。例如 10dpi 表示每英寸含有 10 个点。在数字化图像中，分辨率直接影响图像的质量。分辨率越高，图像越清晰，所占用的磁盘空间也越大，因此处理速度也越慢。因此在进行园林景观设计制图前，一定要选择合适的图像分辨率，然后再进行图像的制作，这样可以减少不必要的麻烦的产生。

（2）屏幕分辨率：屏幕分辨率指的是在屏幕上观察图像所感受到的分辨率。一般情况下，屏幕可以设置的分辨率是由显卡决定的。

（3）设备分辨率：设备分辨率指的是每单位输出的点数或像素。同大小、颜色一样，是设备的一种固定属性，是不能被改变的。如电脑显示器等设备，都有一个各自固定的最大分辨率参数。

（4）位分辨率：位分辨率指的是每个保存的颜色信息的位元数。例如一个 24 位的 RGB 图像，表示其各原色 R（红色）、G（绿色）、B（蓝色）均使用 8 位，三者之和为 24 位。在 RGB 图像中，每一个像素均记录 R、G、B 三原色值，因此每一个像素所保存的位元数为 24 位。

（5）输出分辨率：输出分辨率指的是激光打印机等输出设备在输出图像时，每英寸上所能输出的最大点数。

17.2.2 文件格式

设计者在编辑和修改完图像之后，在存储文件时可以根据需要选择不同的存储格式。Photoshop CS 中提供了多种存储格式。

（1）PSD 格式：这种文件格式可以存储 Photoshop 中所有的图层、通道和颜色模式等信息。PSD 格式在保存时会将文件进行压缩，但 PSD 格式包含的图像数据信息较多，因此比其他格式的图像文件所占用的磁盘空间大很多。

（2）BMP 格式：这种文件格式包含的图像数据信息较为丰富，几乎不对其进行压缩，所以会占用较大的磁盘空间。

（3）JPEG 格式：这种文件格式可以用最少的磁盘空间得到较好的图像质量，可以有效地节省磁盘空间。

（4）GIF 格式：GIF 分为静态 GIF 和动画 GIF 两种。这种文件格式将多幅图像保存为一个图像文件，从而形成动画。但 GIF 只能显示 256 色。和 jpg 格式一样，这是一种在网络上非常流行的图形文件格式。

（5）TIFF 格式：这种文件格式存储内容较多，占用存储空间较大，其所占空间大小是 GIF 图像的 3 倍，是相应的 JPEG 图像的 10 倍。

17.2.3　位图和矢量图

（1）位图：位图是一种图形化对象，可以看作是由像素数组构成的图片，位图这些像素可以在屏幕上进行绘制。其作用是在设备环境里创建、绘制、操纵和接收图片。位图和其他图片一样有自己的高度和宽度。

（2）矢量图：矢量图是由用一系列的数学公式来表达的直线和曲线所构成的图片。构成图形的元素包括点、线、矩形、多边形和圆等。这些图形的线条非常流畅，无论是放大、缩小或旋转等都不会失去原有的效果。但它难以表现逼真的图像效果。

17.2.4　色彩模式

在 Photoshop 中，色彩模式对于能否成功地选择正确的色彩尤为重要。它直接影响到图像默认颜色通道的数量和图像文件的大小，且决定了用于显示和打印图像的颜色模型。其色彩模式不同，色彩的范围也不相同。Photoshop 所包含的色彩模式主要有以下几种。

（1）RGB 模式：RGB 模式是 Photoshop 中最常用的一种颜色模式。大多扫描输入的图像和绘制的图像，几乎都是以 RGB 的模式存储的。在 RGB 模式下处理图像比较方便，而且图像文件小，节省内存和存储空间。在 RGB 模式下，用户还能够使用 Photoshop 中所有的命令和滤镜。在 RGB 模式下的图像是三通道图像,每一个像素由 24 位的数据表示,其中 RGB 三种原色各使用了 8 位,每一种原色都可以表现出 256 种不同浓度的色调,所以三种原色混合起来就可以生成 1670 万种颜色,即真彩色。

（2）CMYK 模式：CMYK 模式是一种印刷的模式。它由分色印刷的 4 种颜色组成，CMYK 模式产生色彩的方式称为减色法。在打印时，当所有的油墨加在一起时是纯黑色，油墨减少时才开始出现色彩，当没有油墨时就成为了白色，这样就产生了颜色，这种生成色彩的方式称为减色法。

（3）灰度模式：灰度模式的图像没有色相和饱和度变化，而只有亮度变化。灰度图像的每个像素有一个 0（黑色）到 255（白色）之间的亮度值的变化。灰度模式的图像、黑白图像和 RGB 的彩色图像可以相互转换。

（4）Lab 颜色模式：Lab 模式是 Photoshop 内部的颜色模式。此模式下的图像由三通道组成，每像素有 24 位的分辨率。Lab 模式是所有模式中包含色彩范围最为广泛的模式，色彩数量是 RGB 和 CMYK 模式色彩数量的总和。

17.3　Photoshop 安装

将文件解压至任意目录后运载 Setup.exe 开始安装，如图 17-1 所示。

在弹出的窗口中点击“接受”，并在“示语言”一栏中选择“简体中文”，如图 17-2 所示。

在弹出的窗口中点击“下一步”，关闭其他已启动的程序，如图 17-3 所示。

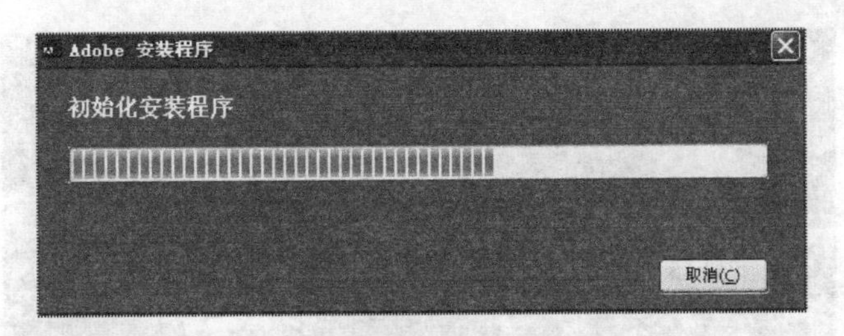

图 17-1　解压文件，开始安装

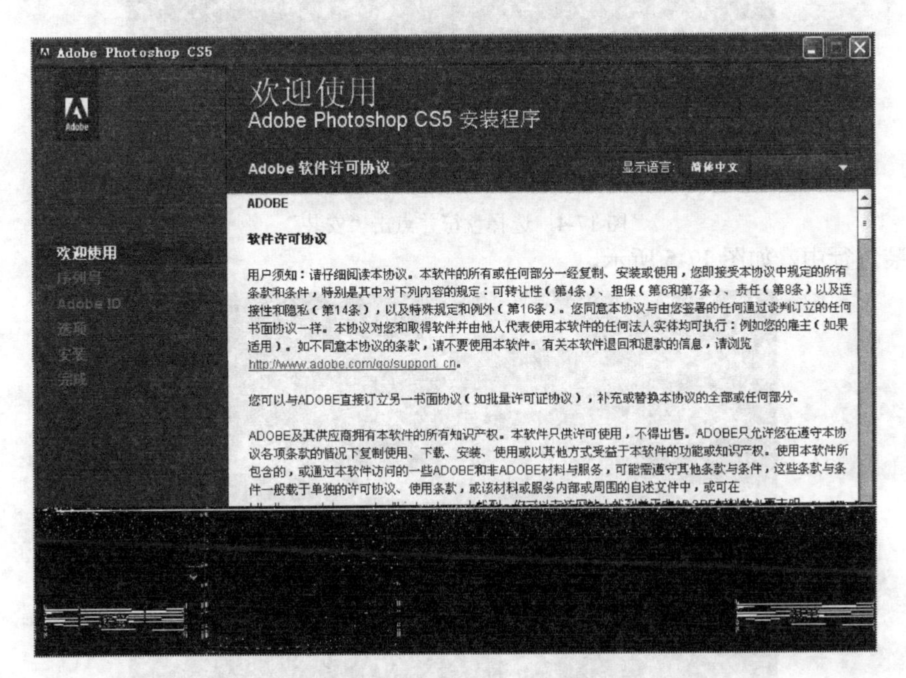

图 17-2　选择语言并点击“接受”

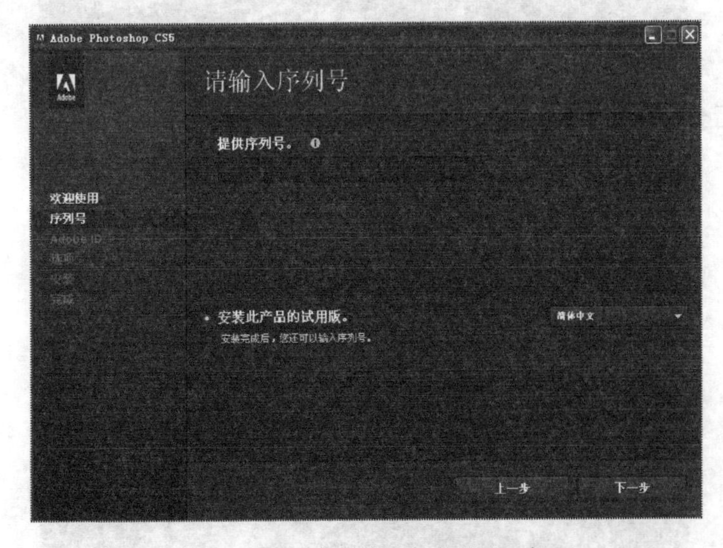

图 17-3　输入序列号并点击“下一步”

选择安装的路径，默认装在 C 盘，如需改变路径，点击旁边的按钮，选择安装路径后在弹出的窗口中点击“安装”，如图 17-4 所示。

图 17-4　选择盘符并点击“安装”

安装进行中，如图 17-5 所示。

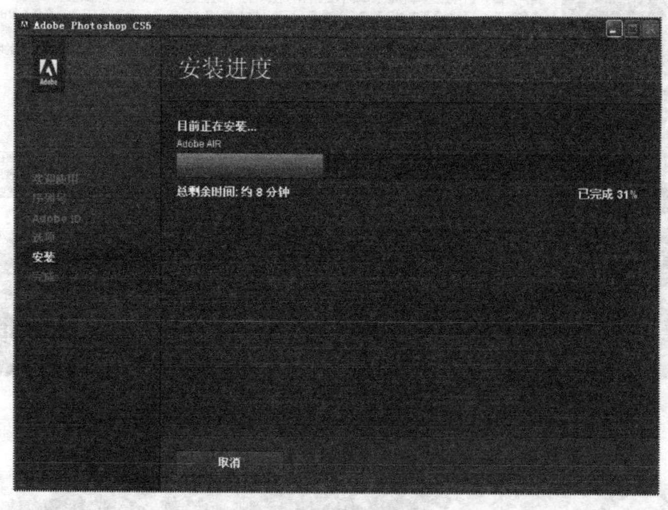

图 17-5　安装中

安装完毕后会显示如图 17-6 所示的对话框，点击“完成”。

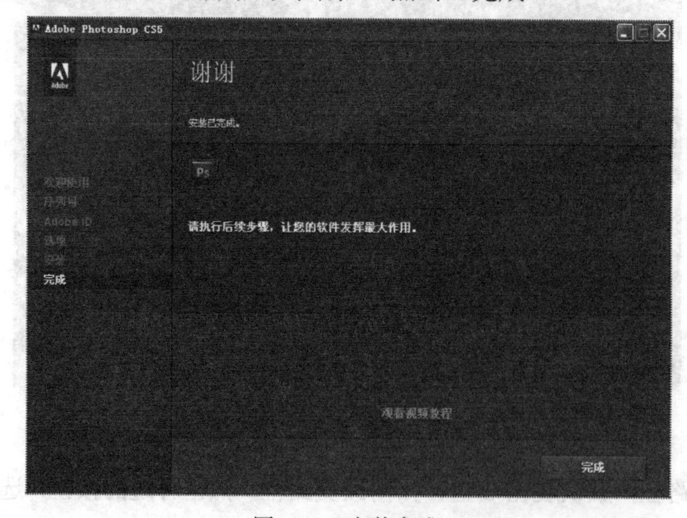

图 17-6　安装完成

17.4 Photoshop CS 启动与退出

（1）Photoshop CS 的启动：双击桌面上的图标启动 Photoshop CS 软件，与启动其他应用程序一样，也可以通过 Windows 资源管理器和任务栏按钮等方式启动 Photoshop CS 软件。

（2）Photoshop CS 的退出：退出 Photoshop CS 可通过以下方式：单击“文件”→“退出”命令；单击窗口右上角“ ”按钮；利用“Ctrl+Q”快捷键组合。

17.5 Photoshop CS 工作界面

Photoshop CS 的工作界面包括绘图窗口、工具箱、工具选项栏和参数设置面板等各个组成部分，其操作界面如图 17-7 所示。绘图时，可以针对要完成的任务对工作区域进行自定义设置，以确保工作界面符合操作需求。

图 17-7 Photoshop CS 基本界面

1）标题栏

在 Photoshop CS 软件中，标题栏位于绘图窗口的顶部，包括当前打开的应用程序名、文件名、程序图标、“最小化”、“最大化”、“还原”和“关闭”按钮等（图 17-8）。

图 17-8 标题栏

2）菜单栏

菜单栏位于标题栏的下方，包含按任务组织的菜单。Photoshop CS 菜单栏由“文件”、“编辑”、“图像”、“图层”、“选择”、“滤镜”、“视图”、“窗口”和“帮助”等命令组成，如图 17-9 所示。菜单栏不带省略号的命令可直接执行，后面带有箭头命令表示可打开下级子菜单。

文件(F) 编辑(E) 图像(I) 图层(L) 选择(S) 滤镜(T) 视图(V) 窗口(W) 帮助(H)

图 17-9 菜单栏

3）图像窗口

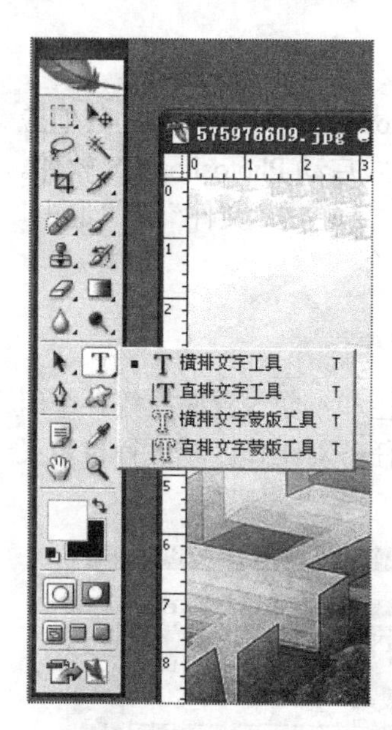

图 17-10　工具箱

图像窗口即图像显示的区域，显示当前打开的文件。图像窗口的作用是可以在这里编辑和修改图像，图像窗口可以放大、缩小和移动。

4）工具箱

工具箱位于菜单栏的下面和绘图窗口的左侧位置，包含用于创建和编辑图像的工具。将鼠标指针悬停在工具上时，将会出现工具名称提示。工具箱中右下方带有“小三角形”图标的按钮表示其含有隐藏工具，右击或按住左键下拉展开，单击图标按钮可执行此命令，如图 17-10 所示。

5）选项栏

选项栏位于工作区域顶部菜单栏的下方。选项栏的显示内容随着当前选择工具的不同而改变，如图 17-11 所示。选项栏中的一些设置对于许多工具都是通用的，但有些设置则专用于某个工具。选项栏也可以任意移动，可以将它停放在屏幕的顶部或底部。将指针放在工具上时，则会出现工具提示信息。要显示或隐藏选项栏，可通过“窗口”菜单中的“选项”进行相应操作。

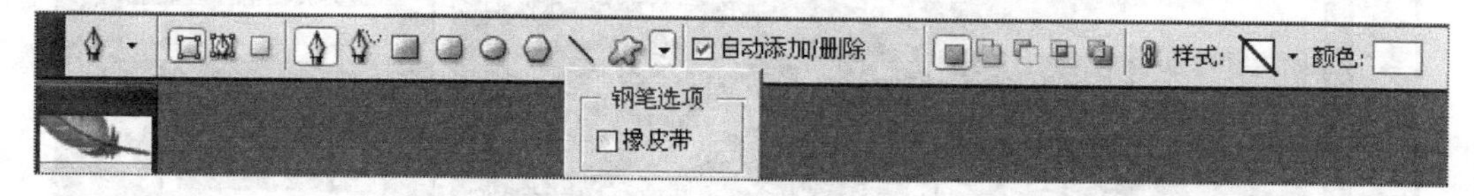

图 17-11　选项栏

6）命令面板

Photoshop CS 中的命令面板是以组的方式堆叠在几个窗口中，如图 17-12 所示。图像窗口右侧的小窗口称为控制面板，可以进行图像编辑操作和 Photoshop CS 的各种功能设置。通过“窗口”菜单的一些下拉子菜单，可打开或者关闭各种参数设置面板。此外，还可以对不同参数设置面板进行编组、堆叠或停放。

图 17-12　命令面板

7）状态栏

状态栏位于每个文档窗口的底部，并显示诸如现用图像的当前放大率和文件大小等有用的信息，以及有关使用现用工具的简要说明，如图 17-13 所示。

66.67%　文档:4.50M/4.50M　▶ 绘制矩形选区或移动选区外框。要用附加选项，使用 Shift、Alt 和 Ctrl 键。

图 17-13　状态栏

17.6　Photoshop CS 基础操作

17.6.1　新建图像文件

新建文档时，可通过“文件”→“新建”及“Ctrl+N”组合键等方式进行操作。执行“新建”命令后，系统自动弹出“新建”对话框，如图 17-14 所示。在该对话框中输入名称、宽度、高度、分辨率及背景内容后，单击“好”按钮进行确认。

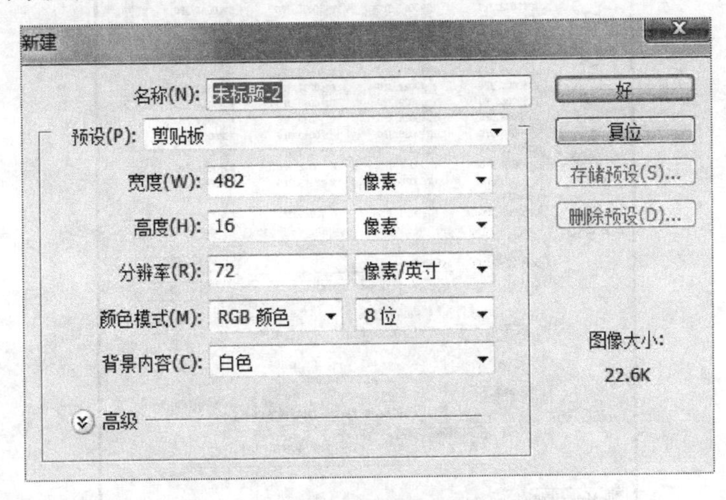

图 17-14 “新建”对话框

注意：分辨率越大，图像文件越大，图像越清楚，存储时占的硬盘空间越大。

17.6.2 打开图像文件

打开文档时，可通过“文件”→“打开”、“Ctrl+O”组合键及在图像窗口双击鼠标左键等方式进行操作。执行“打开”命令后，系统自动弹出“打开”对话框，如图 17-15 所示。选择需要打开的图像文件，单击“打开”按钮即可完成操作。

图 17-15 “打开”对话框

注意：也可直接按住鼠标左键，将所要打开的文档拖拽到 Photoshop CS 图像窗口中，直到界面出现图标时，再松开鼠标，文档便会自动打开。

17.6.3 保存图像文件

保存文档时，可通过“文件”→“保存”、“Ctrl+Shift+S”组合键等方式进行操作。执行“保存”命令后，系统自动弹出“存储为”对话框，如图 17-16 所示。选择需要保存的图像文件名称和格式，单击“保存”按钮即可完成操作。

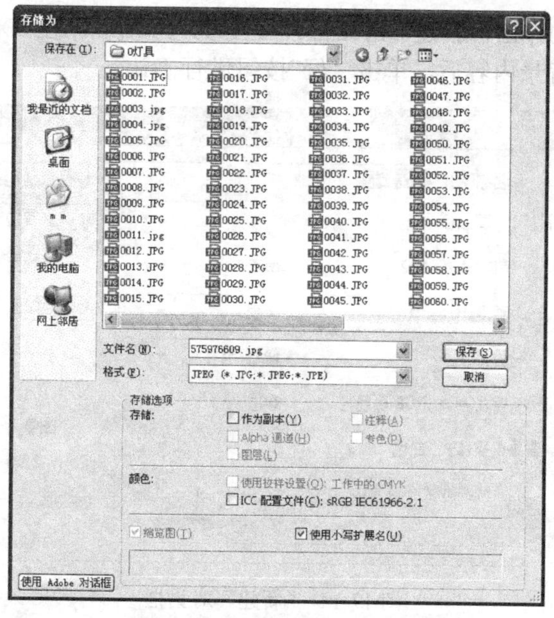

图 17-16 “存储为”对话框

17.6.4 关闭图像文件

关闭图像文件时，可通过“文件”→“关闭”、“Ctrl+W” 组合键、“Ctrl+F4”组合键、直接点击图像文件窗口右上角的“关闭”按钮及双击图像窗口标题栏左侧的图标按钮等方式进行操作。

17.6.5 切换屏幕显示模式

使用屏幕模式选项在整个屏幕上查看图像。Photoshop CS 包括 3 种屏幕模式。

（1）标准屏幕模式：是 Photoshop CS 软件的默认屏幕模式，该模式能够显示菜单栏、滚动条和其他屏幕元素。

（2）带有菜单栏的全屏模式：该模式可增大图像的视图，而且保持菜单栏可见。

（3）全屏模式：可以在屏幕范围内移动图像来查看不同的区域。

注意：连续按“F”键可以在这 3 种屏幕显示模式之间进行切换。按“Tab”键可以显示或隐藏工具箱和各种控制面板。按“Shift+Tab”组合键可以显示或隐藏各种控制面板。

本章小结

Photoshop CS 是集图像扫描、编辑修改、图像制作、图像输入与输出于一体的图形图像处理软件，是园林效果图后期处理常用的软件之一。本章重点介绍了 Photoshop CS 的菜单栏、工具栏、状态栏、选项栏、命令面板、工具箱等工作界面组成部分的基本功能和特点，详细讲解了分辨率、位图与矢量图、文件格式及色彩模式等知识点，并对切换屏幕显示模式的 3 种类型进行了阐述。

习题

1）Photoshop CS 支持的文件格式有哪些？

2）如何设置图像分辨率？

3）Photoshop CS 屏幕显示模式有哪几种，怎么进行相互切换？

4）Photoshop CS 的工作界面由哪几部分组成？

18 Photoshop CS5 绘图命令

18.1 选择工具

在进行图像编辑时，首先将文件中需要编辑修改的部分进行选择，即用不同的选择工具创建选区。在效果图创作中，选区直接关系到图像编辑的最终效果，因此快速而准确地创建选区是提高图像编辑质量的前提条件。

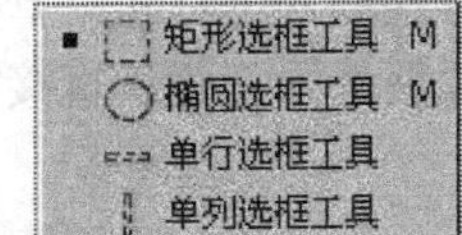

图 18-1 选框工具组

18.1.1 选框工具

Photoshop CS 中的选框工具包括：矩形选框工具、椭圆选框工具、单行选框工具和单列选框工具，如图 18-1 所示。选框工具允许选择矩形/椭圆形及宽度为 1 个像素的行和列。

1）矩形选框工具

（1）命令调用方式

① 工具栏：。

② 快捷键：**M**。

（2）命令格式：选取“矩形选框”工具后，单击鼠标左键在图像上想要编辑的区域上进行拖动，然后松开鼠标左键，图像上便建立一个“矩形”选区，如图 18-2 所示。

注意：在操作“矩形选框”工具时，如果同时按“Shift”键能够创建正方形选区；同时按“Alt”键能够以鼠标定位点为中心点创建矩形选区；按“Alt+Shift”组合键则能够以光标所在点为中心点绘制正方形选框。如果想取消已创建好的选框，按“Ctrl+D”组合键即可取消选区。

2）椭圆选框工具

（1）命令调用方式

① 工具栏：。

② 快捷键：**M**。

（2）命令格式：选取“椭圆选框”工具后，单击鼠标左键在图像上想要编辑的区域上进行拖动，然后松开鼠标左键，图像上便建立一个“椭圆”选区，如图 18-3 所示。

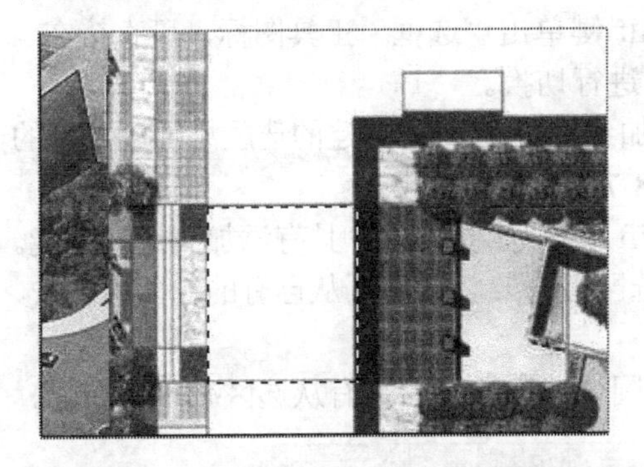

图 18-2 利用矩形选框工具创建的选区

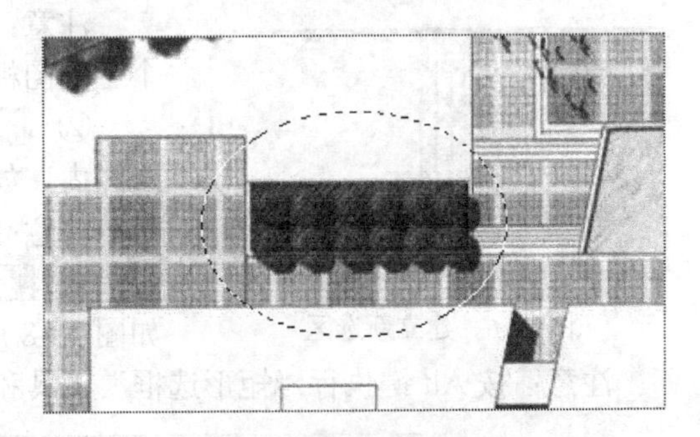

图 18-3 利用椭圆选框工具创建的选区

注意：在操作“椭圆选框”工具时，如果同时按“Shift”键能够创建圆形选区；同时按“Alt”键能够以鼠标定位点为中心点创建圆形选区；按“Alt+Shift”组合键则能够以鼠标定位点为中心点创建圆形选框。如果想取消已创建好的选框，按“Ctrl+D”组合键即可取消选区。按“Shift+M”组合键可以在“矩形选框”工具和“椭圆选框”工具之间进行切换。

3）单行/单列选框工具

（1）命令调用方式

① 工具栏：。

② 快捷键：**M**。

（2）命令格式：与“矩形选框”工具和“椭圆选框”工具不同，“单行选框”工具和“单列选框”工具可以创建出1个像素宽度的行选区或列选区，常用作一些装饰细线用。选取“单行选框”工具和“单列选框”工具后直接在图像中需要创建选区的位置单击鼠标左键。若想改变选区位置，直接按住鼠标左键拖动即可，如图18-4所示。

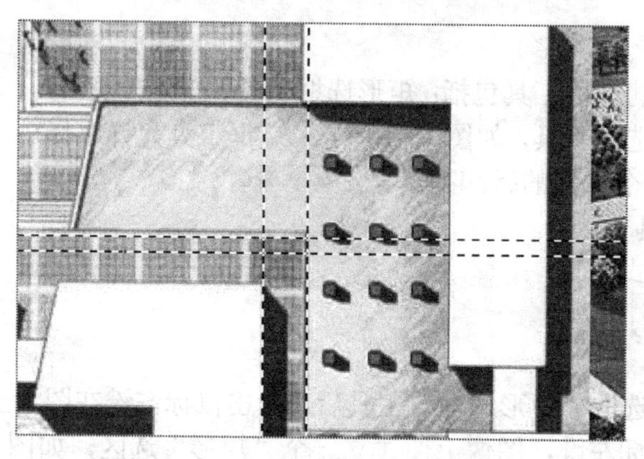

图18-4　利用单行/单列选框工具创建的选区

4）参数设置

在操作“矩形”、“椭圆”及“单行/单列”选框工具时，其选项栏显示的参数内容基本相同，如图18-5所示。

图18-5　选框工具选项栏

（1）选区选项

①（建立新选区）：创建新选区，如图18-6所示。

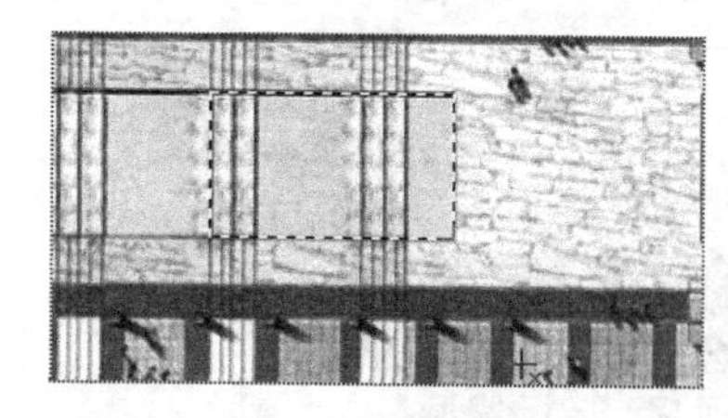

图18-6　建立新选区

注意：按Alt键单击“选框“工具图标，可直接在4个工具图标之间进行切换。

②（添加到选区）：将新创建的选区添加到已有的选区内，如图18-7所示。

注意：按Shift键执行选框工具，具有添加到选区功能。

③（从选区减去）：将新选区从已有的选区内减去，如图18-8所示。

注意：按Alt键执行“矩形选框”工具和“椭圆选框”工具，具有从选区减去的功能。

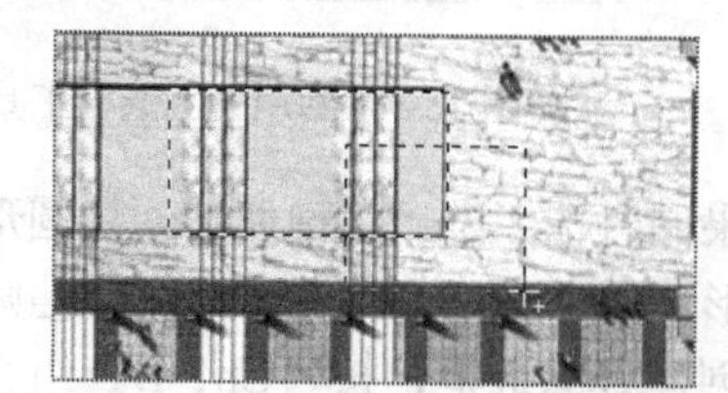

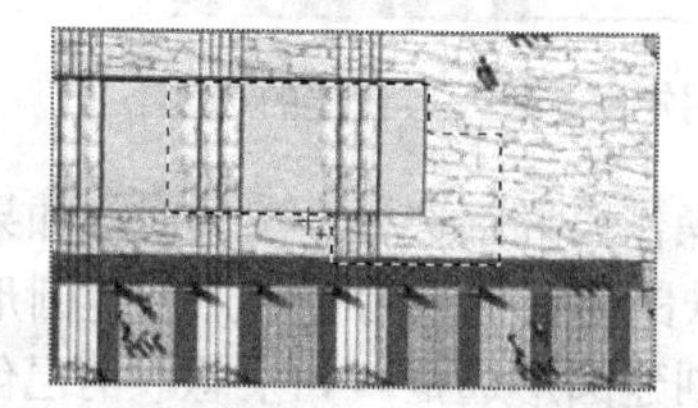

图18-7　添加到选区

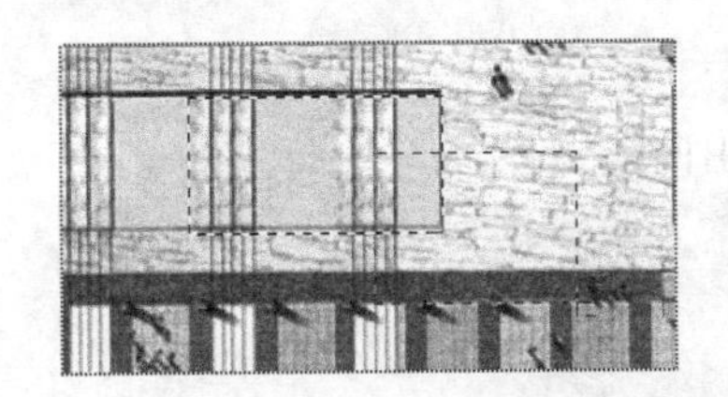

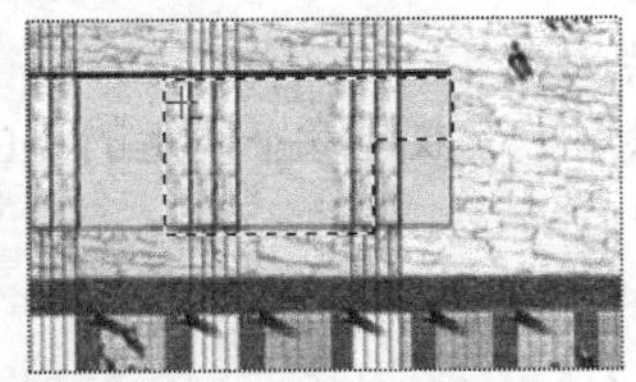

图 18-8　从选区减去

④ ▣（与选区交叉）：只保留与原来选区相重叠的部分，如图 18-9 所示。

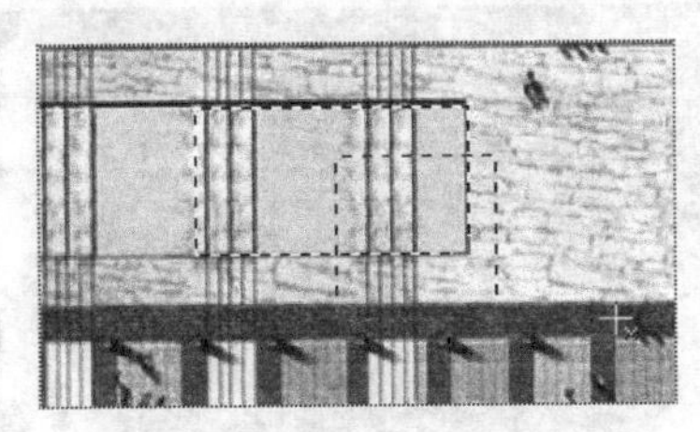

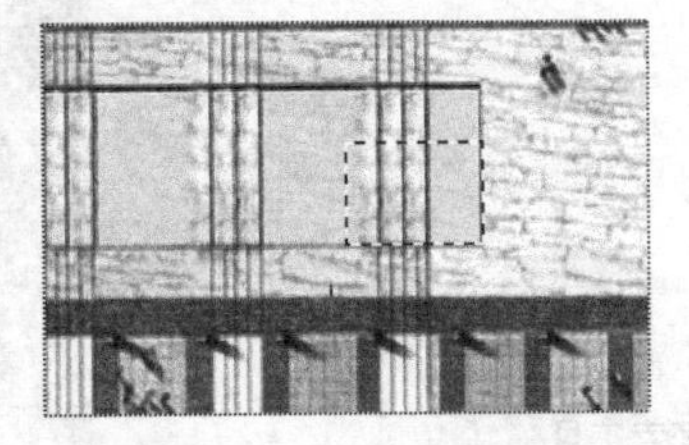

图 18-9　与选区交叉

（2）羽化设置：羽化可以建立选区和选区周围像素之间的转换边界来模糊边缘，范围是 0 到 250 像素。数值越大，柔化效果越大；数值越小，柔化效果越小。

羽化操作时，可以先在选项栏中输入“羽化”值，然后创建选区。此外，也可以先创建选区，再通过“Ctrl+Alt+D”组合键来执行羽化操作。羽化前后对比效果如图 18-10 所示。

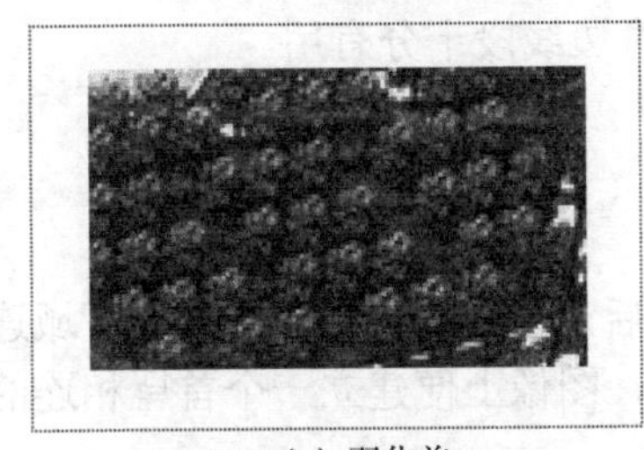

（a）羽化前

（b）羽化后

图 18-10　羽化前后对比效果

（3）消除锯齿：通过软化边缘像素与背景像素之间的颜色过渡效果，使选区的锯齿状边缘平滑，由于只有边缘像素发生变化，因此不会丢失细节。消除锯齿在剪切/拷贝和粘贴选区以创建复合图像时非常有用。

（4）样式：在创建选区时，可以选择不同的选区样式，如图 18-11 所示。

样式：正常
正常
固定长宽比
固定大小

图 18-11　样式下拉列表

① 正常：用于创建任意长宽比例的选区。

② 固定长宽比：可设置高宽比，用于创建固定比例的选区。

③ 固定大小：用于创建指定大小的选区。

18.1.2　套索工具

“套索”工具组在创建不规则的选区时具有很大优势。可建立手绘图/多边形（直边）和磁性（紧贴）选区。该工具组包括“套索”工具、“多边形套索”工具和“磁性套索”工具，如图 18-12 所示。

1）套索工具

“套索”工具用于选取边缘不确定的自由曲线边界。

（1）命令调用方式

① 工具栏：。

② 快捷键：**L**。

（2）命令格式：选取“套索”工具后，按住鼠标左键在图像上想要选择的区域进行拖动，完毕后松开鼠标左键，图像上便建立一个“闭合”的选区，如图 18-13 所示。

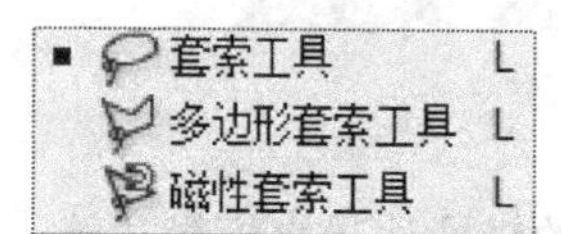

图 18-12　套索工具组

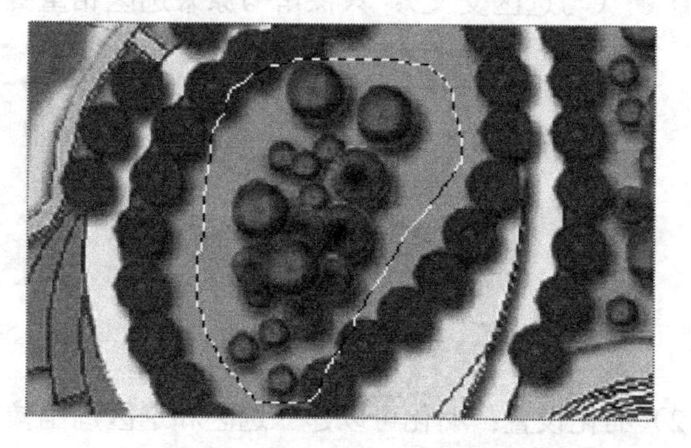

图 18-13　利用“套索”工具建立的选区

注意：“套索”工具操作过程中，如果按 Esc 键可以取消已选定的部分。

2）多边形套索工具

“多边形套索”工具对于绘制选区边框的直边线段十分有用。

（1）命令调用方式

① 工具栏：。

② 快捷键：**L**。

（2）命令格式：选取“多边形套索”工具后，在图像上想要选择的区域连续单击鼠标左键，当终点与起点位置重合时，单击鼠标左键，图像上便建立一个首尾相连的直线段选区，如图 18-14 所示。

注意：按 Shift 键执行“多边形套索”工具，则可沿着水平、垂直或 45°角的方向创建建立选区线段（图 18-15 所示）。在“套索”工具和“多边形套索”工具操作中，按 Alt 键，可以在两者之间进行切换。在“多边形套索”工具操作过程中，按 Delete 键，可删除最近选取的线段。按 Esc 键，则取消“多边形套索”工具创建的选区。

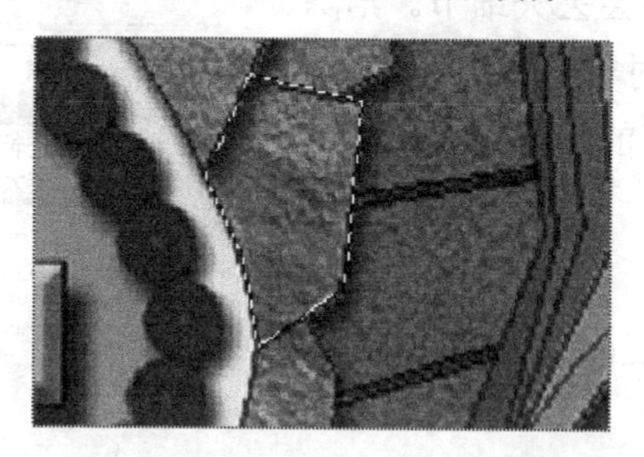

图 18-14　利用“多边形套索”工具建立的选区

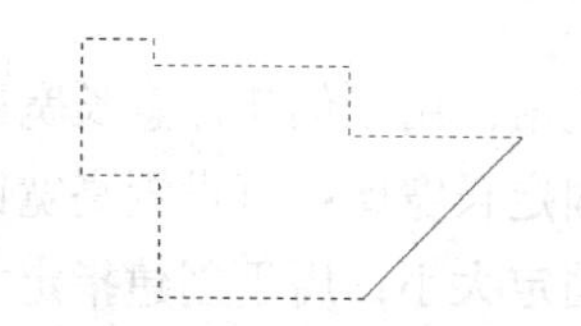

图 18-15　按 Shift 键创建多边形选区

3）磁性套索工具

“磁性套索”工具用于选择具有相反颜色边缘的选区，并且自动跟踪。使用磁性套索工具时，边界会对齐图像中定义区域的边缘，磁性套索工具不可用于 32 位/通道的图像。

（1）命令调用方式

① 工具栏：。

② 快捷键：**L**。

（2）命令格式：选取“磁性套索”工具后，在图像上想要选择的区域单击一次鼠标左键，然后松开鼠标按钮或按住鼠标按钮不放，沿着想要跟踪的边缘移动鼠标指针，结束时双击鼠标左键或按回车键，则选区自动闭合，如图 18-16 所示。

注意：利用“磁性套索”工具创建选区时，边框上呈现一些紧固点（就是套索上的小矩形），可以按 Delete 键删除刚创建的紧固点。如果边框没有与所需的边缘对齐，可以单击鼠标左键以手动的方式添加紧固点。此外，在“磁性套索”工具操作过程中，按 Alt 键并按住鼠标左键进行拖动，可以切换到“套索”工具；按 Alt 键并单击鼠标左键，可以切换到“多边形套索”工具；按 Esc 键，则取消“磁性套索”工具创建的选区。

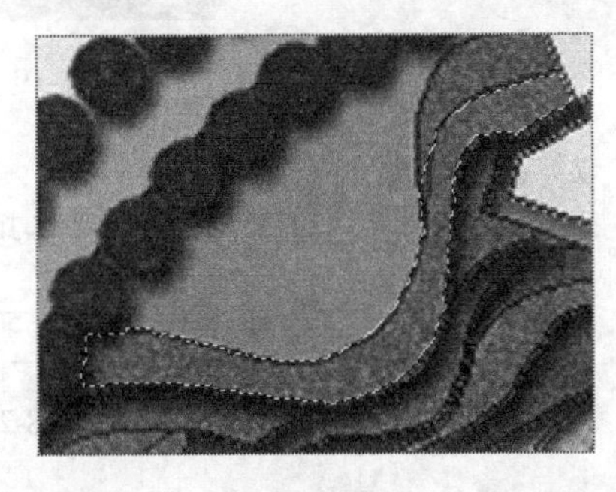

图 18-16 利用“磁性套索”工具建立的选区

4）参数设置

（1）“套索”工具和“多边形套索”工具参数：“套索”工具和“多边形套索”工具的选项栏参数设置相同，如图 18-17 所示。该选项参数与选框工具各参数基本相同，这里不再赘述。

图 18-17 “套索”工具与“多边形套索”工具选项栏

（2）“磁性套索”工具参数：在“磁性套索”工具选项栏中，除了前面介绍的几个参数外，还包括“宽度”、“边对比度”和“频率”3 个参数，如图 18-18 所示。

图 18-18 “磁性套索”工具选项栏

① 宽度：参数栏中的像素值是“磁性套索”工具操作时可以检测到的宽度。

② 边对比度：用于指定“磁性套索”工具对图像边缘的灵敏度。该参数为 1%～100% 之间的值，较高的值探测与周围对比强烈的边缘，较低的值探测低对比度的边缘。

③ 频率：“频率”值决定“磁性套索”以什么速率设置紧固点。该参数为 1%～100%之间的数值，较高的数值会更快地将选择区边框固定住。

18.1.3 魔棒工具

“魔棒”工具主要用来选择着色相同或相近的区域，而且不必跟踪其轮廓。不能在位图模式的图像或 32 位/通道的图像上使用魔棒工具。

1）工具调用方式和使用

（1）命令调用方式

① 工具栏：。

② 快捷键：**W**。

（2）命令格式：选取魔棒工具后，在要选择的图像上单击鼠标左键，即可将与鼠标落点颜色相近的区域选中，如图 18-19 所示。

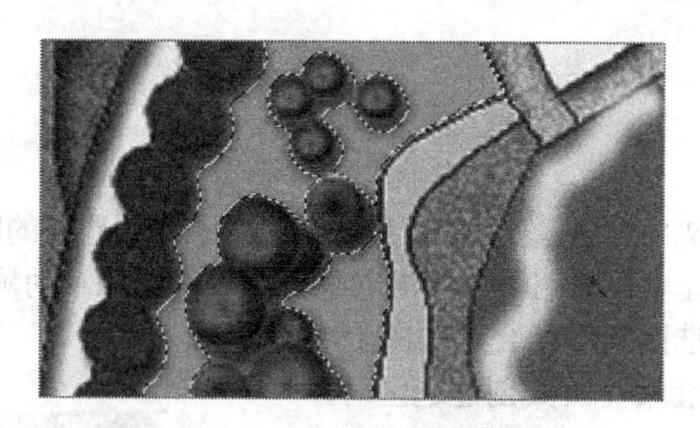

图 18-19 利用魔棒工具建立的选区

2）参数设置

选取“魔棒”工具后，选项栏各项参数如图 18-20 所示。

图 18-20 魔棒工具的参数设置

（1）容差：“容差”的取值为 0～255 之间的数值。“容差”值越小则选择图像的精度越大，值越大则选择图像的精度越小。

（2）连续的：选中该复选框，则只能选中与鼠标落点处颜色相近且相连的部分。取消该复选框，则可以在图像中选择所有与鼠标落点处颜色相近的部分。

（3）用于所有图层：选中该复选框，魔棒只选择当前图层中颜色相近的部分。取消该复选框，则可以选择所有图层中可见部分中颜色相近的部分。

18.1.4 调整选区

1）选区移动

（1）键盘移动：创建好选区之后，先选择“移动”工具，然后使用键盘方向键移动选区。每按一次方向键，选区便会向相应方向移动 1 个像素长度。

（2）鼠标移动：创建好选区之后，首先选取某一类选区工具，并将选项栏中建立选区方式设为“新选区”，然后将鼠标指针放到选取范围内，按下鼠标左键拖动选区进行移动。

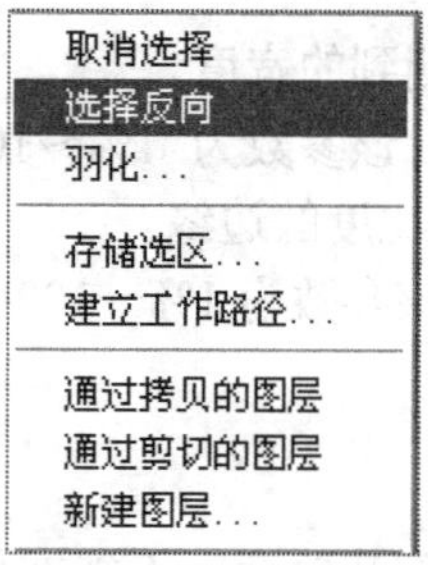

2）选区变换

（1）菜单栏：创建好选区之后，执行“选择”菜单下的“变换选区”命令，便可对选区进行变换操作。

（2）快捷键：创建好选区之后，按“Ctrl＋T”组合键，便可对选区进行自由变换操作。

3）选区反选

在使用魔棒选择园林植物素材时，经常会使用“选择反向”选项，即选择当前选区相反的部分。

取消选择
选择反向
羽化...
存储选区...
建立工作路径...
通过拷贝的图层
通过剪切的图层
新建图层...

图 18-21 “选择反向”选项

（1）菜单栏：创建好选区之后，选择“右键”快捷菜单下的“选择反向”，便可对当前选区进行“反选”（图 18-21）。

（2）快捷键：创建好选区之后，按“Ctrl＋Shift＋I”组合键，便可对当前选区进行“反选”。

18.1.5 裁切工具

“裁切”工具用来将图像中多余的部分剪切掉。当效果图制作完成后，需要输出 A3、A4 尺寸大小的图片时，可利用裁切工具，输入具体的尺寸和分辨率，如图 18-22 所示，裁切出精确的尺寸。

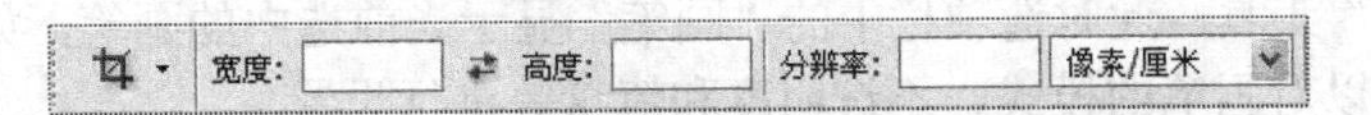

图 18-22　裁切选项栏参数

（1）命令调用方式

① 工具栏：。

② 快捷键：**C**。

（2）命令格式：选择“裁切”工具，在图像中要保留的图像区域拖拽鼠标，释放鼠标后按 Enter 键，此时裁切区域外的部分将会被裁切掉，如图 18-23 所示。

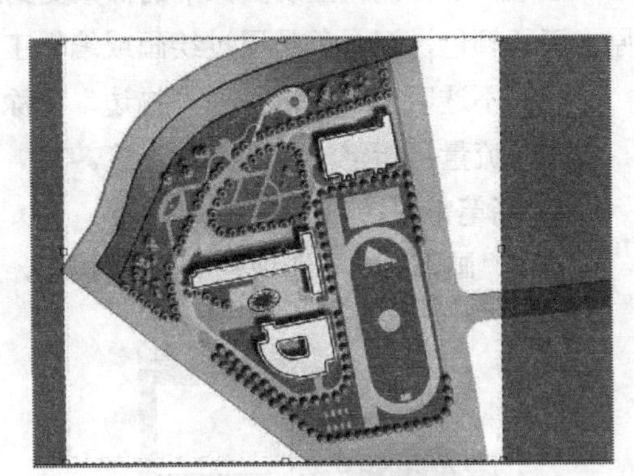

图 18-23　利用裁切工具裁剪图像多余部分

18.2　绘画工具

18.2.1　画笔工具组

画笔是绘制工具。在绘制图形时，首先需要选择一个适当形状和大小的画笔。选择画笔工具后，还要在画笔面板对话框中设置当前画笔的大小和边缘样式等参数。

1）画笔面板

在工具栏中选择“画笔”工具，单击选项栏“画笔”框右侧的按钮，系统自动弹出默认的“画笔”面板，如图 18-24 所示。

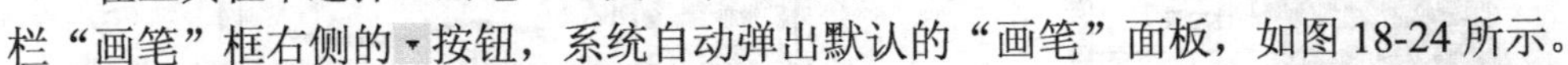

单击“画笔”面板右上角的按钮，系统自动弹出下拉菜单，如图 18-25 所示。左侧有一个符号的为当前使用的画笔图标形式。

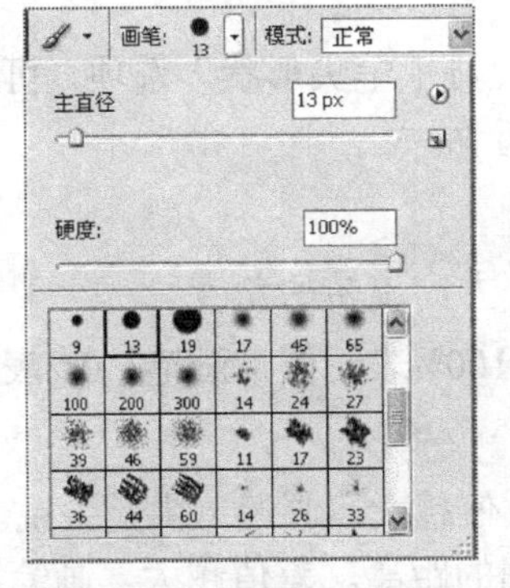

图 18-24　“画笔”面板

图 18-25　“画笔”面板下拉菜单

2）画笔选项栏

执行“画笔”工具，此时选项栏中的“画笔”显示当前选中的画笔，如图 18-26 所示。通过该选项栏可以对画笔的模式、不透明度和流量等进行设置。

图 18-26 “画笔”选项栏

（1）模式：选项栏的“模式”弹出式菜单中有 25 种模式，如图 18-27 所示。

注意：混合模式控制图像中的像素受到绘画或编辑工具的影响。其中，基色是图像中的原像素的颜色，混合色是通过绘画或编辑工具应用的颜色，结果色是混合后得到的颜色。

（2）不透明度：指定每个“描边”所涂抹的油彩覆盖量。

（3）流量：指定油彩的涂抹速度。

3）画笔常用选项

单击“画笔”工具选项栏中的按钮，系统自动弹出“画笔”对话框，如图 18-28 所示。

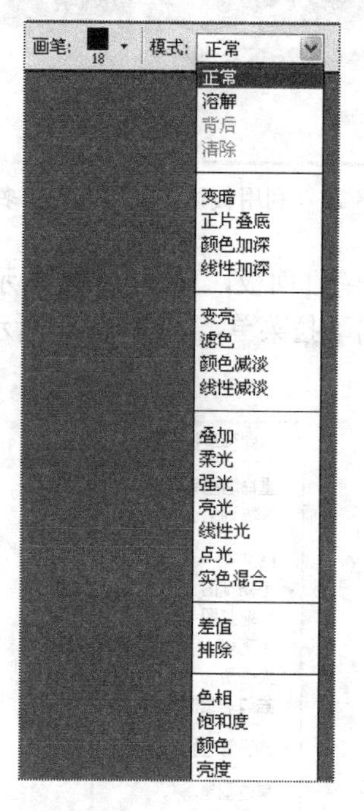

图 18-27 “画笔工具”模式类型

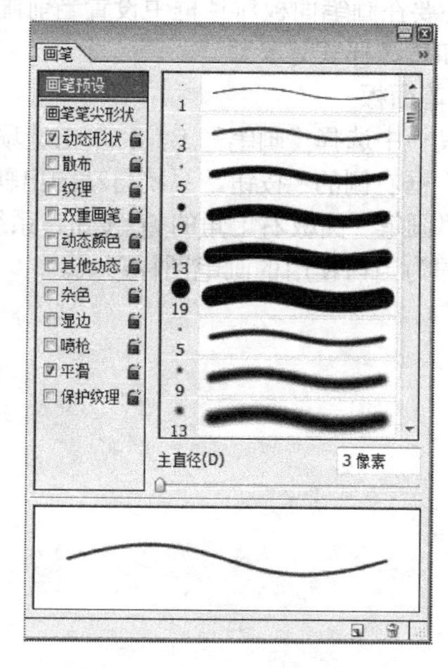

图 18-28 “画笔”对话框

（1）画笔笔尖形状：单击“画笔”面板中的“画笔笔尖形状”选项，可对其直径、角度及边缘柔化程度等选项参数进行设置，如图 18-29 所示。

① 直径：控制画笔的直径大小。

② 角度：指定画笔或样本画笔的长轴从水平方向旋转的角度。

③ 圆度：设置画笔短轴和长轴之间的比率。100%表示圆形画笔，0%表示线性画笔，介于两者之间的值表示椭圆画笔。

④ 硬度：设置画笔边缘的柔化程度，该参数值越大，画笔笔尖越尖锐。

⑤ 间距：控制“描边”中两个画笔笔迹之间的距离。差值越大，画笔笔迹之间的距离

越大。取消选择此选项，则光标的速度将决定画笔笔迹之间的距离大小。

（2）动态形状："动态形状"决定"描边"中画笔笔迹的变化，如图 18-30 所示。

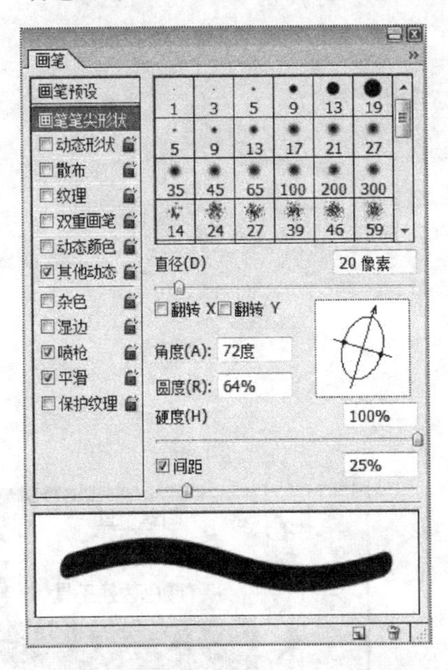

图 18-29 "画笔笔尖形状"选项

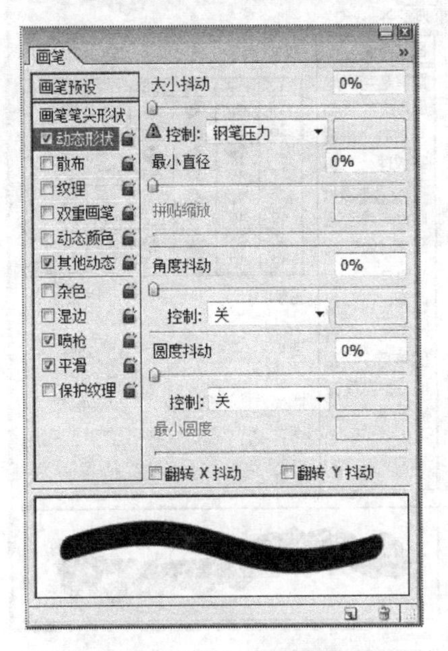

图 18-30 "动态形状"选项

① 大小抖动：指定"描边"中画笔笔迹大小的改变方式。在"控制"下拉列表中可选择选项以指定如何控制画笔笔迹的大小变化，如图 18-31 所示。

② 最小直径：设置当使用"大小抖动"或"控制"时画笔笔迹可缩放的最小百分比。

③ 拼贴缩放：指定当"大小抖动"中的"控制"设置为"钢笔斜度"时，在旋转前应用于画笔高度的比例因子。

④ 角度抖动：指定"描边"中画笔笔迹角度的改变方式，其中可设置 360°的百分比值以指定抖动的最大百分比。

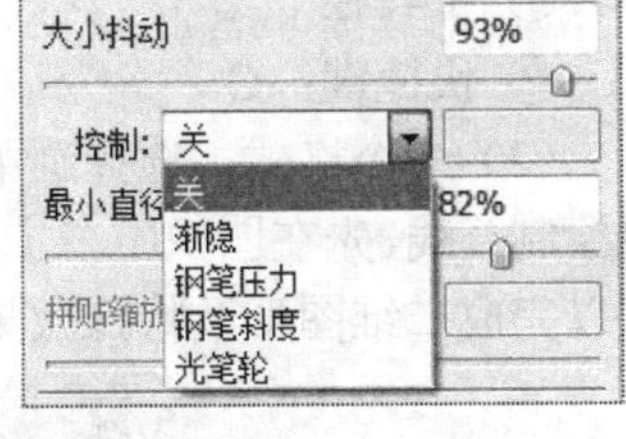

图 18-31 大小抖动参数

⑤ 圆度抖动：指定画笔笔迹的圆度在"描边"中的改变方式。

⑥ 最小圆度：指定当"圆度抖动"或"圆度控制"启用时画笔笔迹的最小圆度。

（3）双重画笔：双重画笔使用两个笔尖创建画笔笔迹，如图 18-32 所示。在"画笔笔尖形状"选项中确定主要笔尖，在"双重画笔"选项中设置另一个画笔笔尖。

① 模式：改变主要笔尖和双重笔尖组合画笔笔迹时使用的图像混合效果。

② 直径：控制双笔尖的大小。以像素为单位输入值，或者点按"使用取样大小"来使用画笔笔尖的原始直径。

③ 间距：控制"描边"中双笔尖画笔笔迹之间的距离。可输入数字或使用滑块输入笔尖直径百分比来改变"描边"中画笔笔迹之间的间距。

④ 散布：指定"描边"中双笔尖画笔笔迹的分布方式。当选中"两轴"时，双笔尖画笔笔迹按径向分布。当取消选择"两轴"时，双笔尖画笔笔迹垂直于"描边"路径分布。

⑤ 数量：指定双笔尖笔迹排列的密度，其参数值越大，密度越大。

4）画笔工具组工具

在 Photoshop CS 中画笔工具组包含"画笔"工具、"铅笔"工具和"颜色替换"工具 3 种工具，如图 18-33 所示。"画笔"工具和"铅笔"工具可在图像上绘制当前的前景色。"画笔”工具创建颜色的柔描边，“铅笔”工具创建硬边直线。

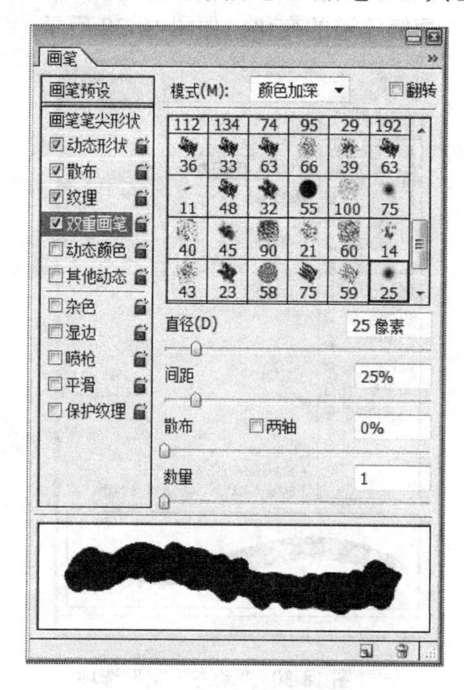

图 18-32 “双重画笔”选项

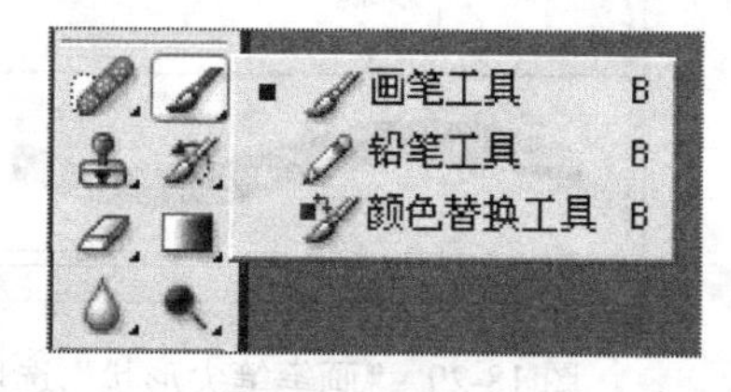

图 18-33 画笔工具栏

（1）命令调用方式

① 工具栏：、、。

② 快捷键：**C**。

（2）命令格式：选择画笔工具后，在图像中按住鼠标左键直接拖拽移动进行绘画。如果要绘制直线，先在图像中单击鼠标左键指定起点，然后按住 Shift 键并单击坐标左键确定终点，可以完成二维图形及特殊效果的绘制，如图 18-34 所示。

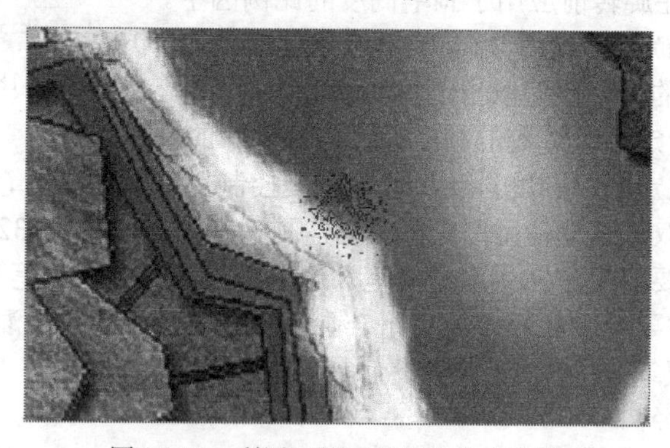

图 18-34 利用画笔工具制作跌水飞沫

利用画笔的多种变化形态，可以对建筑外轮廓线进行描边。首先使用魔棒选择建筑；单击鼠标右键选择“建立工作路径”；选择自由钢笔工具，在刚才的选区内单击鼠标右键，选择“描边路径”；“描边”后单击鼠标右键，选择“删除路径”，如图 18-35 所示。

18.2.2 历史记录画笔工具组

“历史记录画笔”工具和“历史记录艺术画笔”工具可以在图像中将新绘制的部分恢复到“历史”面板中的“恢复点”处的画面，如图 18-36 所示。

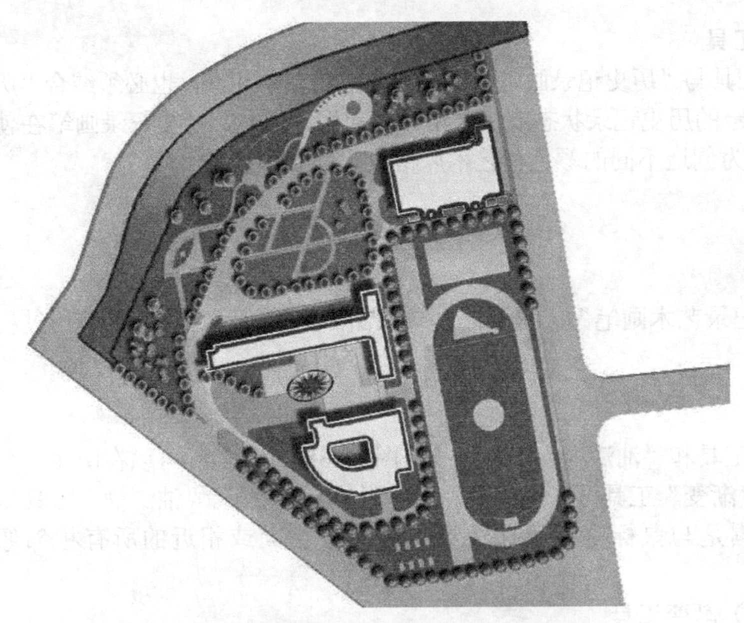

图 18-35　利用画笔工具对建筑轮廓线进行描边

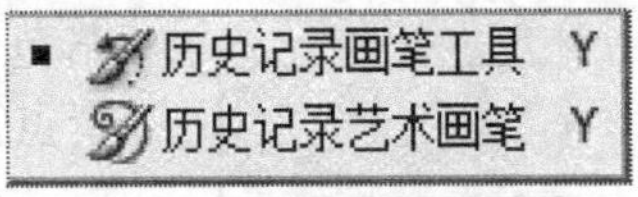

▪ 历史记录画笔工具　Y
历史记录艺术画笔　Y

图 18-36　历史画笔工具栏

1）历史记录画笔工具

“历史记录画笔”工具使用指定历史记录状态或快照中的源数据，以“风格化”描边进行绘画，通过尝试使用不同的绘画样式/大小和容差选项，可以用不同的色彩和艺术风格模拟绘画的纹理。“历史记录画笔”工具必须结合“历史面板”一起使用。

（1）命令调用方式

① 工具栏：。

② 快捷键：**Y**。

（2）命令格式：利用“历史记录画笔”工具可以对图面效果进行特殊处理。如先将一幅效果图转成“灰度模式”，然后再转成“RGB 模式”；选择“历史记录画笔”工具，在选项栏中设置画笔“直径”、“不透明度”和“流量”；在图面上需要恢复的区域进行反复涂抹，则画笔经过之处都恢复成原来的“RGB”彩色图案，如图 18-37 所示。

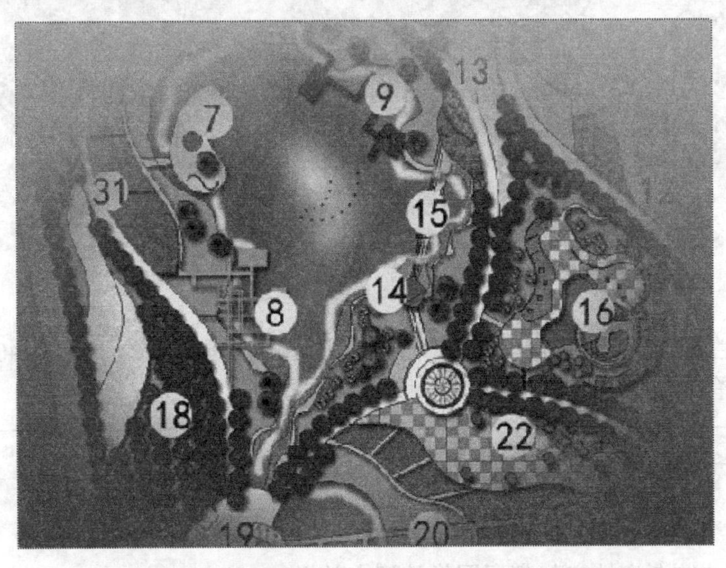

图 18-37　利用历史记录画笔工具对图像进行修复

2）历史记录艺术画笔工具

“历史记录艺术画笔”工具与“历史记录画笔”工具操作方法基本相同，也必须结合“历史面板”一起使用，也将指定的历史记录状态或快照用作源数据，但是，历史记录画笔在使用这些数据的同时，还使用为创造不同的颜色和艺术风格设置的选项。

（1）命令调用方式

① 工具栏：。

② 快捷键：**C**。

（2）命令格式：“历史记录艺术画笔”工具在园林效果图制作中应用较少，其使用过程在此不进行阐述。

18.2.3 填充工具组

填充工具栏由“渐变”工具和“油漆桶”工具组成（图 18-38），它们都可以在图像中大片范围内填充颜色。其中，“渐变”工具可以创建多种颜色间的渐变效果。“油漆桶”工具填充范围是与鼠标落点所在像素点的颜色相同或相近的所有相邻像素点。

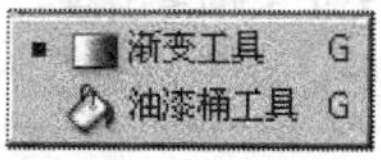

渐变工具 G
油漆桶工具 G

图 18-38 填充工具栏

1）渐变工具

在园林效果图制作中，渐变工具是使用较多的一种工具，可以创建出许多特殊的效果。

（1）命令调用方式

① 工具栏：。

② 快捷键：**G**。

（2）命令格式：执行“渐变”工具后，直接在想要填充的区域单击鼠标左键确定起点（按下鼠标处）和终点（松开鼠标处）即可，而填充后效果则取决于所使用的渐变填充方式。如果要填充图像的一部分，则需要在要填充的区域先建立选区，如图 18-39 所示。

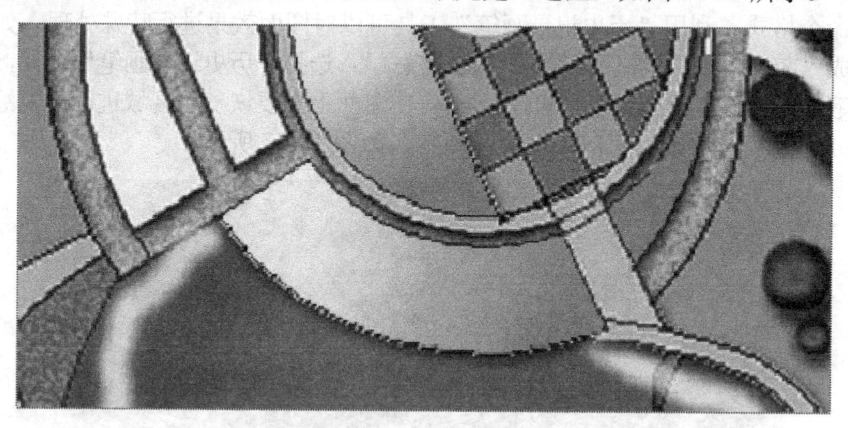

图 18-39 利用渐变工具绘制的平面效果图

（3）选项栏参数设置：执行“渐变”工具，该工具选项栏参数如图 18-40 所示。通过该选项栏可以选择渐变的方式、模式、颜色变化和不透明度等设置。

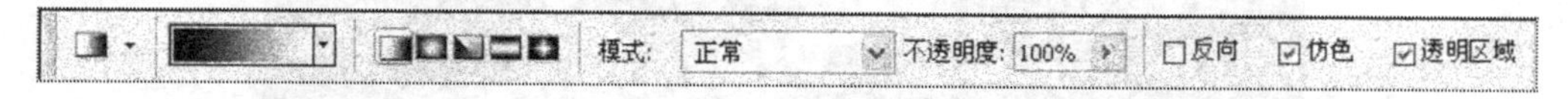

图 18-40 填充工具参数栏

① 模式：控制渐变填充与底层图像的混合效果。

② 不透明度：指定渐变填充的不透明度。

③ 反向：反转渐变填充中的颜色顺序。

④ 透明区域：对渐变填充使用透明蒙版。

（4）渐变样式：设置完渐变颜色后，需要选择一种渐变填充的方式，如图 18-41 所示。

① 线性渐变：以直线从起点渐变到终点。

② 径向渐变：以圆形图案从起点渐变到终点。

③ 角度渐变：围绕起点以逆时针扫描方式渐变。

图 18-41　渐变编辑器

④ 对称渐变：使用均衡的线性渐变在起点的任一侧渐变。

⑤ 菱形渐变：以菱形方式从起点向外渐变，终点定义菱形的一个角。

（5）渐变编辑器：单击左侧的渐变条，弹出“渐变编辑器”对话框。在该对话框中，可以自行控制渐变中的颜色和位置变化，如图 18-42 所示。

注意：“渐变”工具不能应用于位图或索引颜色的图像。“渐变”工具在编辑蒙版、通道中，可以结合“历史记录画笔”工具制作出特殊的图像效果。

2）油漆桶工具

“油漆桶”工具填充颜色值与点按像素相似的相邻像素，主要用于创建颜色填充和图案填充。

（1）命令调用方式

① 工具栏：。

② 快捷键：**G**。

（2）命令格式：执行“油漆桶”工具，首先指定是用前景色还是用图案填充选区，选择绘画的混合模式和不透明度，输入填充的容差，然后在想要填充的区域直接单击鼠标左键进行填充即可，如图 18-43 所示。在使用该工具时，按下 Alt 键，可将当前工具暂时切换到“吸管”工具，用以在图像中选取合适的颜色。

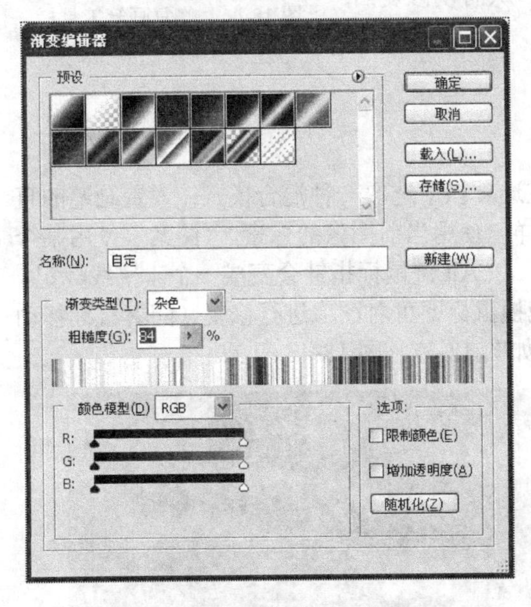

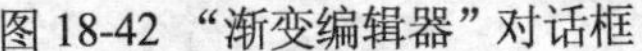
图 18-42 “渐变编辑器”对话框

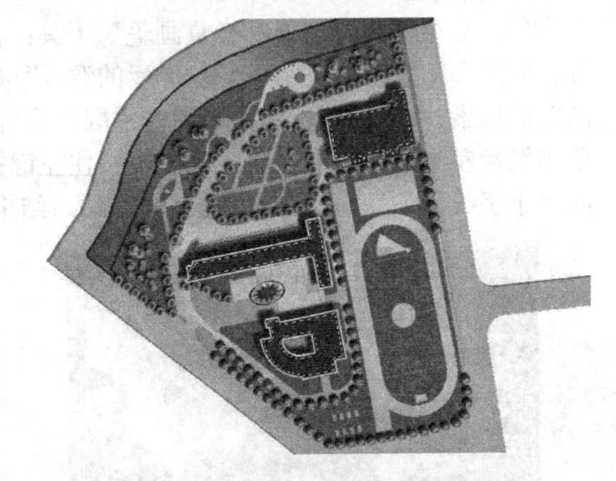
图 18-43　利用“油漆桶工具”对建筑屋顶进行颜色填充

（3）参数设置：选择工具箱中的“油漆桶”工具，其选项栏设置如图 18-44 所示。通过该选项栏可以选择填充的方式、模式和不透明度等设置。

图 18-44　油漆桶工具选项栏

① 设置填充样式：“油漆桶”工具有两种填充样式。其中：前景表示使用前景色填充图像，图案表示使用图案填充图像，如图 18-45 所示。

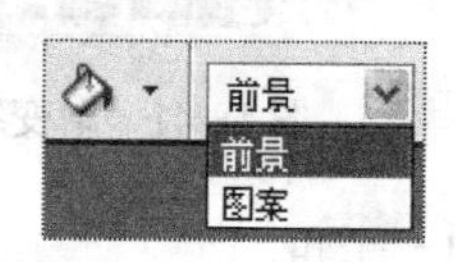

图 18-45　油漆桶工具两种填充样式

② 模式：指定设置的颜色或是图案与背景图像融合后的效果。

③ 不透明度：控制填充的颜色或是图案的不透明度。

④ 容差：指定颜色相似度，即填充时一个像素必须达到此颜色相似度才会被填充。该值的范围从 0 到 255。低容差只能填充颜色值范围内与所点按像素非常相似的像素。高容差则填充更大范围内的像素。

注意：在使用“油漆桶”工具填充图像时，如果容差值设置为 100，则可将所有与单击位置相同的颜色全部填充。

18.3　修复工具

18.3.1　修复画笔工具组

使用“修复画笔工具组”可对图像进行修补，共包括三种类型，如图 18-46 所示。

1）修复画笔工具

“修复画笔”工具可用于校正瑕疵，使它们消失在周围的图像中，与仿制图章工具一样，使用修复画笔工具或图案中的样本像素来绘画。但是，修复画笔工具还可将样本像素的纹理、光照、透明度和阴影与所修复的像素进行匹配，从而使修复后的像素不留痕迹地融入图像的其余部分。

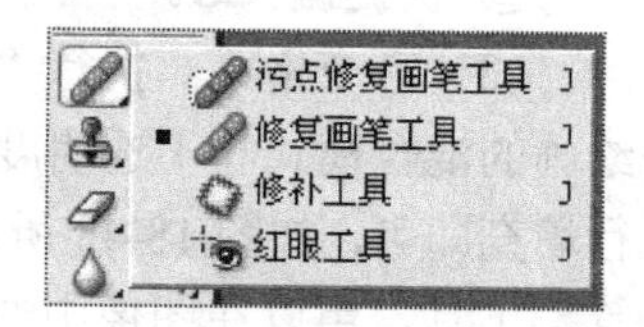

图 18-46　修复画笔工具栏

（1）命令调用方式

① 工具栏：。

② 快捷键：**J**。

（2）命令格式：选择“修复画笔”工具；在选项栏中选取一种混合模式；设置画笔的直径、硬度和间距；选取用于修复像素的源（“取样”使用当前图像的像素，“图案”使用某个图案的像素）；将鼠标指针置于图像中取样位置，按 Alt 键鼠标指针会变成一个十字线标记，单击鼠标左键进行取样；取样后多次按住左键拖拽鼠标即可对图像进行修复（随着鼠标移动的“十字线标记”是图像修复的采样点），结果如图 18-47、图 18-48 所示。

图 18-47　按 Alt 键对图像进行取样

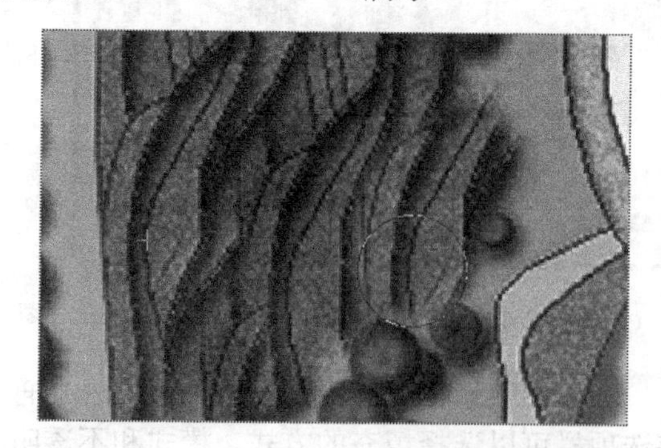

图 18-48　按鼠标左键进行拖拽复制

按 Alt 键取样后松开鼠标，在图像中需要复制的位置单击鼠标左键，则每次单击都能复制出一个采样点处的样本图案，如图 18-49、图 18-50 所示。

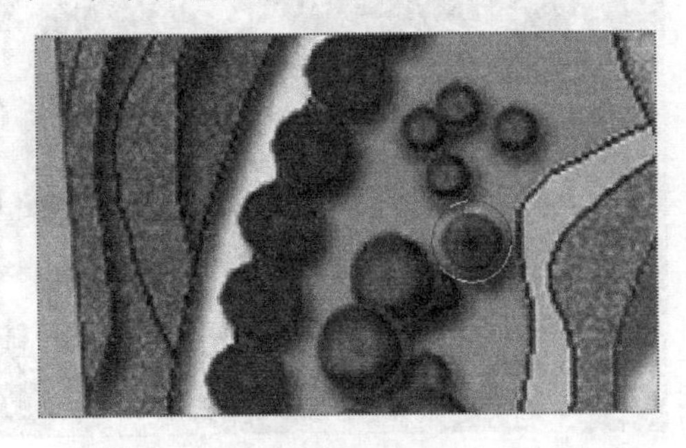
图 18-49　按 Alt 键对植物图例进行取样

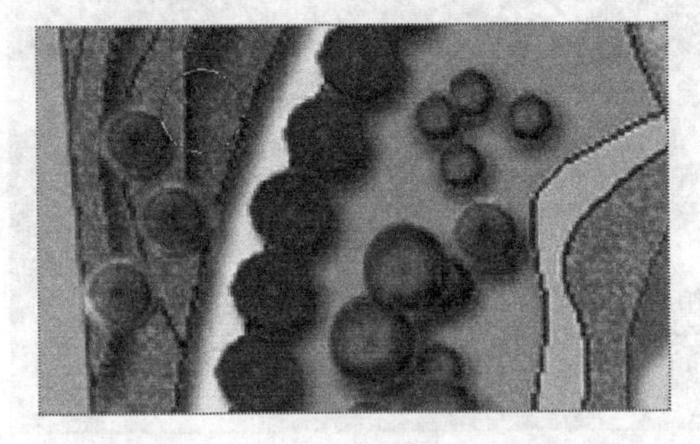
图 18-50　单击鼠标左键复制三个植物图例

2）污点修复画笔工具

“污点修复画笔”工具操作过程与“修复画笔”工具类似。与修复画笔不同，“污点修复画笔”工具在修复图像时，不要求指定样本点，污点修复画笔将自动从所修饰区域的周围取样。

（1）命令调用方式

① 工具栏：[工具图标]。

② 快捷键：**J**。

（2）命令格式：选择“污点修复画笔”工具；在选项栏中选取一种混合模式；设置画笔的直径、硬度和间距；在图像中需要修复的区域按住左键拖拽鼠标（图 18-51），则拖拽区域周边的图像便被复制到该处，结果如图 18-52 所示。

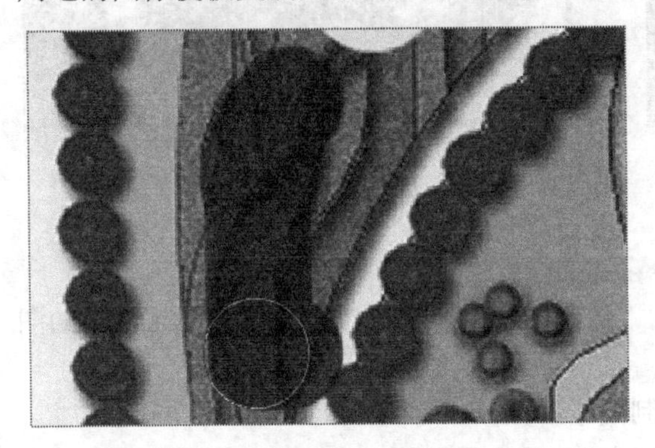
图 18-51　按鼠标左键在图像中进行拖拽

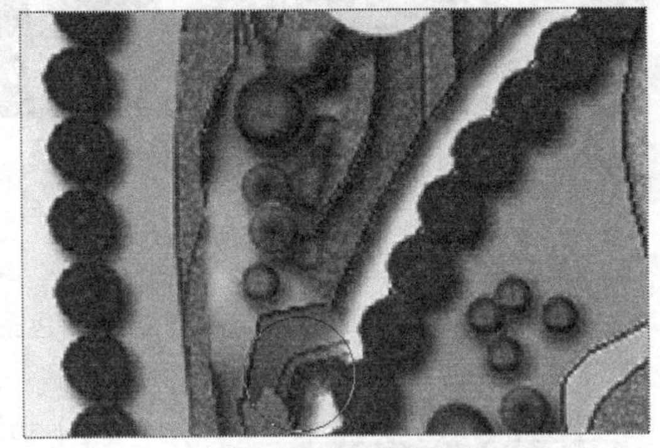
图 18-52　松开鼠标后的修复效果

3）修补工具

使用“修补工具”，可以用其他区域或图案中的像素来修复选中的区域。像修复画笔工具一样，修补工具会将样本像素的纹理、光照和阴影与源像素进行匹配，还可以使用修补工具来仿制图像的隔离区域。

（1）命令调用方式

① 工具栏：[工具图标]。

② 快捷键：**J**。

（2）命令格式

① 选择“修补工具”；在选项栏中选择“源”选项；在图像中需要修复的区域创建选区（图 18-53），按住左键移动选区到“采样图像”处松开鼠标，则“采样图像”便被复制过来，

如图 18-54 所示。

图 18-53　创建选区

图 18-54　松开鼠标后的修复效果

② 选择“修补工具”；在选项栏中选择“目标”选项；在图像中“目标图案”处建立选区（图 18-55），用鼠标移动选区到需要修复的区域，松开鼠标，则“目标图案”便被复制到该区域。操作时，可以反复移动选区对图像进行多重复制，如图 18-56 所示。

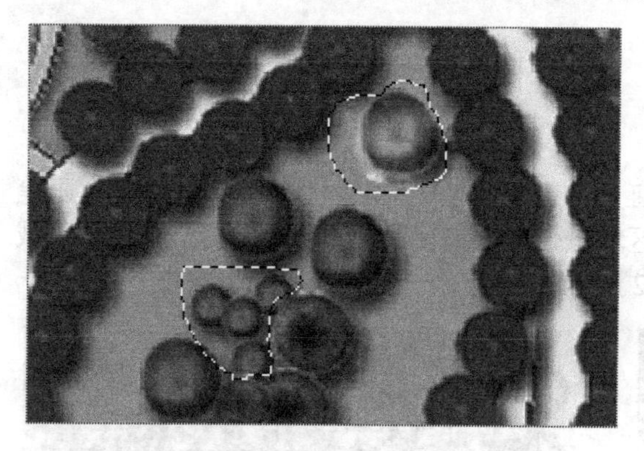

图 18-55　创建两个目标样本

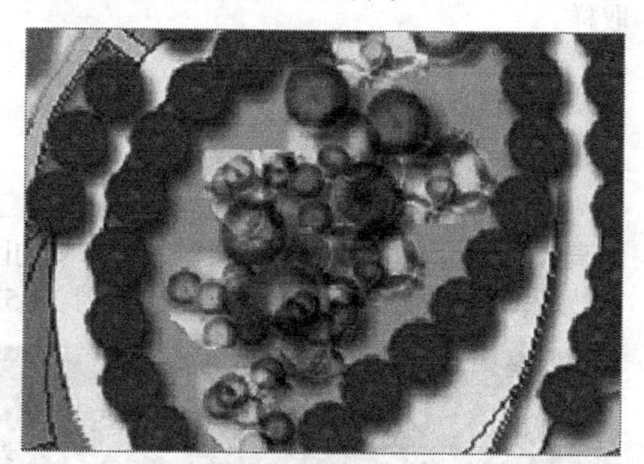

图 18-56　移动目标样本进行多重复制

18.3.2　图章工具组

“图章工具组”的功能是复制图像，包括“仿制图章”工具和“图案图章”工具，如图 18-57 所示。

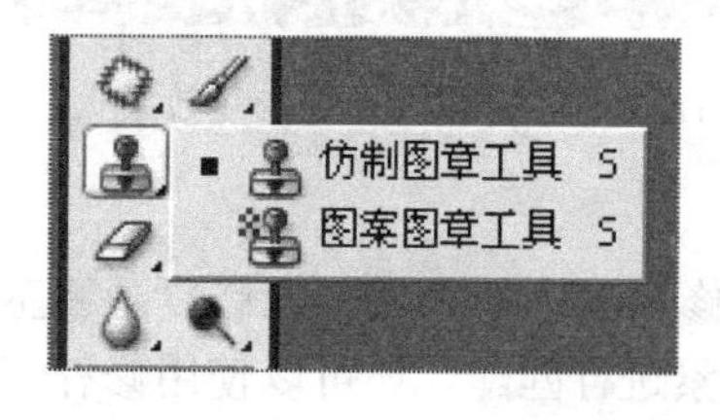

图 18-57　图章工具栏

1）仿制图章工具

“仿制图章”工具将图像的一部分绘制到同一图像的另一部分或绘制到具有相同颜色模式的任何打开的文档的另一部分。仿制图章工具对于复制对象或移去图像中的缺陷很有用。

（1）命令调用方式

① 工具栏：。

② 快捷键：**S**。

（2）命令格式：选择“仿制图章”工具，在选项栏设置画笔参数、模式、不透明度和流量，将鼠标指针置于图像中取样位置，按 Alt 键鼠标指针会变成一个“十字线标记”，单击鼠标左键进行取样（图 18-58），取样后多次按住左键拖拽鼠标即可对图像进行复制（随着鼠标移动的“十字线标记”是图像修复的采样点），结果如图 18-59 所示。

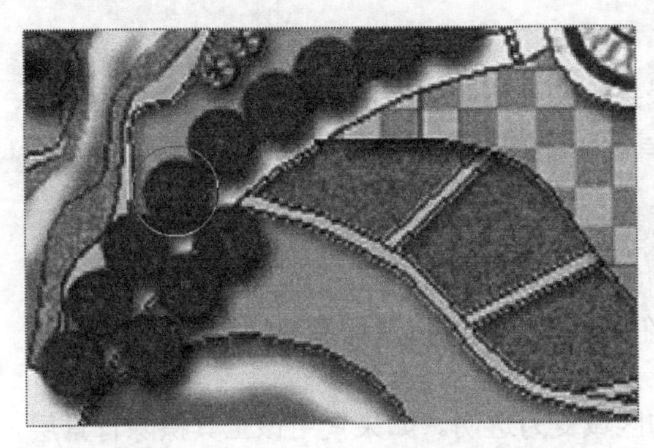

图 18-58　按 Alt 键对图像进行取样

图 18-59　按鼠标左键进行拖拽复制

2）图案图章工具

可先自定义一个图案，然后把图案复制到图像的其他区域或其他图像上。

（1）命令调用方式

① 工具栏：[图标]。

② 快捷键：**S**。

（2）命令格式：选择“图案图章”工具，在选项栏设置画笔模式、不透明度和流量，选择定义好的图案或利用系统现有图案（图 18-60），按住左键拖拽鼠标进行复制，如图 18-61、图 18-62 所示。

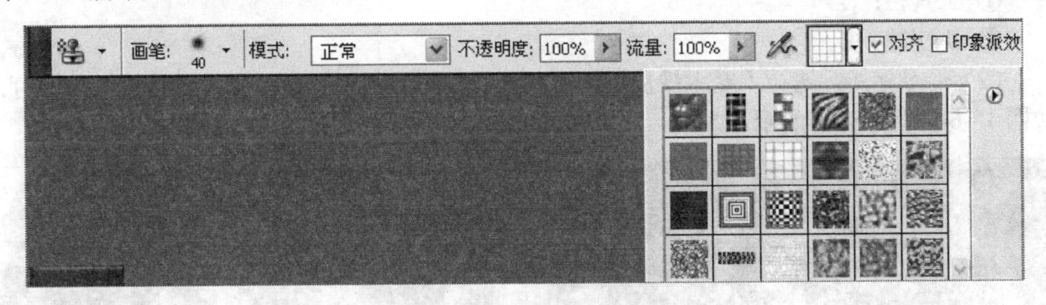

图 18-60　选择系统提供的图案

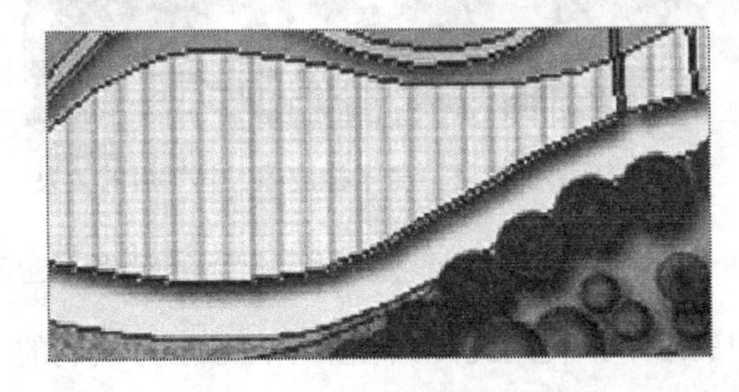

图 18-61　复制前原图像

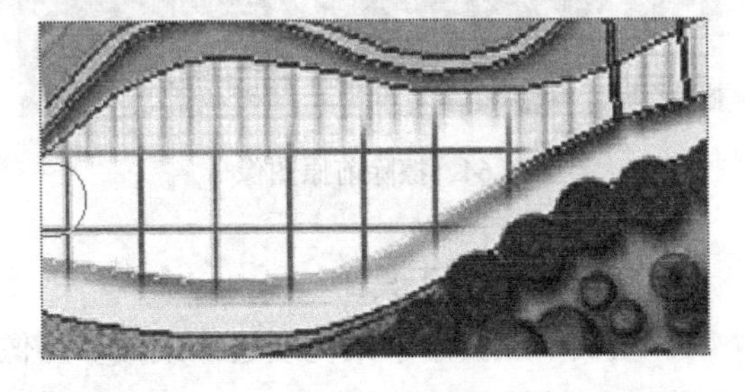

图 18-62　按鼠标左键进行拖拽复制

18.3.3　橡皮擦工具组

“橡皮擦”工具组用于擦除图像中的像素，可将像素更改为背景色或透明。如果正在背景中或已锁定透明度的图层中工作，像素将更改为背景色；否则，像素将被抹成透明。该工具组包括橡皮擦工具、背景橡皮擦工具和魔术橡皮擦工具三种类型，如图 18-63 所示。

图 18-63　橡皮擦工具栏

1）橡皮擦工具

“橡皮擦”工具用于擦除图像颜色。如果擦除的是透明图层，则擦除位置会变为透明；如果擦除的是非透明图层，则在擦除的区域直接填入背景色。

（1）命令调用方式

① 工具栏：。

② 快捷键：**E**。

（2）命令格式：选择“橡皮擦”工具，在要擦除的位置按鼠标左键拖拽擦除即可。

2）背景橡皮擦工具

“背景橡皮擦”工具擦除颜色后将擦除的区域变为透明。如果使用该工具擦除背景层，则擦除后系统自动将背景层变为0层。

（1）命令调用方式

① 工具栏：。

② 快捷键：**E**。

（2）命令格式：选择“背景橡皮擦”工具，在要擦除的位置按鼠标左键拖拽擦除即可。

3）魔术橡皮擦工具

“魔术橡皮擦”工具可以擦除一定容差度内的相邻颜色。该工具擦除颜色后将擦除的区域变为透明。

（1）命令调用方式

① 工具栏：。

② 快捷键：**E**。

（2）命令格式：选择“魔术橡皮擦”工具，在要擦除的位置按鼠标左键拖拽擦除即可，如图18-64、图18-65所示。

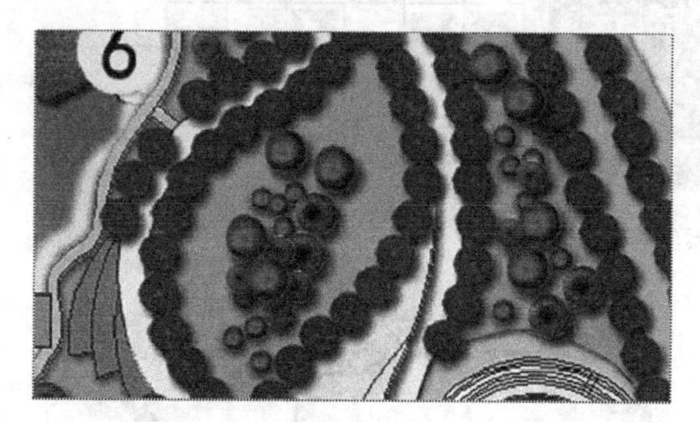

图18-64　擦除前原图像

图18-65　执行“魔术橡皮擦工具”后的效果

18.3.4　模糊工具组

“模糊”工具用于柔化硬边缘或减少图像中的细节，使用此工具在某个区域上方绘制的次数越多，该区域就越模糊。该工具组包括“模糊”工具、“锐化”工具和“涂抹”工具三种类型，如图18-66所示。

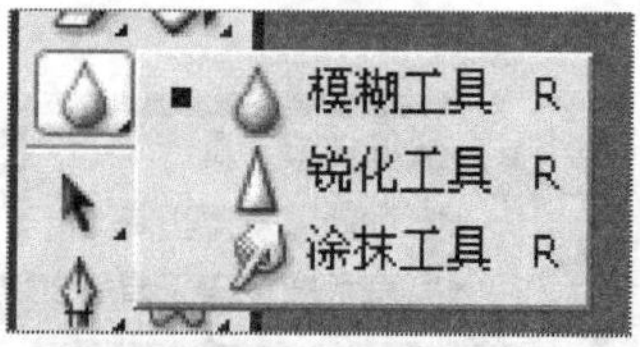

图18-66　模糊工具栏

1）模糊工具

“模糊”工具能够降低图像相邻像素之间的反差，使图像的边界或区域变得柔和，产生一种模糊的效果。

（1）命令调用方式

① 工具栏：。

② 快捷键：**R**。

（2）命令格式：选择“模糊”工具，在选项栏中选取画笔笔尖，设置混合模式和强度，单击鼠标左键，在要进行模糊处理的图像部分上拖移，如图 18-67、图 18-68 所示。若按下 Alt 键则会切换成“锐化”工具。

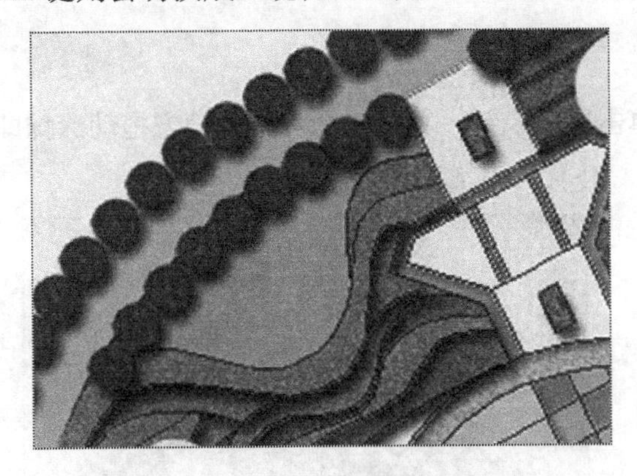

图 18-67　模糊前原图像

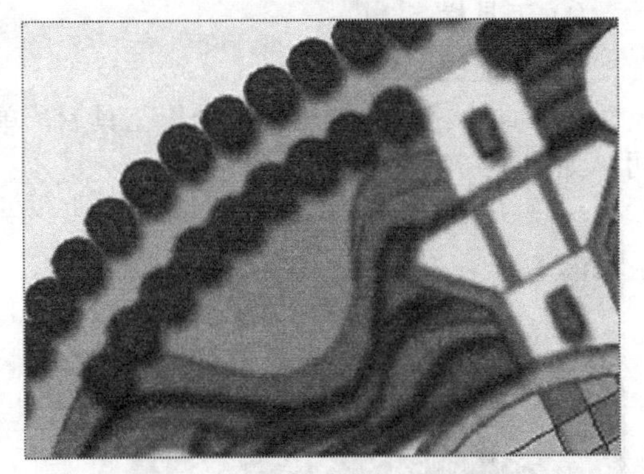

图 18-68　执行“模糊”工具后的效果

（3）参数设置：在工具箱中选择“模糊”工具，其选项栏设置如图 18-69 所示。

图 18-69 “模糊”工具参数栏

① 画笔：控制模糊时的画笔大小及画笔边缘柔化程度。

② 强度：控制涂抹工具对图像涂抹的程度大小。

2）锐化工具

“锐化”工具用于增加边缘的对比度以增强外观上的锐化程度，使用此工具在某个区域上方绘制的次数越多，增强的锐化效果越明显。

（1）命令调用方式

① 工具栏：[icon]。

② 快捷键：**R**。

（2）命令格式：选择“锐化”工具，在选项栏中选取画笔笔尖，设置混合模式和强度，点击鼠标左键，在要进行锐化处理的图像部分上拖移，如图 18-70、图 18-71 所示。若按下 Alt 键则会切换成“模糊”工具。

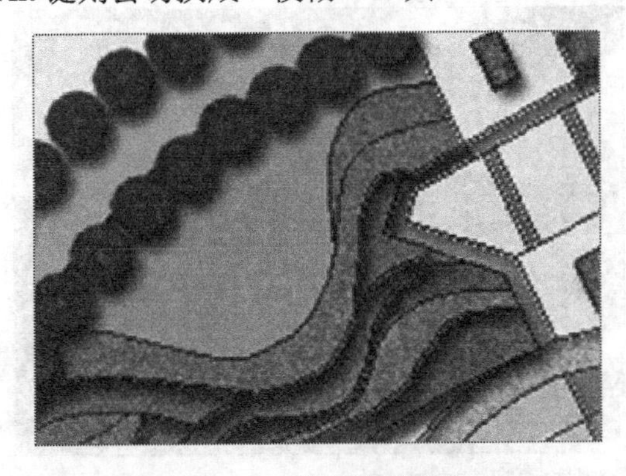

图 18-70　锐化前原图像

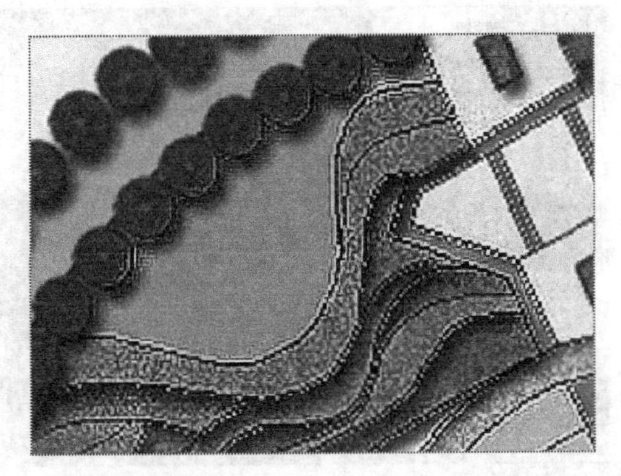

图 18-71　执行“锐化”工具后的效果

3）涂抹工具

“涂抹”工具模拟将手指拖过湿油漆时所看到的效果。该工具可“拾取”开始位置的颜色，并沿拖移的方向展开这种颜色。

（1）命令调用方式

① 工具栏：。

② 快捷键：**R**。

（2）命令格式：调用“涂抹”工具后，单击鼠标左键，直接在想涂抹的地方拖动涂抹即可，如图 18-72、图 18-73 所示。

图 18-72　涂抹前原图像

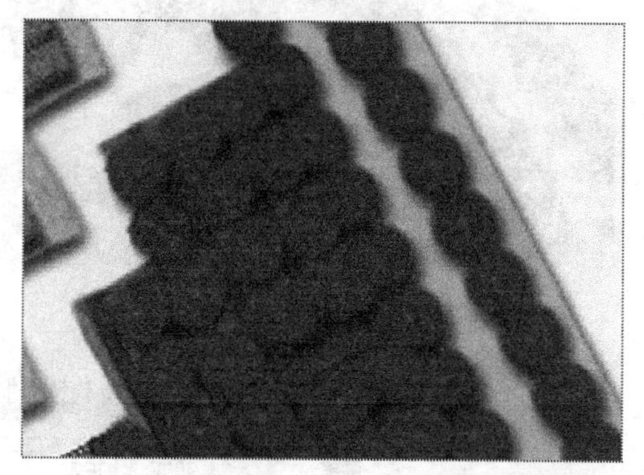

图 18-73　执行“涂抹”工具后的效果

18.3.5　减淡工具组

“减淡工具组”使图像区域变亮（减淡）或变暗（加深）。该工具组包括“减淡”工具、“加深”工具和“海绵”工具，如图 18-74 所示。

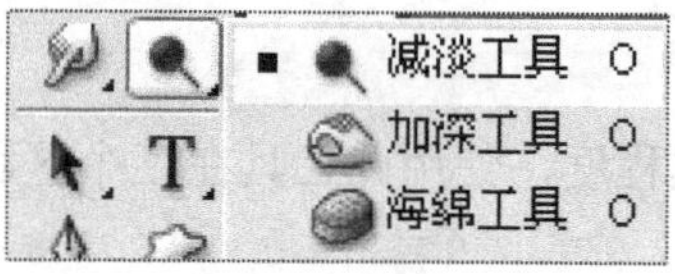

减淡工具 O
加深工具 O
海绵工具 O

图 18-74　减淡工具栏

1）减淡工具

“减淡”工具能够使图像的亮度提高。使用此工具在某个区域上方绘制的次数越多，该区域就会变得越亮。

（1）命令调用方式

① 工具栏：。

② 快捷键：**O**。

（2）命令格式：选择“减淡”工具，在选项栏中选取画笔笔尖并设置画笔选项，设置范围（阴影、中间调、高光）和曝光度，单击鼠标左键，在要变亮的图像部分拖移，如图 18-75、图 18-76 所示。

图 18-75　减淡前原图像

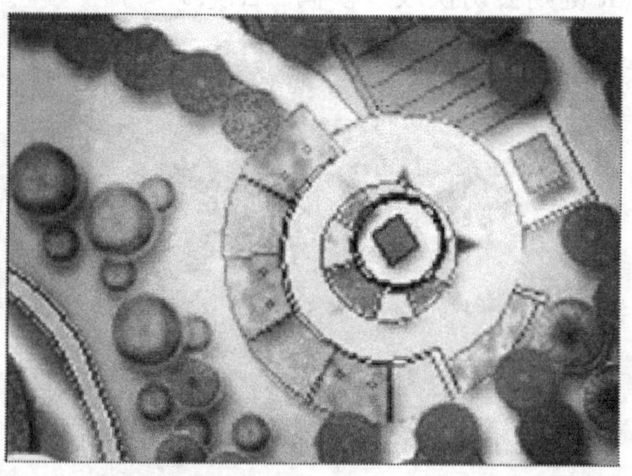

图 18-76　执行“减淡”工具后的效果

2）加深工具

“加深”工具可以使图像的某个区域变暗。使用此工具在某个区域上方绘制的次数越多，该区域就会变得越暗。

（1）命令调用方式

① 工具栏：。

② 快捷键：**O**。

（2）命令格式：选择“加深”工具，在选项栏中选取画笔笔尖并设置画笔选项，设置范围（阴影、中间调、高光）和曝光度，单击鼠标左键，在要变暗的图像部分拖移，如图 18-77、图 18-78 所示。

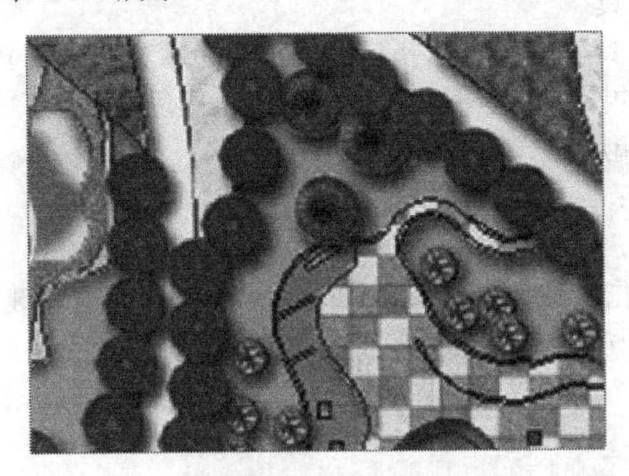

图 18-77　加深前原图像

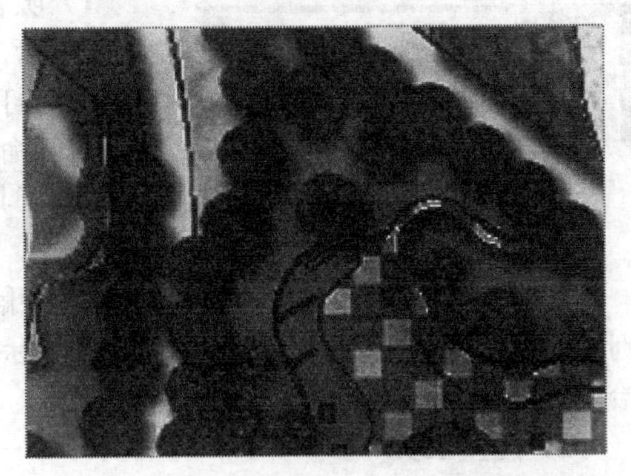

图 18-78　执行“加深”工具后的效果

3）海绵工具

“海绵”工具可以增加或降低图像的色彩饱和度。

（1）命令调用方式

① 工具栏：。

② 快捷键：**O**。

（2）命令格式：选择“海绵”工具，在选项栏中选取画笔笔尖并设置画笔选项，设置“加色或减色”模式及曝光度，单击鼠标左键，在需要使用“海绵”工具的图像部分拖移。

18.3.6　注释工具组

“注释工具组”主要用于在图像中作注释，包括“注释”工具和“语音注释”工具两个工具，如图 18-79 所示。

注释工具　N
语音注释工具　N

图 18-79　注释工具栏

1）注释工具

注释工具在图像中的任何位置添加文字注释。

（1）命令调用方式

① 工具栏：。

② 快捷键：**N**。

（2）命令格式：选择“注释”工具，在图像中单击鼠标左键创建文本窗口，然后键入文字内容即可。

2）语音注释工具

语音注释工具在图像中的任何位置添加语音注释。

（1）命令调用方式

① 工具栏：。

② 快捷键：**N**。

（2）命令格式：选择“语音注释”工具，在图像中单击鼠标左键创建语音注释窗口，然后单击“开始”按钮进行语音录入。

注意：在录制语音注释时，计算机的音频输入端口中必须插有麦克风。要删除文字注释或语音注释，先选择“注释”工具，并选中图像中的文字注释或语音注释图标，按键盘上的 Delete 键就可以直接删除。

18.3.7 吸管工具组

“吸管工具组”用于从图像中提取颜色或信息。该工具组包括“吸管”工具、“颜色取样器”工具和“度量”工具，如图 18-80 所示。

图 18-80 吸管工具栏

1）吸管工具

“吸管”工具采集色样以指定新的前景色或背景色。可以从当前打开的图像或屏幕上的任何位置采集色样。

（1）命令调用方式

① 工具栏：。

② 快捷键：**I**。

（2）命令格式：选择“吸管”工具，将鼠标指针放置在图像中需要取样的位置单击左键，则拾取的颜色即为前景色。按 Alt 键将鼠标指针放置在图像中需要取样的位置单击左键，则拾取的颜色即为背景色。

2）度量工具

度量工具可以精确地确定图像或元素的位置，也可计算工作区域内任意两点之间的距离。

（1）命令调用方式

① 工具栏：。

② 快捷键：**I**。

（2）命令格式：选择“度量”工具，在图像中需要测量的区域，单击鼠标左键确定起点并拖拽鼠标至终点位置松开鼠标，便可测量出起点至终点的距离，如图 18-81 所示。

① X 和 Y：起点坐标值。

② W：在 X 轴上移动的水平距离。

③ H：在 Y 轴上移动的垂直距离。

④ A：相对于 X 轴测量的角度。

⑤ D1：起点至终点的距离。

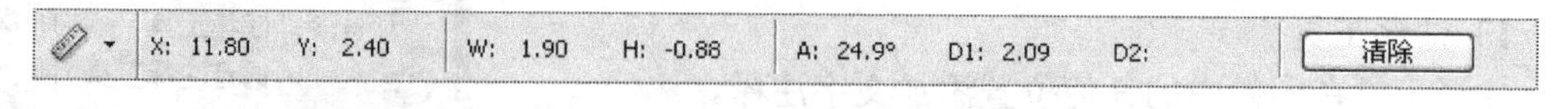

图 18-81 测量结果显示

18.3.8 抓手工具、缩放工具、前景色与背景色

1）抓手工具

抓手工具在文档窗口显示不完的图像时能够移动图像，并不改变图像的实际位置。

（1）命令调用方式

① 工具栏：。

② 快捷键：**H**。

（2）命令格式：选择“抓手”工具，按住鼠标左键单击并拖动图像任意移动便可。

（3）参数设置：选择“抓手”工具，其选项栏显示如图 18-82 所示。

图 18-82　抓手工具选项栏

① 滚动所有窗口：选择“滚动所有窗口”选项，则执行“抓手”工具可以移动系统中打开的所有图像视图。

② 实际像素：该选项可以使当前图像的视图以 100%的比例显示。

③ 适合屏幕：该选项可以使图像正好填满可以使用的屏幕空间。

④ 打印尺寸：该选项将根据“图像大小”对话框中“文档大小”区域所指定的设置，重新显示图像的近似打印尺寸。

注意：点按两次工具箱中的“抓手”工具，可以使图像适合屏幕大小，显示器的大小和分辨率会影响屏幕的打印尺寸。

2）缩放工具

缩放工具在修改图像的局部时，可以对图像进行放大或缩小。

（1）命令调用方式

① 工具栏：🔍。

② 快捷键：**Z**。

（2）命令格式：选择“缩放”工具，单击鼠标左键并拖拽鼠标任意移动便可。调用缩放工具，若想缩放整张视图，直接用鼠标左键单击即可。若想局部缩放，则在想要缩放的区域框选即可。

（3）参数设置：选择“缩放”工具，其选项栏显示如图 18-83 所示。

图 18-83　缩放工具选项栏

① 放大和缩小按钮：“放大”按钮可放大视图显示，“缩小”按钮可缩小视图显示。当放大或缩小图像时，每单击一次鼠标，系统自动以单击点为中心将可显示区域居中。

② 调整窗口大小以满屏显示：执行“缩放”工具时，选择该选项可以使视图窗口随视图的比例放大或缩小。

③ 缩放所有窗口：选择“缩放所有窗口”选项，则放大或缩小当前图像视图比例时，可以放大或缩小系统中打开的所有图像视图。

注意：在视图操作过程中，按键盘上的空格键，当前工具可切换到“抓手”工具，移动图像后松开鼠标，则“抓手”工具又切换为原来的工具。此外，在视图操作过程中，同时按下键盘上“Ctrl”键与“空格”键，在视图中单击鼠标左键可放大视图；同时按下键盘上的“Alt”键与“空格”键，在视图中单击鼠标左键可缩小视图。

3）前景色与背景色

“前景色与背景色”可以设置前景颜色和背景颜色。在对图像进行颜色填充之前，必须设置合理的前景色和背景色，如图 18-84 所示。

（1）前景色与背景色设置：单击“前景色”或“背景色”按钮，系统自动弹出“拾色器”对话框。在该对话框中，可以选择一种色彩模式进行颜色设置，如图 18-85 所示。

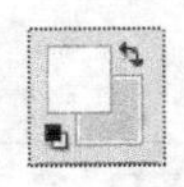

图 18-84　前景色与背景色工具栏

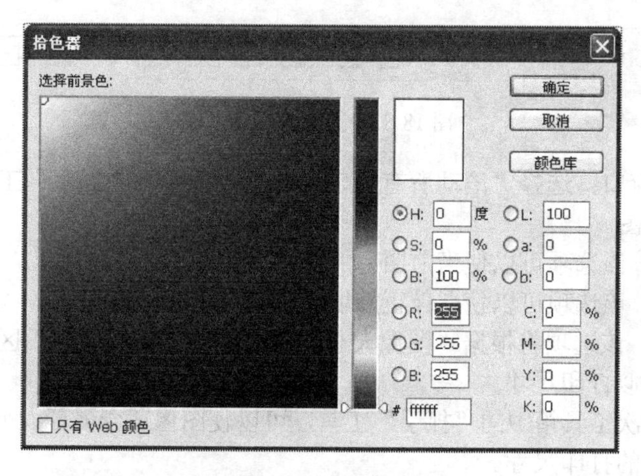

图 18-85 “拾色器”对话框

（2）快捷操作：单击“”按钮或按键盘上的“**X**”键，可将前景色与背景色进行转换。单击“”按钮或按键盘上的“D”键，可将前景色（黑色）与背景色（白色）恢复为默认的状态。按键盘上的“Alt+Delete”键，可以填充前景色；按键盘上的“Ctrl+Delete”键，可以填充背景色。

18.4 形状工具组

“形状工具组”用于创建形状。包括“矩形”工具、“圆角矩形”工具、“椭圆”工具、“多边形”工具、“直线”工具、“自定形状”工具等多个工具类型，如图 18-86 所示。

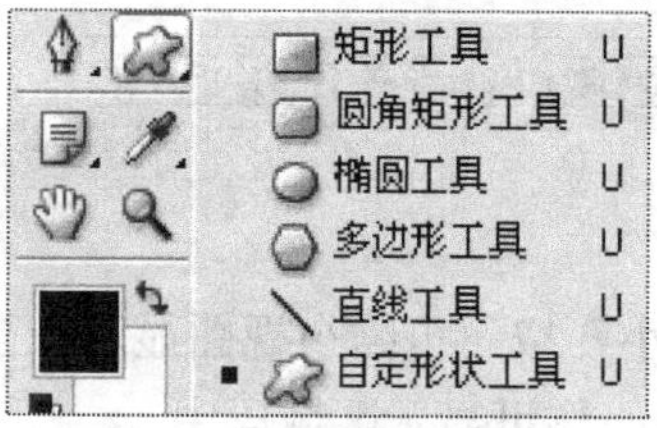

图 18-86 形状工具栏

18.4.1 矩形工具

矩形工具用于创建矩形形状。

（1）命令调用方式

① 工具栏：。

② 快捷键：**U**。

（2）命令格式：选择“矩形”工具，拖动鼠标左键直接在视图中绘制即可创建形状。

（3）参数设置：选择工具栏中的“矩形”工具、“椭圆矩形”工具、“椭圆”工具及“多边形”工具，其选项栏参数如图 18-87～图 18-90 所示。

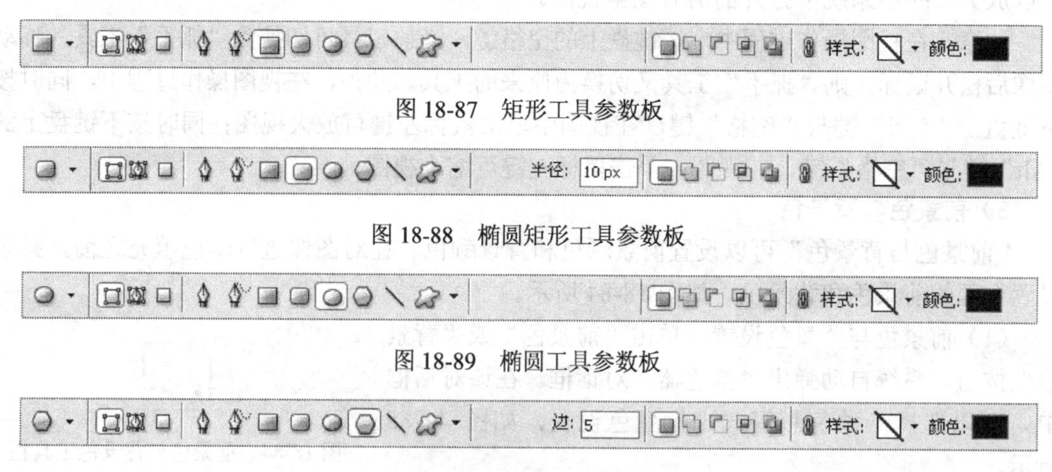

图 18-87 矩形工具参数板

图 18-88 椭圆矩形工具参数板

图 18-89 椭圆工具参数板

图 18-90 多边形工具参数板

选择“矩形”工具、“椭圆矩形”工具、“椭圆”工具和“多边形”工具后，单击选项栏中“自定义形状”右侧的三角形，系统弹出各个工具的设置面板，如图 18-91 所示。

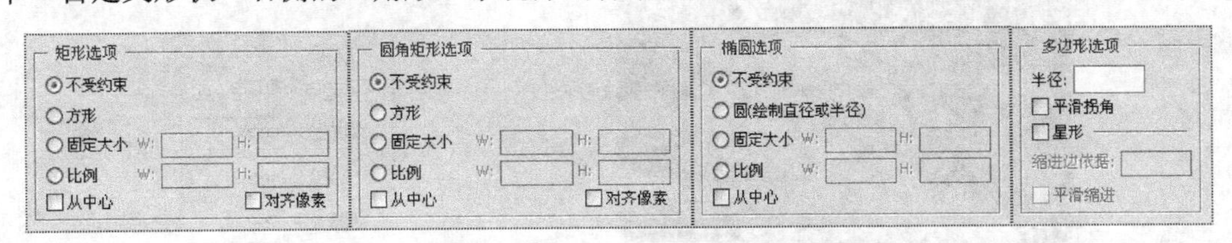

图 18-91　矩形、圆角矩形、椭圆、多边形工具选项面板

① 不受约束：通过拖动鼠标设置矩形、圆角矩形、椭圆或自定形状的宽度和高度。

② 方形：将矩形或圆角矩形约束为方形。

③ 固定大小：在“宽度”和“高度”参数栏中输入数值，来约束矩形、圆角矩形、椭圆或自定形状图形的大小。

④ 比例：在“宽度”和“高度”参数栏中输入数值，约束矩形、圆角矩形或椭圆为成比例的形状。

⑤ 从中心：以鼠标单击位置为中心绘制矩形、圆角矩形、椭圆或自定形状。

⑥ 圆：可将椭圆约束为圆。

⑦ 边：指定多边形的边数。

⑧ 半径：对于圆角矩形，指定圆角半径。 对于多边形，指定多边形中心与外部点之间的距离。

⑨ 平滑拐角或平滑缩进：用平滑拐角或缩进渲染多边形。

18.4.2　直线工具

直线工具用于创建直线形状。

（1）命令调用方式

① 工具栏：![]。

② 快捷键：**U**。

（2）命令格式：选择“直线”工具，拖动鼠标左键直接在视图中绘制即可创建形状。

（3）参数设置：选择工具栏中的“直线”工具，其选项栏参数如图 18-92 所示。

图 18-92　直线工具选项栏

单击选项栏中“自定义形状”右侧的三角形，系统弹出“直线”工具的设置面板，如图 18-93 所示。

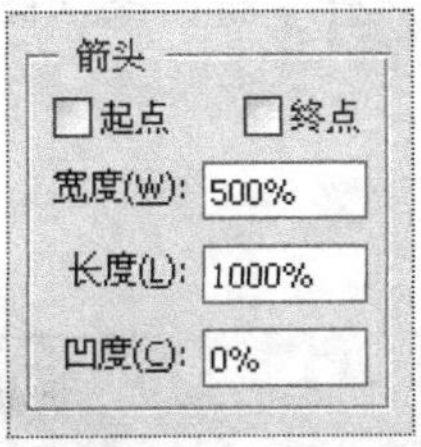

① 粗细：设置直线的宽度。

② 箭头起点和终点：选择“起点”可以在直线起点添加箭头，选择“终点”可以在直线终点添加箭头。同时选择 2 个选项，可在直线的起点和终点都添加箭头。在“宽度”和“长度”参数栏中输入数值，以直线宽度的百分比指定箭头的比例。如图 18-94、图 18-95 所示。

箭头
起点　终点
宽度(W): 500%
长度(L): 1000%
凹度(C): 0%

图 18-93　直线工具参数面板

18.4.3　自定形状工具

“自定形状”工具可以通过使用“自定形状”弹出式调板中的形状来绘制形状，也可以存储形状或路径以便用作自定形状。

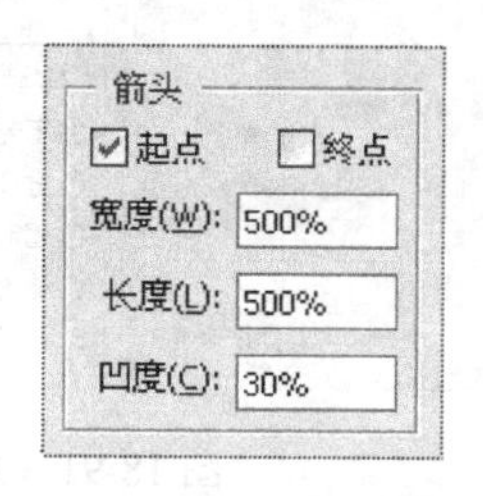

图 18-94　利用直线工具绘制的箭头　　　　图 18-95　“箭头”参数

（1）命令调用方式

① 工具栏：。

② 快捷键：**U**。

（2）命令格式：选择“自定形状”工具，单击选项栏图形中的下拉三角形，系统自动打开现有的一些图形，如图 18-96 所示。可以根据实际需要来选择列表中的一些图形。

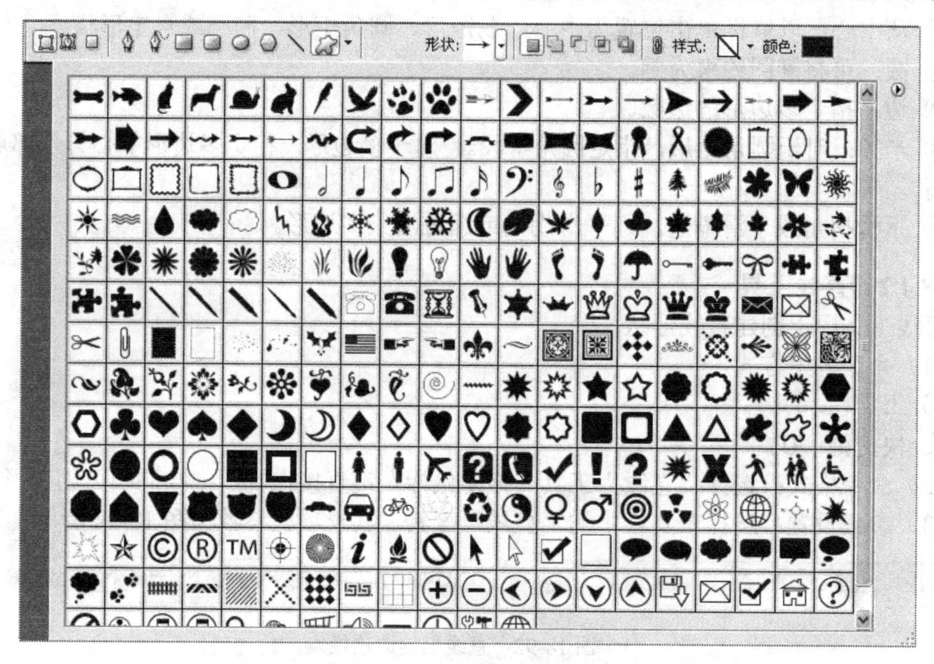

图 18-96　“自定形状”工具类型

选择一种图案（图 18-97），绘制针叶树平面图例（图 18-98）。

图 18-97　选择的图案　　　　图 18-98　利用自定义形状绘制的针叶树

因为“自定形状”工具绘制的图形是矢量图形，其最大的特点就是图形的放大或缩小非常自由，不会因为变换而使图像失真。

18.5　钢笔工具组

“钢笔”工具用于创建精确的路径，可以选中任何形状的图像。它是路径编辑操作中极为重要的一个工具。钢笔工具组包括“钢笔”工具、“自由钢笔”工具、“添加锚点”工具、“删除锚点”工具和“转折点”工具。如图 18-99 所示。

钢笔工具　P
自由钢笔工具　P
添加锚点工具
删除锚点工具
转换点工具

图 18-99　钢笔工具栏

18.5.1　钢笔工具

“钢笔”工具是建立路径的基本工具，该工具既可创建直线路径也能绘制曲线路径。

（1）命令调用方式

① 工具栏：。

② 快捷键：**P**。

（2）命令格式：选择“钢笔”工具，连续单击鼠标左键绘制直线路径。但若在单击第二点的时候按住鼠标左键不松手任意拖动，便可形成曲线的路径。

（3）参数设置：选择“钢笔”工具后，其选项栏如图 18-100 所示。

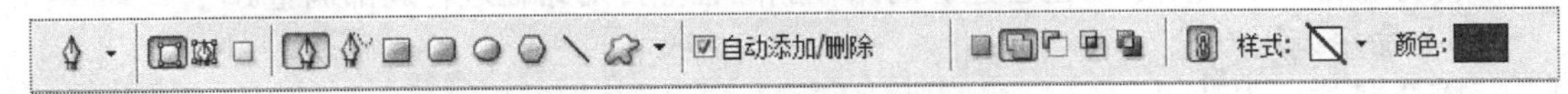

图 18-100　钢笔工具选项栏

① 形状图层：选中形状图层 按钮后，可在单独的图层中创建形状。

② 路径：选中路径 按钮后，可在当前图层中创建工作路径。

③ 填充像素：只有在使用形状工具时，“填充像素”按钮才能使用。

注：在使用“钢笔”工具绘制路径后，按 Ctrl 键可将“钢笔”工具暂时切换到“直接选择”工具；按下 Alt 键，可将“钢笔”工具切换到“转换点”工具，如图 18-101 所示。

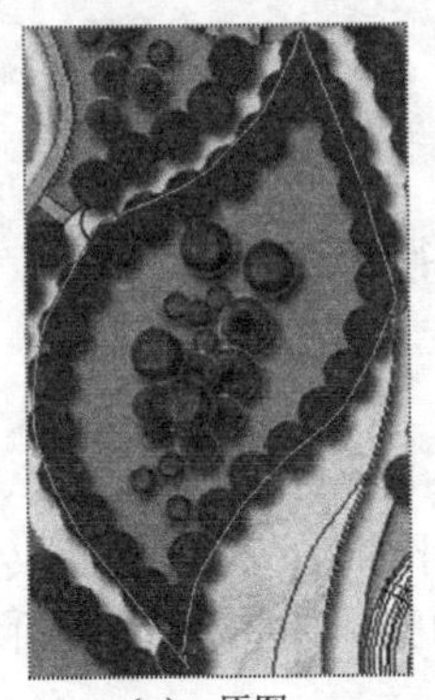

（a）原图

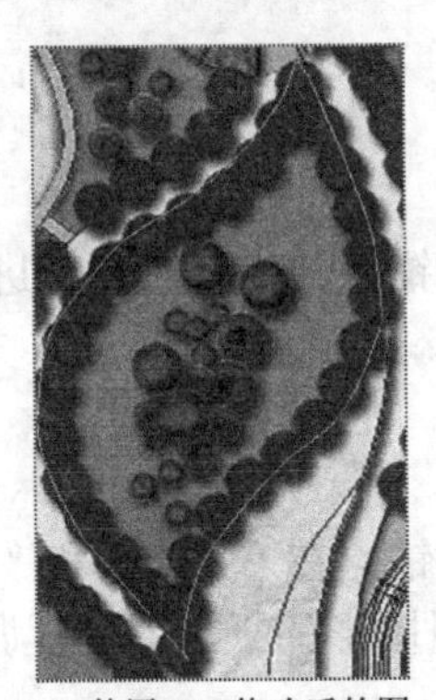

（b）使用 Ctrl 修改后的图

（c）使用转换工具

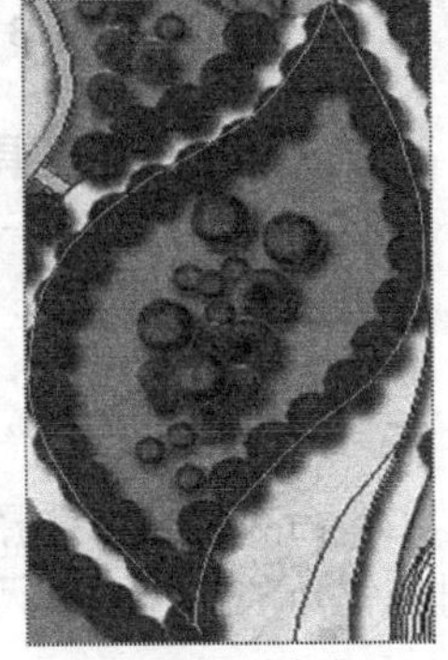

（d）调整完成

图 18-101　钢笔调整对比图

18.5.2　自由钢笔工具

在绘图时，“自由钢笔”工具能自动添加锚点，完成路径后可进一步对其进行调整。如果要绘制更精确的图形，需要使用钢笔工具。

（1）命令调用方式

① 工具栏：。

② 快捷键：**P**。

(2) 命令格式：选择“自由钢笔”工具，按住鼠标左键任意拖动来建立路径。

(3) 参数设置：选择“自由钢笔”工具后，其选项栏如图 18-102 所示。

图 18-102 自由钢笔工具选项栏

选中“磁性的”复选框，可用于绘制与图像中已定义区域边缘对齐的路径。

18.5.3 添加锚点工具

“添加锚点”工具用于为已创建好的路径添加锚点，对路径进行局部调整。

(1) 命令调用方式

① 工具栏：。

② 快捷键：**P**。

(2) 命令格式：选择“添加锚点”工具，在要添加锚点的路径上单击鼠标左键即可，如图 18-103 所示。

18.5.4 删除锚点工具

“删除锚点”工具用于为已创建好的路径删除锚点，对路径进行局部调整。

(1) 命令调用方式

① 工具栏：。

② 快捷键：**P**。

(2) 命令格式：选择“删除锚点”工具，在要删除锚点的路径上单击鼠标左键即可，如图 18-104 所示。

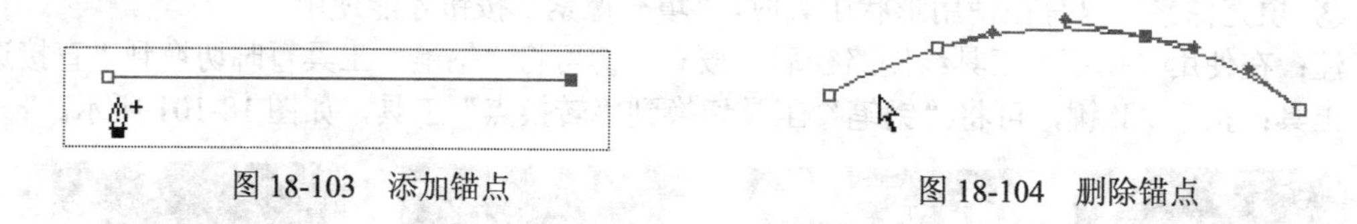

图 18-103 添加锚点

图 18-104 删除锚点

18.5.5 转折点工具

“转折点”工具用于为已创建好的路径进行锚点转换，对路径进行局部调整。

(1) 命令调用方式

① 工具栏：。

② 快捷键：**P**。

(2) 命令格式：选择“转折点”工具，可使锚点在“角点”和“平滑点”之间进行转换，此时在锚点的两端出现两个控制点，通过它可对图形的平滑度进行调整，如图 18-105 所示。

18.5.6 应用实例

(1) 打开已有图片，如图 18-106 所示。

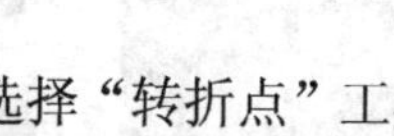

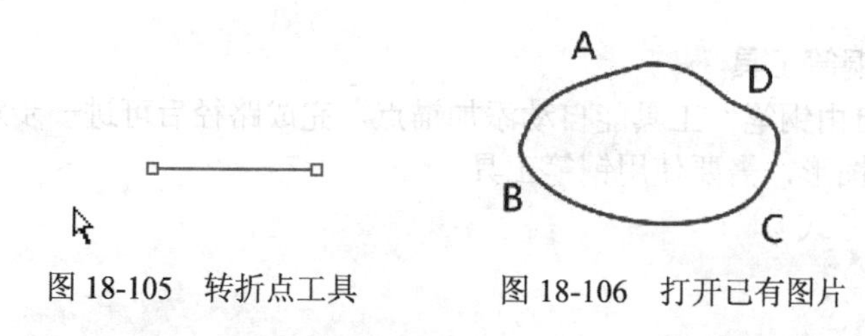

图 18-105 转折点工具

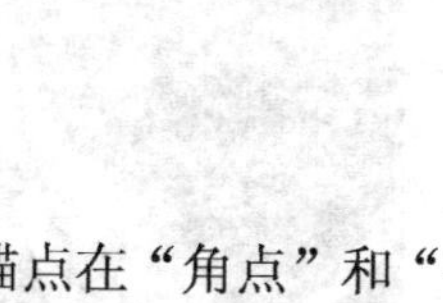

图 18-106 打开已有图片

（2）选择“钢笔”工具单击A点，如图18-107所示。

（3）单击B点，拖动鼠标，画出一条曲线。调整曲线上的点使线条沿着底图的边沿排列，如图18-108所示。

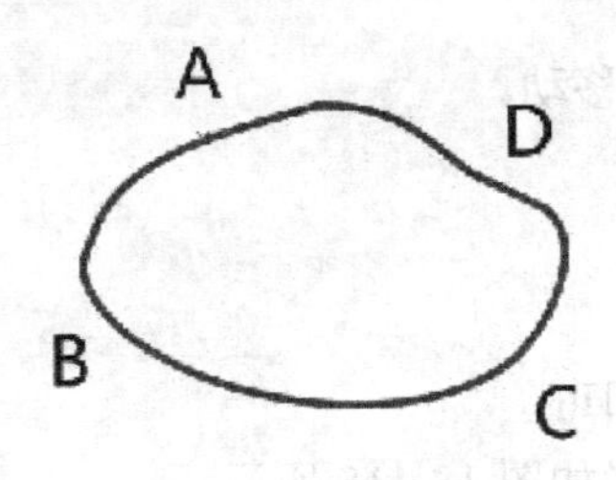

图18-107　单击A点

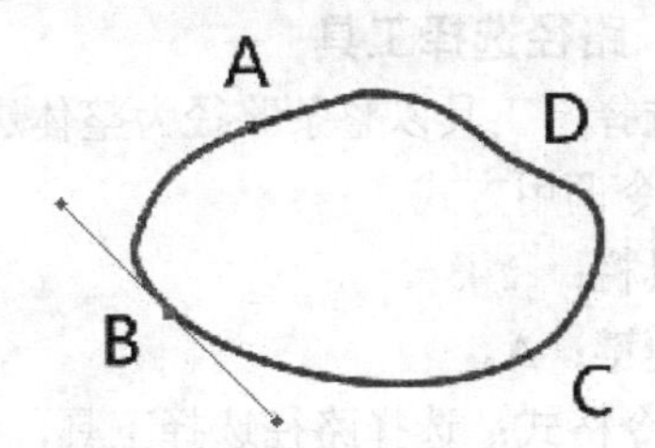

图18-108　单击B点

（4）单击C点，拖动鼠标绘制曲线，使曲线尽量靠近图像的边沿，如图18-109所示。

（5）按下Ctrl键，转换到直接选择工具，调整锚点，使路径与图像的边沿相吻合，如图18-110所示。

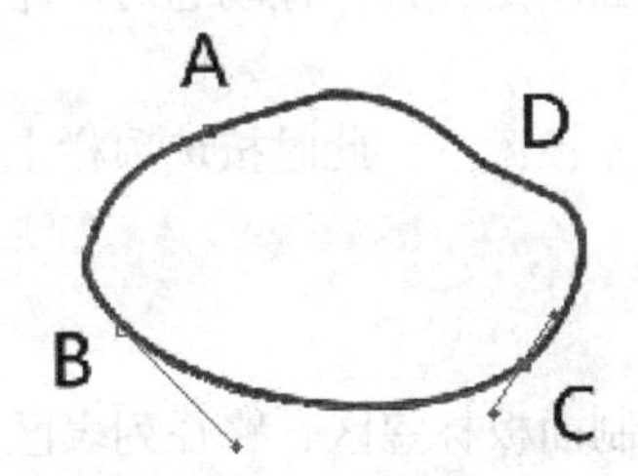

图18-109　单击C点

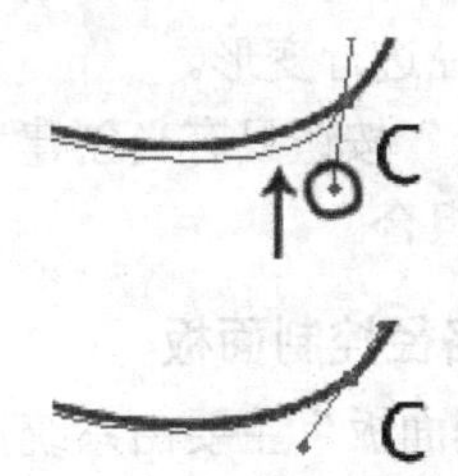

图18-110　使用选择工具调整锚点

（6）用“增加锚点”工具增加锚点。按下Ctrl键，向图像的边沿移动锚点，如图18-111、图18-112所示。

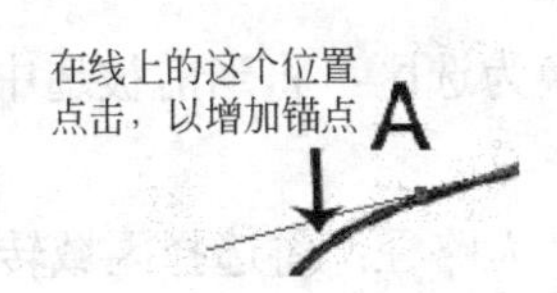

图18-111　增加锚点

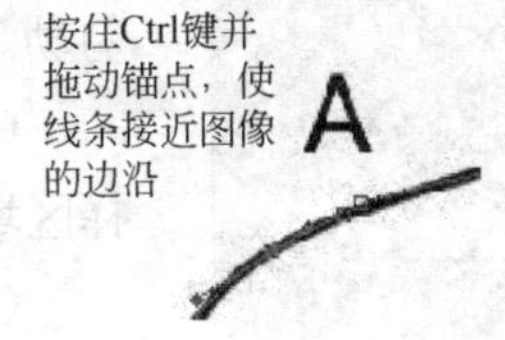

图18-112　边缘重合

（7）调整完成后，在路径工具窗口中将路径存储，如图18-113所示。

（8）单击路径工具窗口中的[按钮]按钮就可以将路径转换为选区，如图18-114所示。

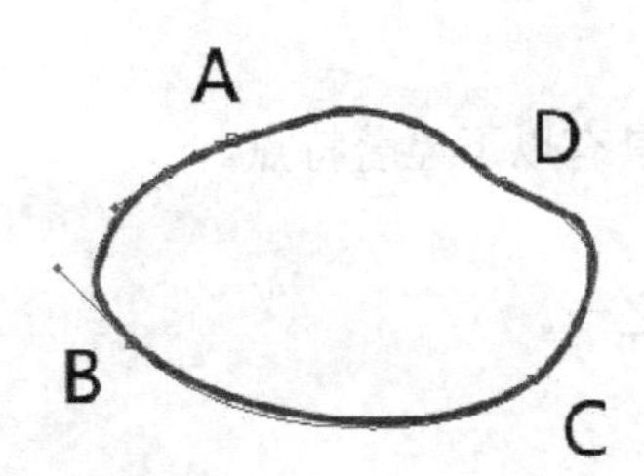

图18-113　储存路径

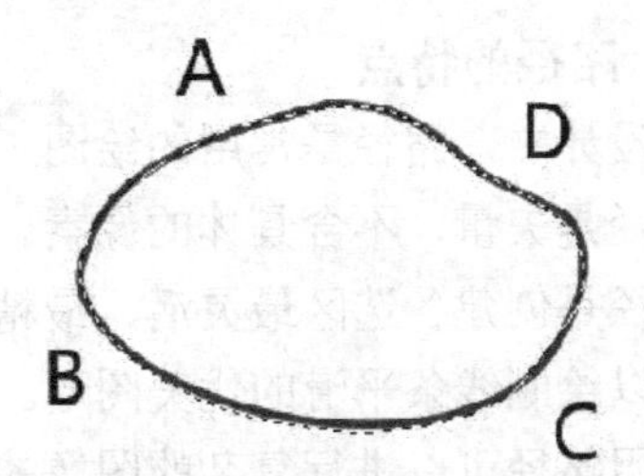

图18-114　将路径转换成选区

18.6　路径选择工具组

“路径选择”工具用于选择路径整体，并可对路径进行移动、组合、排列和复制路径。

18.6.1　路径选择工具

“路径选择”工具以整条路径为整体进行编辑、移动。

（1）命令调用方式

① 工具栏：[icon]。

② 快捷键：**A**。

（2）命令格式：选择路径选择工具，移动路径即可。

（3）参数设置：选择路径选择工具后，其选项栏如图 18-115 所示。

图 18-115　路径选择工具选项栏

① “显示定界框”复选框用于在路径的周围显示定界框，拖动它时，路径上的各个控制点即可对路径进行变形。

② “组合”按钮只有当创建了几个路径之后才被激活，此时按选项栏上的组合按钮即可对路径进行组合。

18.6.2　路径控制面板

“路径控制面板”主要由系统按钮区、路径控制面板标签区、路径列表区、路径工具图标区、路径控制菜单区所构成，如图 18-116 所示。

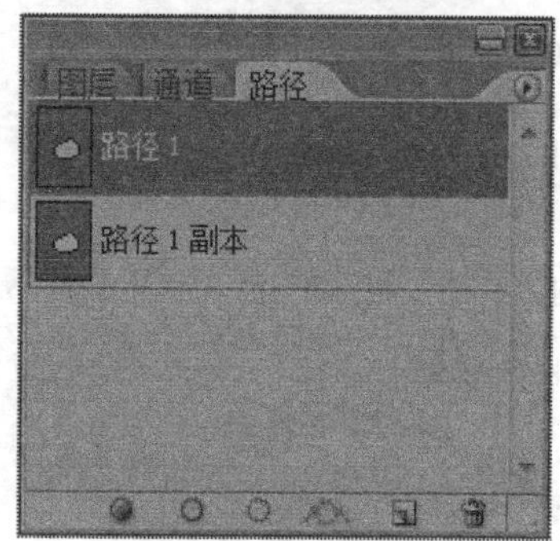

图 18-116　路径控制面板

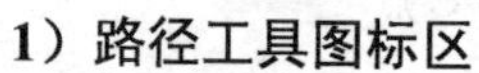

1）路径工具图标区

（1）填充路径：将当前的路径内部填充为前景色。

（2）勾勒路径：使用前景色沿路径的外轮廓进行边界勾勒。

（3）路径转换为选区：将当前被选中的路径转换成选择区域。

（4）选区转换为路径：将选择区域转换为路径。

（5）新建路径图工具：用于创建一个新的路径层。

（6）删除路径图工具：用于删除一个路径层。

2）路径菜单的功能

单击路径控制面板上方右侧的小三角按钮，即可弹出路径控制菜单，如图 18-117 所示。

18.6.3　路径的特点

在园林设计中，路径是常用的绘图工具之一，具有以下显著特点。

（1）路径是矢量，不含具体的像素。

（2）路径是创建各选区最灵活、最精确的方法之一。

（3）可以绘制线条平滑的优美图形。

（4）使用路径可以进行复杂的图像的选取。

（5）可以存储选区以备再次使用。

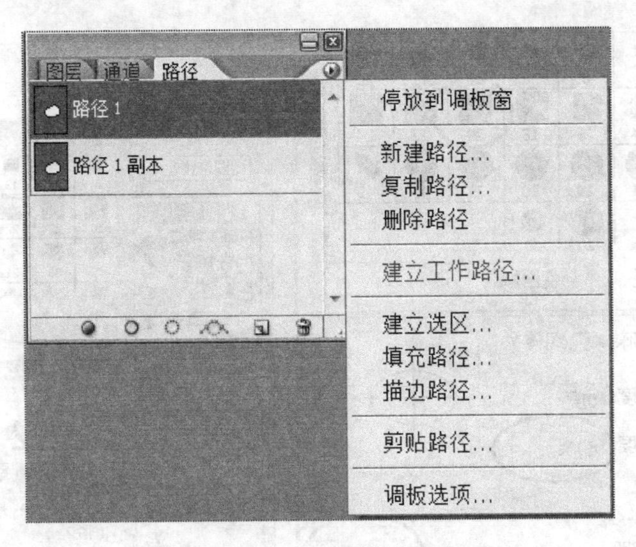

图 18-117　路径菜单选项

18.6.4　应用实例

由于路径是将“钢笔”工具所画边线通过“路径”工具变成选区进行描边、填充等工作，所以创建路径前要选择正确的笔头。

（1）选择“编辑/预设管理器”，鼠标单击如图 18-118 所示位置，选择“方头画笔”。

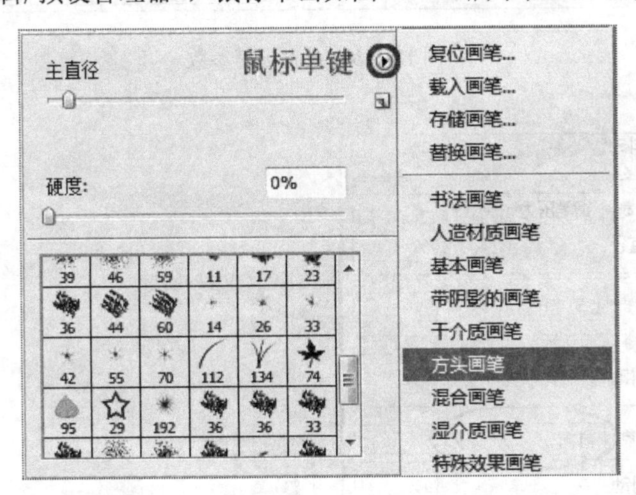

图 18-118　选择笔头

（2）切换到画笔工具面板，设置画笔基本属性，如图 18-119 所示。在该对话框中选择一个方头画笔，改变角度和长宽比，调整间距。

（3）切换到“形状动态”选项，将“角度抖动”选择为“方向”模式，如图 18-120 所示。

（4）选择“钢笔”路径，在“路径”状态下绘制出正方形路径曲线，如图 18-121 所示。

（5）绘制完成路径后，在路径控制面板中选择需要的路径图层，单击鼠标右键，选择“描边路径”，在弹出的对话框中选择“画笔”，单击“确定”按钮，如图 18-122 所示。

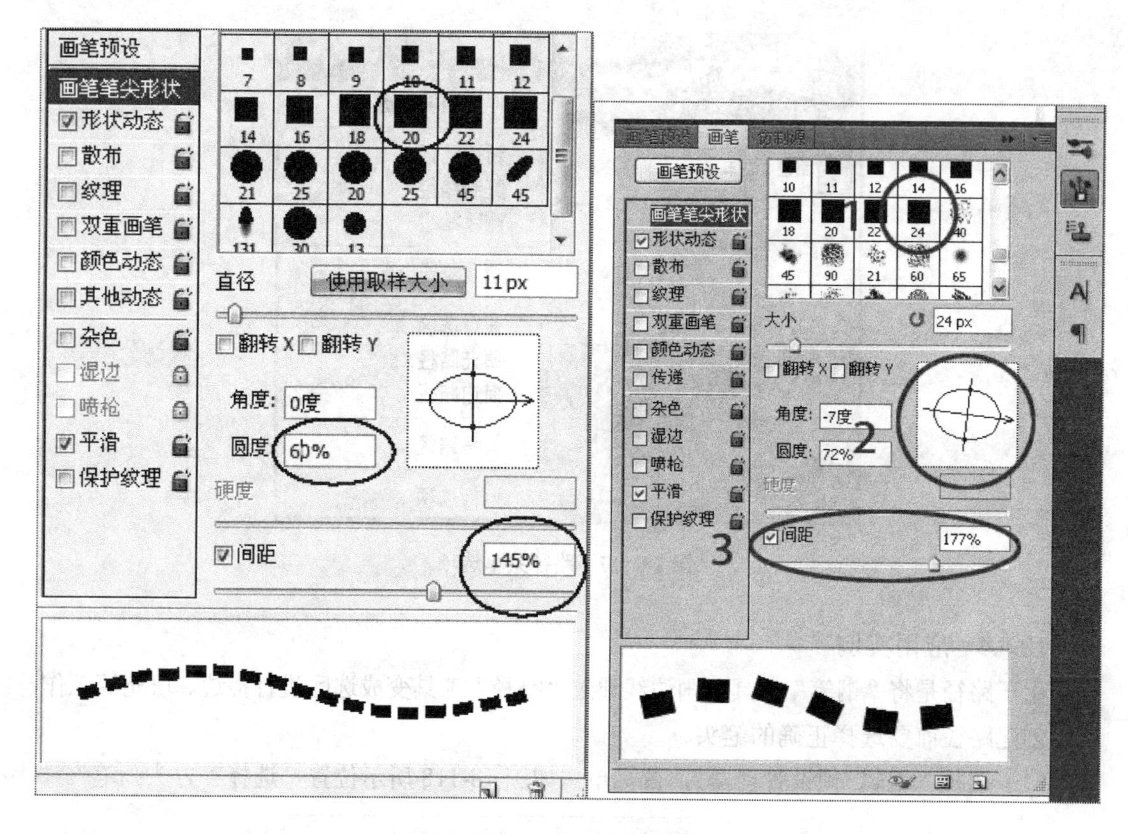

图 18-119　设置画笔参数

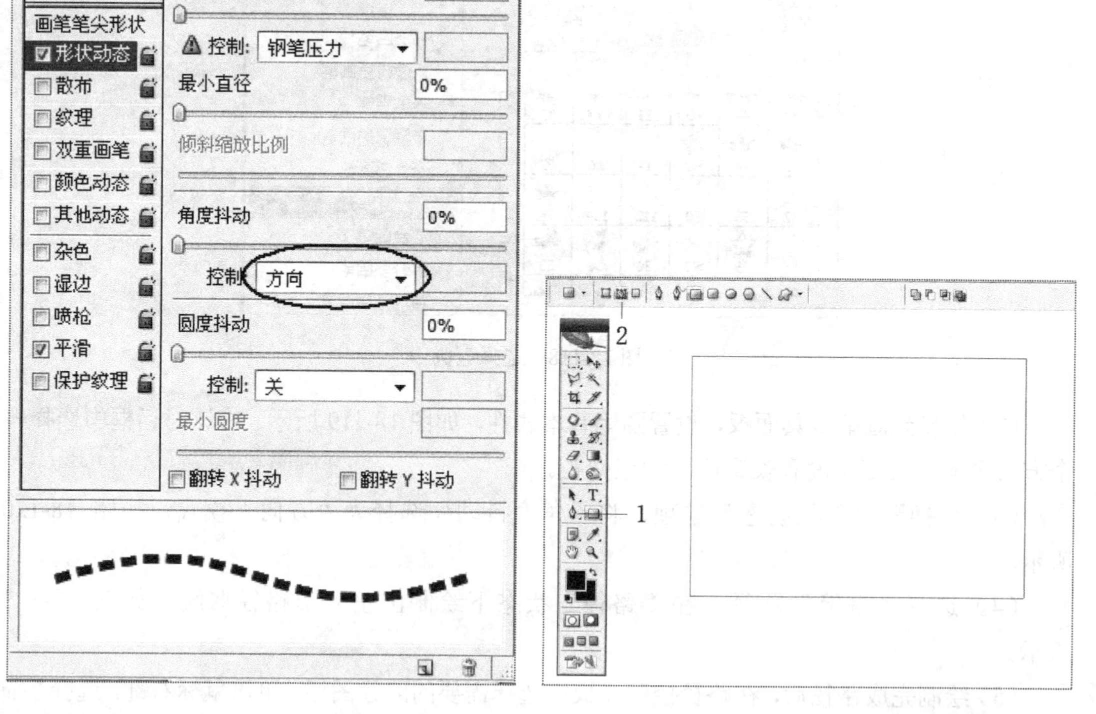

图 18-120　选择为“方向”模式

图 18-121　创建路径

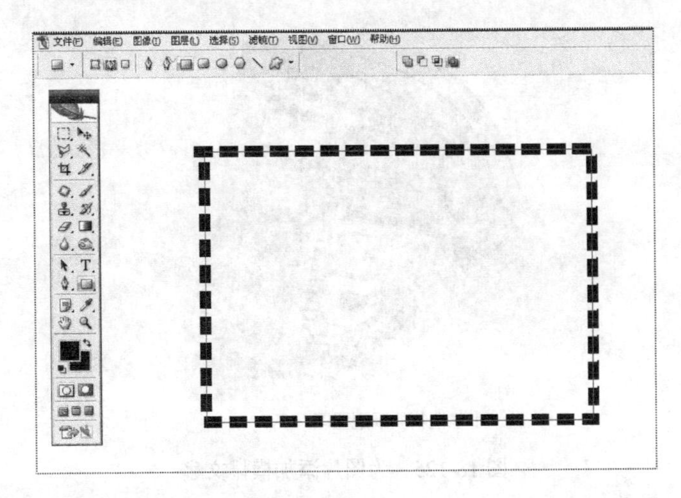

图 18-122　描边

（6）隐藏或删除路径，即得到需要的图案，如图 18-123 所示。

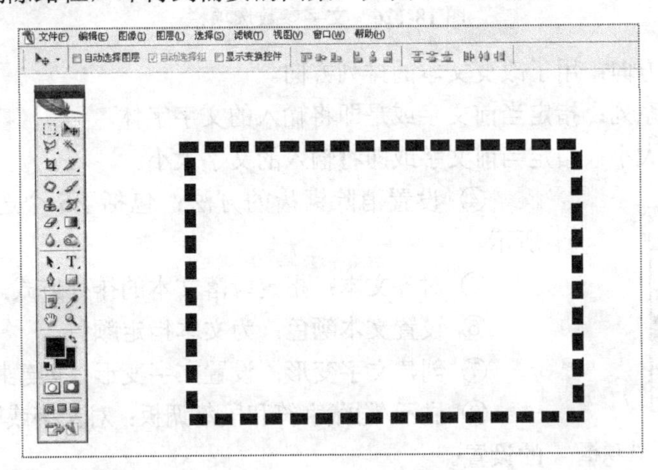

图 18-123　隐藏路径

18.7　文字工具

在 Photoshop 软件中，“文字”工具用来编辑文字的字体、大小、行距、对齐方式。“文字”工具共包括 4 种类型：横排文字工具、直排文字工具、横排文字蒙版工具和直排文字蒙版工具，如图 18-124 所示。

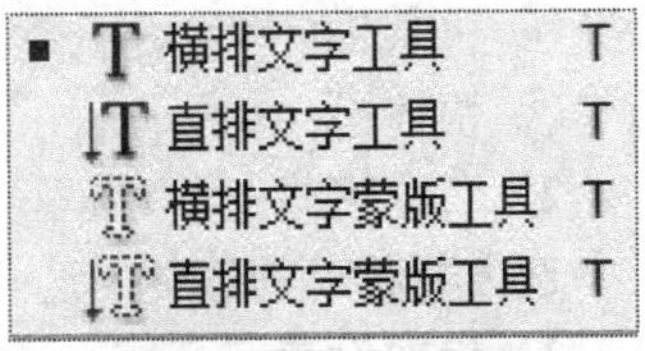

▪ T 横排文字工具　T
　 直排文字工具　T
　 横排文字蒙版工具　T
　 直排文字蒙版工具　T

图 18-124　文字工具栏

“横排文字”工具用于创建横向文字。

（1）命令调用方式

① 工具栏：T。

② 快捷键：**T**。

（2）命令格式：选择“横排文字”工具，在需要输入文字的位置单击鼠标左键，输入文字即可，如图 18-125 所示。

注意：双击文字可对已输入的文本进行修改。

（3）参数设置：“横排文字”工具、“直排文字”工具、“横排文字蒙版”工具和“直排文字蒙版”工具的选项栏相同，都是针对文本的大小、颜色、字体或是样式等选项设置，如图 18-126 所示。

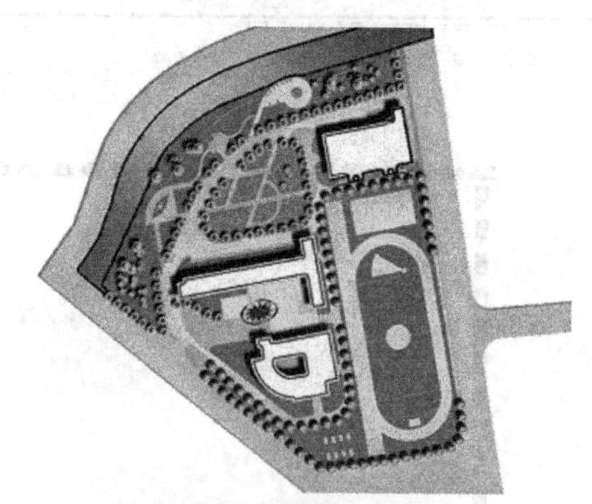

图 18-125　为图片添加横排文字

图 18-126　文字参数选项栏

① 更改文本方向：用于改变文本的排列方向。

② 设置字体系列：指定当前文字或是即将输入的文字字体。

③ 设置字体大小：指定当前文字或即将输入的文字大小。

图 18-127　文字参数选项框

④ 设置消除锯齿的方法：包括了5 个选项，如图 18-127 所示。

⑤ 对齐文本：指定段落文本的排列方式。

⑥ 设置文本颜色：为文本指定颜色。

⑦ 创建文字变形：设置文字变形以创建特殊的文字效果。

⑧ 显示/隐藏字符和段落调板：对文字或段落进行更为详细的设置。

18.8　移动工具

在 Photoshop 软件中，“移动”工具用于移动物体。此外，“移动”工具还具有复制和阵列物体的功能。

1）命令调用方式

① 工具栏：。

② 快捷键：**V**。

2）命令格式

选中要移动的物体，选择“移动”工具进行移动。

3）参数设置

启动“移动”工具后，其选项栏变成如图 18-128 所示。

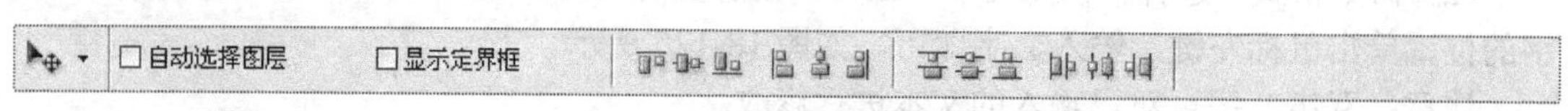

图 18-128　移动工具选项栏

注意：如果启动“移动”工具，之前没有选中任何物体，则“移动”工具会移动“当前”图层中的所有物体。

4）应用实例

（1）移动复制

① 打开材质库，找到适合的树种；导入需要添加树种的文档中；将树变换到“自由变换”的状态，调整树种在平面的比例（图 18-129）；启动“移动”工具，按住 Alt 键同时拖动树木平面图例到适当的位置，松开鼠标（图 18-130）。

② 利用“Ctrl+E”键将同一树种的图层合并为一个图层，如图 18-131 所示。

③ 选择“图层”菜单中的“图层样式”选项（也可以双击所在图层），系统自动弹出图层样式对话框，调整投影“角度”，其余各项取默认值，设置完毕后单击“好”按钮确认，如图 18-132 所示。

注意：在进行自由变换时，需要按住 Shift 键，这样可以进行树的等比例缩放。按住“Alt+Shift”键可进行规则复制。

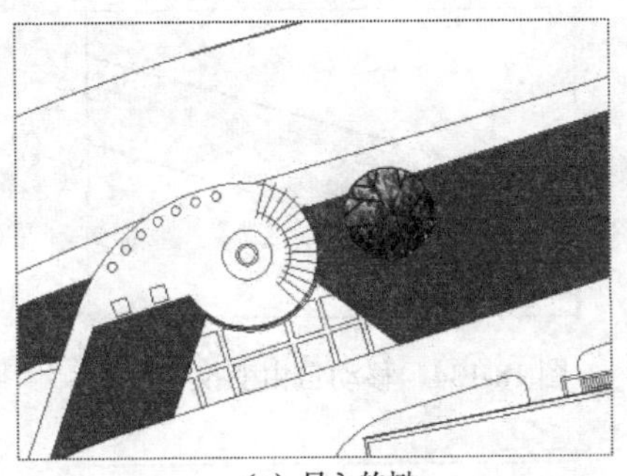

（a）导入的树

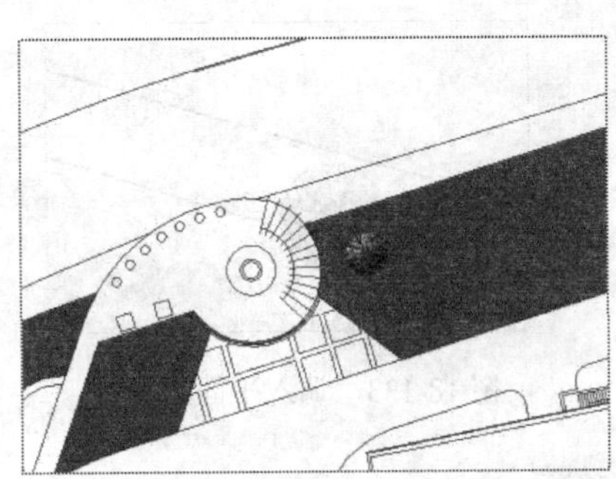

（b）调整后的树

图 18-129　调整树的比例

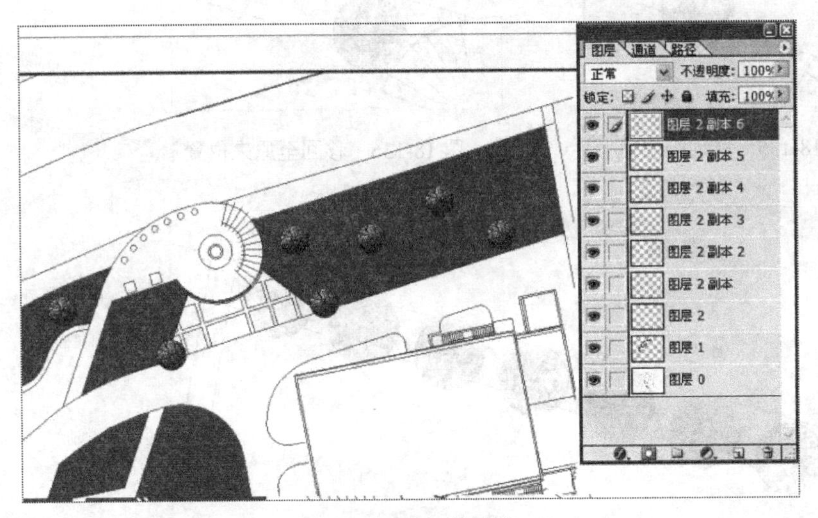

图 18-130　复制树种

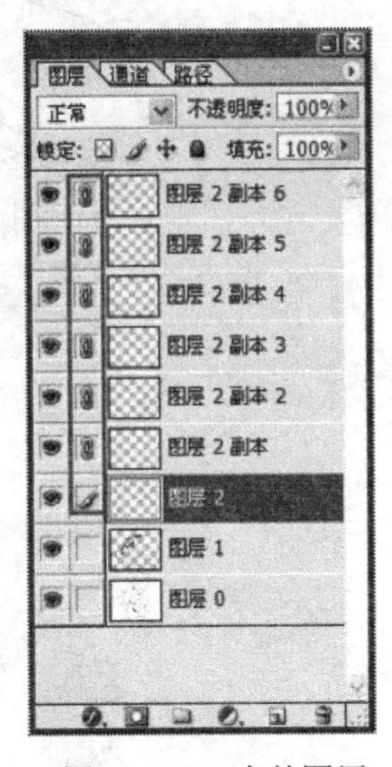

图 18-131　合并图层

（2）直线阵列复制：选择要进行直线阵列复制的平面树图例（图 18-133）；进行自由变换（Ctrl+T）；按住“Alt + Shift+ Ctrl”键将自由变换的中心点移动到第二棵树种植的位置（图 18-134）；再将平面树图例移至中心点（图 18-135）；松开“Alt + Shift+ Ctrl”键；按 Enter 键进行确定；再把树移回原位置（图 18-136）；按住“Alt + Shift+ Ctrl”键，单击“T”键进行直线阵列复制，如图 18-137 所示。

注意：若种植的树在其他图层下面，可使用 Ctrl+]/[将平面树的图层调整到其他图层上面。

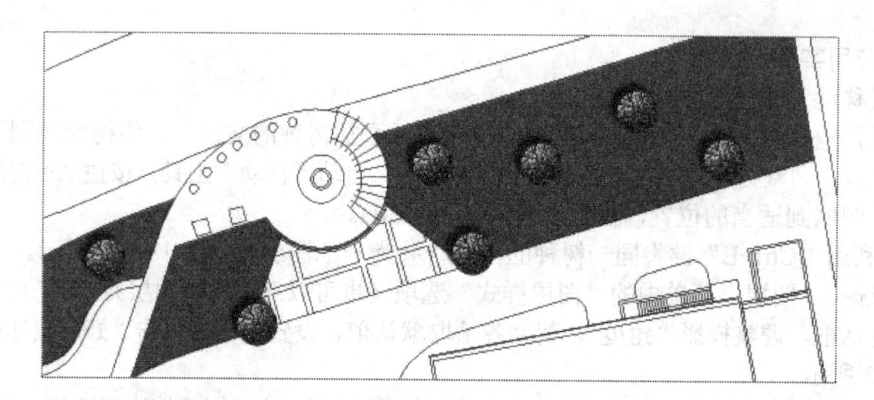

图 18-132　添加阴影

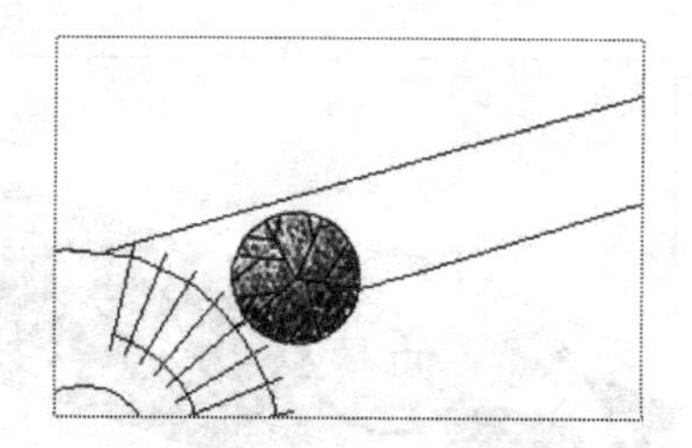

图 18-133　调入平面树图例

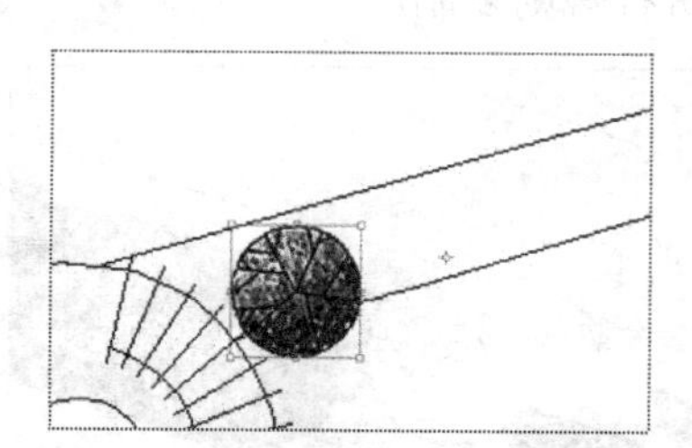

图 18-134　移动自由变换中心点

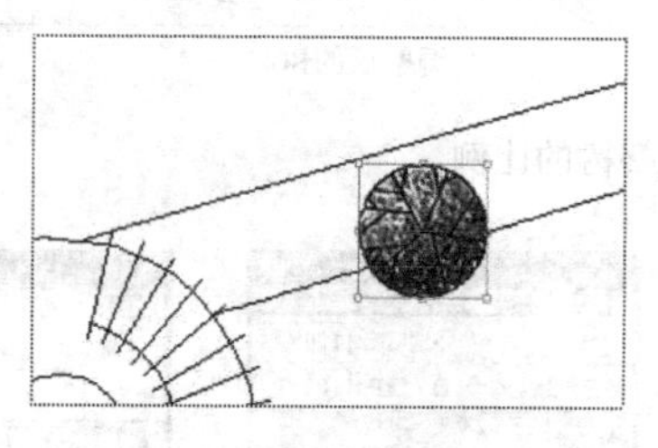

图 18-135　移动平面树

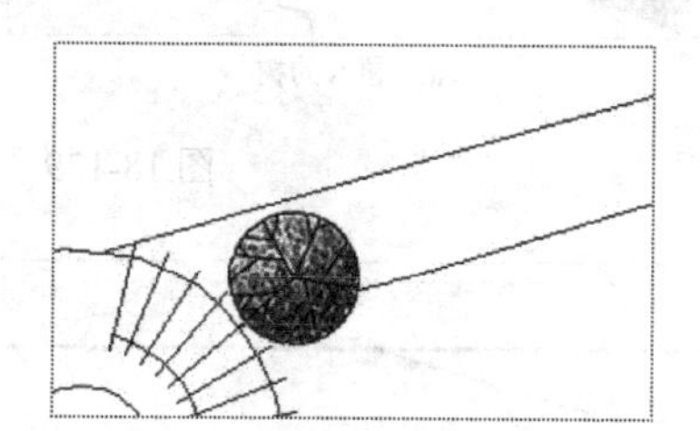

图 18-136　移回至原来位置

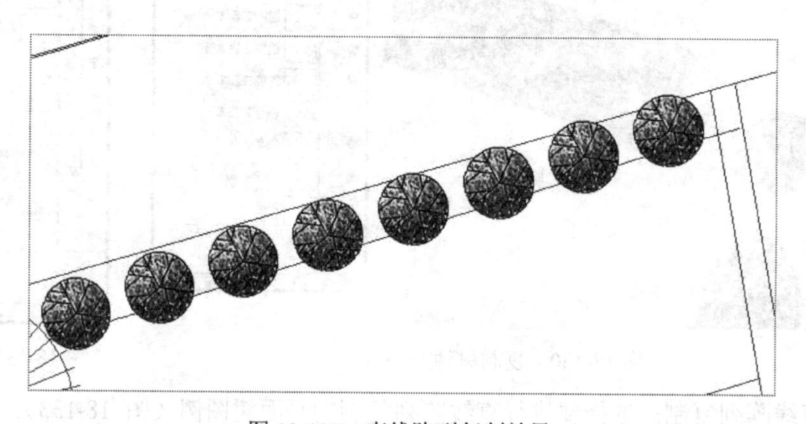

图 18-137　直线阵列复制效果

（3）环形阵列复制：选择要进行环形阵列复制的平面树图例（图 18-138）；进行自由变换(Ctrl+T)；按住“Alt + Shift+ Ctrl”键移动自由变换中心点至旋转的“圆心”位置(图 18-139)；单击旋转命令（图 18-140）；松开“Alt + Shift+ Ctrl”键；按 Enter 键进行确认；选中平面树图例；按住“Alt + Shift+ Ctrl”键，单击“T”键进行环形阵列复制，如图 18-141 所示。

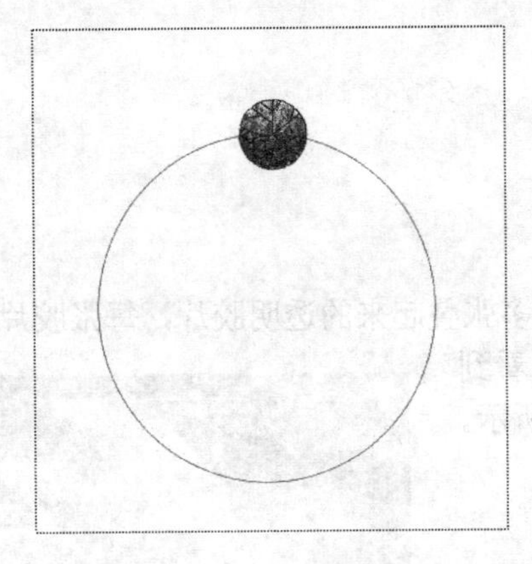

图 18-138　调入平面树图例

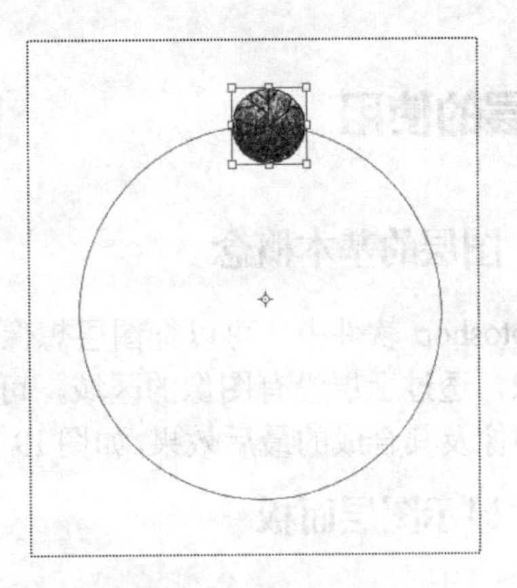

图 18-139　移动自由变换中心

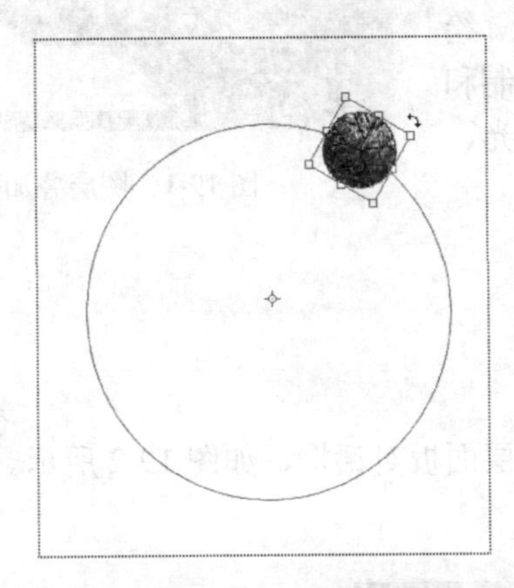

图 18-140　旋转平面树图例

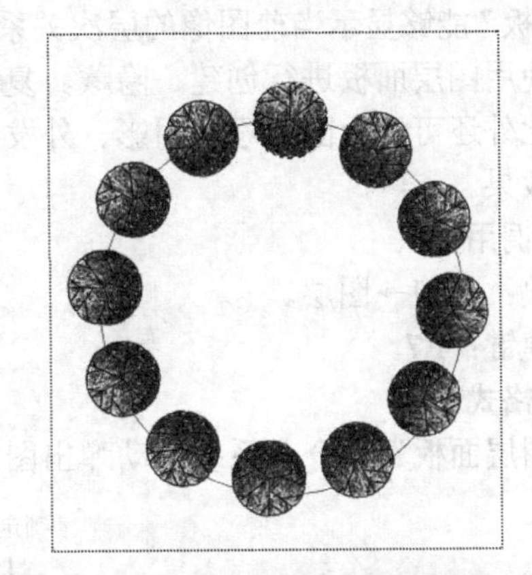

图 18-141　环形阵列复制效果

本章小结

本章着重介绍了 Photoshop CS 的绘图命令，包括选择命令、画笔工具、移动命令、钢笔工具、路径选择工具、修复工具等基本绘图工具的基本功能、特点和操作方法，详尽地讲述了各项修复工具和图像处理中的复制操作。通过本章的学习，可以熟练地应用 Photoshop CS 绘图工具修复、编辑、制作图片。

习题

1）橡皮擦工具组分为几种类型？分别是什么？
2）如何在图片中添加文字？
3）如何将对象进行直线阵列复制？

19 图层的使用

19.1 图层的基本概念

在 Photoshop 软件中，可以把图层想像成多张叠起来的透明胶片，每张胶片上都绘制有不同的图像，透过上层没有图像的区域，可以看到下层上的图像及其合成的最后效果，如图 19-1 所示。

图 19-1 图层叠加效果

19.2 显示图层面板

19.2.1 图层面板

“图层面板”能够显示当前图像的层次关系。绘图时，可以使用图层面板进行创建、隐藏、复制和删除图层，此外还可以为图层添加阴影、外发光、浮雕等特殊效果。

1）命令调用方式

（1）菜单：窗口→图层。

（2）快捷键：**F7**。

2）命令格式

启动“图层面板”命令，系统自动弹出图层面板对话框，如图 19-2 所示。

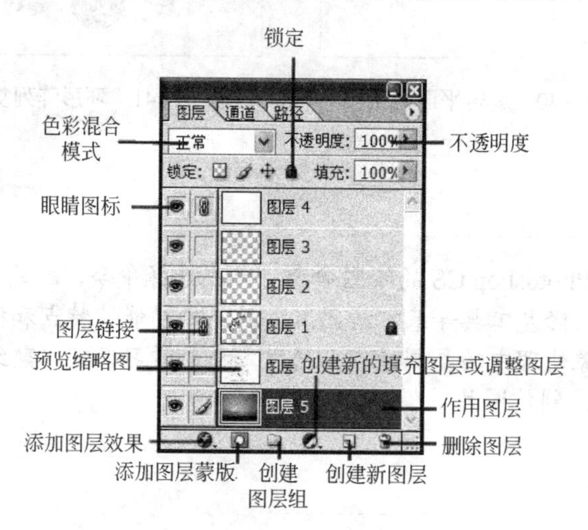

图 19-2 图层面板

3）图层面板

（1）图层名称：如果建立图层时没有命名，则 Photoshop 软件自动生成图层 1、图层 2、图层 3 等图层名称。用鼠标左键双击某一图层名，即可为该图层输入新的图层名称，如图 19-3 所示。

（2）预览缩略图：在图层名称的左侧有一个预览缩略图，显示的是当前图层中图像缩略图。

（3）眼睛图标：用于显示或隐藏图层。

（4）当前图层：在“图层面板”中以蓝颜色显示的图层为当前图层。

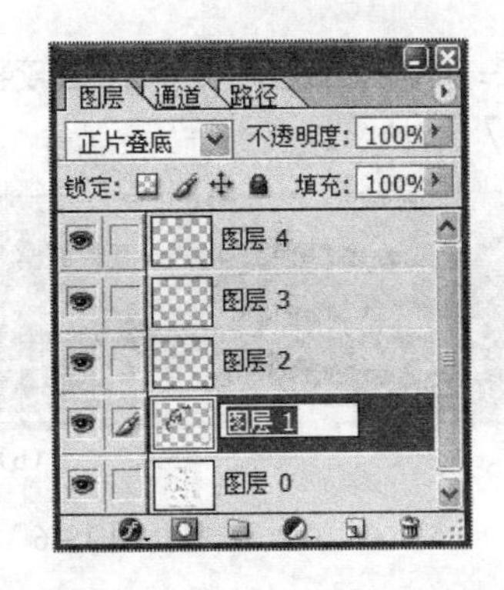

图 19-3　指定新的图层名称

（5）图层链接：当面板中出现“链条形”图标时，表示图层之间链接在一起，可以同时进行移动、旋转和变换等。

（6）创建图层组：用于创建新集合。

（7）创建新的填充图层或调整图层：用于创建一个填充图层或者调整图层。

（8）创建新图层：用于建立新图层。

（9）删除图层：用于删除当前所选图层。

（10）添加图层蒙版：用于建立图层蒙版。

（11）添加图层效果：用于建立不同的图层效果。

（12）不透明度：图层的不透明度确定它遮蔽或显示其下方图层图像的程度。

（13）色彩混合模式：决定当前图层像素如何与图像中的下层像素进行混合。

（14）锁定：可以完全或部分锁定图层以保护其内容。

4）图层类型

在 Photoshop 软件中，主要包括文本图层、调整图层、背景图层、形状图层和填充图层等多种图层类型。

（1）背景图层：背景图层位于图层的最底层，无法改变其排列顺序，也不能修改背景图层的不透明度或混合模式，如图 19-4 所示。

注意：绘图中，可以将背景层转换成普通图层。在图层面板中双击背景图层，打开新图层对话框，然后根据需要设置相关图层选项，单击“确定”按钮把背景层转换成普通图层，如图 19-5 所示。

图 19-4　背景图层

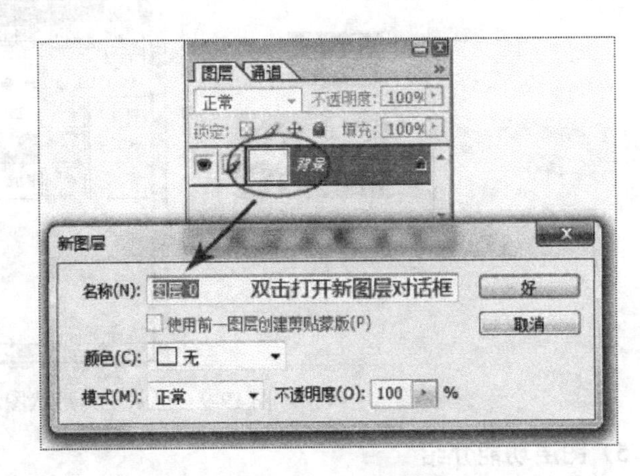

图 19-5　解锁图层

（2）调整图层：“调整图层”是一种比较特殊的图层，主要用来控制色调和色彩的调整，如图 19-6、图 19-7 所示。

（a）原图　　（b）效果 1　　（c）效果 2

图 19-6　调整图层

（3）文本图层：“文本图层”就是用文本工具建立的图层。一旦在图像中输入文字，就会自动产生一个文本图层，如图 19-8 所示。

图 19-7　添加调整图层

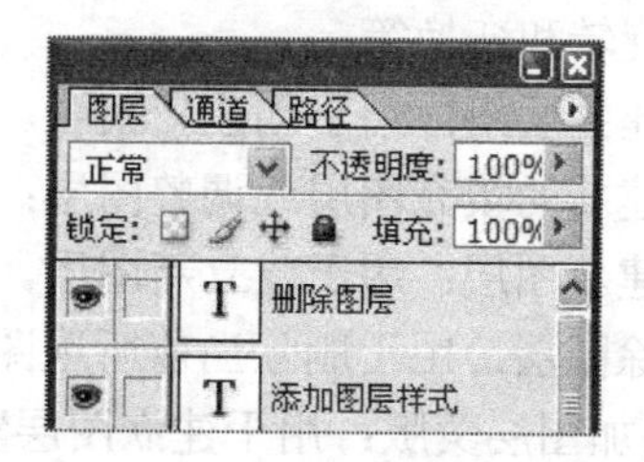

图 19-8　文本图层

“文本图层”具有以下特点。

①“文本图层”含有文字内容和文字格式，可以反复修改和编辑。

②“文本图层”的名称默认以当前输入的文本作为“图层名称”。

③“文本图层”不能使用众多的工具对“文本图层”进来着色和绘图，如喷枪、画笔、历史记录画笔和铅笔等。

（4）填充图层：“填充图层”可以在当前图层中填入一种颜色（纯色或渐变色）或图案，并结合图层蒙版的功能，从而产生一种特殊的遮盖效果。

（5）形状图层：当使用矩形工具、圆角矩形工具、椭圆工具、多边形工具、直线工具或自定形状工具等形状工具在图像中绘制图形时，就会在图层面板中自动产生一个形状图层，并自动命名为形状 1，如图 19-9 所示。

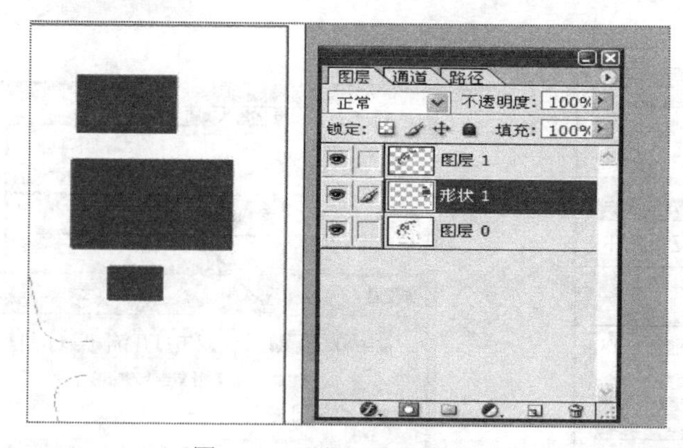

图 19-9　形状 1 为形状图层

5）图层功能介绍

（1）新建图层：在 Photoshop CS 中制作一些较为复杂的图像往往需要以各种方式创建新

的图层，3 种创建新图层的方法如下。

① 菜单：图层→新建→图层。

② 图层面板：[icon]。

③ 快捷键：**Ctrl+Shift+N**。

（2）删除图层：在进行图层的操作时，删除图层是一个必要的操作，因为在绘图过程中难免会出现错误，导致某些图层无法使用，需要及时删除这些无用的图层。

① 图层面板：[icon]。

② 快捷键：**Delete**。

注意：当“图层”面板内只剩 1 个图层或是图层组后，无法将其删除。如图 19-10 所示。

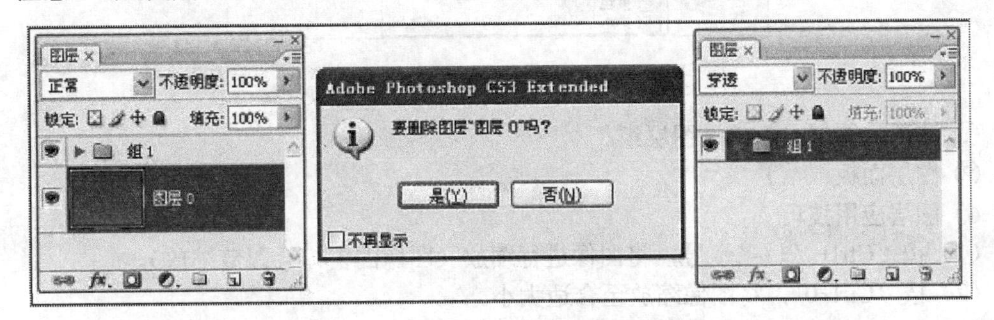

图 19-10　删除图层

（3）复制图层：复制图层是较为常用的操作，复制后的图层将出现在被复制的图层上方。除了上述复制图层的操作方法之外，还可以使用菜单命令来复制图层。先选中要复制的图层，然后单击图层菜单或图层面板菜单中的复制图层命令。

（4）移动图层的位置：要移动图层中的图像，可以使用移动工具来移动。先将要移动的图层设为当前图层，然后用移动工具可以移动图像；如果是要移动图层中的某一块区域，则必须先选取范围后，再使用移动工具进行移动。

注意：图层的上下关系可用“Ctrl+]/[”来进行调节，即选中所要调整的图层，结合快捷键来使用即可。

（5）显示/隐藏图层内容：图层的前边有一个眼睛图标[icon]，如果显示此图标，表示此图层为显示状态；如果没有显示此图标则表示此图层为隐藏状态。

（6）链接图层：在图层面板中选择第一个图层，在图层面板的第二列处单击要链接的其他图层，出现链接图标，表示链接成功。多个图层链接后，可以很方便、快捷地对其进行移动、旋转、变换、合并等一系列的操作。

（7）合并图层：在设计一个较大的图像时，为使图像处理的速度更快，占用的磁盘空间更少，就需要将一些图层合并起来。“合并图层”是指将多个图层合并成一个图层。

① 菜单：图层→合并链接图层。

② 快捷键：**Ctrl+E**。

注意：上述两种合并图层的方法都需先激活链接选项。

（8）改变图层属性：可以改变图层的名称，并且可以通过设置图层的显示颜色，使图层与图层之间有所区别，方便查找和管理，如图 19-11 所示。

① 菜单：图层→图层属性。

② 图层面板：将需要改变的图层置为作用图层→单击鼠标右键→图层属性。

（9）使用图层组：图层组是一种非常有用的图层管理工具，它可将许多图层放到一个图层组中，就像一个文件夹一样可存放许多的文件，使用图层组管理能更加方便地编辑图像。

图层组的创建有以下两种方法。

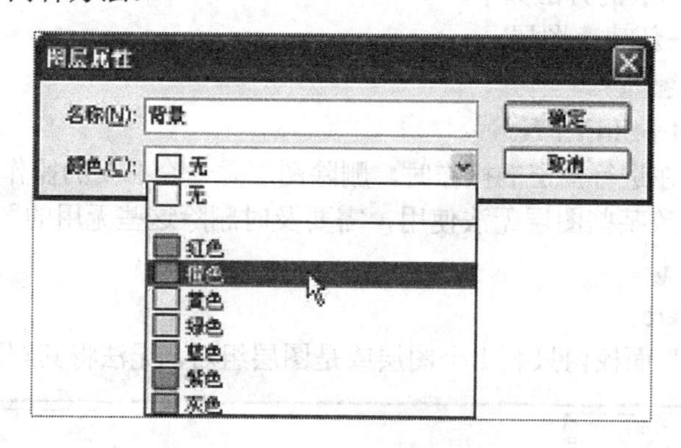

图 19-11　编辑图层属性

① 菜单：图层→新建→图层组。

② 图层面板：📁。

6）图层应用技巧

（1）按“Ctrl+ ‘+/–’ ”号，将图像进行缩放（图像的窗口会跟着缩放）。

（2）按“Ctrl+0”，将图像缩放至合适大小。

（3）按“Ctrl+J”，复制图层。

（4）按 Ctrl 键+单击图层缩览图，可以选择图层的像素。

（5）按 D 键，还原前景色和背景色为黑白色。

（6）按方向键“←/↑/↓/→”：按不同方向将图层移动一个像素的距离。

（7）按 Alt 键+拖动图层，可以复制图层。

19.2.2　图层混合模式

“图层混合样式”能够为图层加上“外发光”、“内发光”、“投影”及“斜面和浮雕”等效果，如图 19-12 所示。

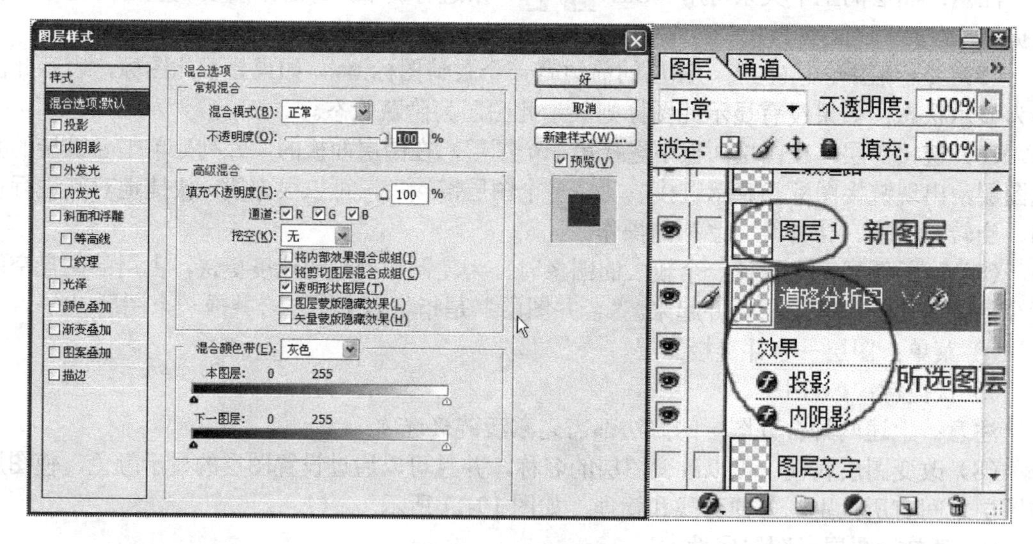

图 19-12　图层样式

1）阴影效果

在 Photoshop 中提供了两种阴影效果：投影、内阴影（图 19-13)。这两种阴影效果的区别在于：投影是在图层对象背后产生阴影，从而产生投影的视觉；内阴影则是在图层边缘以内区域产生一个图像阴影。各选项意义如下。

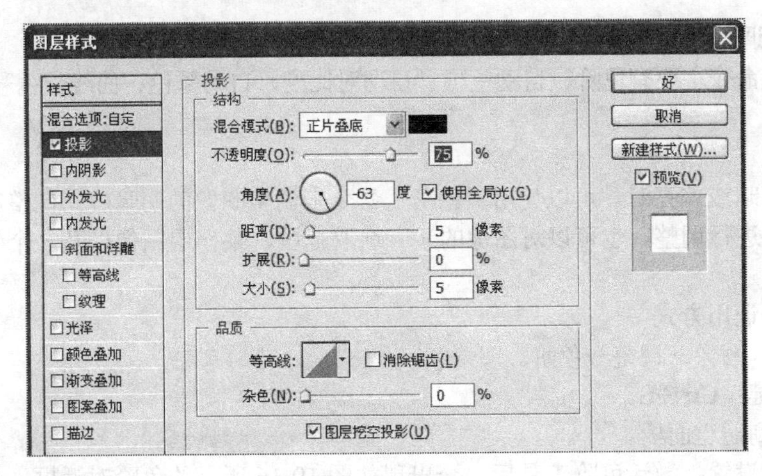

图 19-13　阴影

（1）混合模式：选定投影的色彩混合模式。

（2）不透明度：设置阴影的不透明度，值越大阴影颜色越深。

（3）角度：阴影的方向会随角度的变化而发生变化。

（4）距离：设置阴影的距离，变化范围为 0～30000，值越大距离越远。

（5）扩展：设置光线的强度，变化范围为 0～100%，值越大投影效果越强烈。

注意：在制作平面效果图中，建筑小品和植物等都需添加投影效果，这样才符合视觉效果，如图 19-14 所示。

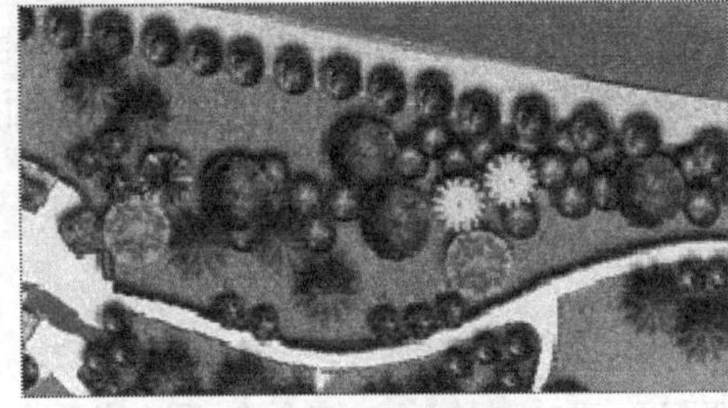

（a）植物投影

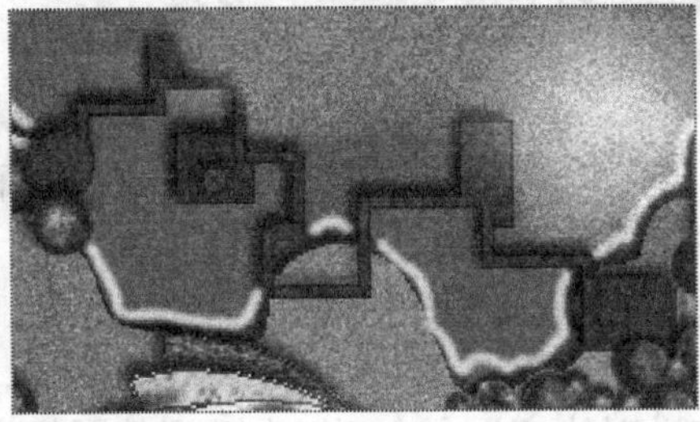

（b）建筑投影

图 19-14　阴影效果

2）发光效果

在园林效果制作过程中，经常设置文字或物体的发光效果。发光效果在直觉上比阴影效果更具有计算机色彩，包括外发光和内发光两种。

3）斜面和浮雕效果

斜面和浮雕效果容易制作出立体感的文字。在制作特效文字时，这两种效果的应用是非常普遍的，如图 19-15 所示。

城市广场
城市广场

图 19-15　斜面和浮雕效果

除了上面介绍的阴影、发光、斜面和浮雕之外，还可以利用“描边”选项在图层内容边缘产生一种描边的效果。

19.3 色彩的调整

19.3.1 调整图像色调

色调调整命令主要有色阶、自动色阶、自动对比度、自动颜色、曲线、色彩平衡和亮度/对比度等。

1）色阶

当图像偏暗或偏亮时，可以使用“色阶”命令来调整图像的明暗度。调整明暗度时，可以对整个图像进行调整，也可以对图像的某一选取范围、某一层图像以及一个颜色通道进行调整。

（1）命令调用方式

① 菜单：图像→调整→色阶。

② 快捷键：**Ctrl+L**。

③ 切换到通道面板。

（2）参数设置：激活色阶工具后，会出现如图 19-16 所示的色阶对话框。

① 通道：如果选中 RGB 主通道，色调调整将对所有通道起作用。此外，色阶命令除对当前活动的通道起作用之外，还对活动的层或当前所选取的范围中的图像起作用。

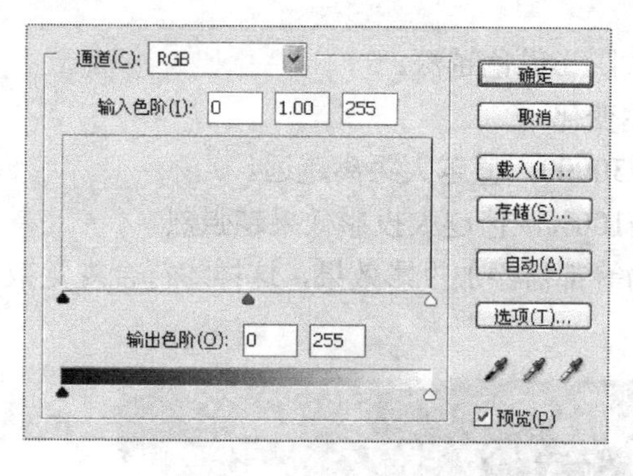

图 19-16 色阶对话框

② 在左侧文本框中输入 0～253 之间的数值可以增加图像的暗部色调，在中间文本框中输入 0.10～9.99 之间的数值可以控制图像中间色调，在右侧文本框中输入 2～255 之间的数值可以增加图像亮部色调。

2）自动色阶

“自动色阶”命令的使用相当于“色阶”命令中单击“自动”按钮的功能，用于使图面上的阴影、曝光度尽量协调。

（1）菜单：图像→调整→自动色阶。

（2）快捷键：**Ctrl+Shift+L**。

3）自动对比度

“自动对比度”命令可以自动调整图像亮部和暗部的对比度。该命令可以使看上去较暗的部分变得更暗，较亮的部分变得更亮。

（1）菜单：图像→调整→自动对比度。

（2）快捷键：**Alt+Ctrl+Shift+L**。

4）自动颜色

“自动颜色”命令可以让系统自动地对图像进行颜色校正。

（1）菜单：图像→调整→自动颜色。

（2）快捷键：**Ctrl+Shift+B**。

5）曲线

“曲线”命令是使用非常广泛的色调控制方式，它的功能原理和色阶是相同的，只不过它比“色阶”命令可以做更多、更精密的设置。“曲线”命令除可以调整图像的亮度以外，还有调整图像的对比度和控制色彩等功能，如图 19-17 所示。

（1）菜单：图像→调整→曲线。

（2）快捷键：**Ctrl+M**。

19.3.2 调整图像色彩

色彩调整命令主要有色相/饱和度、去色、颜色匹配、替换颜色、可选颜色、通道混合器、渐变映射、图片过滤器和暗部高光等选项。对图像的色相、饱和度亮度和对比度进行调整，可使图像得到更佳的效果。

1）控制色彩平衡

“色彩平衡”命令会在彩色图像中改变颜色的混合，可以对图像进行偏色的纠正和色彩的调整工作。

（1）命令调用方式

① 菜单：图像→调整→色彩平衡。

② 快捷键：**Ctrl+B**。

（2）命令格式：激活色彩平衡工具后，会出现如图 19-18 所示的色彩平衡对话框。

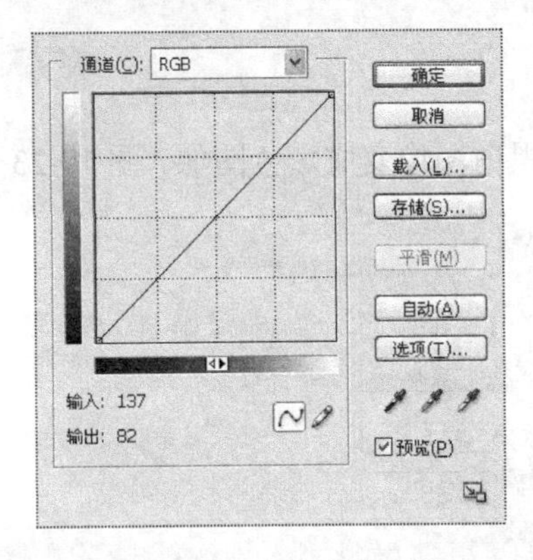

图 19-17　曲线命令面板

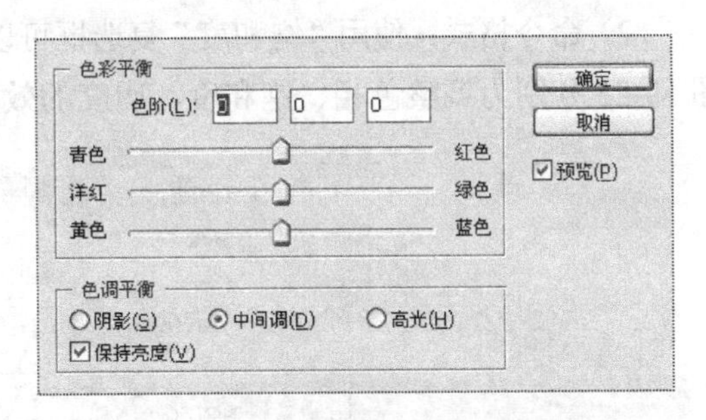

图 19-18　色彩平衡对话框

注意：在制作效果图时，从其他图片拽过来的树色调可能不和谐，这时可以利用色彩平衡工具进行颜色调整，如图 19-19、图 19-20 所示。经过色彩平衡调节后会出现不一样的色彩冷暖感觉。

（a）原图

（b）调节色彩后的效果

图 19-19　色彩平衡

2）控制亮度和对比度

“亮度和对比度”命令主要用来调节图像的亮度和对比度，如图 19-21 所示，当“亮度”和“对比度”的值为负值时，图像亮度和对比度下降；若值为正值时，则图像亮度和对比度增加；当值为 0 时，图像不发生变化。

3）调整色相/饱和度

“色相/饱和度”命令可以调整图像中特定颜色分量的色相、饱和度和明度，或者同时调整图像中的所有颜色。其中，色相“范围–180～180”、饱和度“范围–100～100”、明度“范围–100～100”，分别可以控制图像的色相、饱和度及明度。如图 19-22 所示。

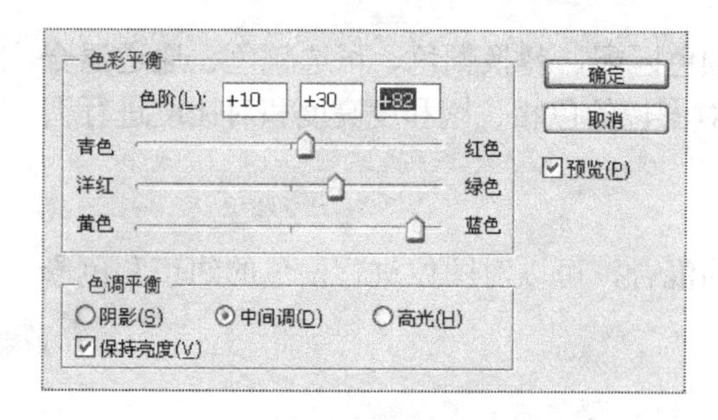

图 19-20　调节的系数

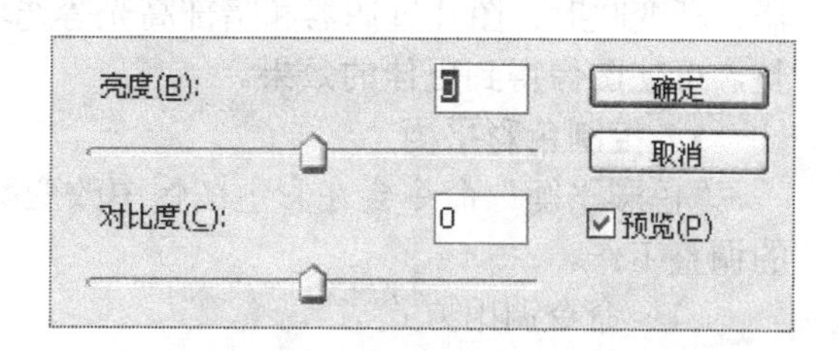

图 19-21　调节亮度和对比度命令面板

（1）命令调用方式

① 菜单：图像→调整→色相/饱和度。

② 快捷键：**Ctrl+U**。

（2）命令格式：使用“饱和度”复选框可以将灰色和黑白图像变成彩色图像。图 19-23～图 19-25 分别为调整色相、饱和度、明度的效果。

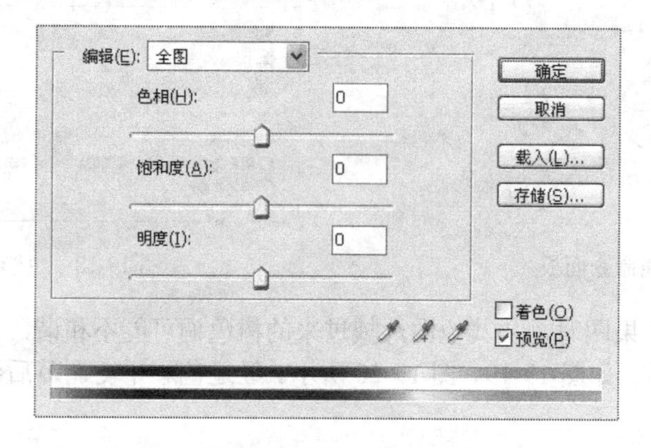

图 19-22　色相/饱和度命令面板

（a）原图

（b）将色相调整到–26

图 19-23　调整色相

注意：“着色”被选中时，对图像的调整均为单色调整。

4）替换颜色

“替换颜色”命令可以创建蒙版，以选择图像中的特定颜色，然后替换那些颜色。设置选定区域的色相、饱和度和明度，或者使用“拾色器”来选择替换颜色，如图 19-26 所示。

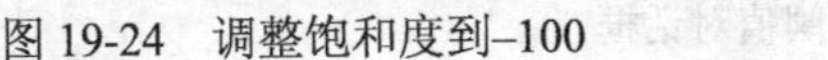

图 19-24　调整饱和度到–100　　　　图 19-25　调整明度到–28

5）变化颜色

“变化”命令可以很直观地调整色彩平衡、对比度和饱和度。此功能就相当于“色彩平衡”命令再增加“色相/饱和度”命令的功能。使用此命令时，可以对整个图像进行，也可以只对选取范围和层中的内容进行调整，如图 19-27 所示。

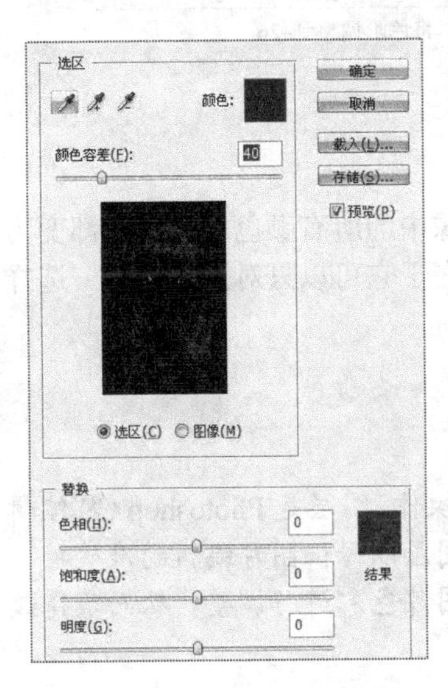

图 19-26　替换颜色命令面板

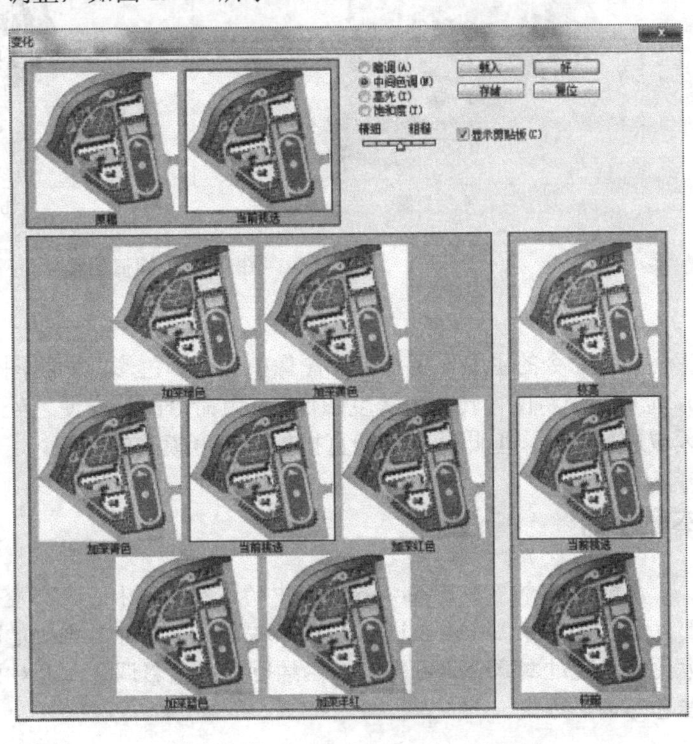

图 19-27　改变不同颜色的对比效果

19.3.3　其他色彩调整

其他色彩调整主要包括“反相”、“色调均化”、“阈值”等命令。

1）反相

使用“反相”命令可以将像素的颜色改变为与其相反的颜色，如白变黑、黑变白等。

2）色调均化

“色调均化”命令可将图像中最亮的像素作为白色，将最暗的像素作为黑色，重新分配图像像素亮度值，以便于“更平均”地分布整个图像的亮度色调。

3）阈值

使用“阈值”命令可以将一幅彩色图像或灰度图像转换成只有黑白两种色调的高对比度的黑白图像，色阶的阈值可以自己指定，如图 19-28、图 19-29 所示。

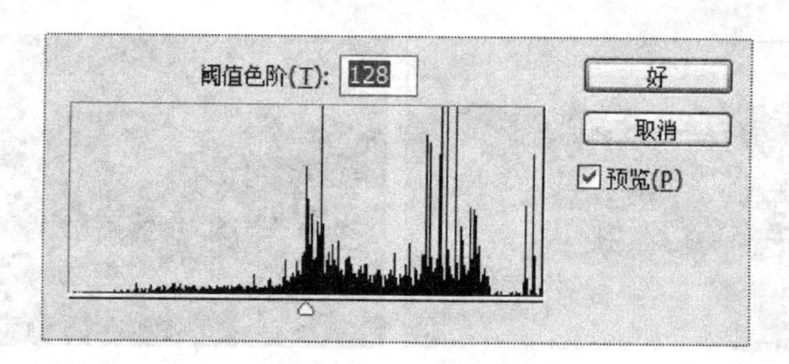

图 19-28　阈值对话框

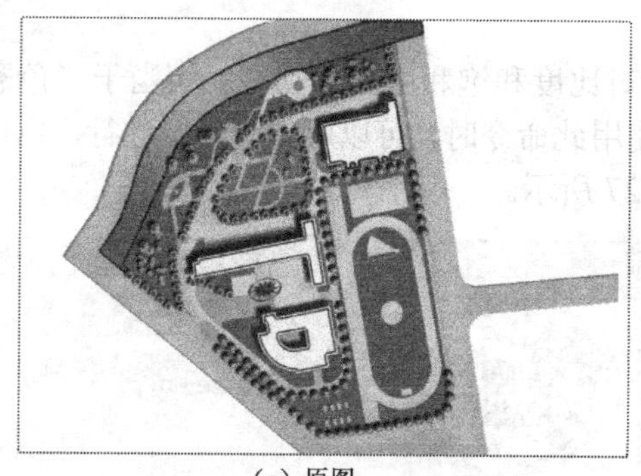

（a）原图

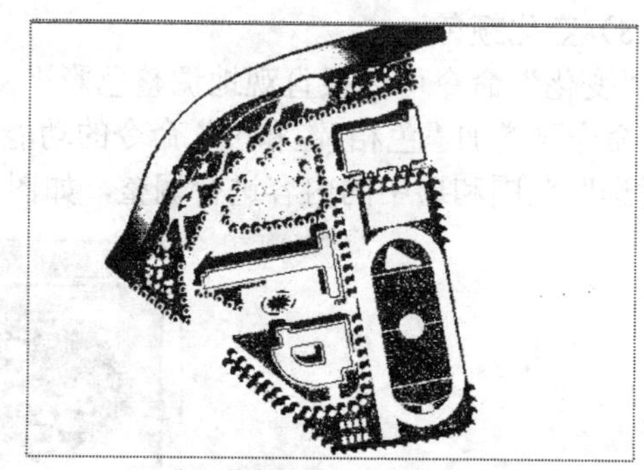

（b）将色阶调整到–26

图 19-29　阈值调整

4）去色

去色命令的主要作用是去除图像中的饱和色彩，即将图像中的所有颜色的饱和度都变为0，也就是说将图像转变为灰度图像。去色命令的最方便之处在于它可以只对图像的某一选择区域进行转换，但此命令不能直接处理灰度模式的图像。

本章小结

本章重点介绍了 Photoshop CS 中的图层面板和色彩调整操作。图层是 Photoshop CS 编辑图片最重要步骤之一，在进行每一步编辑时一般都需要新建图层以保证图片编辑的准确性、方便性。通过本章的学习，可以熟练地应用色彩调整工具对图片色彩进行调整，从而获得最佳色彩调配方案。

习题

1）如何分离复制图层？
2）如何调节图像的色彩？
3）如何为对象添加投影效果？

20 通道和模板

20.1 通道

20.1.1 通道的概念

通道是以灰度模式存储图像信息的场所，它不仅可以保存图像的某种颜色信息，还可用来保存、创建用户自定义的选区，这类通道叫做 Alpha 通道。设计者不仅可以使用通道得到非常特殊的选区，以辅助制图，还可以通过改变原色通道调整图像的色调。

20.1.2 通道的应用

1）通道面板

通道面板的使用包括显示通道面板和显示或隐藏通道。通道面板可以实现复制、删除通道，或者将通道载入选区等操作，达到调整图像色调的目的。通道是存储不同类型信息的灰度图像，执行窗口的通道命令，系统自动打开“通道”面板，如图 20-1 所示。

2）通道的使用

选择通道只需用鼠标单击某个通道即可，如果要选择多个通道则按住 Shift 键，再进行选择操作。

（1）管理通道

① 重命名通道：双击通道名称，即可输入通道的名称。

② 排列通道：用鼠标拖动通道到目标位置即可。

图 20-1 通道面板

（2）复制通道

① 复制图像中的通道：选择要复制的通道，然后将该通道拖动到面板底部的“创建新通道”按钮上，松开鼠标，完成复制操作，如图 20-2 所示。

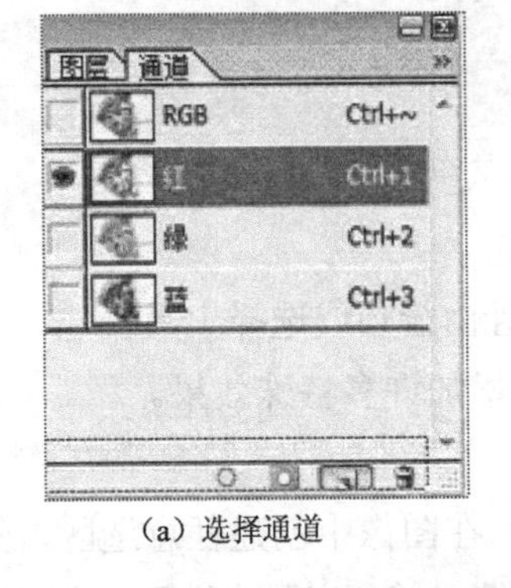

（a）选择通道

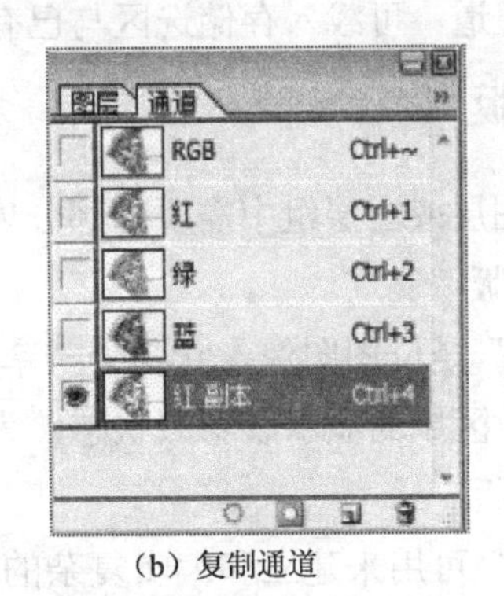

（b）复制通道

图 20-2 复制图像中的通道

② 在图像之间复制通道：要在图像文档之间复制 Alpha 通道，则文档必须具有相同的像素尺寸，不能将通道复制到位图模式的图像中。首先在“通道”调板中选择通道，然后单击调板右上端的黑三角，在弹出的调板菜单中选择“复制通道”命令，弹出“复制通道”对话框，如图 20-3 所示。

（3）删除通道

① 用鼠标选中将要删除的通道，拖到通道面板底部的删除按钮上。

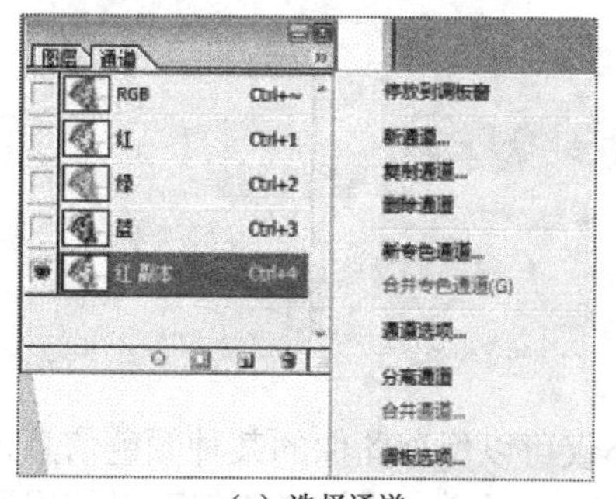

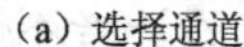

（a）选择通道

（b）复制通道

图 20-3 复制通道

② 选择要删除的通道，单击右键，在弹出的快捷菜单中选择“删除通道”命令，如图 20-4 所示。

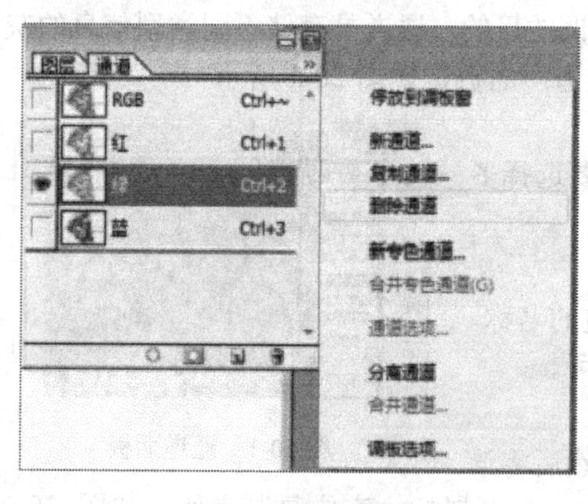

图 20-4 删除通道

③ 选中要删除的通道，单击“通道”面板右上端的黑三角，在弹出的菜单中选择“删除通道”命令。

3）使用技巧

从通道中载入选区时的简便方法：可以将要载入选区的通道直接拖动到“将通道作为选区载入”按钮上以载入通道选区；按住 Ctrl 键单击要载入选区的通道，可快速将其选区载入；按下“Ctrl+Shift”键单击所需选区的通道，可将多个通道的选区相加并载入到视图中；按下“Ctrl+Alt”键单击所需选区的通道，可将单击通道的选区从已有选区中减去；按下“Ctrl+Alt+Shift”键单击通道，可载入存储选区与已有选区的交集。

20.2 蒙版

蒙版是将图层或图层组中需要的部分内容显示出来。

1）图层蒙版

“图层蒙版”是位图图像，它与分辨率相关且由绘画或选择工具创建。应用图层蒙版可以控制图像对应区域的显示或隐藏状态，为图层增加许多特殊效果。

2）快速蒙版

“快速蒙版”可用来建立和编辑复杂的选区。在图像中创建任意选区，然后单击图层面板中的“以快速蒙版模式编辑”按钮，通过画笔或其他工具在选区中创建一个快速蒙版，再单击“标准编辑模式”按钮就可完成选区的创建。

3）应用实例

打开材质库，找到适合的花卉材质→导入需要填充花卉区域的文档中（图 20-5）→在图层面板中调整其材质的透明度（图 20-6）→右键选择填充区域所在的图层→使用魔棒工具建立选区（图 20-7）→反选（Ctrl + Shift + I）→选择花卉图层→按 Delete 键删除（图 20-8）→取消花卉图层的透明度（图 20-9）。

注意：此项操作顺利进行的前提是花卉和填充区域不能在一个图层。用魔棒建立选区后，可以回到花卉图层，添加图层模板▣，如图 20-10 所示。

图 20-5　导入花卉图案

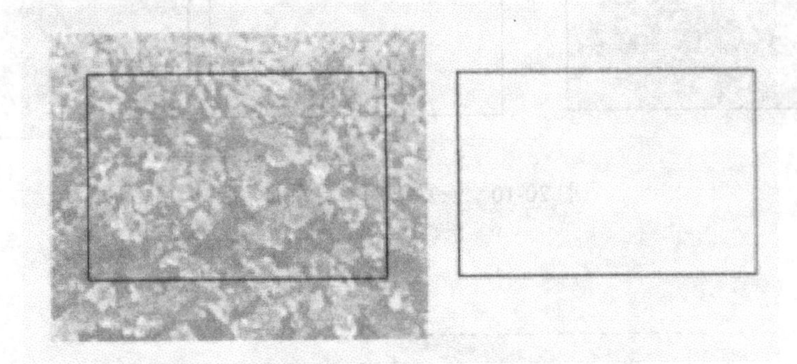

图 20-6　改变花卉图层的透明度

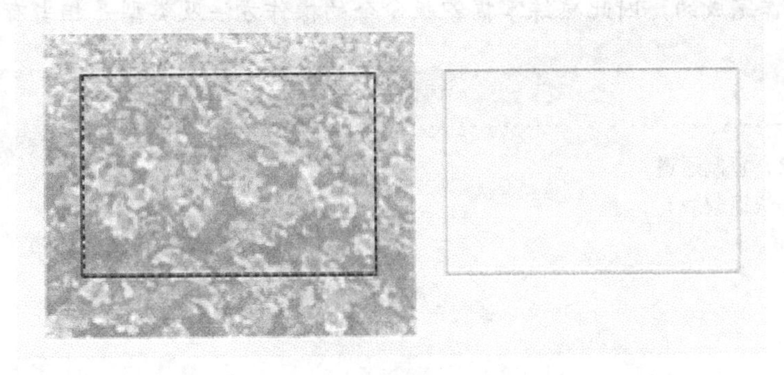

图 20-7　建立选区

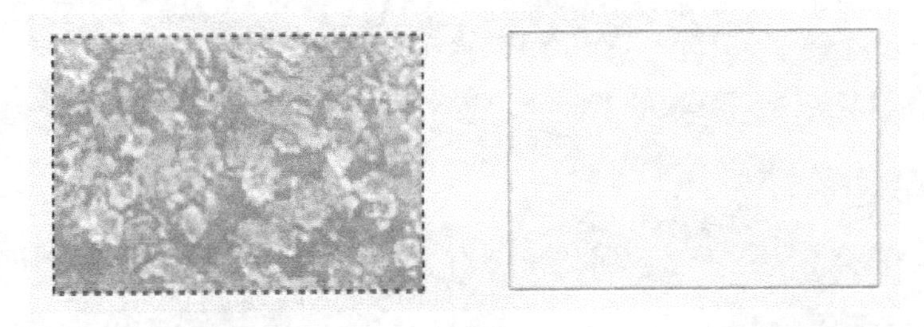

图 20-8　删除多余的部分

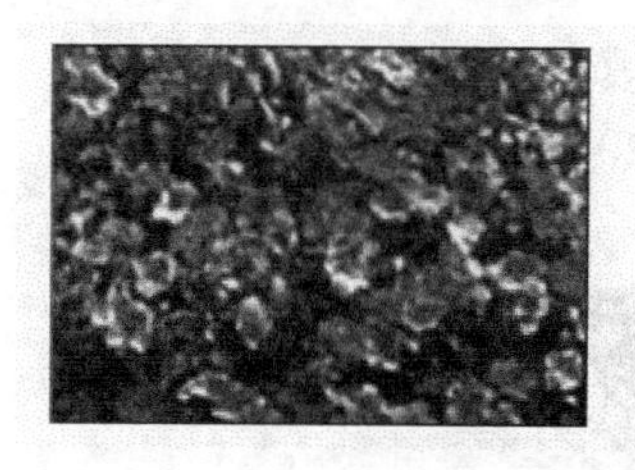

图 20-9　取消花卉图层的透明度

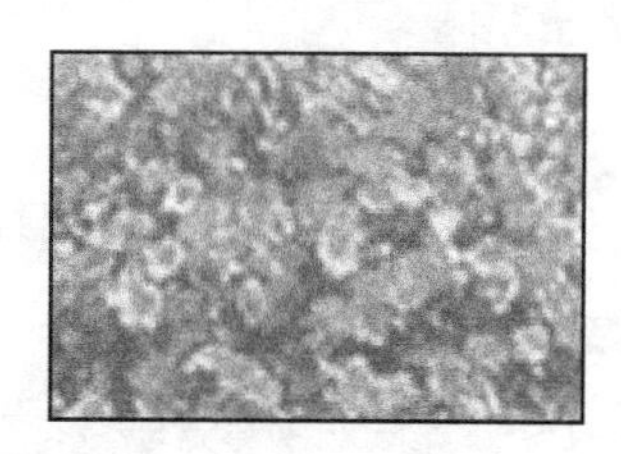
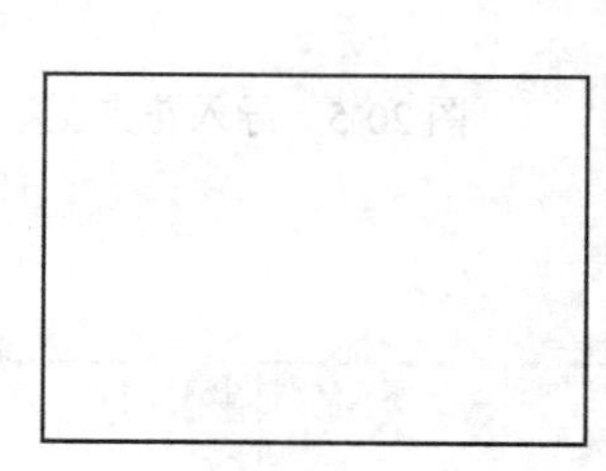
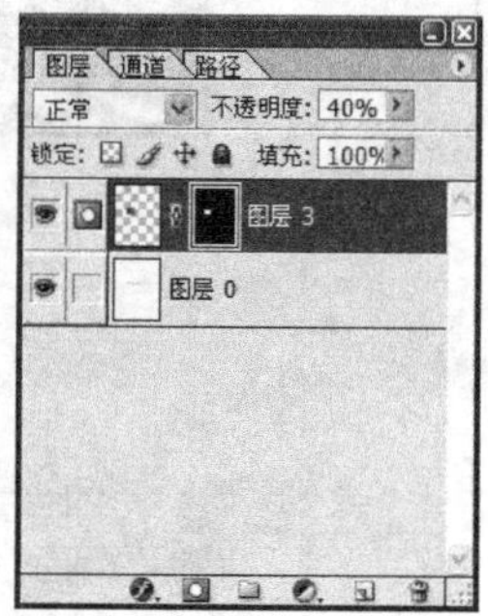

图 20-10　恢复花卉图层添加蒙版

本章小结

本章介绍了 Photoshop CS 软件中的通道和蒙版，着重讲解了通道面板的构成、使用、删除及使用技巧等，同时介绍了蒙版类型及不同类型蒙版的使用方法。在园林景观图中很多部分是用蒙版操作完成的，因此熟练掌握蒙版命令的操作方法及类型是相当有意义的。

习题

1）如何删除、复制通道？
2）如何添加快速蒙版？

21 滤镜的使用

21.1 滤镜的概念

Photoshop 滤镜是图像的特效处理工具。Photoshop 的滤镜分为两大类别：一类是安装软件自带的内置滤镜；另一类是需要用户自行安装的外挂滤镜。

21.2 滤镜介绍

21.2.1 杂色滤镜

杂色滤镜组用于为图像添加杂色或是去掉图像中的杂色，它包括蒙尘与划痕滤镜、去斑滤镜、添加杂色和中间值 4 个滤镜命令。

在园林绘图中，草坪颜色并不是一种单一的颜色，因此在制作平面效果图时，常常需要用杂色滤镜进行处理。如图 21-1 所示，周围绿地为添加杂色滤镜的草坪，中间的绿地未添加任何滤镜效果。

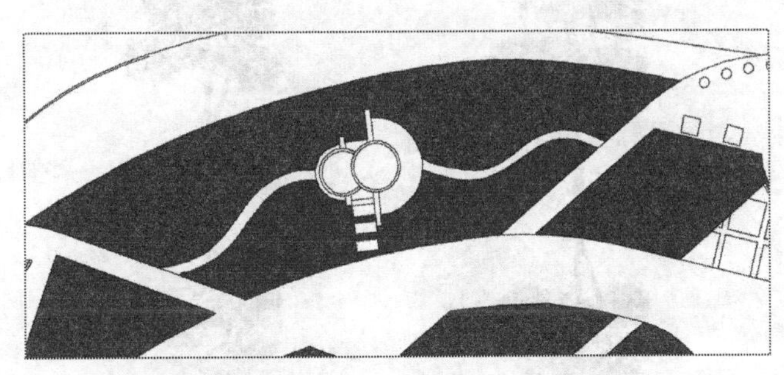

图 21-1 杂色滤镜

21.2.2 模糊滤镜

在 Photoshop CS 中，“模糊滤镜”组是用得比较多的一组滤镜，它能使图像产生一种平滑过渡的效果，使图像看起来更加柔和，如图 21-2 所示。

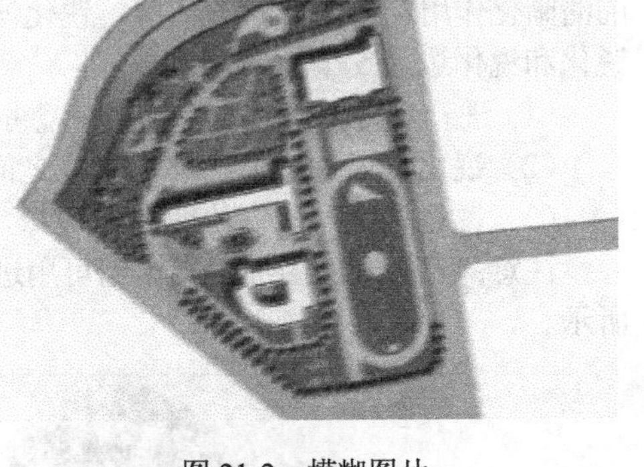

图 21-2 模糊图片

1）常用类型

（1）动感模糊：产生动态模糊的效果。

（2）高斯模糊：产生一种朦胧效果。

（3）进一步模糊：生成的效果比“模糊”滤镜强三四倍。

2）应用实例

（1）打开材质：打开材质库，找到适合的树，如图 21-3 所示。

（2）处理材质：用“选框工具”选择树干的一部分→自由变换（Ctrl+T）→拉伸或适当缩短树干以适应场景要求→取消选区（Ctrl + D），如图 21-4 所示。

（3）复制树：将树复制→自由变换（Ctrl+T）→垂直翻转→和已知树种上下对齐→按 Enter 键确定，如图 21-5 所示。

（4）添加模糊：执行滤镜→模糊→动感模糊命令→角度设为“90°”→距离适当变小→透明度为80%→滤镜→模糊→涂抹（强度为40%），如图21-6所示。

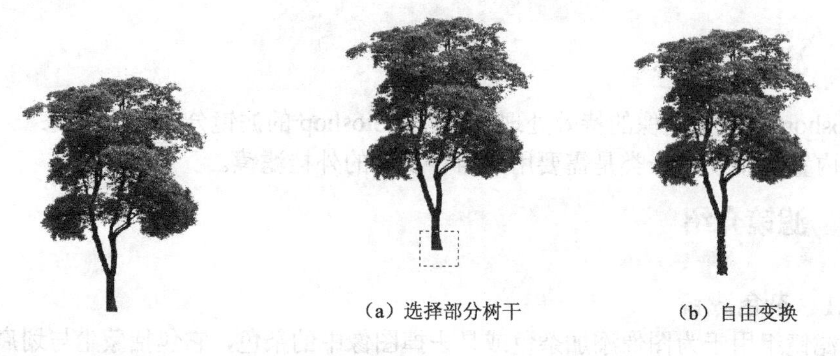

图21-3　选择适宜树种

（a）选择部分树干　（b）自由变换

图21-4　拉伸树干

图21-5　垂直翻转 　图21-6　最终效果

21.2.3　锐化滤镜

锐化滤镜组中的各种滤镜通过增加相邻像素的对比度来锐化模糊的图像，起到一定程度的清晰化作用，增强图像的轮廓。锐化滤镜组共包括USM锐化、智能锐化、进一步锐化、锐化和锐化边缘5个滤镜子命令。

（1）进一步锐化：进一步锐化滤镜可以产生强烈的锐化效果，用于提高对比度和清晰度。

（2）锐化：通过增加相邻像素点之间的对比，使图像清晰化，该锐化程度较为轻微。

（3）锐化边缘：只锐化图像的边缘，同时保留总体的平滑度。

注意：若打开的图片稍显模糊可用进一步锐化来提高图片的对比度和清晰度，如图21-7所示。

图21-7　锐化前后对比

21.2.4 风格化滤镜

Photoshop CS 中共提供了多种“风格化滤镜”，如图 21-8 所示。

（1）风：用于在图像中创建细小的水平线以及模拟刮风的效果。

（2）浮雕效果：将选区的填充色转换为灰色，并用原填充色描画边缘，从而使选区显得凸起或压低。

（3）扩散：搅乱选区中的像素，使选区显得不十分聚焦。

（4）拼贴：将图像分解为一系列拼贴，并使每个方块上都含有部分图像。

（5）凸出：将图像转化为三维立方体或锥体。

（6）照亮边缘：产生类似添加霓虹灯的光亮。

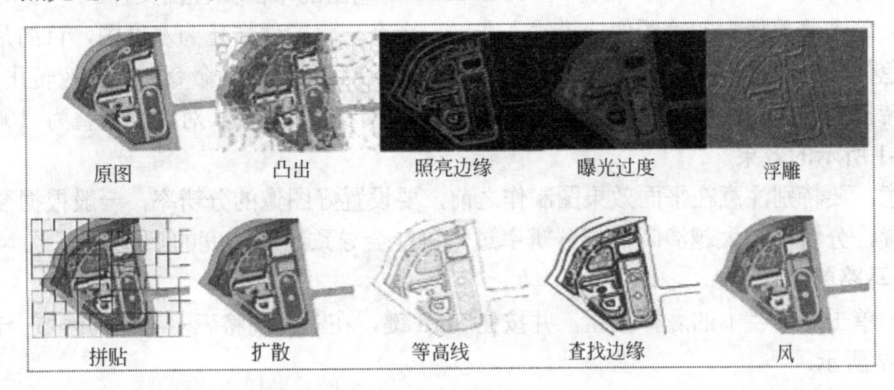

图 21-8　风格化滤镜种类与效果

21.2.5 滤镜使用规则

利用“滤镜”命令处理图像时，需要了解以下规则。

（1）有选区针对选区操作，没有选区针对当前图层或通道操作。

（2）用相同参数处理分辨率不同的图像，其效果不同。

（3）执行完“滤镜”命令后，使用“编辑菜单”的“渐隐”命令，可以控制滤镜效果的不透明度。

（4）利用“滤镜”命令对图像进行局部处理时，可羽化选区。

（5）位图和索引模式不可用滤镜，CMYK 和 LAB 模式下，部分滤镜不可用。

（6）滤镜的单位是像素。

（7）按“**Ctrl+F**”：执行上一次滤镜。

（8）按“**Ctrl+Alt+F**”：执行上一次滤镜，参数重新设置。

（9）按“**Ctrl+Shift+F**”：取消上次使用的滤镜。

本章小结

本章介绍了 Photoshop CS 图片处理编辑中特殊效果的制作方法，即滤镜。通过本章的学习，可以熟练应用滤镜制作水面倒影和利用模糊滤镜制作植物阴影。

习题

1）如何为草坪添加杂色？

2）如何为树制作倒影？

3）如何把图像风格化？

22 使用 Photoshop 绘制图形

22.1 使用 Photoshop 绘制景观规划平面效果图

制作景观规划平面效果图之前，应该先对 AutoCAD 平面图线框进行清理，将植物层、铺装填充层等进行适当隐藏，然后制定各个部分的绘制前后顺序。

1）图形导入与转换

（1）打开 Photoshop 软件，打开在 AutoCAD 中输出的平面图位图文件。

（2）单击菜单栏中的“图像→模式→灰度”命令，将图像转化为灰度图，目的是将图像中的颜色信息删除。再单击菜单栏的“图像→模式→RGB 颜色”命令，将图像转化为 RGB 图像。转换完毕后，选择菜单“图像→调整→亮度/对比度”，将其对比度调整为 100，得到如图 22-1 所示的效果。

注意：要特别注意在平面效果图制作之前，要设置好图像的分辨率，一般根据图的大小进行设置，分辨率越大越清晰，但分辨率过大可能会导致绘制速度的下降。

2）马路的制作

（1）单击工具栏中的魔棒按钮，并按住 Shift 键，在图像中将表示马路的区域全部选中，如图 22-2 所示。

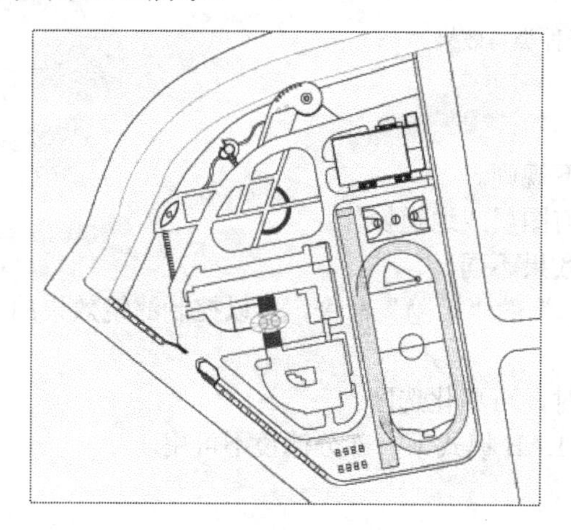

图 22-1　导入的平面图

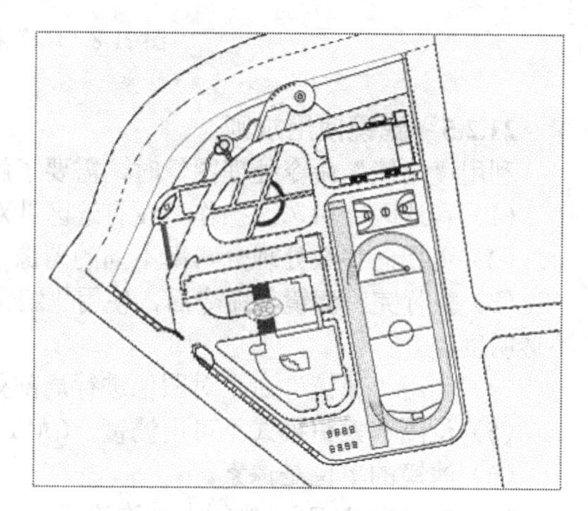

图 22-2　创建马路选区

（2）为了方便以后的修改，应该将所选的区域另外设置一个图层。按“Ctrl+Shift+N”键，建立一个新的“图层 1”，用鼠标右键单击“图层控制面板”中图层 1，在弹出的菜单中选择“图层属性”，并在对话框中将“图层 1”命名为“马路”，设置完毕后单击“确定”按钮，如图 22-3 所示。

（3）单击工具面板中的“设置前景色”工具，在弹出的“拾色器”对话框中，将颜色设置为（R：147，G：149，B:152），设置完毕后单击“确定”按钮，如图 22-4 所示。

（4）按住 Ctrl 键，在“图层控制面板”中单击马路“图层缩览图”，在选中的马路区域中按“Alt+Delete”键，进行前景色填充，填充后的效果如图 22-5 所示。

（5）单击工具栏中的“减淡”工具，对马路路面的颜色进行减淡处理，得到如图 22-6 所示的效果。

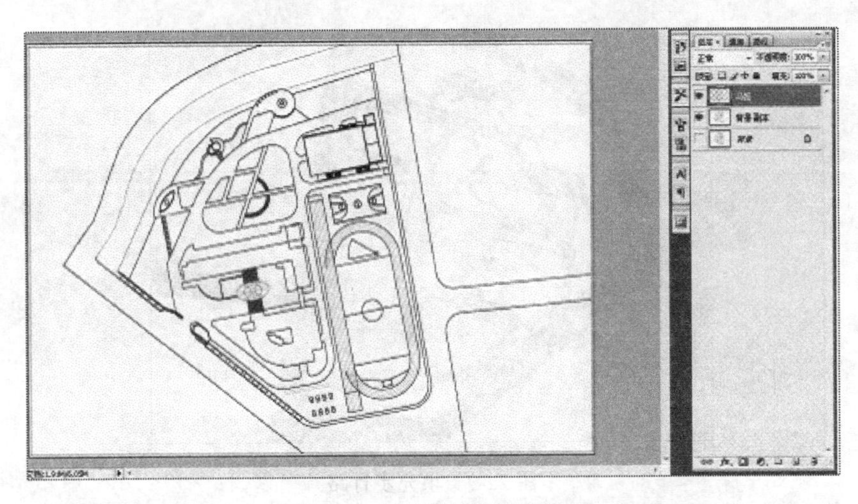

图 22-3　创建单独的马路图层

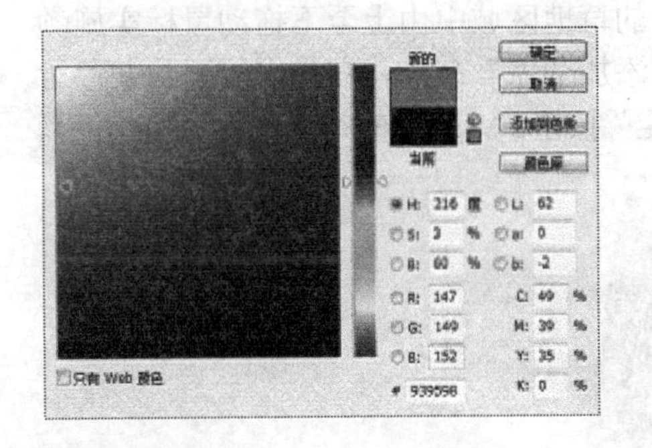

图 22-4　输入马路的颜色

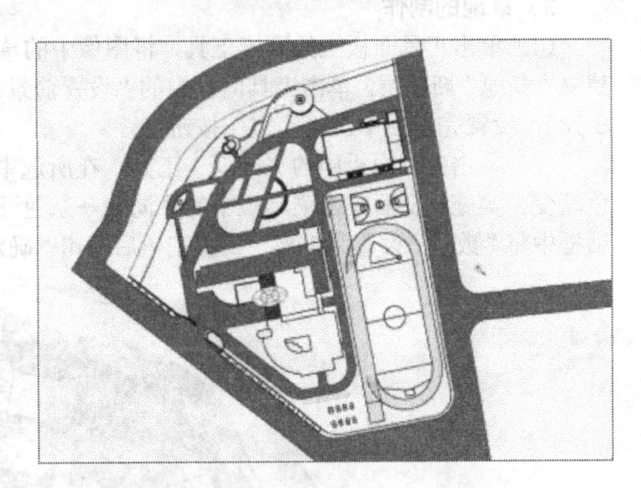

图 22-5　填充马路

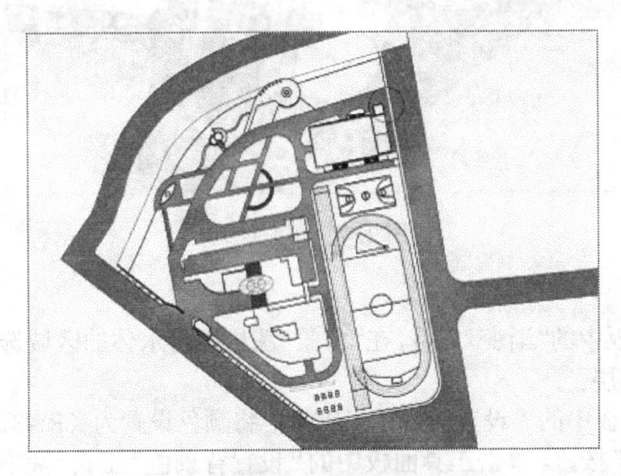

图 22-6　减淡处理

（6）按“Ctrl+Shift+N”键建立“步行路”新图层，单击工具面板中的“设置前景色”工具，将颜色设置为（R:235，G:201，B:161)，设置完毕后单击“确定”按钮。然后按“Alt+Delete”键对步行路进行填充，填充后的效果如图 22-7 所示。

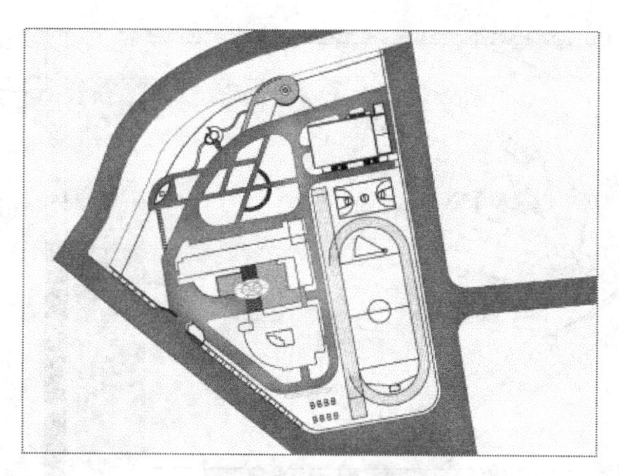

图 22-7　填充步行路

3）草地的制作

（1）单击工具面板上的魔棒工具，将图像中的草地区域全部选中，按“Ctrl+Shift+N”键建立“草地”新图层。单击工具面板中的“设置前景色”工具，将颜色设置为（R:64，G:134，B:18），设置完毕后单击“确定”按钮。

（2）单击工具面板中的“渐变”工具，在所选中的草地区域中由上至下拖动鼠标实施颜色渐变。实施渐变后单击菜单栏中的“滤镜→杂色→添加杂色”命令，在弹出的添加杂色对话框中将“数量”设置为 11%，设置完毕后单击“确定”按钮。完成后的效果如图 22-8 所示。

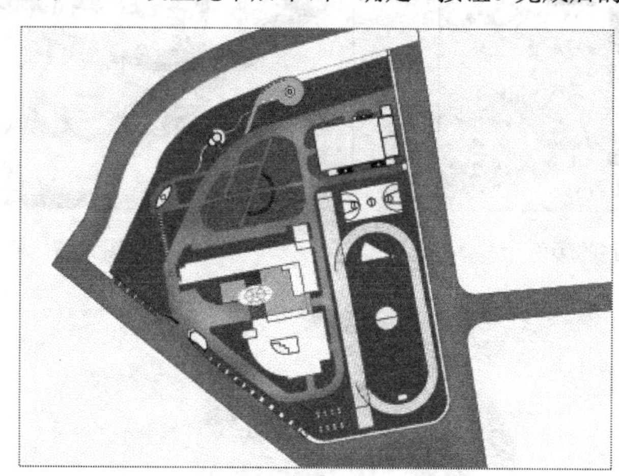

图 22-8　填充草地

4）水体的制作

（1）单击工具面板中的“渐变”工具，在“背景”图层中将水体的区域选中，按“Ctrl+Shift+N”键建立“水体”新图层。

（2）单击工具面板中的“设置前景色”工具，将颜色设置为（R:43，G:126，B:155），设置完毕后单击“确定”按钮。单击工具面板中的“设置背景色”工具，将其颜色设置为（R:106，G:196，B：233），设置完毕后单击“确定”按钮。最后单击工具面板中的“渐变”工具，在所选中的区域中由左上角至右下角拖动鼠标实施颜色渐变。实施渐变后的效果如图 22-9 所示。

（3）制作湖面上所产生的阴影。单击菜单栏中的“选择→修边→扩边”命令，在弹出如图 22-10 所示的对话框中将边界选区的“宽度”值设为 3 像素，设置完毕后单击“确定”按钮。执行扩边命令后的选择区域如图 22-11 所示。最后将扩出的边界进行颜色填充，最终效果如图 22-12 所示。

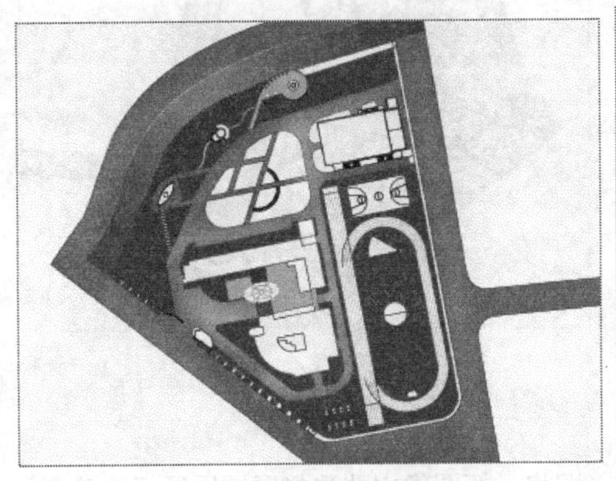

图 22-9　填充水体

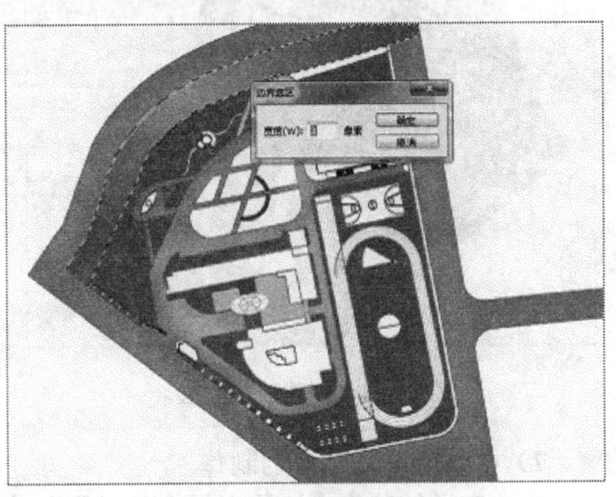

图 22-10　设置扩边命令

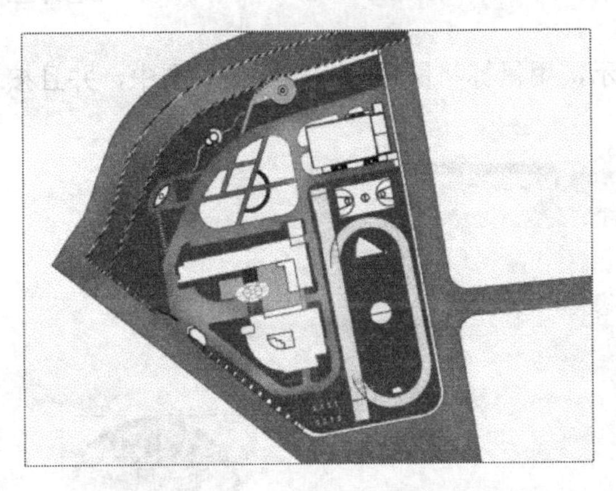

图 22-11　执行扩边命令

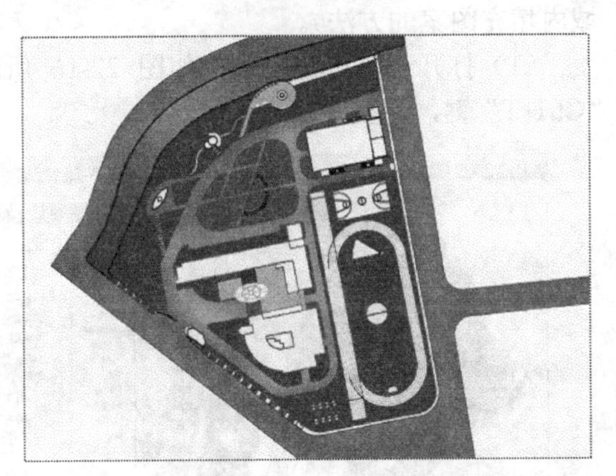

图 22-12　阴影添加完成

5）建筑楼体模块的制作

（1）在“背景”图层中将建筑的区域全部选中，按“Ctrl+Shift+N”键建立“建筑”新图层。将图像中的楼体建筑全部选中，选择菜单栏中的“选择→修改→收缩”命令，在弹出的对话框中将“收缩”值设为 5，单击“确定”按钮。然后选择菜单栏中的“编辑→描边”命令，将“描边”值设为 3，单击“确定”按钮。

（2）将图像中的楼体建筑全部选中，如图 22-13 所示。单击工具栏中的“设置前景色”工具，打开“拾色器”对话框，将其颜色值设置为（R:254，G:241，B:199），设置完毕后单击“确定”按钮。按键盘上的“Alt+Delete”键，用前景色填充所选择的建筑区域，效果如图 22-14 所示。

6）建筑投影的制作

选择“建筑”图层，将其位置调整至“草地”图层之上，单击图层栏下边的按钮，弹出“添加图层样式”对话框。在对话框中设置参数，如图 22-15 所示。

注意：一定要将“建筑”投影所在的区域单独建立图层，以便修改。“建筑”图层的位置应该在“草地”和“马路”等图层的上面，才能看到阴影投射的效果；阴影的投射方向和角度要与整幅图协调一致。

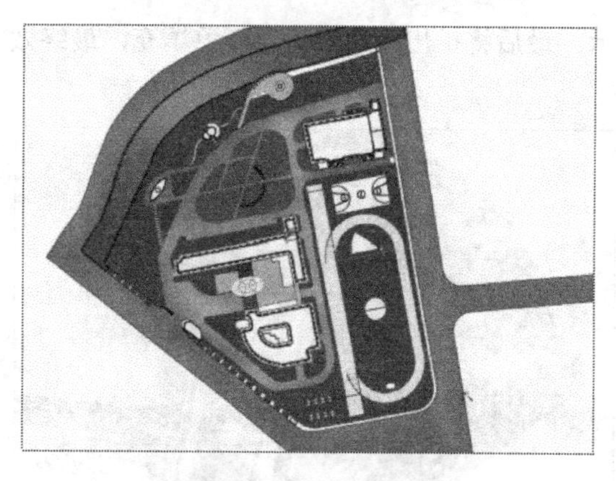

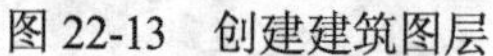

图 22-13　创建建筑图层

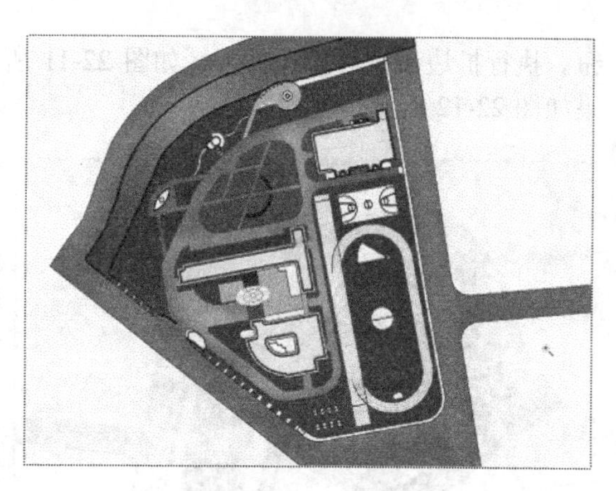

图 22-14　填充

7）中心广场及铺装的制作

中心广场的制作方法用得最多的是置入法（即将一幅图像中非选择区域用鼠标拖动至另一图像中的方法）和填充法（即将一幅图像定义为填充图案，然后在另一幅图像中的选择区域内填充图案的方法）。

（1）打开一幅拼花图像，如图 22-16 所示，用鼠标将图像拖入平面效果图中，并且按“Ctrl+T”键，调整其大小和位置。

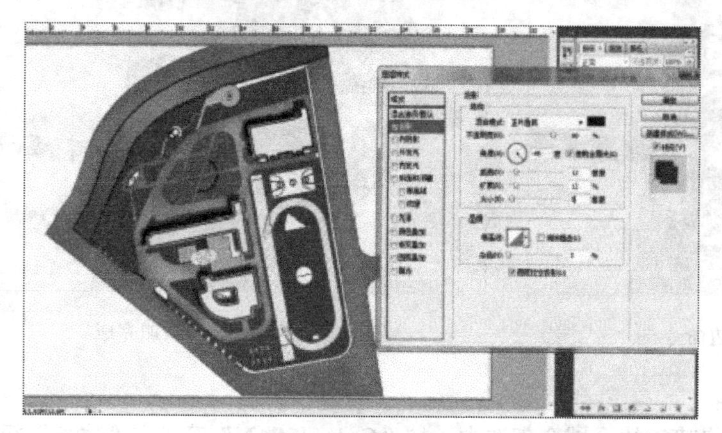

图 22-15　添加阴影

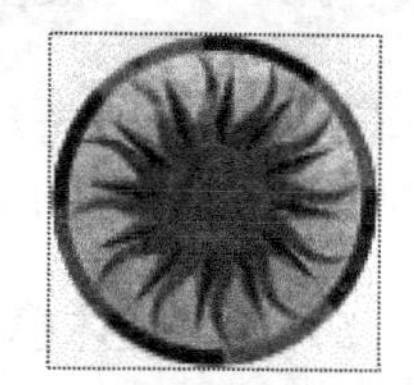

图 22-16　已知铺装

（2）用同样的方法，将其他类似的广场铺装用图案进行填充，效果如图 22-17 所示。

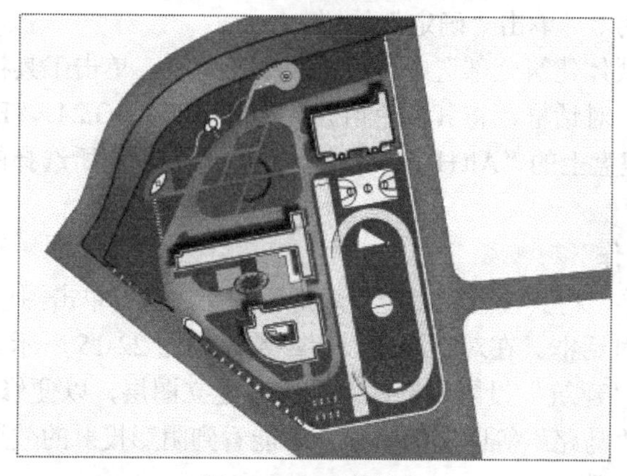

图 22-17　填充铺装

8）公建、小品设施的制作

公建和小品的制作方法与建筑的制作方法相似，主要包括花架、亭的绘制等。绘制时应该注意屋顶明暗面的处理，还要注意各个部分的投影大小和方向。

此外，公建和小品的制作要注意衬托主体建筑和园林景观。景观桥、游步道及沙地等同样用填充置入的方法进行制作。

9）树木、灌木及花卉模块的制作

（1）按键盘上的“Ctrl+O”键打开制作好的树木图像文件。

（2）运用置入法将图像中树木的部分添加到平面效果图中去，按“Ctrl+T”键调整树木的大小，确定后调整树木在平面图中的位置，然后利用移动复制的方法进行多重复制。

（3）将树木添加到各个绿化区域，选择最上面的树层，按“Ctrl+E”键向下合并，最后将同一类树木合并成一个图层。单击菜单栏中“图层→图层样式→投影”命令（也可以双击所在图层），在弹出的“图层样式”对话框中，将投影“角度”调整为–49°，其余各项取默认值，设置完毕后单击“好”按钮确认。植物配置制作完成后的效果如图 22-18 所示。

10）马路分隔双行线的制作及汽车的置入

（1）一般分隔双行线在 CAD 中制作完成后直接调入 Photoshop 中即可，即用工具绘制一条封闭路径，单击右键选择“建立选区”，然后进行颜色填充，最后用橡皮擦工具擦为一段一段的分隔双行线样式即可。

（2）汽车的置入和树木的置入类似，这里不再重复。

注意：图层的正确建立对效果图绘制过程相当重要，可以为图形的及时修改提供方便；绘制中切忌直接在“背景”图层的选区内直接着色；一般将同类的物体（如乔木、草坪、道路）放在同一图层中，以便于整体修改，整体效果如图 22-19 所示。

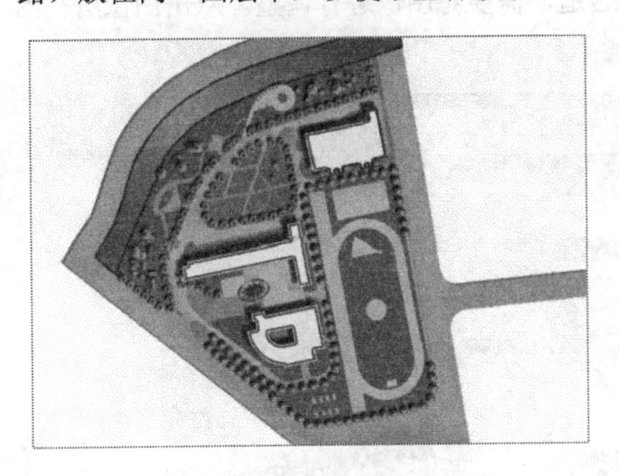

图 22-18　完成后的效果

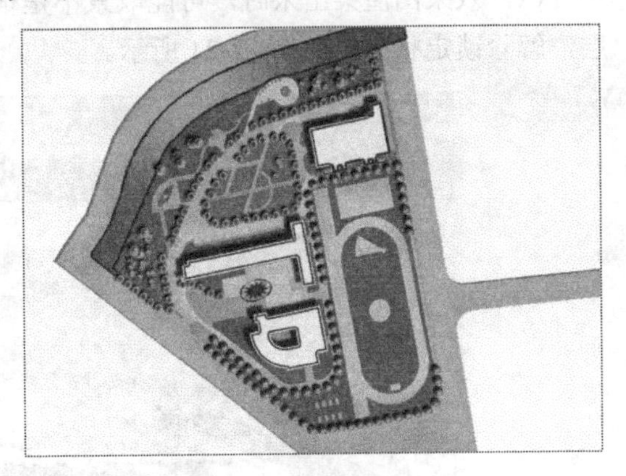

图 22-19　制作马路分隔双行线

22.2　制作景观功能分区图

使用 Photoshop 绘制分区图时经常需要绘制交通分区、景观分区等。

（1）选择“编辑/预设管理器”，选择“方头画笔”。

（2）选择方头画笔，改变角度和长宽比，调整间距。

（3）切换到“形状动态”选项，将“角度抖动”选择为“方向”模式。

（4）选择“钢笔”路径，在“路径”状态下绘制出路径曲线。

（5）在路径面板中选择需要的路径图层，单击鼠标右键，选择“描边路径”，在弹出的对话框中选择“画笔”，单击“确定”按钮。

（6）删除路径，即得到需要的图案，如图 22-20 所示。

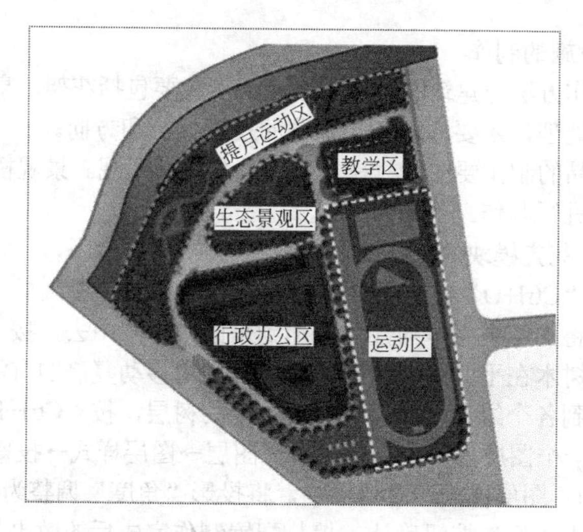

图 22-20　利用钢笔创建路径，填充选区

22.3　园林景观鸟瞰效果图的制作

景观效果图可以将景观建筑的形体和环境及景观各要素之间的关系清楚地表达。以下将综合前面所学过的知识制作一幅小学整体规划效果图。通过阴影渲染后，得到一个比较真实的场景，将场景导入到 Photoshop 中添加配景，进行进一步的处理。

1）调整图像范围

（1）效果图渲染出来时，可能取景不是很合适，需要对图像进行调整。双击图像所在图层，解除锁定状态，如图 22-21 所示。

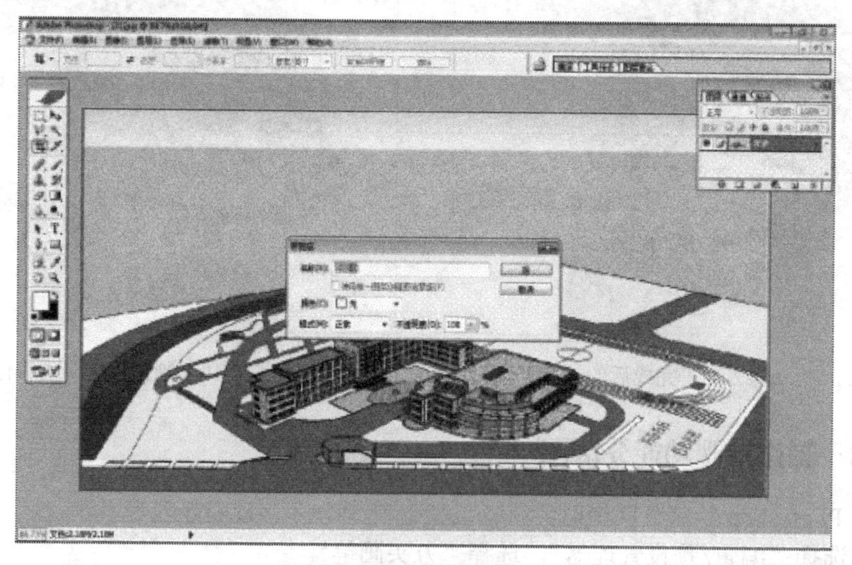

图 22-21　解锁图层

（2）使用“魔棒工具”选取绿色区域，并将其删除，如图 22-22 所示。

2）加入环境配景

（1）新建一个图层，然后移动到最底层，将其命名为“草地”，如图 22-23 所示。

（2）将选中的天空素材，拖入效果图中，如图 22-24 所示。

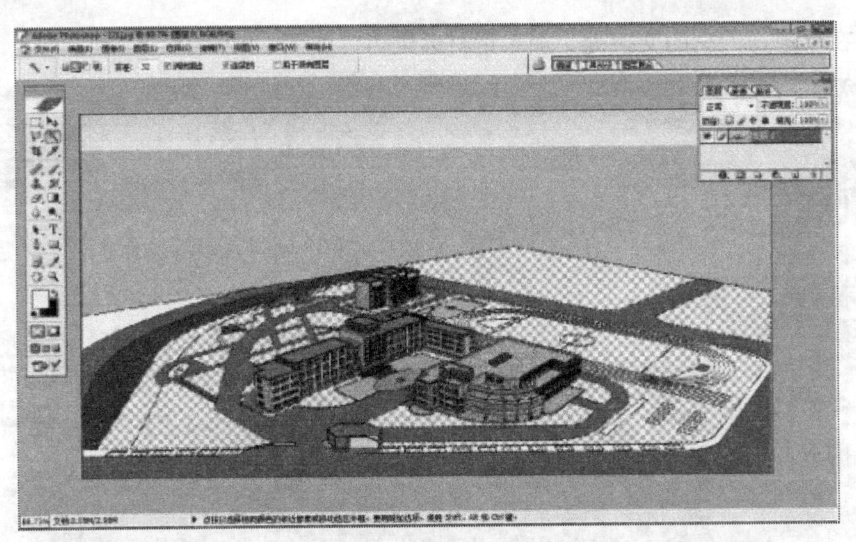

图 22-22　删除绿色区域

图 22-23　草地背景

图 22-24　添加天空背景

（3）在草地与天空的交接处，加入素材远景树，如图 22-25 所示。

图 22-25　添加远景树

（4）用魔棒选择水体区域，填充蓝色，并在图层样式上设置内阴影，如图 22-26 所示。

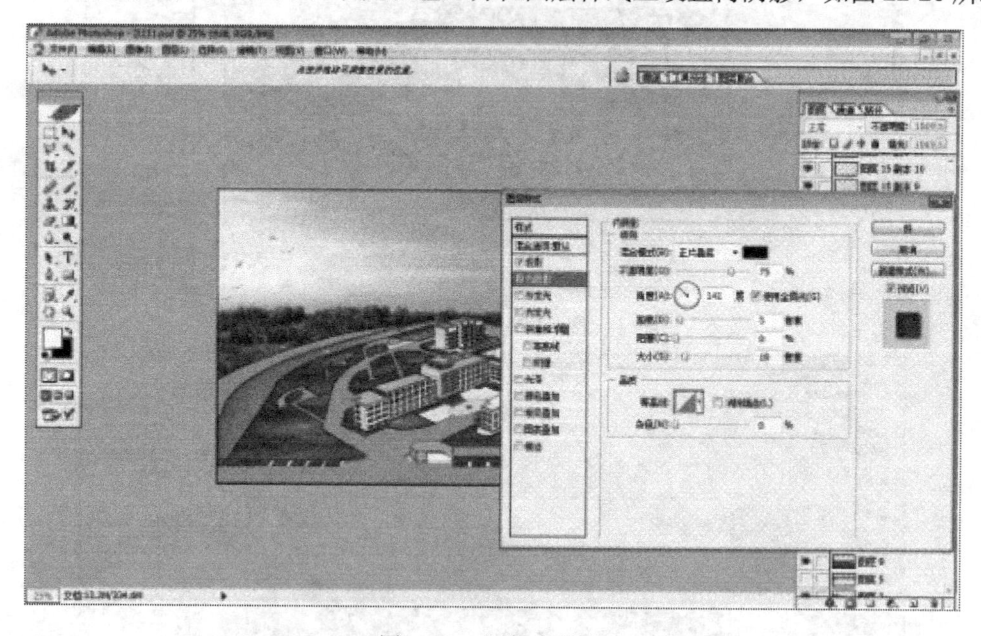

图 22-26　添加内阴影

（5）新建图层，将行道树种植在场景区域的边缘，起到限定边界的作用，如图 22-27 所示。

（6）按照植物配置图，将主要的植物群落景观配置到场景中，建立植物组团，如图 22-28 所示。

（7）围绕这些植物组团，继续完善植物的种植，如图 22-29 所示。

图 22-27 种植边缘行道树

图 22-28 创建植物群落

图 22-29 继续完善种植植物群落

（8）加入彩色叶树种，丰富整个效果图的色彩效果，如图 22-30 所示。

图 22-30　加入彩色树种

（9）从整体把握整张效果图，在适当的空间加入草花，丰富植物群落关系，如图 22-31 所示。

图 22-31　加入草花

（10）加入人群，使整个画面变得更加生动，如图 22-32 所示。

（11）对画面进行一些细部处理，在草地与天空交接处，用画笔增加雾化效果，突出场景的主景，弱化配景。如图 22-33 所示。

（12）新建一个图层，给图层加入曲线属性，调整整张画面的明度和对比度，最终完成效果图的制作。如图 22-34 所示。

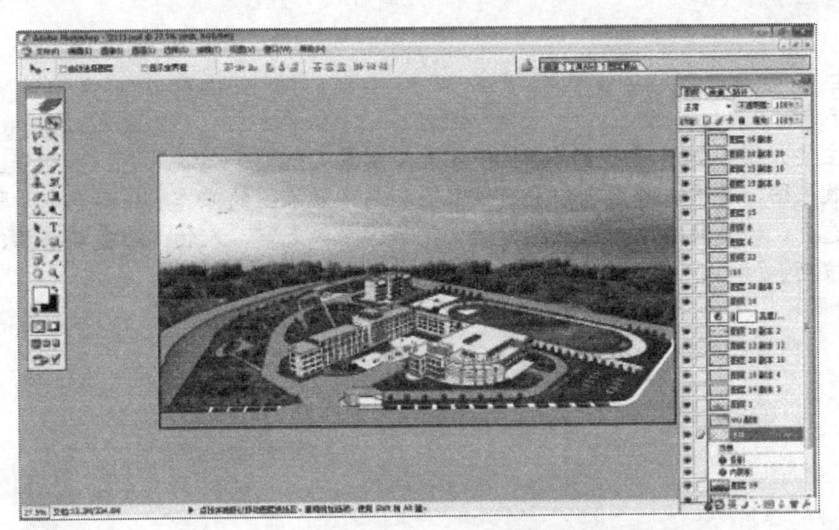

图 22-32　加入人群

图 22-33　增加雾化效果

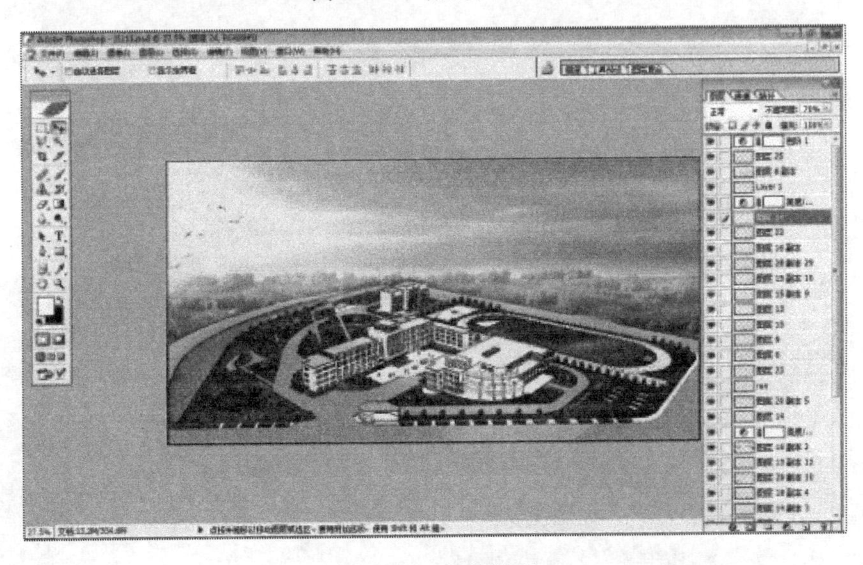

图 22-34　最终效果

本章小结

本章主要介绍了如何使用 Photoshop 软件绘制景观规划平面效果图、功能分区图和园林景观鸟瞰效果图，着重讲解了制作平面效果图和鸟瞰效果图的操作顺序和基本步骤，详细介绍了创建选区、填充颜色、渐变及添加树、花草、水、天空、人物、雕塑与小品、汽车等配景的操作技巧。

附录

附录1 AutoCAD 2011 部分快捷键

快捷键	英文单词或缩写	含义
A	*ARC	创建圆弧
AA	*AREA	计算对象或指定区域的面积和周长
AP	*APPLOAD	加载或卸载应用程序
AR	*ARRAY	阵列
ATT	*ATTDEF	创建属性定义
AV	*DSVIEWER	鸟瞰视图
B	*BLOCK	创建块
BR	*BREAK	打断选定对象
C	*CIRCLE	创建圆
D	*DIMSTYLE	创建和修改标注样式
DI	*DIST	测量两点之间的距离和角度
E	*ERASE	从图形中删除对象
EX	*EXTEND	延伸对象
LA	*LAYER	管理图层和图层特性
FI	*FILLET	倒圆角
L	*LINE	创建直线段
PL	*PLINE	创建二维多段线
PE	*PEDIT	编辑多段线和三维多边形网格
LW	*LWEITH	设置线宽、线宽显示选项线宽单位
O	*OFFSET	偏移
FI	*FILTER	为对象选择创建过滤器
M	*MOVE	移动对象
PR	*PROPERTIES	控制现有对象的特性
G	*GROUP	对象编组
P	*PAN	在当前视口中移动视图
R	*REDRAW	刷新当前视口中的显示
RE	*REGEN	从当前视口重生成整个图形
REN	*RENAME	修改对象名
REC	*RECTANG	绘制矩形多段线
RO	*ROTATE	旋转
RR	*RENDER	渲染
SC	*SCALE	按比例放大或缩小对象
H	*HATCH	用无关联填充图案填充区域
ST	*STYLE	创建、修改或设置命名文字样式
TR	*TRIM	修剪对象
TB	*TABLE	插入表格
DT	*TEXT	创建单行文字对象
T	*MTEXT	创建多行文字对象
U	*UNDO	撤销命令
UN	*UNITS	控制坐标和角度的显示格式并确定精度

续表

快捷键	英文单词或缩写	含义
W	*WBLOCK	将对象或块写入新的图形文件
MI	*MIRROR	镜像
WE	*WEDGE	创建三维实体并使其倾斜面沿 X 轴方向
X	*EXPLOPE	将合成对象分解成它的部件对象
XA	*XATTACH	将外部参照附着到当前图形
XB	*XBIND	将外部参照依赖符号绑定到当前图形中
XC	*XCLIP	定义外部参照或块剪裁边界，并且设置前剪裁面和后剪裁面
XL	*XLINE	创建无限长的直线（即参照线）
Z	*ZOOM	放大或缩小视图中对象的外观尺寸

附录 2 Sketch Up 7.0 部分快捷键

快捷键	含　义	快捷键	含　义
F1	帮助文件	Y	工具/设置坐标轴
F2	相机/标准视图/顶视图	U	工具/推拉
F3	相机/标准视图/底视图	Alt+R	工具/旋转
F4	相机/标准视图/前视图	R	绘制/矩形
F5	相机/标准视图/后视图	A	绘制/圆弧
F6	相机/标准视图/左视图	L	绘制/直线
F7	相机/标准视图/右视图	F	绘制/徒手画
F8	相机/标准视图/等角透视	C	绘制/圆形
Z	相机/窗口缩放	P	绘制/多边形
Shift+Z	创建圆	Ctrl+Z	编辑/撤销
Alt+C	相机/配置相机	Ctrl+X	编辑/剪切
Alt+X	相机/绕轴旋转	Ctrl+A	编辑/全选
Alt+Z	相机/实时缩放	Delete	编辑/删除
W	相机/漫游	Ctrl+C	编辑/复制
Tab	相机/上一次	Ctrl+V	编辑/粘贴
V	相机/透视显示	G	编辑/群组
X	工具/材质	Shift+A	编辑/显示/全部
D	工具/尺寸标注	H	编辑/隐藏
Alt+F	工具/路径跟随	Alt+G	编辑/制作组件
Alt+/	工具/剖面	K	渲染/透明材质
Alt+M	工具/测量/辅助线	Alt+1	渲染/线框
Alt+P	工具/量角器/辅助线	Alt+2	渲染/消影
M	移动对象	Alt+3	渲染/着色
O	工具/偏移	Alt+4	渲染/材质贴图
E	工具/删除	Alt+5	渲染/单色
S	工具/缩放	Alt+Q	查看/坐标轴
Alt+T	工具/文字标注	Alt+S	查看/阴影
Space	工具/选择	T	查看/X 光模式

附录3 Photoshop 部分快捷键

快捷键	含义	快捷键	含义
F1	帮助	P	钢笔、自由钢笔、磁性钢笔
F2	剪切	+	添加锚点工具
F3	复制	—	删除锚点工具
F4	粘贴	A	直接选取工具
F5	隐藏/显示画笔面板	T	文字、文字蒙板
F6	隐藏/显示颜色面板	U	数量工具
F7	隐藏/显示图层面板	G	直线渐变、径向渐变
F8	隐藏/显示信息面板	K	油漆桶工具
F9	隐藏/显示动作面板	I	吸管、颜色取样器
F12	恢复	H	抓手工具
Shift+F5	填充	Z	缩放工具
Shift+F6	羽化	D	默认前景色和背景色
Shift+F7	选择→反选	X	切换前景色和背景色
Ctrl+h	隐藏选定区域	Q	切换标准模式和快速蒙版模式
Ctrl+d	取消选定区域	F	默认灯光开关
Ctrl+w	关闭文件	Ctrl	临时使用移动工具
Ctrl+q	退出 Photoshop	Alt	临时使用吸色工具
Esc	取消操作	空格	临时使用抓手工具
Tab	显示或隐藏工具箱和调色板	Enter	打开工具选项面板
Shift+Tab	显示或隐藏除工具以外的其他面板	Shift+[	选择第一个画笔
M	矩形、椭圆选框工具	Shift+]	选择最后一个画笔
C	裁切工具	Ctrl+N	新建图形文件
V	移动工具	Ctrl+Alt+N	用默认设置创建新文件
L	套索、多边形套索、磁性套索	Ctrl+O	打开已有的图像
W	魔棒工具	Ctrl+W	关闭当前图像
J	喷枪工具	Ctrl+S	保存当前图像
B	画笔工具	Ctrl+Shift+S	储存副本
S	橡皮图章、图案图章	Ctrl+P	打印
Y	历史记录画笔	Ctrl+K	打开“预置”对话框
E	橡皮擦工具	Ctrl+Z	还原/重做前一步操作
N	铅笔、直线工具	Ctrl+Alt+Z	还原两步以上操作
R	模糊、锐化、涂抹工具	Ctrl+Shift+Z	重做两步以上操作
O	减淡、加深、海绵工具		

参 考 文 献

[1] 邢黎峰．园林计算机辅助设计教程[M]．北京：机械工业出版社，2007.

[2] 筑龙网．园林景观设计 CAD 图集[M]．武汉：华中科技大学出版社，2007.

[3] 麓山文化．2011AUTO CAD 中文版园林设计与施工图绘制实例教程[M]．北京：机械工业出版社，2011.

[4] 杨老记，梁海利．中文版 AUTO CAD2011 从入门到精通[M]．北京：机械工业出版社，2011.

[5] 孔繁臣，黄娟．Auto CAD 2010 基础教程[M]．北京：冶金工业出版社，2009.

[6] 胡浩，欧颖．Sketch Up 的魅力：园林景观表现教程[M]．武汉：华中科技大学出版社，2010.

[7] 刘嘉，叶楠，史晓松．Sketch Up 草图大师：园林景观设计[M]．北京：中国电力出版社，2007.

[8] 唐海玥，白峻宇，李海英．建筑草图大师 Sketch Up 7 效果图设计流程详解[M]．北京：清华大学出版社，2011.

[9] 韩振兴．Sketch Up 与景观设计[M]．武汉：华中科技大学出版社，2010.

[10] 麓山文化．中文版 3ds Max/Vary/Photoshop，园林景观效果图表现案例详解[M]．北京：机械工业出版社，2010.

[11] 李淑玲．Photoshop CS2 景观效果图后期表现教程[M]．北京：化学工业出版社，2008.

[12] 九州书源．Photoshop CS5 图像处理[M]．北京：清华大学出版社，2011.

[13] 雷波，李巧君，王树琴．中文版 Photoshop CS5 标准教程[M]．北京：中国电力出版社，2011.